中国国家标准汇编

2012年修订-26

中国标准出版社　编

中国标准出版社

北　京

图书在版编目(CIP)数据

中国国家标准汇编:2012年修订.26/中国标准出版社编.—北京:中国标准出版社,2013.9
ISBN 978-7-5066-7258-0

Ⅰ.①中… Ⅱ.①中… Ⅲ.①国家标准-汇编-中国-2012 Ⅳ.①T-652.1

中国版本图书馆CIP数据核字(2013)第186457号

中国标准出版社出版发行
北京市朝阳区和平里西街甲2号(100013)
北京市西城区三里河北街16号(100045)

网址 www.spc.net.cn
总编室:(010)64275323 发行中心:(010)51780235
读者服务部:(010)68523946

中国标准出版社秦皇岛印刷厂印刷
各地新华书店经销

*

开本 880×1230 1/16 印张 31.25 字数 948 千字
2013年9月第一版 2013年9月第一次印刷

*

定价 220.00 元

出 版 说 明

1.《中国国家标准汇编》是一部大型综合性国家标准全集。自1983年起，按国家标准顺序号以精装本、平装本两种装帧形式陆续分册汇编出版。它在一定程度上反映了我国建国以来标准化事业发展的基本情况和主要成就，是各级标准化管理机构，工矿企事业单位，农林牧副渔系统，科研、设计、教学等部门必不可少的工具书。

2.《中国国家标准汇编》收入我国每年正式发布的全部国家标准，分为“制定”卷和“修订”卷两种编辑版本。

“制定”卷收入上一年度我国发布的、新制定的国家标准，顺延前年度标准编号分成若干分册，封面和书脊上注明“20××年制定”字样及分册号，分册号一直连续。各分册中的标准是按照标准编号顺序连续排列的，如有标准顺序号缺号的，除特殊情况注明外，暂为空号。

“修订”卷收入上一年度我国发布的、被修订的国家标准，视篇幅分设若干分册，但与“制定”卷分册号无关联，仅在封面和书脊上注明“20××年修订-1，-2，-3，……”字样。“修订”卷各分册中的标准，仍按标准编号顺序排列(但不连续)；如有遗漏的，均在当年最后一分册中补齐。需提请读者注意的是，个别非顺延前年度标准编号的新制定的国家标准没有收入在“制定”卷中，而是收入在“修订”卷中。

读者配套购买《中国国家标准汇编》“制定”卷和“修订”卷则可收齐由我社出版的上一年度我国制定和修订的全部国家标准。

3. 由于读者需求的变化，自1996年起，《中国国家标准汇编》仅出版精装本。

4. 2012年我国制修订国家标准共2 101项。本分册为“2012年修订-26”，收入新制修订的国家标准27项。

中国标准出版社

2013年7月

目　　录

ICS 37.100.10
J 87

中华人民共和国国家标准

GB/T 25676.2—2012

印刷机械　宽幅面喷绘机
第2部分:平板型宽幅面喷绘机

Printing machinery—Wide format ink-jet printer—
Part 2:Plat media wide format ink-jet printer

2012-05-11 发布　　2012-10-01 实施

中华人民共和国国家质量监督检验检疫总局
中国国家标准化管理委员会　发布

前言

GB/T 25676《印刷机械 宽幅面喷绘机》分为两个部分：

——第1部分：卷材型宽幅面喷绘机；

——第2部分：平板型宽幅面喷绘机。

本部分为GB/T 25676的第2部分。

本部分按照GB/T 1.1—2009给出的规则起草。

本部分由中国机械工业联合会提出。

本部分由全国印刷机械标准化技术委员会(SAC/TC 192)归口。

本部分负责起草单位：深圳市润天智图像技术有限公司、北京印刷机械研究所。

本部分参加起草单位：沈阳飞行船数码喷印设备有限公司、安徽力宇电脑设备制造有限责任公司、瑞安市方泰机械有限公司。

本部分主要起草人：江洪、李力、徐承任、王兴明、于涛、张昱、马正源、曹亚敏、吕丰足、朱立峰、方国林。

印刷机械　宽幅面喷绘机
第2部分：平板型宽幅面喷绘机

1　范围

GB/T 25676的本部分规定了平板型宽幅面喷绘机的术语和定义、型式与基本参数、要求、试验方法、检验规则、标志、包装、运输及贮存。

本部分适用于各种使用UV型、溶剂型、弱溶剂型、水基型和油性等墨水的平板型宽幅面喷绘机（以下简称喷绘机）。

2　规范性引用文件

下列文件对于本文件的应用是必不可少的。凡是注日期的引用文件，仅注日期的版本适用于本文件。凡是不注日期的引用文件，其最新版本（包括所有的修改单）适用于本文件。

GB/T 191　包装储运图示标志

GB 2894　安全标志及其使用导则

GB/T 3767　声学　声压法测定噪声源声功率级　反射面上方近似自由场的工程法

GB/T 3768　声学　声压法测定噪声源声功率级　反射面上方采用包络测量表面的简易法

GB/T 4728（所有部分）　电气简图用图形符号

GB/T 4879　防锈包装

GB 5226.1—2008　机械电气安全　机械电气设备　第1部分：通用技术条件

GB/T 6388　运输包装收发货标志

GB 9254—2008　信息技术设备的无线电骚扰限值和测量方法

GB/T 9969　工业产品使用说明书　总则

GB/T 13306　标牌

GB/T 13384　机电产品包装通用技术条件

GB/T 14436　工业产品保证文件　总则

GB/T 17618　信息技术设备的抗扰度限值和测量方法

GB/T 25676.1　印刷机械　宽幅面喷绘机　第1部分：卷材型宽幅面喷绘机

3　术语和定义

GB/T 25676.1中界定的以及下列术语和定义适用于本文件。

3.1

传输带平板型宽幅面喷绘机　transmission flatbed wide format ink-jet printer

采用传输带方式实现介质传送的平板型宽幅面喷绘机。

3.2

平台平板型宽幅面喷绘机　flatbed wide format ink-jet printer

采用平台方式实现介质相对运动的平板型宽幅面喷绘机。

3.3

混合平板型宽幅面喷绘机　mixing flatbed wide format ink-jet printer

采用多种方式实现介质传送的平板宽幅面喷绘机。

4　型式与基本参数

4.1　型式

4.1.1　按介质被传送方式划分：

a)　传输带平板型宽幅面喷绘机；

b)　平台平板型宽幅面喷绘机；

c)　混合平板型宽幅面喷绘机。

4.1.2　按喷绘墨水划分：

a)　溶剂平板型宽幅面喷绘机；

b)　弱溶剂平板型宽幅面喷绘机；

c)　UV 平板型宽幅面喷绘机；

d)　水基平板型宽幅面喷绘机；

e)　油性平板型宽幅面喷绘机；

f)　其他平板型宽幅面喷绘机。

4.2　型号

喷绘机型号由主型号、辅助型号、设计序号和特殊功能三部分组成，见附录 A。

4.3　基本参数

各种型式的喷绘机的基本参数应符合表 1 的规定。

表 1　基本参数

项　目	参　数
喷头型号	按原厂家的表示方法标出，并应在说明书上说明
介质幅宽 m	≥1.2
喷绘幅宽 m	≥1.2
喷绘幅长 m	≥1.2
打印高度 mm	≥50
基本分辨率模式($x\times y$) DPI	标定值 1≥150×150
分辨率模式($X\times Y$) DPI	标定值 2≥300×300
适用墨水类型	A、ES、O、S、UV、其他

表 1（续）

项　目	参　数
墨水颜色与数量	按实际使用的颜色与数量标示如下： 颜色：C、K、M、L、W、Y、LC、LK、LM 等 数量：3、4、5、6、7、8、12 等
最高喷绘速度 m^2/h	标定值 $V_0 \geqslant 10$

5 要求

5.1 一般要求

5.1.1 喷绘机应按经规定程序批准的图样和技术文件制造。

5.1.2 喷绘机应运转平稳、传动正常，零部件动作应准确、协调，无异常声音和自发性移动。

5.1.3 润滑系统工作应可靠，无泄漏现象。

5.1.4 气动、液压系统的管道、阀门应密封良好，没有泄漏现象。

5.1.5 墨路系统不应出现漏墨现象。

5.1.6 墨路、气路管道、润滑油管应排列整齐、固定牢靠。

5.1.7 安装和拆卸介质、墨水容器应简单方便。

5.1.8 喷绘机噪声不应大于 78 dB(A)。

5.2 主要技术性能

5.2.1 喷绘机的喷绘幅宽误差不应大于 0.2%；喷绘机的喷绘幅长误差不应大于 0.3%。

5.2.2 基本分辨率模式和分辨率模式与标定值的误差应小于 2%。

5.2.3 喷绘边界误差见表 2。

表 2　喷绘边界误差

单位为毫米

介质长度或宽度	<2 000	≥2 000
喷绘边界误差	≤0.1	≤0.12

5.2.4 断墨率不应高于 5%。

5.2.5 墨点离散度不应大于 $8d$。

注：“d”表示墨点直径。

5.2.6 平板型介质跑偏量见表 3。

表 3　平板型介质跑偏量

单位为毫米

介质长度 L	$L<500$	$500 \leqslant L<1\,000$	$L \geqslant 1\,000$
跑偏量	≤0.25	≤0.5	≤1

5.2.7 最高喷绘速度的实测值与标定值 V_0 的误差不应大于 5%。

5.2.8 多颜色套喷时，Y 向基本分辨率≤90 DPI 时，各颜色的套准误差不应大于 0.1 mm；Y 向基本分辨率>90 DPI时,各颜色的套准误差不应大于0.05 mm。X向的套准误差不应大于0.17 mm。

注:DPI是dots per inch的缩写,即每英寸所打印的点数或线数,1 DPI=1 dot/25.4 mm。

5.3 安全要求

5.3.1 机械安全

5.3.1.1 内旋咬入部件应有安全保护装置或保护措施,保护装置与旋转部件之间的间隙不应超过6 mm,并横贯其整个工作宽度。

5.3.1.2 对人体有可能造成伤害的运动部件如齿轮传动、链传动、同步带轮等应设有保护装置,根据实际操作需要应采用固定式防护装置或活动式防护装置。

5.3.1.3 活动式防护装置应开启灵活可靠,并与机器驱动部分联锁,保证在防护装置开启状态下,机器保持静止或只能进行点动,喷头架点动速度不应超过0.5 m/s;介质点动速度不应超过0.1 m/s。

5.3.1.4 直线运动的部件极限位置应有防撞和限位保护功能装置。

5.3.1.5 急停装置应具有0类停止功能,且灵活、可靠,急停装置的复位不应直接导致机器的运行,急停装置应配置在可能存在危险和操作者易于接近的位置。

5.3.2 电气安全

5.3.2.1 电气系统应布线整齐、排列有序、接头牢固;各种标记应齐全、清晰和正确,电气简图用图形符号应符合GB/T 4728(所有部分)的规定。

5.3.2.2 电气系统工作应正常、灵敏、可靠。

5.3.2.3 机器在发生缺墨、负压故障时应能自动发出安全警报或有故障显示灯显示,或输出故障信息。

5.3.2.4 所有外露可导电部分都应符合GB 5226.1—2008中8.2.1的要求连接到保护联结电路上,保护联结电路的连续性应符合GB 5226.1—2008中8.2.3的规定。

5.3.2.5 在动力电路导线和保护联结电路间施加500 V直流电压时测得的绝缘电阻不应小于1 MΩ。

5.3.2.6 在动力电路导线和保护联结电路之间施加1 000 V的电压、时间近似1 s,不应出现击穿放电现象。

5.3.3 人身安全

5.3.3.1 对人体有可能造成伤害的运动部分,应设有保护装置。

5.3.3.2 可能导致操作失误或可能导致人身伤害的位置,应设有保护装置。

5.3.3.3 对于UV型平板喷绘机,应有紫外光(UV)辐射防护措施,防止紫外光(UV)对人体的伤害。

5.3.4 墨水与环境安全

5.3.4.1 应在说明书等资料中标示喷头型号、数量、兼容的墨水类型与操作方法。

5.3.4.2 说明书或随机附件中应有指定使用墨水厂家提供的毒性报告和危害成分,并警告在吸入、误食用、皮肤接触和眼睛接触的情况下对人体的危害。写明皮肤和眼睛的防护措施、减少意外方法、意外救助方法、意外处理方法和防火措施。

5.3.4.3 对于可能引起环境污染的排除物,应采取处理或防护措施。

5.3.4.4 说明书中应警告勿让墨水产品接触地表水、水源与排水系统。产品与被污染的包装应根据当地法规处理,化学残留物当作特殊废品处理。

5.3.5 安全警告

在下列情况下应使用灯光、声音或加贴标识等形式发出警告信号:

a) 容易或可能导致人身伤害的位置；

b) 可能导致操作失误或可能导致人身伤害的位置；

c) 其他操作或环境可能导致失误和设备损坏的位置。

5.3.6 电磁兼容性

5.3.6.1 喷绘机的无线电骚扰限值应符合 GB 9254—2008 中的 A 级要求。

5.3.6.2 喷绘机的抗扰度限值应符合 GB/T 17618 规定的试验要求。

5.4 外观质量

5.4.1 外露加工表面不准许有磕碰、划伤、锈蚀等现象。

5.4.2 外露件镀层应细致、均匀，不应有明显的剥落、起泡、针孔、麻点及局部无镀层等缺陷。

5.4.3 外露非加工表面不准许有凸瘤、凹陷、气孔等缺陷。

5.4.4 涂漆件涂层应光滑、平整；颜色、光泽要均匀一致；若采用美术漆，其花纹要均匀一致；漆膜丰满，无明显突出颗粒、粘附物，漆膜不准许有流挂、起泡等缺陷。

5.4.5 外露焊缝应牢固，呈光滑均匀的鳞片状波纹表面。连续焊缝不应出现间断、咬边、焊瘤、弧坑、烧穿、表面气孔和裂纹等缺陷。

5.4.6 安全防护罩应表面平整，棱边挺直，间隙均匀，圆弧光滑，不应有凸起、凹陷和翘曲等现象。

5.4.7 外露液压、气动等管道布置应整齐有序，固定牢靠，管道不准许产生扭曲、折叠等现象。

5.4.8 标牌应平整、光洁，配置应合理、牢靠，不应铆裂、偏斜、卷边等缺陷。

5.4.9 门盖的周边与相关的结合面缝隙应均匀，门盖开闭应灵活无碰撞。

5.5 使用说明书和产品合格证

5.5.1 使用说明书的编写应符合 GB/T 9969 的规定。

5.5.2 产品合格证的编写应符合 GB/T 14436 的规定。

6 试验方法

6.1 测试条件

AC(220±20)V/50 Hz，环境温度为(25±5)℃的室温，相对湿度为 40%～80%。

6.2 空运转试验

喷绘机在不喷墨、不输送介质的状态下空载运转 3 h，其中最高速度试验时间不少于 30 min，以额定速度(最高速度的 80%)运转试验时间不少于 90 min，目视检查机器的运转情况、润滑系统的工作情况、气动和液压系统密封情况。

6.3 墨路可靠性试验

喷绘机的墨路系统连续工作 7 h，累计工作 20 h，目测并触摸墨路系统的密封情况。

6.4 主要技术性能试验

6.4.1 喷绘幅宽误差和喷绘幅长误差的试验

在设定喷绘幅宽的情况下，喷绘输出长度为 200 mm 的图像，并用精度为 0.5 mm 的钢卷尺测量，在喷绘幅长方向上分别在上、中、下位置测出 3 个数值，取其算术平均值，计算与设定喷绘幅宽的差值，即为喷绘幅宽误差。

在设定喷绘幅长的情况下，喷绘输出宽度为 200 mm 的图像，并用精度为 0.5 mm 的钢卷尺测量，在喷绘幅宽方向上分别在左、中、右位置测出 3 个数值，取其算术平均值，计算与设定喷绘幅长的差值，即为喷绘幅长误差。

6.4.2 分辨率模式的检验

6.4.2.1 试验方法一

用 40 倍以上的放大镜或 20 倍以上的测量显微镜检测 3 个由 X 向 25.4 mm 和 Y 向 25.4 mm 组成的十字、T 形、L 形的基本分辨率测试图，再按 DPI 计算 3 次基本分辨率模式 $x \times y$ 的算术平均值，该数值与标定值的误差应符合 5.2.2 的规定。

6.4.2.2 试验方法二

用示波器等仪器检测 X 方向上喷墨点火脉冲次数检测基本分辨率 x，用单个喷头的分辨率类推基本分辨率 y，依此计算的基本分辨率模式 $x \times y$，该数值与标定值的误差应符合 5.2.2 的规定。

注：对于小于 200 DPI 的(基本)分辨率，宜用 6.4.2.1 的方法试验。对于大于或等于 200 DPI 的(基本)分辨率，宜用 6.4.2.2 的方法试验。

6.4.3 喷绘边界误差试验

用精度为 0.02 mm 的游标卡尺检测喷绘输出图像前后两次最大给进介质步进长度(即 1 pass)之间的喷绘边界误差，测量结果即为喷绘边界误差。

6.4.4 断墨率试验

6.4.4.1 试验方法一

将喷绘机的喷头喷孔数调通 98%以上，使用 100%墨量。在最大喷绘幅宽、X 向最高运行速度、基本分辨率模式和最大给进介质步进长度(即 1 pass)状态下，先喷绘一测试条，再(无维护一次性)连续喷绘“喷绘幅长×喷绘幅宽”单色测试色块，检查该色块上的断墨孔数，以此计算出该色的断墨率，其他颜色的断墨率依此进行。

6.4.4.2 试验方法二

将喷绘机的喷头喷孔数调通 98%以上，使用 100%墨量。在最大喷绘幅宽、X 向最高运行速度、基本分辨率模式和最大给进介质步进长度(即 1 pass)状态下，分别(无维护一次性)连续喷绘“喷绘幅长”、不小于 90%“喷绘幅宽”的各颜色单色测试色块，并在色块旁(左侧或右侧)喷绘一不小于 10 mm 宽的色带。检查该色带上的断墨孔数，以此计算出各色断墨率。

注：通常宜用 6.4.4.1 的方法试验，当在喷绘测试条过程中无断墨现象，而在喷绘图像过程中出现断墨现象时，宜用 6.4.4.2 的方法试验。

6.4.5 墨点离散度试验

以最高运行速度、单次点火，在 X 方向单向喷绘的 100%全喷数据，用 40 倍以上的放大镜或 20 倍以上测量显微镜检测呈离散分布的、喷点直径大于 $d/2$ 的喷墨点带的最大宽度，测量结果即为墨点离散度。

6.4.6 平板型介质跑偏量试验

介质长度分别达到 500 mm、1 000 mm、1 200 mm 时，用精度为 0.5 mm 的钢卷尺检测介质与机器原点之间距离的位移量，测量结果即为介质跑偏量。

6.4.7 **最高喷绘速度检验**

在最大喷绘幅宽、X向最高运行速度、基本分辨率模式(≥90×150或150×90)和最大给进介质步进长度(也即1 pass)情况下，从喷绘机喷绘输出操作确认开始计时，连续喷绘输出幅长1 m最大喷绘幅宽图像，用秒表(分辨率为1 s)测量时间t；用精度为0.5 mm的钢卷尺检测图像的长度a和宽度b的尺寸。按公式(1)计算最高喷绘速度的实测值V，并计算V与标定值V_0的误差。

$$V=\frac{a\times b}{t} \qquad \cdots\cdots(1)$$

式中：

V ——最高喷绘速度的实测值，单位为平方米每小时(m^2/h)；

a ——喷绘图像的长度，单位为米(m)；

b ——喷绘图像的宽度，单位为米(m)；

t ——喷绘时间，单位为小时(h)。

6.4.8 **套准误差试验**

喷绘一套准测试图，用40倍精度为0.01 mm的放大镜测量喷绘套准误差，其最大值应符合5.2.8的规定。

注：本套准测试图由各企业自行制作。

6.5 **安全要求检验**

6.5.1 机械安全

6.5.1.1 目测检查安全保护装置，用长度尺检查保护装置与内旋转部件之间的间隙。

6.5.1.2 用目测和手感的测试方法检查齿轮传动、链传动与同步带轮的防护装置。

6.5.1.3 用秒表和长度尺检查活动式防护装置。

6.5.1.4 用运行的方法检查直线运动的部件运动时的保护装置。

6.5.1.5 用运行的方法检查急停保护装置。

6.5.2 电气安全

6.5.3 切断电源，目视检查电气系统布线、各种标记等情况。

6.5.3.1 用一个适当速度，反复进行启动、停止(包括制动、正反点动)动作，再进行速度变换操作：

a) 检查电气系统工作情况；

b) 检查机器安全警报或故障显示装置。

6.5.4 按GB 5226.1—2008中18.2.2的试验方法，检查保护联结电路的连续性。

6.5.5 按GB 5226.1—2008中18.3的试验方法，检查绝缘电阻。

6.5.5.1 按GB 5226.1—2008中18.4的试验方法，进行耐压试验。

6.5.6 人身安全

采用目视和实际操作的方法进行试验，检查人身安全保护装置或措施。

6.5.7 墨水与环境安全

6.5.7.1 查看说明书，检查有关喷头的说明。

6.5.7.2 查看说明书，检查所用墨水的说明及有关的防护措施。

6.5.7.3 采用目视和实际操作的方法进行试验，检查危险排除物保护装置或措施。

6.5.7.4 查看说明书，检查对遗漏墨水的处理说明。

6.5.8 安全警告

采用目测和实际操作的方法进行试验。

6.5.9 电磁兼容性试验

6.5.9.1 按 GB 9254—2008 规定的方法进行喷绘机的无线电骚扰限值的试验,试验过程中运行自检程序,喷绘机应能正常工作。

6.5.9.2 按 GB/T 17618 规定的方法进行喷绘机的抗扰度限值的试验,试验过程中运行自检程序,喷绘机应能正常工作。

6.6 外观质量

采用目视和手感的方法检查喷绘机的外观质量;检查墨路、气路、润滑的排列;检查拆装介质、墨水容器的方便性等状况。

6.7 噪声测量

6.7.1 测量条件

a) 本部分采用3级精度的GB/T 3768 包络法测试,在测试条件不满足 GB/T 3768 条件的情况下(如本底噪声和测试空间),则可采用2级精度的 GB/T 3767 工程法测试;
b) 环境的本底噪声应至少比喷绘机空运转时的噪声低 3 dB(A);
c) 被测设备应放置在平整的混凝土地面上,周围墙体须距离被测设备 2 m 以上;
d) 噪声源不包括用于空压机、吸尘器与产生真空吸附的装置。

6.7.2 测量方法

a) 在最高喷绘速度(基本分辨率模式)下空运转,使用精度±1 dB(A)的普通声级计测量机器的A声压级噪声;
b) 噪声测量点水平位置(见图1)。噪声测量点距地面高度为 1.5m,距机器四周外轮廓线 1m 处,测量点之间的距离约为 2 m,图示测量点为参考点,可根据测量轨迹长短增加或减少测量点,其中第 i 点为巡回测量最大噪声点;
c) 各测量点噪声与本底噪声之差在 3.0 dB(A)~10.0 dB(A)之间时,则按表4进行修正;
d) 各测量点噪声值的算术平均值即为喷绘机的噪声值。

表 4 背景噪声修正值

产品运转工作时的声压级与背景本底噪声声压级之差/dB(A)	3.0	4.0	5.0	6.0	7.0	8.0	9.0	10.0	>10.0
应从运转时的声压级测量值中减去噪声修正值 K	3.0	2.0	2.0	1.0	1.0	1.0	0.5	0.5	0

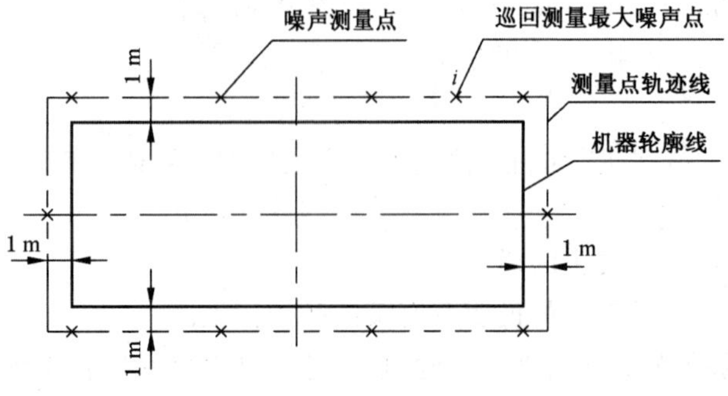

图 1 噪声测量点位置图

7 检验规则

7.1 出厂检验

7.1.1 每台产品应由制造厂质量检验部门检验合格后方可出厂。

7.1.2 每台产品出厂检验时应符合5.1.1～5.1.7、5.3、5.4的规定。若有一项不合格，该产品为不合格产品。

7.1.3 每批产品抽一台出厂检验时应符合5.1.8、5.2、5.5的规定。若有一项不合格，应再抽2台进行检验；再不合格，则应对该批产品逐台进行检验。

7.2 型式检验

7.2.1 有下列情况之一时，应进行型式检验：

a) 新产品和老产品转厂生产时的试制定型鉴定；

b) 正式生产后，如结构、材料、工艺有较大改变、可能影响产品性能时；

c) 停产1年以上又恢复生产时；

d) 连续生产时，每年至少进行一次；

e) 出厂检验结果与上次型式检验发生较大差异时。

7.2.2 型式检验项目应按第5章规定的内容检验。

8 标志、包装、运输、贮存

8.1 标志

8.1.1 每台产品应在明显部位固定标牌，标牌应符合GB/T 13306的规定，内容至少应包括：

a) 制造厂名称、产品原产地；

b) 产品型号、名称；

c) 产品执行标准编号；

d) 产品主要技术参数；

e) 出厂编号；

f) 出厂日期。

8.1.2 对易造成人体伤害的位置应设置符合GB 2894的安全标志。如：当心触电、注意安全、当心机械伤人、当心烫伤等标志。

8.1.3 包装储运图示标志，应符合GB/T 191的规定。

8.1.4 运输包装收发货标志，应符合GB/T 6388的规定。

8.2 包装

8.2.1 喷绘机出厂包装应符合GB/T 13384的规定。

8.2.2 装箱前机件、工具备件、附件的外露加工面应进行防锈处理，应符合GB/T 4879的规定。

8.2.3 每台产品出厂时应附有下列随机文件：

a) 产品合格证；

b) 使用说明书；

c) 装箱单(含总装箱单和分装箱单)。

8.2.4 产品分多箱包装时，随机文件应放在主机箱内，分装箱单应放在相应的包装箱内。

8.2.5 对于非随机而单独包装的喷头，应采用具有防震的原软包装和外包装，并有型号、批次等标示。

8.3 运输

产品在运输起吊时，应按包装箱外壁箱面的标志稳起、轻放，防止碰撞。

8.4 贮存

8.4.1 产品包装箱应贮存在干燥、通风的地方，避免受潮。室外贮存时应有防雨措施。

8.4.2 贮存期超过1年应在出厂前进行开箱检验，若包装损坏影响产品出厂时应更换包装。

附 录 A
(规范性附录)
产品型号表示方法

A.1 组成

喷绘机型号由主型号、辅助型号、设计序号和特殊功能三部分组成。

主型号	辅助型号	—	设计序号、特殊功能

A.2 主型号

主型号表示喷绘机代号、介质传送方式两个内容，用2位大写汉语拼音字母表示：

a) 喷绘机代号：
   B——表示平板型宽幅面喷绘机。

b) 介质传送方式：
   D——表示传输带型；
   H——表示混合型；
   P——表示平台型。

A.3 辅助型号

辅助型号表示产品的喷绘幅宽、喷绘幅长、使用墨水型式和喷头数量，用阿拉伯数字或英文字母表示：

a) 喷绘幅宽：以100 mm为单位的两位数字表示，如16，为喷绘幅宽1 600 mm。

b) 喷绘幅长：以100 mm为单位的两位数字表示，如32，为喷绘幅长3 200 mm。

c) 使用墨水型式：
   A——表示水基型墨水；
   ES——表示弱溶剂型墨水；
   O——表示油性墨水；
   S——表示溶剂型墨水；
   UV——表示UV型墨水。

注：其他种类墨水，可自行用相应的英文字母表示。

d) 喷头数量：用2位阿拉伯数字表示，如06，为6个喷头，指实际装机喷头数量。

A.4 设计序号与特殊功能

设计序号与特殊功能的表示如下：

a) 设计序号：用阿拉伯数字表示设计的排序。首次开发的产品，型号不表示，当产品的主要结构型式或性能改变时，均以设计序号加以区别；

b) 特殊功能：用一位大写汉语拼音字母表示，两个以上的多种功能之间用短横线“-”隔开表示，本部分未说明的特殊功能，企业可自行编制，但不准许与以下字母重复：

B——表示自动保湿；

G——表示自动高度控制；

J——表示灰度级喷绘；

Q——表示自动清洗。

示例 1：具有灰度级喷绘功能、第一次改进，适用于 UV 墨水、12 只喷头、喷绘幅宽为 2.5 m、喷绘幅长为 1.2 m 的 UV 平台平板型宽幅面喷绘机，型号为 BP2512UV12-1J。

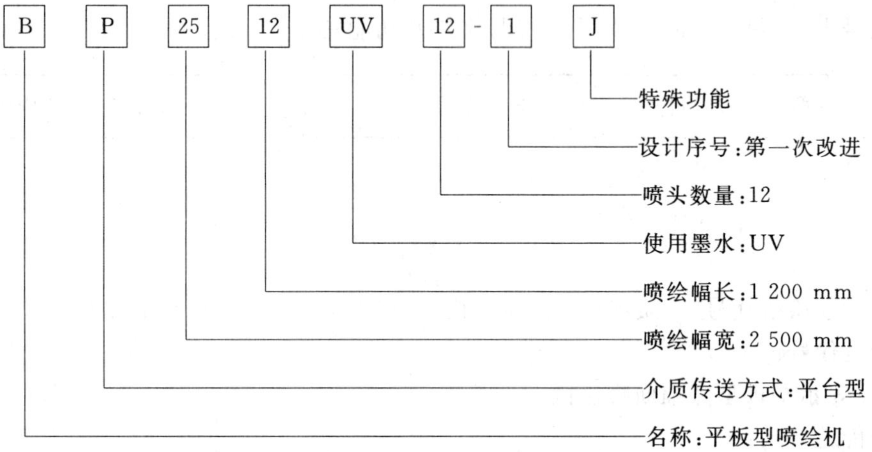

示例 2：具有自动清洗功能，适用于 UV 墨水、8 只喷头、喷绘幅宽为 1.8 m、喷绘幅长为 3.2 m 的平台平板型宽幅面喷绘机，型号为 BP1832UV08-Q。

参 考 文 献

[1] GB/T 3264—2010 印刷机械 单张纸平版印刷机
[2] GB/T 9851.1—2008 印刷技术术语 第1部分:基本术语
[3] QB/T 2730.2—2005 喷墨喷绘墨水 第2部分:喷绘墨水

ICS 13.110
J 09

中华人民共和国国家标准

GB/T 25749.5—2012/ISO 29042-5:2010

机械安全 空气传播的有害物质排放的评估 第5部分:测量不带导管出口的空气净化系统质量分离效率的试验台法

Safety of machinery—Evaluation of the emission of airborne hazardous substances—Part 5:Test bench method for the measurement of the separation efficiency by mass of air cleaning systems with unducted outlet

(ISO 29042-5:2010,IDT)

2012-05-11 发布 2012-12-01 实施

中华人民共和国国家质量监督检验检疫总局
中国国家标准化管理委员会 发布

前　言

GB/T 25749《机械安全　空气传播的有害物质排放的评估》由以下9部分组成：

——第1部分：试验方法的选择；

——第2部分：测量给定污染物排放率的示踪气体法；

——第3部分：测量给定污染物排放率的试验台法；

——第4部分：测量排气系统捕获效率的示踪法；

——第5部分：测量不带导管出口的空气净化系统质量分离效率的试验台法；

——第6部分：测量带导管出口的空气净化系统质量分离效率的试验台法；

——第7部分：测量污染物浓度参数的试验台法；

——第8部分：测量污染物浓度参数的室内法；

——第9部分：净化指数。

本部分是GB/T 25749的第5部分。

本部分按照GB/T 1.1—2009给出的规则起草。

本部分等同采用国际标准ISO 29042-5:2010《机械安全　空气传播的有害物质排放的评估　第5部分：测量不带导管出口的空气净化系统质量分离效率的试验台法》。

本部分等同翻译ISO 29042-5:2010。为便于使用，本部分做了下列编辑性修改：

——删除了引言中关于ISO/TC 199工作范围以及关于ISO 29042-5与EN 1903-6的关系的内容；

——3.1的注中"质量分离效率的百分比"改为"质量分离效率"，并在公式(1)中的"100"后面增加"%"，其他类似情况做相同处理；

——删除了第7章中的脚注1。

本部分由全国机械安全标准化技术委员会(SAC/TC 208)提出并归口。

本部分起草单位：深圳市华测检测技术股份有限公司、南京林业大学光机电仪工程研究所、机械科学研究总院。

本部分主要起草人：郭勇、居荣华、张晓飞、李强、李勤、宁燕、赵茂程、富锐、陈能玉、刘治永。

引　言

机械领域的安全标准结构如下：

——A类标准(基础安全标准)，给出适用于所有机械的基本概念、设计原则和一般特征；

——B类标准(通用安全标准)，涉及机械的一种安全特征或使用范围较宽的一类安全防护装置：

- B1类，特定的安全特征(如安全距离、表面温度、噪声)标准；
- B2类，安全装置(如双手操纵装置、联锁装置、压敏装置、防护装置)标准；

——C类标准(机器安全标准)，对一种特定的机器或一组机器规定出详细的安全要求的标准。

根据GB/T 15706，本部分属于B类标准。

本部分的条款可以由C类标准进行补充或修改。

对于按照C类标准设计和构造的机器，如果C类标准中的条款与A类或B类标准不一致时，优先采用C类标准。

机械安全 空气传播的有害物质排放的评估 第5部分:测量不带导管出口的空气净化系统质量分离效率的试验台法

1 范围

GB/T 25749 的本部分规定了在给定的操作条件下,测量不带导管出口的空气净化系统质量分离效率的试验台法。该方法适用于净化空气中的气溶胶(烟雾、粉尘、烟尘、薄雾),蒸汽或气体的系统。

测量按照预定用途使用的空气净化系统的质量分离效率,可用于:

a) 空气净化系统性能的评估;

b) 空气净化系统改进的评估;

c) 空气净化系统之间的比较;

d) 按照质量分离效率将空气净化系统分级;

e) 按照质量分离效率确定相同预定用途的空气净化系统技术水平。

2 规范性引用文件

下列文件对于本文件的应用是必不可少的。凡是注日期的引用文件,仅注日期的版本适用于本文件。凡是不注日期的引用文件,其最新版本(包括所有的修改单)适用于本文件。

ISO 12100 机械安全 设计通则 风险评价与风险减小(Safety of machinery—General principles for design—Risk assessment and risk reduction)

3 术语和定义

ISO 12100 界定的以及下列术语和定义适用于本文件。

3.1

质量分离效率 separation efficiency by mass

η_s

〈空气净化系统〉在给定时间内,对于给定的污染物,空气净化系统过滤掉的污染物质量(m_3)与进入空气净化系统的污染物质量(m_1)的比值。

注:空气净化系统的质量分离效率可表示如下:

$$\eta_s = \frac{m_3}{m_1} \times 100\% \qquad \cdots\cdots(1)$$

4 原理

该测量方法的原理是在规定条件下操作试验台上的空气净化系统,并测定空气净化系统上游和下游试验物质的质量。

试验物质可以是实际污染物或者替代物,最好是低毒性并与测量方法的目标相一致。

5 试验台的描述

试验台由一个对称连接在测量管上的试验仓构成，气体经由导管抽出（见图1和图2）。

测量入口管内的浓度时，应使试验物质达到均匀分布。

在试验期间，空气净化系统的空气流量 Q_1 以及排气流量 Q_2 应在规定限值以内保持恒定。应根据空气净化系统的要求选择试验仓的横截面。

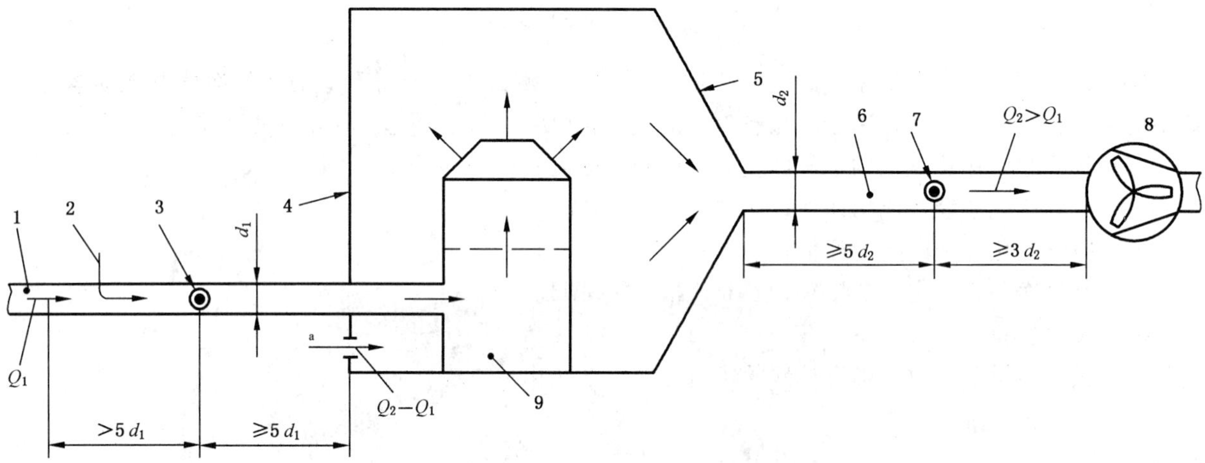

说明：

1——入口管；
2——试验物质注入点；
3——测量截面1；
4——试验仓；
5——通风管；
6——出口管；
7——测量截面2；
8——气体传送设备；
9——受检空气净化系统；
d_1——入口直径；
d_2——出口直径；
[a]——二次空气入口。

图1 带二次空气入口的试验台

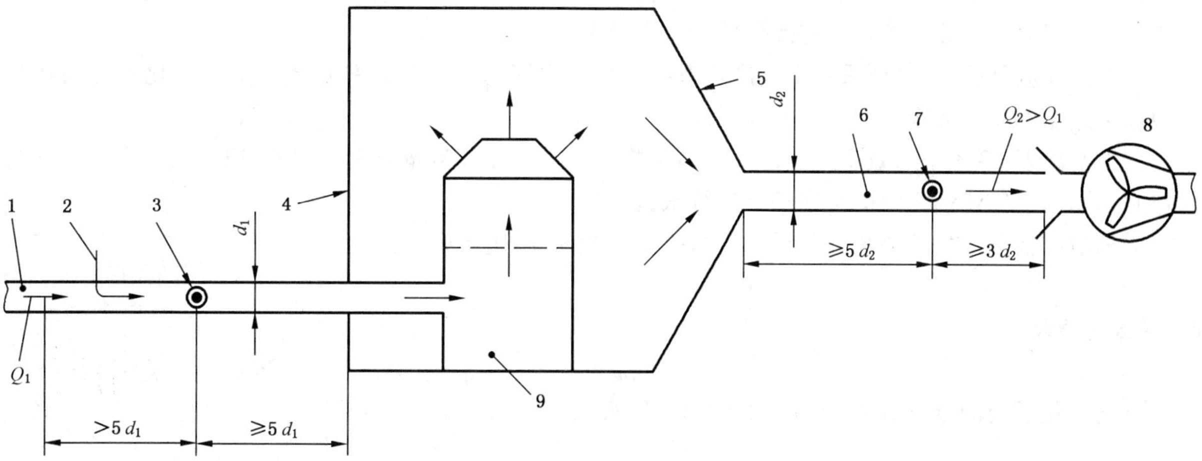

说明：

1——入口管；
2——试验物质注入点；
3——测量截面 1；
4——试验仓；
5——通风管；
6——出口管；
7——测量截面 2；
8——气体传送设备；
9——受检空气净化系统；
d_1——入口直径；
d_2——出口直径。

图 2　不带二次空气入口的试验台

6　空气净化系统的安放和操作

为了优化空气净化系统排放的污染物向出口管中测量截面 2 的传送（见图 1 和图 2），空气净化系统在试验仓中的位置宜使得空气净化系统排放物处于出口管纵轴垂直面的区域内。

应注意试验仓和出口管中的空气动力学状况，以确保在空气净化系统和测量截面 2 之间没有大量污染物沉积。

加入规定的试验物质，按照预定用途操作空气净化系统。对于给定类别的空气净化系统，试验物质的特性（如性质、粒径分布）和其上游浓度应在相应的 C 类标准中予以规定（见引言）。

应依照制造商的使用说明书操作空气净化系统。

7　测量程序

在 $t_1 \sim t_2$ 时间段内测量入口管中试验物质的质量流量，在 $t_1 \sim t_3$ 时间段内测量出口管中试验物质的质量流量。入口管中的质量流量可由注入的试验物质质量和空气流量确定。t_3 应晚于 t_2，并且应考虑空气净化系统、试验仓和出口管的时间常数。实际上，与测量时间相比，t_2 和 t_3 之间的差可能很短，并且对测量结果没有影响。

使用的测量程序需符合相关的标准。对于空气流量的测量，可参见 GB/T 2624.1、GB/T 17611、ISO 3966 和 ISO 5168。空气净化系统的上游和下游宜使用相同类型的仪器。否则，应确立使用每种试验物质测量时两种仪器之间的关系。

对某些应用，根据粒径分布确定分离效率是很有用的（参见 ISO 7708）。

有些空气净化系统的分离效率会随时间变化，如过滤器。采样程序应考虑此类效率的变化，以便获得关于所使用的分离装置效率的有效信息。

测量时间应足够长，以便采集空气净化系统典型使用期间排放的试验物质。空气净化系统的典型使用包括过滤器净化装置的若干个循环等。

通常情况下，系统分离效率由过滤掉的污染物量和空气体积流量决定。因此，应采用污染物的量与操作时预期的空气流量之间的不同组合进行试验。

详细的试验条件和结果统计分析应在相应的C类标准中予以规定。

8 结果的表示

空气净化系统的分离效率 η_s 可由式(2)计算得出：

$$\eta_s=\frac{m_3}{m_1}\cdot 100\%=\left[1-\frac{m_2}{m_1}\right]\cdot 100\%=\left[1-\frac{\int_{t_1}^{t_3} Q_2\cdot C_2\,dt}{\int_{t_1}^{t_2} Q_1\cdot C_1\,dt}\right]\cdot 100\% \qquad\cdots\cdots\cdots\cdots(2)$$

式中：

m_1——进入空气净化系统的试验物质质量；

m_2——没有被空气净化系统过滤掉的试验物质质量；

m_3——被空气净化系统过滤掉的试验物质质量；

C_1——进入空气净化系统的试验物质质量浓度；

C_2——在测量截面2处的试验物质质量浓度；

Q_1——入口管内的空气体积流量；

Q_2——出口管内的空气体积流量。

当需要以粒径分布的函数形式表示分离效率时，则需测量所涉及的每一种粒径范围内的 m_1 和 m_2。

9 试验报告

试验报告应至少包括以下信息：

a) 对本部分(GB/T 25749.5—2012)以及任何相关的C类标准的引用；
b) 受检空气净化系统的描述(制造商、样式、类型、改型、设计、尺寸、制造年份、序列号等)；
c) 试验期间的运行数据，包括空气流量；
d) 试验物质(性质、浓度；对于粉尘：粒径分布、水分含量等)；
e) 测量程序的描述，包括使用的试验台类型；
f) 所使用的测量仪器以及最近一次的校准时间；
g) 环境数据(温度、湿度、大气压力)；
h) 浓度和流量测量程序的描述(例如：标准列表)；
i) 试验结果；
j) 偏离任何相关标准的说明；
k) 实验室；
l) 试验责任人的姓名；
m) 试验日期；
n) 其他补充说明。

参 考 文 献

［1］ GB/T 2624.1 用安装在圆形截面管道中的差压装置测量满管流体流量 第1部分:一般原理和要求

［2］ GB 17611 封闭管道中流体流量的测量 术语和符号

［3］ ISO 3966 *Measurement of fluid flow in closed conduits—Velocity area method using Pitot static tubes*

［4］ ISO 5168 *Measurement of fluid flow—Procedures for the evaluation of uncertainties*

［5］ ISO 7708 *Air quality—Particle size fraction definitions for health-related sampling*

［6］ ISO 29042-1 *Safety of machinery—Evaluation of the emission of airborne hazardous substances—Part 1:Selection of test methods*

ICS 13.110
J 09

中华人民共和国国家标准

GB/T 25749.6—2012/ISO 29042-6:2010

机械安全　空气传播的有害物质排放的评估　第6部分:测量带导管出口的空气净化系统质量分离效率的试验台法

Safety of machinery—Evaluation of the emission of airborne hazardous substances—Part 6:Test bench method for the measurement of the separation efficiency by mass of air cleaning systems with ducted outlet

(ISO 29042-6:2010,IDT)

2012-05-11 发布　　　　2012-12-01 实施

中华人民共和国国家质量监督检验检疫总局
中国国家标准化管理委员会　发布

前　言

GB/T 25749《机械安全　空气传播的有害物质排放的评估》由以下 9 部分组成：

——第 1 部分：试验方法的选择；

——第 2 部分：测量给定污染物排放率的示踪气体法；

——第 3 部分：测量给定污染物排放率的试验台法；

——第 4 部分：测量排气系统捕获效率的示踪法；

——第 5 部分：测量不带导管出口的空气净化系统质量分离效率的试验台法；

——第 6 部分：测量带导管出口的空气净化系统质量分离效率的试验台法；

——第 7 部分：测量污染物浓度参数的试验台法；

——第 8 部分：测量污染物浓度参数的室内法；

——第 9 部分：净化指数。

本部分是 GB/T 25749 的第 6 部分。

本部分按照 GB/T 1.1—2009 给出的规则起草。

本部分等同采用国际标准 ISO 29042-6:2010《机械安全　空气传播的有害物质排放的评估　第 6 部分：测量带导管出口的空气净化系统质量分离效率的试验台法》。

本部分等同翻译 ISO 29042-6:2010。为便于使用，本部分做了下列编辑性修改：

——删除了引言中关于 ISO/TC 199 工作范围以及关于 ISO 29042-6 与 EN 1903-7 的关系的内容；

——3.1 的注中“质量分离效率的百分比”改为“质量分离效率”，并在公式(1)中的“100”后面增加“%”，其他类似情况做相同处理；

——删除了第 7 章中的脚注 1。

本部分由全国机械安全标准化技术委员会(SAC/TC 208)提出并归口。

本部分起草单位：深圳市华测检测有限公司、机械科学研究总院、南京林业大学光机电仪工程研究所。

本部分主要起草人：郭冰、富锐、居荣华、孙华山、宁燕、周宏平、李勤、张晓飞、陈能玉、刘治永。

引　　言

机械领域的安全标准结构如下：

——A 类标准（基础安全标准），给出适用于所有机械的基本概念、设计原则和一般特征；

——B 类标准（通用安全标准），涉及机械的一种安全特征或使用范围较宽的一类安全防护装置：

- B1 类，特定的安全特征（如安全距离、表面温度、噪声）标准；
- B2 类，安全装置（如双手操纵装置、联锁装置、压敏装置、防护装置）标准；

——C 类标准（机器安全标准），对一种特定的机器或一组机器规定出详细的安全要求的标准。

根据 GB/T 15706，本部分属于 B 类标准。

本部分的条款可以由 C 类标准进行补充或修改。

对于按照 C 类标准设计和构造的机器，如果 C 类标准中的条款与 A 类或 B 类标准不一致时，优先采用 C 类标准。

机械安全　空气传播的有害物质排放的评估　第6部分：测量带导管出口的空气净化系统质量分离效率的试验台法

1　范围

GB/T 25749 的本部分规定了在给定的操作条件下，测量带导管出口的空气净化系统的质量分离效率的试验台法。该方法适用于净化空气中的气溶胶(烟雾，粉尘，烟尘，细雾)，蒸汽或气体的系统。

测量按照预定用途使用的空气净化系统的质量分离效率，可用于：

a)　空气净化系统性能的评估；

b)　空气净化系统改进的评估；

c)　空气净化系统之间的比较；

d)　按照质量分离效率将空气净化系统分级；

e)　按照质量分离效率确定相同预定用途的空气净化系统技术水平。

2　规范性引用文件

下列文件对于本文件的应用是必不可少的。凡是注日期的引用文件，仅注日期的版本适用于本文件。凡是不注日期的引用文件，其最新版本(包括所有的修改单)适用于本文件。

ISO 12100　机械安全　设计通则　风险评价与风险减小(Safety of machinery—General principles for design—Risk assessment and risk reduction)

3　术语和定义

ISO 12100 界定的以及下列术语和定义适用于本文件。

3.1

质量分离效率　separation efficiency by mass

η_s

〈空气净化系统〉在给定时间内，对于给定的污染物，空气净化系统过滤掉的污染物质量(m_3)与进入空气净化系统的污染物质量(m_1)的比值。

注：空气净化系统的质量分离效率的百分比可表示如下：

$$\eta_s = \frac{m_3}{m_1} \times 100\% \qquad \cdots\cdots(1)$$

4　原理

该测量方法的原理是在规定条件下操作试验台上的空气净化系统，并测定空气净化系统上游和下游试验物质的质量。

试验物质可以是实际污染物或者替代物，最好是低毒性并与测量方法的目标相一致。

5 试验台的描述

试验台由安装有合适的入口管和出口管的空气净化系统构成(见图1)。如果有必要使用额外的空气传输设备,则该传输设备应连接在出口管上。应根据空气净化系统制造商的使用说明书设定空气的体积流量。

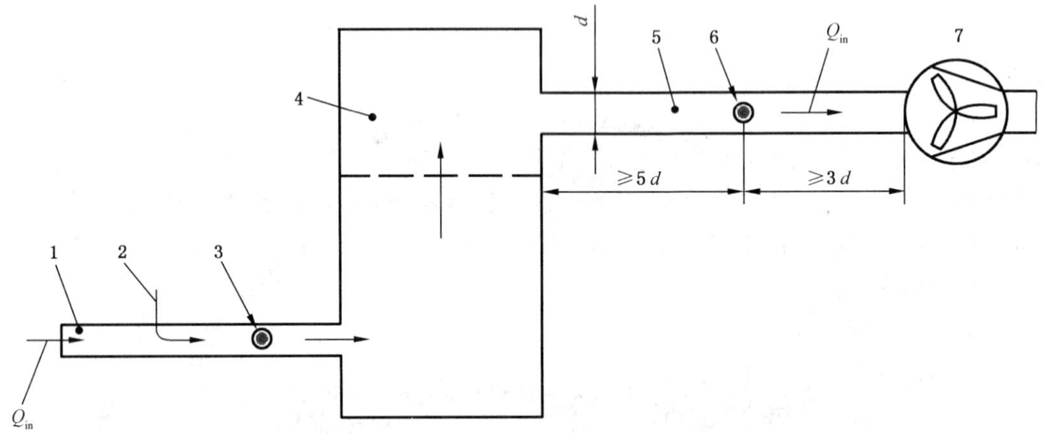

说明:

1——入口管;

2——试验物质注入点;

3——测量截面1;

4——受检空气净化系统;

5——出口管;

6——测量截面2;

7——气体传送设备;

d——出口管直径;

Q_{in}——进入入口管的空气体积流量。

图1 试验布置(示意图)

空气净化系统的空气流量在入口管和出口管中进行测量。用适当的方法把试验物质引入到入口管中。

入口管内的空气应进行过滤,以避免含有可能影响试验结果的物质。

6 空气净化系统的操作

加入规定的试验物质,按照预定用途操作空气净化系统。对于给定类别的空气净化系统,试验物质的特性(如性质、粒径分布)和其上游浓度应在相应的C类标准中予以规定。

应依照制造商的使用说明书操作空气净化系统。

7 测量程序

试验期间,t_1~t_2 时间段内试验物质的质量流量应在测量截面1和测量截面2(见图1)中确定。

使用的测量程序需符合相关的标准。对于空气流量的测量,可参见GB/T 2624.1、GB/T 17611、ISO 3966:1977和ISO 5168。空气净化系统的上游和下游宜使用相同类型的仪器。如果这不能实现,应建立两种仪器针对所使用的每种试验物质之间的关系。

对某些应用，根据粒径分布确定分离效率是很有用的(参见 ISO 7708)。

有些空气净化系统的分离效率会随时间变化，如过滤器。采样程序应考虑此类效率的变化，以便获得关于所使用的分离装置效率的有效信息。

测量时间应足够长，以便采集空气净化系统典型使用期间排放的试验物质。空气净化系统的典型使用包括过滤器净化装置的若干个循环等。

详细的试验条件和结果统计分析应在相应的 C 类标准中予以规定。

8 结果的表示

空气净化系统的分离效率 η_s 可由式(2)计算得出：

$$\eta_s = \frac{m_3}{m_1} \cdot 100\% = \left[1 - \frac{m_2}{m_1}\right] \cdot 100\% = \left[1 - \frac{\int_{t_1}^{t_2} C_2 \mathrm{d}t}{\int_{t_1}^{t_2} C_1 \mathrm{d}t}\right] \cdot 100\% \quad \cdots\cdots\cdots(2)$$

式中：

m_1——进入空气净化系统的试验物质质量；

m_2——没有被空气净化系统过滤掉的试验物质质量；

m_3——被空气净化系统过滤掉的试验物质质量；

C_1——进入空气净化系统的试验物质质量浓度；

C_2——在测量截面 2 处的试验物质质量浓度。

当需要以粒径分布的函数形式表示分离效率时，则需测量所涉及的每一种粒径范围内的 m_1 和 m_2。

9 试验报告

试验报告应至少包括以下信息：

a) 对本部分(GB/T 25749.6—2012)以及任何相关的 C 类标准的引用；

b) 受检空气净化系统的描述(制造商、样式、类型、改型、设计、尺寸、制造年份、序列号等)；

c) 试验期间的运行数据，包括空气流量；

d) 试验物质(性质、浓度；对于粉尘包括粒径分布、水分含量等)；

e) 测量程序的描述，包括所使用的试验台的类型；

f) 所使用的测量仪器以及最近一次的校准时间；

g) 环境数据(温度、湿度、大气压力)；

h) 浓度和流量测量程序的描述(例如：标准清单)；

i) 试验结果；

j) 偏离任何相关标准的说明；

k) 实验室；

l) 试验责任人的姓名；

m) 试验日期；

n) 其他补充说明。

参 考 文 献

[1] GB/T 2624.1 用安装在圆形截面管道中的差压装置测量满管流体流量 第1部分:一般原理和要求

[2] GB/T 17611 封闭管道中流体流量的测量 术语和符号

[3] ISO 3966 *Measurement of fluid flow in closed conduits—Velocity area method using Pitot static tubes*

[4] ISO 5168 *Measurement of fluid flow—Procedures for the evaluation of uncertainties*

[5] ISO 7708 *Air quality—Particle size fraction definitions for health-related sampling*

[6] ISO 29042-1 *Safety of machinery—Evaluation of the emission of airborne hazardous substances—Part 1:Selection of test methods*

ICS 13.110
J 09

中华人民共和国国家标准

GB/T 25749.7—2012/ISO 29042-7:2010

机械安全 空气传播的有害物质排放的评估 第7部分:测量污染物浓度参数的试验台法

Safety of machinery—Evaluation of the emission of airborne hazardous substances—Part 7:Test bench method for the measurement of the pollutant concentration parameter

(ISO 29042-7:2010,IDT)

2012-05-11 发布　　　　2012-12-01 实施

中华人民共和国国家质量监督检验检疫总局
中国国家标准化管理委员会　发布

前　　言

GB/T 25749《机械安全　空气传播的有害物质排放的评估》由以下9部分组成：

——第1部分：试验方法的选择；

——第2部分：测量给定污染物排放率的示踪气体法；

——第3部分：测量给定污染物排放率的试验台法；

——第4部分：测量排气系统捕获效率的示踪法；

——第5部分：测量不带导管出口的空气净化系统质量分离效率的试验台法；

——第6部分：测量带导管出口的空气净化系统质量分离效率的试验台法；

——第7部分：测量污染物浓度参数的试验台法；

——第8部分：测量污染物浓度参数的室内法；

——第9部分：净化指数。

本部分是GB/T 25749的第7部分。

本部分按照GB/T 1.1—2009给出的规则起草。

本部分等同采用国际标准ISO 29042-7:2010《机械安全　空气传播的有害物质排放的评估　第7部分：测量污染物浓度参数的试验台法》。

本部分等同翻译ISO 29042-7:2010。为便于使用，本部分做了下列编辑性修改：

——删除了引言中关于ISO/TC 199工作范围以及关于ISO 29042-7与EN 1903-8的关系的内容；

——将图1中的“$0.5\surd A_C$”修改为“$0.5\sqrt{A_C}$”，其他类似情况做相同处理。

本部分由全国机械安全标准化技术委员会(SAC/TC 208)提出并归口。

本部分起草单位：深圳市华测检测技术股份有限公司、机械科学研究总院、南京林业大学光机电仪工程研究所。

本部分主要起草人：朱平、刘治永、居荣华、武广元、张晓飞、李勤、郑梅生、宁燕、陈能玉、富锐。

引　言

机械领域的安全标准结构如下：

——A类标准(基础安全标准)，给出适用于所有机械的基本概念、设计原则和一般特征；

——B类标准(通用安全标准)，涉及机械的一种安全特征或使用范围较宽的一类安全防护装置：

- B1类，特定的安全特征(如安全距离、表面温度、噪声)标准；
- B2类，安全装置(如双手操纵装置、联锁装置、压敏装置、防护装置)标准；

——C类标准(机器安全标准)，对一种特定的机器或一组机器规定出详细的安全要求的标准。

根据GB/T 15706，本部分属于B类标准。

本部分的条款可以由C类标准进行补充或修改。

对于按照C类标准设计和构造的机器，如果C类标准中的条款与A类或B类标准不一致时，优先采用C类标准。

机械安全
空气传播的有害物质排放的评估
第7部分：测量污染物浓度参数的试验台法

1 范围

GB/T 25749 的本部分规定了在给定操作条件下，使用试验台测量空气中机器排放的给定有害物质浓度参数的一种试验方法。该方法只适用于排放的气体，蒸汽和可吸入性颗粒。

在可能的情况下，在试验台法中确定排放率(见 GB/T 25749.3)。

测量机器的污染物浓度参数可用于：

a) 评估机器的性能；

b) 评估机器的改进；

c) 预定用途相同的各组机器之间的比较(这种组是根据功能和加工材料定义的)；

d) 按照污染物浓度参数将同一组的机器分级；

e) 按照污染物浓度参数确定机器的技术水平。

2 规范性引用文件

下列文件对于本文件的应用是必不可少的。凡是注日期的引用文件，仅注日期的版本适用于本文件。凡是不注日期的引用文件，其最新版本(包括所有的修改单)适用于本文件。

ISO 2602 数据结果的统计分析 均值估计 置信区间(Statistical interpretation of test results—Estimation of the mean—Confidence interval)

ISO 12100 机械安全 设计通则 风险评价与风险减小(Safety of machinery—General principles for design—Risk assessment and risk reduction)

3 术语和定义

ISO 12100 界定的和下列术语和定义适用于本文件。

3.1

仓体的污染物浓度参数 pollutant concentration parameter of the cabin

P_{CC}

在机器附近的规定位置测得的给定污染物浓度。

注：在本部分中，最好使用一个位于排气管中的测量截面。

4 原理

本测量方法的原理是在试验台内操作受控条件下的机器，并在试验台上已规定的位置(见 5.2)测量特定排气流量时的污染物浓度。该浓度代表机器的一个排放指标。

5 试验台

5.1 试验台的描述

试验台由一个带有通风管的试验仓组成,其后为一台气体传送设备(见图1)。

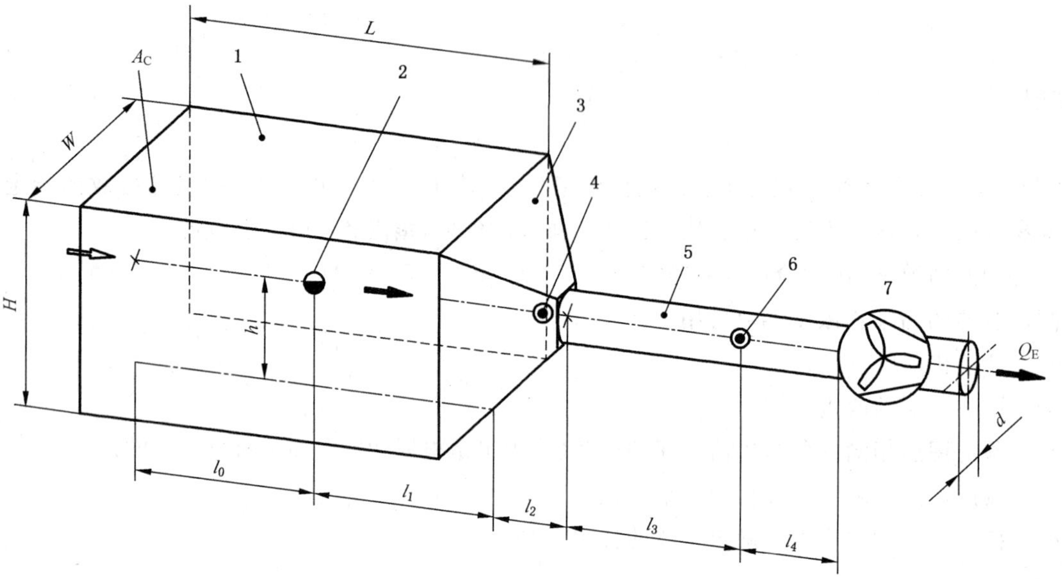

$W/H \geqslant 0.66$，　$l_1 \geqslant 0.5\sqrt{A_C}$，　$l_3 \geqslant 5d$；

$W/H \leqslant 1.5$，　$l_1 \leqslant 2.0\sqrt{A_C}$，　$l_4 \geqslant 3d$；

$h \leqslant 0.66H$，　$l_1 \leqslant 2.0$ m；

$l_0 \geqslant 0.5\sqrt{A_C}$，　$0.5\sqrt{A_C} \leqslant l_2 \leqslant \sqrt{A_C}$。

说明:

1——试验仓;

2——排放源;

3——通风管;

4——测量截面2;

5——排气管;

6——测量截面1(首选);

7——气体传送设备;

A_C ——试验仓的横截面;

d ——出口直径;

W ——试验仓的宽度;

H ——试验仓的高度;

h ——排放源的高度;

L ——试验仓的长度;

Q_E ——试验仓排气流量。

注:通常情况下,不能认为排放源是一个点,但可认为是包含多个排放源的区域。

图1　试验台(示意图)

气体传送设备在试验仓内产生从入口流向通风管的气流。试验仓应配备一个可透气的进口(例如大孔过滤材料、多孔塑料薄片或薄板),以获得沿整个入口面均匀分布的气流,并避免试验仓中污染物的逸出。

试验仓的排气流量应在C类标准予以规定。应控制排气流量,以使其保持恒定。应根据机器的尺寸选择试验仓的横截面(形状和尺寸)。机器的最大横截面积不应超过试验仓的最大横截面积的五分之一。

试验仓的长度应足以容纳机器和操作人员，并且排放源的位置与图1中标出的位置越接近越好。

机器在试验仓中的位置应使得机器污染排放源位于距通风管初始端为 l_1，距入口管为 l_0 的试验仓纵轴的区域，如图1所示。

5.2 测量截面的位置

应在排气管中的测量截面1测量污染物的浓度。

或者，如果不得不使用采样头较大和/或只适合较低气流速度的测量仪器，则可能选择使用通风管中轴区域内尽可能靠近排气管的测量截面2。

6 程序

6.1 机器的操作

应依照预定用途操作机器。工作程序的规定、使用的工具和机器规定类别处理的原料将在C类标准中予以规定。

如果机器按照预定用途自备了使空气向工作区循环的分离器，则分离器的出口应位于试验仓中，从而确保二次排放源排放的污染物到达测量点。

应按照制造商的说明书操作机器。当机器配备有污染物控制系统时，也应按照说明书对其进行调整。

除非具有制造商关于操作污染物控制系统的说明书，否则不应进行试验。

6.2 测量程序

污染物浓度的测量程序应符合相应的标准。每种类型机器的具体程序应在相应的C类标准中予以规定。

测量应考虑机器的正常操作周期。

测量时间应足够长，以便收集能代表机器正常操作周期的浓度数据。

应至少完成三次试验。

7 结果的表示

试验仓的污染物浓度参数 P_{CC} 是平均值与按照 ISO 2602 计算的95%置信区间之和。

8 试验报告

试验报告应至少包括以下信息：

a) 对本部分(GB/T 25749.6—2012)以及任何相关的C类标准的引用；
b) 受检机器的描述(制造商、样式、类型、改型、设计、尺寸、制造年份、序列号等)——机器本身以及每件附加设备；
c) 试验期间的运行数据，包括：机器所用工具和机器所加工的材料；
d) 污染物控制系统的描述(制造商、样式、类型、改型、设计、尺寸、制造年份、序列号等)；
e) 试验仓排气流量；
f) 测量程序的描述，包括测试点的位置和测量的污染物；
g) 所使用的测量仪器以及最近一次的校准时间；

h) 环境数据(温度、湿度、大气压力);

i) 浓度和流量测量程序的描述(例如:标准列表);

j) 完成试验的次数;

k) 测得的浓度;

l) 污染物浓度参数 P_{CC},平均值和95%置信区间;

m) 偏离任何相关标准的说明;

n) 实验室;

o) 试验责任人的姓名;

p) 试验日期;

q) 其他补充说明。

参 考 文 献

［1］ GB/T 25749.3 机械安全 空气传播的有害物质排放的评估 第3部分:测量给定污染物排放率的试验台法

ICS 13.110
J 09

中华人民共和国国家标准

GB/T 25749.8—2012/ISO 29042-8:2011

机械安全 空气传播的有害物质排放的评估 第8部分:测量污染物浓度参数的室内法

Safety of machinery—Evaluation of the emission of airborne hazardous substances—Part 8:Room method for the measurement of the pollutant concentration parameter

(ISO 29042-8:2011,IDT)

2012-05-11 发布　　2012-12-01 实施

中华人民共和国国家质量监督检验检疫总局
中国国家标准化管理委员会 发布

前　言

GB/T 25749《机械安全　空气传播的有害物质排放的评估》由以下9部分组成：

——第1部分：试验方法的选择；

——第2部分：测量给定污染物排放率的示踪气体法；

——第3部分：测量给定污染物排放率的试验台法；

——第4部分：测量排气系统捕获效率的示踪法；

——第5部分：测量不带导管出口的空气净化系统质量分离效率的试验台法；

——第6部分：测量带导管出口的空气净化系统质量分离效率的试验台法；

——第7部分：测量污染物浓度参数的试验台法；

——第8部分：测量污染物浓度参数的室内法；

——第9部分：净化指数。

本部分是GB/T 25749的第8部分。

本部分按照GB/T 1.1—2009给出的规则起草。

本部分等同采用国际标准ISO 29042-8:2011《机械安全　空气中有害物质排放的评估　第8部分：测量污染物浓度的室内法》(英文版)。

本部分等同翻译ISO 29042-8:2011。为便于使用，本部分做了下列编辑性修改：

——删除了引言中关于ISO/TC 199工作范围以及关于ISO 29042-8与EN 1903-9的关系的内容。

本部分由全国机械安全标准化技术委员会(SAC/TC 208)提出并归口。

本部分起草单位：深圳市华测检测有限公司、南京林业大学光机电仪工程研究所、机械科学研究总院。

本部分主要起草人：朱平、居荣华、宁燕、李波、富锐、刘英、李勤、陈能玉、张晓飞、刘治永。

引　言

机械领域安全标准的结构如下：

——A 类标准(基础安全标准)，给出适用于所有机械的基本概念、设计原则和一般特征；

——B 类标准(通用安全标准)，涉及在机械的一种安全特征或使用范围较宽的一类安全装置：

- B1 类，特定的安全特征(如安全距离、表面温度、噪声)标准；
- B2 类，安全装置(如双手操纵装置、联锁装置、压敏装置、防护装置)标准；

——C 类标准(机器安全标准)，对一种特定的机器或一组机器规定出详细的安全要求的标准。

根据 GB/T 15706，本部分属于 B 类标准。

C 类标准可补充或修改本部分中的条款。

对于按照 C 类标准设计和构造的机器，如果 C 类标准中的条款与 A 类或 B 类标准不一致时，优先采用 C 类标准。

机械安全　空气传播的有害物质排放的评估　第8部分:测量污染物浓度参数的室内法

1　范围

GB/T 25749的本部分规定了在给定条件下操作位于试验房间内的机器时,测量空气中机器排放的给定有害物质的污染物浓度参数的室内法。本方法只适用于局部排气通风的空气流量≥500 m^3/h的机器以及不带空气循环的机器。

测量机器的污染物浓度参数,可用于:

a)　评估机器的性能;

b)　评估机器的改进;

c)　预定用途相同的各组机器之间的比较(这种组是根据功能和加工材料定义的);

d)　按照污染物浓度参数将同一组的机器分级;

e)　按照污染物浓度参数确定机器的技术水平。

2　规范性引用文件

下列文件对于本文件的应用是必不可少的。凡是注日期的引用文件,仅注日期的版本适用于本文件。凡是不注日期的引用文件,其最新版本(包括所有的修改单)适用于本文件。

ISO 2602　数据结果的统计分析　均值估计　置信区间(Statistical interpretation of test results—Estimation of the mean—Confidence interval)

ISO 12100　机械安全　设计通则　风险评价与风险减小(Safety of machinery—General principles for design—Risk assessment and risk reduction)

3　术语和定义

ISO 12100界定的以及下列术语和定义适用于本文件。

3.1

室内污染物浓度参数　pollutant concentration parameter of the room

P_{cr}

在机器附近的规定位置测得的给定污染物浓度。

注:在本部分中,测量点为机器周围规定的位置,且污染物浓度参数为测得浓度的平均值。

4　原理

本测量方法的原理是在试验房间内操作受控条件下有强烈局部排气通风(≥500 m^3/h)的机器,并在规定位置(见5.2)测量污染物浓度。平均浓度代表机器排放的一项指标,标准偏差代表所排放污染物分散度的一项指标。

5 试验环境

5.1 试验房间

试验在满足以下准则的房间内进行：

——试验房间内没有其他给定污染物的排放源；

——所有来自测量点的气流都应引向将进行试验的局部排气通风装置，如采用烟筒；

——房间应大于 200 m^3；

——机器与墙和天花板之间的距离大于 2 m；

——没有来自局部排气通风装置的回流空气；

——应具有正确的空气供应设计，以避免测量点区域内的交叉气流。

5.2 测量点的位置

至少应在机器周围设置四个测量点。应根据经验使所选取的测量点位置位于主要排放区域内。测量点的数量和准确位置应在C类标准中予以规定。

6 程序

6.1 机器的操作

应按照机器的预定用途进行操作。各类别机器的工作程序（如进给速度）、所使用的工具（如类型、工具速度）以及所加工的材料（如性质、大小）应在C类标准中予以规定。

应按照制造商的说明书操作机器。

6.2 测量程序

污染物浓度测量程序应符合相关的国际标准或国家标准。

测量时应考虑机器的正常操作周期。

测量时间应足够长，以便收集能够代表机器正常操作周期的浓度数据。

每种类型机器的具体程序应在适当的C类标准中予以规定。

在打开测量仪表前，宜启动机器并达到正常工作条件。但是，宜注意观察机器启动过程中可能出现的非正常高排放。确切时间或操作周期数应在C类标准中规定。

在测量点应至少测量三次。

7 结果的表示

对每一序列试验，应计算所有测量点的平均值$\overline{x_t}$和标准偏差。根据这些平均值按照ISO 2602计算平均值$\overline{x_p}$和单侧95%置信区间。

室内污染物浓度参数P_{cr}为平均值$\overline{x_p}$和单侧95%置信区间之和。

8 试验报告

试验报告应至少包括下列信息：

a) 对本部分(GB/T 25749.8—2012)以及任何相关的C类标准的引用；

b) 受检机器的描述(制造商、样式、类型、改型、设计、尺寸、制造年份、序列号等)——机器本身以及每件附加设备;
c) 试验房间的描述,机器尺寸和位置的示意图;
d) 试验期间的运行数据,包括机器所用工具和机器所加工的材料;
e) 污染物控制设备的描述(如制造商、样式、类型、改型、设计、尺寸、制造年份、序列号、操作数据和空气流量);
f) 测量程序的描述,包括测试点的位置和测量的污染物;
g) 所使用的测量仪器以及最近一次的校准时间;
h) 环境数据(温度、湿度、大气压力);
i) 浓度和流量测量程序的描述(例如:标准清单);
j) 试验次数;
k) 在所有规定点测得的浓度;
l) 室内污染物浓度参数 P_{cr},平均值和 95%置信区间;
m) 偏离任何相关标准的说明;
n) 实验室;
o) 试验责任人的姓名;
p) 试验日期;
q) 其他补充说明。

ICS 13.110
J 09

中华人民共和国国家标准

GB/T 25749.9—2012/ISO 29042-9:2011

机械安全　空气传播的有害物质排放的评估　第9部分:净化指数

Safety of machinery—Evaluation of the emission of airborne hazardous substances—Part 9: Decontamination index

(ISO 29042-9:2011,IDT)

2012-05-11 发布　　2012-12-01 实施

中华人民共和国国家质量监督检验检疫总局
中国国家标准化管理委员会
发布

前　言

GB/T 25749《机械安全　空气传播的有害物质排放的评估》由以下9部分组成：

——第1部分：试验方法的选择；

——第2部分：测量给定污染物排放率的示踪气体法；

——第3部分：测量给定污染物排放率的试验台法；

——第4部分：测量排气系统捕获效率的示踪法；

——第5部分：测量不带导管出口的空气净化系统质量分离效率的试验台法；

——第6部分：测量带导管出口的空气净化系统质量分离效率的试验台法；

——第7部分：测量污染物浓度参数的试验台法；

——第8部分：测量污染物浓度参数的室内法；

——第9部分：净化指数。

本部分是GB/T 25749的第9部分。

本部分按照GB/T 1.1—2009给出的规则起草。

本部分等同采用国际标准ISO 29042-9:2011《机械安全　空气中有害物质排放的评估　第9部分：净化指数》。

本部分等同翻译ISO 29042-9:2011。为便于使用，本部分做了下列编辑性修改：

——删除了引言中关于ISO/TC 199工作范围以及关于ISO 29042-9与EN 1903-11的关系的内容；

——删除了第6章中的脚注1。

请注意本文件的某些内容可能涉及专利。本文件的发布机构不承担识别这些专利的责任。

本部分起草单位：深圳市华测检测技术股份有限公司、机械科学研究总院、南京林业大学光机电仪工程研究所。

本部分主要起草人：郭冰、富锐、居荣华、李强、宁燕、李勤、孙见军、刘治永、陈能玉、张晓飞。

引　言

机械领域安全标准的结构如下：

——A类标准(基础安全标准)，给出适用于所有机械的基本概念、设计原则和一般特征；

——B类标准(通用安全标准)，涉及在机械的一种安全特征或使用范围较宽的一类安全装置：

- B1类，特定的安全特征(如安全距离、表面温度、噪声)标准；
- B2类，安全装置(如双手操纵装置、联锁装置、压敏装置、防护装置)标准；

——C类标准(机器安全标准)，对一种特定的机器或一组机器规定出详细的安全要求的标准。

根据GB/T 15706，本部分属于B类标准。

C类标准可补充或修改本部分中的条款。

对于按照C类标准设计和构造的机器，如果C类标准中的条款与A类或B类标准不一致时，优先采用C类标准。

机械安全　空气传播的有害物质排放的评估　第9部分:净化指数

警告:宜注意,在试验过程中,尤其关闭或移除污染物控制系统的过程中,有害物质(如果存在)的浓度可能达到易对操作人员或房间内的其他人员造成健康风险的水平。

本部分并不涉及控制此类风险所要求的保护措施。

1　范围

GB/T 25749的本部分规定了污染物控制系统(例如:包含局部排气通风的捕获设备、喷淋系统,以及适当时安装在机器上的分离设备)净化指数的测量方法。本方法使用实际污染物(见GB/T 25749.1—2010中4.2),且可在室内或现场环境进行。

测量污染物控制系统的净化指数可用于:

a)　机器污染物控制系统性能的评估;

b)　污染物控制系统改进的评估;

c)　相似设计的机器污染物控制系统之间的比较;

d)　按照净化效率对污染物控制系统进行分级;

e)　确定排气系统达到规定水平的空气流量;

f)　按照净化效率确定机器污染物控制系统的技术水平。

2　规范性引用文件

下列文件对于本文件的应用是必不可少的。凡是注日期的引用文件,仅注日期的版本适用于本文件。凡是不注日期的引用文件,其最新版本(包括所有的修改单)适用于本文件。

ISO 12100　机械安全　设计通则　风险评价与风险减小(Safety of machinery—General principles for design—Risk assessment and risk reduction)

3　术语和定义

ISO 12100界定的以及下列术语和定义适用于本文件。

3.1

净化指数　decontamination index

I_A

在若干个规定位置上,环境空气质量改善后的污染物浓度与污染物控制系统未运行的情况下实际污染物平均浓度之间的比率的平均值。

注1:考虑到其他操作引起的空气污染("本底浓度"),必要时进行修正。

注2:环境空气质量的改善效果由该环境中污染物控制系统运行或不运行时测得的实际污染物浓度之间的差来表示。

注3:当同时确定了粒径分布和污染物浓度时,则可确定每一粒级的净化指数。示例可参见ISO 7708。

4 原理

本测量方法的原理在于确定3.1中规定的净化指数和受检机器周围预定点所测得的浓度，以及该指数数值的说明，并考虑其变化范围和影响因素。

5 确定浓度测量点

应通过预先试验确定测量点，以保证它们位于可测量的排放区域内。测量点的数量和精确位置应在C类标准中规定。

6 试验方法

6.1 概述

如果本底浓度水平低，则测量将更加精确，对其的说明也更加合理。只要有可能，浓度测量宜在周围机器和其他工艺过程停止的情况下进行。

一旦选定测量点，测量程序将分三个阶段进行（见6.2～6.4）。这三个阶段至少重复两次。两个测量点的示例在图1中给出。

用于确定污染物浓度的测量程序应符合相关的国际标准或国家标准。空气流量的测量见GB/T 2624.1、GB/T 17611、ISO 3966和ISO 5168。

6.2 第1阶段：测量 C_{ti}

测定由周围机械和其他工艺过程的污染物排放（本底浓度）导致的浓度水平 C_{ti} 时，应关闭受检机器，如果已经安装了污染物控制系统，则也应关闭。记录周围机械和其他工艺过程的运行情况。

达到稳定条件时，在选定的测量点（见图1）测量浓度。在每个测量点的采样持续时间都应与周围机械和其他工艺过程的污染物排放持续时间有代表性的部分相对应。

在每个测量点应至少进行3次测量。

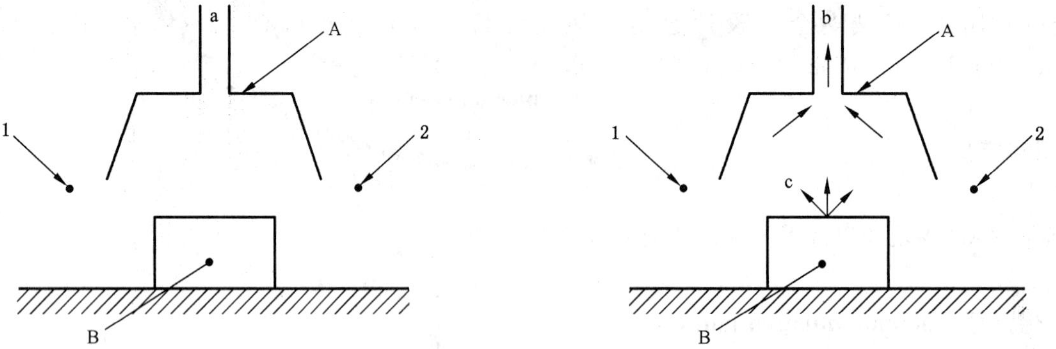

a） 第1阶段：测量 C_{ti}（见6.2）　　b） 第2阶段：测量 C_{mi}（见6.3）

图1 测量程序的示例

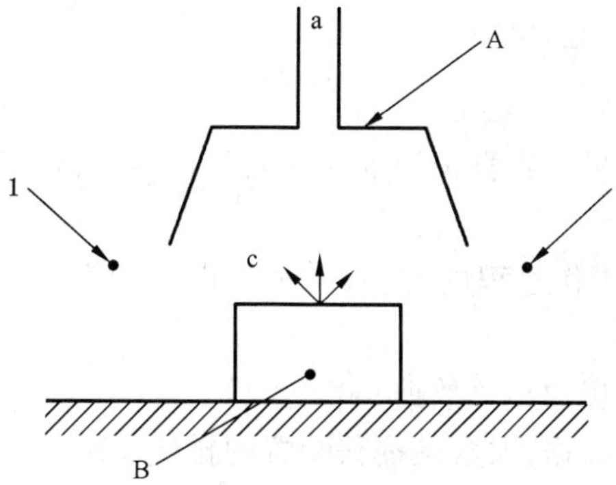

c) **第 3 阶段:测量 C_{ai}(见 6.4)**

说明:

A——捕获装置;

B——机器;

1、2——测量点;

a——空气流量为零;

b——空气流量为规定值;

c——污染物排放。

图 1(续)

6.3 第 2 阶段:测量 C_{mi}

在此阶段,受检机器处于运行状态,并且已安装污染物控制系统,同样处于运行状态。应规定机器及与其相连的污染物控制系统的操作条件。

浓度的测量依据第 1 阶段中规范进行:稳定状态,测量点位置,采样时间,周边机器和其他工艺过程的操作条件。

应进行检查以便确认尽可能接近第 1 阶段中的条件。

在每个测量点的采样持续时间都应与受检机器的污染物排放持续时间有代表性的部分相对应。

在每个测量点应至少进行 3 次测量。

6.4 第 3 阶段:测量 C_{ai}

受检机器关闭或移除其污染物控制系统,在与第 2 阶段相同的条件下保持运行。如果抽排系统可能发生堵塞,则不应完成试验。

警告:在某些情况下,关闭或改变污染物控制系统可导致操作员或室内的人员暴露在危险的污染水平下。在这些情况下,应采取适当保护措施使人员暴露的风险降到最低。

按照与前两个阶段类似的方法测量浓度。但是,宜注意室内达到状态可能需要很长的稳定时间。

在每个测量点应至少进行 3 次测量。

7 特定机器组的应用

考虑到各种不同的实际情况(例如:房间类型、机械、工作方法、产品种类、运行类别、污染物特性),不易定义一个不受上述不同因素约束的完全固定的方法。

如果 C 类标准给出了关于特定条件的附加信息,则宜规定空气采样点的位置、试验、采样持续时间以及机器的操作条件。

8 影响因素

许多因素都可能影响测量结果。宜尝试识别这些因素，并且如果有可能，还宜评估这些因素。特别宜记录以下几点：

——受检机器的相关数据、工作过程的类型、所加工产品的类型、操作类型(连续式、批量式、循环式)、操作的持续时间；
——周围机器和其他工艺过程的相关数据；
——污染物控制系统的相关数据，尤其是捕获装置的排气流量；
——分离系统的相关数据，尤其是流量；
——房间的尺寸；
——房间布局的相关数据(例如机器的位置)；
——总体通风系统的相关数据，特别是空气进入与排气设备的特征，包括交叉干扰气流的速率。同时，记录空气温度和湿度也非常有用。

一些方法上的难点可能限制本方法在现场的应用，例如：

——如果考虑污染物在空间和(或)时间上的差异，则需要进行大量的测量；
——宜特别注意尽量减小排气流量和气流模式的波动，特别是在室内，机器或与其相连的通风装置打开或关闭期间。

9 结果的表示

净化指数由式(1)计算得出：

$$I_A = \frac{1}{n}\sum_{i=1}^{n}\frac{C_{ai} - C_{mi}}{C_{ai} - C_{fi}} \qquad \cdots\cdots(1)$$

式中：

C_{ai} ——在机器处于运行状态、污染物控制系统未运行的条件下，在机器周围的规定位置 i 测得的实际污染物浓度；

C_{mi} ——在机器和污染物控制系统都处于运行状态的条件下，在机器周围的规定位置 i 测得的实际污染物浓度；

C_{fi} ——在机器和污染物控制系统都未运行的条件下，在机器周围的规定位置 i 测得的实际污染物浓度("本底浓度")；

n ——规定位置的数量(测量点)。

当本底浓度可忽略时，净化指数可简化为：

$$I_A = 1 - \frac{1}{n}\sum_{i=1}^{n}\frac{C_{mi}}{C_{ai}} \qquad \cdots\cdots(2)$$

计算每个测量点的净化指数以及三次测量中每次的净化指数。然后计算各测量点净化指数的平均值。试验结果为各测量点净化指数的平均值。

其他条件保持不变，净化指数越高，污染物控制系统效率越高。

示例：当 $I_A=0$，即 $C_a=C_m$ 时，净化系统对空气质量提升没有任何帮助。然而，当 $I_A=1$，即 $C_m=C_f$ 时，净化系统可有效地使室内空气污染达到本底浓度。

10 试验报告

测试报告应至少包含以下信息：

a) 对本部分(GB/T 25749.9—2012)以及任何相关的C类标准的引用；
b) 受检机器及受检污染物控制系统空气净化系统的描述(制造商、样式、类型、改型、设计、尺寸、制造年份、序列号等)——机器本身以及每件附加设备；
c) 试验期间的运行数据，包括机器所用的工具、机器所加工的材料和空气流量；
d) 总体通风系统的描述；
e) 测量程序的描述，特别是：
   1) 方法；
   2) 排放源的位置和采样点；
   3) 测量的持续时间；
f) 所使用的测量仪器以及最近一次的校准时间；
g) 环境数据(温度、湿度、大气压力)；
h) 浓度和流量测量所使用程序(例如：标准列表)的描述；
i) 试验结果，包括不同测量点的平均值和95%的置信区间；
j) 偏离任何相关标准的说明；
k) 实验室；
l) 试验责任人的姓名；
m) 测试数据；
n) 其他补充说明。

参 考 文 献

[1] GB/T 2624.1 用安装在圆形截面管道中的差压装置测量满管流体流量 第1部分:一般原理和要求

[2] GB/T 17611 封闭管道中流体流量的测量 术语和符号

[3] GB/T 25749.1 机械安全 空气传播的有害物质排放的评估 第1部分:试验方法的选择

[4] GB/T 25749.3 机械安全 空气传播的有害物质排放的评估 第3部分:测量给定污染物排放率的试验台法

[5] ISO 3966 *Measurement of fluid flow in closed conduits—Velocity area method using Pitot static tubes*

[6] ISO 5168 *Measurement of fluid flow—Procedures for the evaluation of uncertainties*

[7] ISO 7708 *Air quality—Particle size fraction definitions for health-related sampling*

ICS 29.130.01
K 30

中华人民共和国国家标准化指导性技术文件

GB/Z 25842.2—2012/IEC/TR 61912-2:2009

低压开关设备和控制设备　过电流保护电器 第2部分:过电流条件下的选择性

Low-voltage switchgear and controlgear—Over-current protective devices—Part 2:Selectivity under over-current conditions

(IEC/TR 61912-2:2009,IDT)

2012-11-05 发布　　2013-02-01 实施

中华人民共和国国家质量监督检验检疫总局
中国国家标准化管理委员会　发布

前　言

GB/Z 25842《低压开关设备和控制设备　过电流保护电器》分为两个部分：

——第1部分:短路定额的应用；

——第2部分:过电流条件下的选择性。

本指导性技术文件为GB/Z 25842的第2部分。

本指导性技术文件按照GB/T 1.1—2009给出的规则起草。

本指导性技术文件等同采用IEC/TR 61912-2:2009《低压开关设备和控制设备　过电流保护电器　第2部分:过电流条件下的选择性》。

与本指导性技术文件中规范性引用的国际文件有一致性对应关系的我国文件如下：

——GB 14048.1　低压开关设备和控制设备　第1部分:总则(IEC 60947-1:2007,MOD)

——GB 14048.4—2010　低压开关设备和控制设备　第4-1部分:接触器和电动机起动器　机电式接触器和电动机起动器(含电动机保护器)(IEC 60947-4-1:2009,MOD)

——GB 16916.1—2003　家用和类似用途的不带过电流保护的剩余电流动作断路器(RCCB)　第1部分：一般规则(IEC 61008-1:1996,MOD)

——GB 16917.1—2003　家用和类似用途的带过电流保护的剩余电流动作断路器(RCBO)　第1部分：一般规则(IEC 61009-1:1996,MOD)

本指导性技术文件作了下列编辑性修改：

——删除国际标准的前言；

——删除了国际标准中的3.1术语索引；

——将"本报告"改为"本指导性技术文件"；

——将引用文件IEC/TR 61459《熔断器和接触器/电动机起动器间的协调　使用指南》和IEC/TR 61818《低压熔断器应用指南》改为引用IEC 60269-5:2010《低压熔断器应用指南》。

本指导性技术文件由中国电器工业协会提出。

本指导性技术文件由全国低压电器标准化技术委员会(SAC/TC 189)归口。

本指导性技术文件负责起草单位:上海电器科学研究院、环宇集团有限公司、上海电科电器科技有限公司。

本指导性技术文件参加起草单位:上海西门子线路保护系统有限公司、贵州长征开关制造有限公司、常熟开关制造有限公司、浙江正泰电器股份有限公司、浙江天正电气股份有限公司、施耐德电气(中国)有限公司、上海电器设备检测所、华通机电股份有限公司、中国质量认证中心、德力西电气有限公司、杭州科丰电子有限公司、法泰电器(江苏)股份有限公司、苏州电器科学研究院股份有限公司、无锡TCL罗格朗低压电器有限公司。

本指导性技术文件主要起草人:栗惠、黄兢业、李丽芳。

本指导性技术文件参加起草人:包章尧、贺贵兵、褚波、方凤枢、王卫国、孙海涛、曾婧婧、冯新民、郎建才、黄蓉蓉、倪仕杰、丁高峰、王金根、傅凯。

低压开关设备和控制设备 过电流保护电器 第2部分:过电流条件下的选择性

1 范围

本指导性技术文件规定了有关术语的定义。

本指导性技术文件适用于低压开关设备和控制设备的过电流保护电器之间选择性的应用导则,并给出了一些应用举例。

本指导性技术文件中参考了下列产品标准:

——IEC 60255-3、IEC 60255-6、IEC 60255-8、IEC 60255-12;

——IEC 60269-1、IEC 60269-2、IEC 60269-3、IEC 60269-4;

——IEC 60898-1;

——IEC 60947 系列;

——IEC 61008-1 系列;

——IEC 61009-1 系列。

本指导性技术文件不考虑其他保护形式,例如逆功率保护、方向保护和电弧保护系统等。

2 规范性引用文件

下列文件对于本文件的应用是必不可少的。凡是注日期的引用文件,仅注日期的版本适用于本文件。凡是不注日期的引用文件,其最新版本(包括所有的修改单)适用于本文件。

GB 10963.1—2005 电气附件 家用及类似场所用过电流保护断路器 第1部分:用于交流的断路器(IEC 60898-1:2002,IDT)

GB 13539.1—2008 低压熔断器 第1部分:基本要求(IEC 60269-1:2006,IDT)

GB/T 13539.2—2008 低压熔断器 第2部分:专职人员使用的熔断器的补充要求(主要用于工业的熔断器)标准化熔断器系统示例A至I(IEC 60269-2:2006,IDT)

GB 13539.3—2008 低压熔断器第3部分:非熟练人员使用的熔断器的补充要求(主要用于家用及类似用途的熔断器)标准化熔断器系统示例A至F(IEC 60269-3:2006,IDT)

GB 14048.2—2008 低压开关设备和控制设备 第2部分:断路器(IEC 60947-2:2006,IDT)

GB 14048.6—2008 低压开关设备和控制设备 第4-2部分:接触器和电动机起动器 交流半导体电动机控制器和起动器(含软起动器)(IEC 60947-4-2:2007,IDT)

GB 14048.9 低压开关设备和控制设备 第6-2部分:多功能电器(设备)控制与保护开关电器(设备)(CPS)(IEC 60947-6-2:2007,IDT)

GB/Z 25842.1—2010 低压开关设备和控制设备 过电流保护电器 第1部分:短路定额的应用(IEC/TR 61912-1:2007,IDT)

IEC 60947-1:2007 低压开关设备和控制设备 第1部分:总则(Low-voltage swithgear and controlgear—Part 1:General rules)

IEC 60255(所有部分) 电气继电器(Electrical relays)

IEC 60269-4 低压熔断器 第4部分:半导体设备保护用熔断体的补充要求(Low-voltage fuses—Part 4:Supplementary requirements for fuse-links for the protection of semiconductor devices)

IEC 60269-5:2010 低压熔断器应用指南

IEC 60947-4-1 低压开关设备和控制设备 第4-1部分:接触器和电动机起动器 机电式接触器和电动机起动器(含电动机保护器)(Low-voltage switchgaer and controlgear—Part 4-1:Contactors and motorstarters Electromechanical contactors and motor-starters)

IEC 61008-1 家用和类似用途的不带过电流保护的剩余电流动作断路器(RCCB) 第1部分:一般规则(Residual current operated circuit-breakers without integral over-current protection for household and similar uses(RCCBs)—Part 1:General rules)

IEC 61009-1 家用和类似用途的带过电流保护的剩余电流动作断路器(RCBO) 第1部分:一般规则(Residual current operated dicuit-breakers with integral over-current protection for household and similar uses(RCBOs)—Part 1:General rules)

3 术语和定义、缩略语

下列术语和定义、缩略语适用于本文件。

3.1 术语和定义

3.1.1

过电流保护电器的配合 coordination of over-current protective devices

串联的两个或多个过电流保护电器之间的配合,以确保过电流选择性和/或提供后备保护。

注:本部分规定了选择性的要求,关于后备保护的要求见GB/T 25842.1。

3.1.2

过电流选择性 over-current discrimination

两个或多个过电流保护电器之间动作特性的配合,在给定范围内出现过电流时,指定在这个范围内动作的电器动作,而其他电器不动作。

[IEV 441-17-15]

注:串联选择性和网络选择性是有区别的,串联选择性指不同的过电流保护电器通过同一过电流,网络选择性指同一过电流保护电器通过不同大小的过电流。

3.1.3

保护选择性 selectivity of protection

可以识别电源系统的故障点和/或故障相的保护能力。

[IEV 448-11-06]

注:根据IEV的定义,“selectivity”和““discrimination”具有类似的含义,在给定的过电流范围内,表示一个过电流保护电器先于另一个串联的过电流保护电器而动作的能力时,本部分中使用“selectivity”一词。本部分中也讨论了在过载区域内各负载电流对于选择性的影响。

3.1.4

选择性极限电流 selectivity limit current

下级过电流保护电器的最大分断时间-电流特性与上级过电流保护电器的弧前(对于熔断器)时间-电流特性或脱扣(对于断路器)时间-电流特性交点处的电流(I_s)。

[IEV 442-05-60 修改]

注1:与无人为延时的断路器配合使用时,在短路范围内,选择性极限电流不是时间的一个简单函数,必须通过试验数据来确定。

注2:与熔断器配合使用时,在短路范围内,选择性极限电流是允通能量I^2t的函数。

3.1.5

过电流保护电器　over-current protective device(OCPD)

当电路中的电流超过规定值一定时间后,用以分断电路的电器。

[1EV 826-14-14 修改]

注:OCPD 包括与单独的开关电器配合使用的过电流保护继电器。

3.1.6

后备保护　back-up protection

两个串联的过电流保护电器之间的过电流配合,电源侧保护电器(一般是电源侧,但并非一定是电源侧电器)在有/无另一保护电器的帮助下实现过电流保护,并防止另一保护电器产生过负荷。

[IEC 60947-1:2007 中的定义 2.5.24]

注:当讨论配合的特定电器时,后备保护有时候可以理解为"串联的额定值"。

3.1.7

上级电器　upstream device

UD

在考虑两个 OCPD 之间的选择性时,上级电器指的是连接在电路中靠近电源侧的 OCPD。

3.1.8

下级电器　downstream device

DD

在考虑两个 OCPD 之间的选择性时,下级电器指的是位于负载侧的、在电路中紧邻上级电器的 OCPD。

3.1.9

(过电流的)过载区域　over load zone(of over-current)

在正常情况下,在电路中产生的超过 OCPD 额定电流的电流范围。

注 1:在反时限电流特性中,OCPD 的过载区域动作时间可以从几秒直至 4 h。

注 2:在配电电路中,过载区域并没有严格规定,因为其与负载承受过电流的能力有关。可以根据 OCPD 的特性规定如下:

——如果 OCPD 是断路器,则为由反时限脱扣特性转为瞬时脱扣特性的点,此处的动作时间小于 0.2 s。一般来说,根据整定值不同,该点位于 10 倍标称满载电流内。

在 GB 10963.1:2005 的表 7 中,对于 MCB 规定了 3 种瞬时脱扣范围,分别为 B、C、D。

——如果 OCPD 是熔断器,过载区域则指的是使熔断器在 0.1 s 后动作的过电流值,一般小于 10 倍～20 倍的额定电流。

注 3:对于为单个电动机供电的电路来说,过载区域不超过电动机的堵转电流,一般为 6 倍～15 倍的电机满载电流 I_e,特殊情况也有较高的电流。

注 4:在过载区域内,可能会发生持续时间仅为几毫秒的短时条件,例如变压器的冲击电流。

3.1.10

(过电流的)故障电流区域　fault current zone(of over-current)

在故障条件下,电路中产生的超过过载电流的电流范围。

注 1:在故障电流区域内,作为 OCPD 的断路器,其动作时间一般从几毫秒(对于瞬时脱扣)到 3 s(对于定时限脱扣)。小于 50 ms 的,时间电流特性不适用。应参照限流和/或允通能量特性。

注 2:如果是熔断器,故障电流区域指的是使熔断器在小于 0.1 s 的时间内动作的过电流值。熔断器的时间电流特性使用弧前时间,即超过该时间熔断器会动作。对于交流电源来说,弧前时间超过 0.1 s 的话,熔断器的燃弧时间可以忽略。然而如果弧前时间小于 0.1 s,则在考虑总时间时,需考虑熔断器的燃弧时间,此时,时间电流特性不再适用,需使用 I^2t 特性。

注 3:故障电流区域也可以称为短路区域。

3.2 缩略语

ACB	符合 GB 14048.2 的万能式断路器
CB	符合 GB 14048.2 的断路器(包括 ACB、MCCB 和 ICB)
CBR	符合 GB 14048.2 中附录 B 的具有剩余电流保护的断路器
CPS	符合 GB 14048.9 的控制与保护开关电器
DD	下级电器
FU	符合 GB 13539.1、GB/T 13539.2、GB 13539.3、IEC 60269-4 的熔断器
ICB	符合 GB 14048.2 附录 O 的仅具有瞬时脱扣的断路器
I_{cn}	MCB 的极限短路分断能力
I_{cu}	CB 的额定极限短路分断能力
I_p	预期短路电流
I_s	选择性极限电流
LV	低压
MCB	符合 GB 10963.1 的家用及类似场所用过电流保护断路器
MCCB	符合 GB 14048.2 的塑壳断路器
MOR	电动机过载继电器
MRCD	符合 GB 14048.2 附录 M 的剩余电流装置模块
MV	中压
OCPD	过电流保护电器
OCR	符合 IEC 60255 系列的过电流继电器
RCBO	符合 IEC 61009-1 的剩余电流断路器
RCD	符合 IEC 61008-1、IEC 61009-1 和 GB 14048.2 的剩余电流电器
SCPD	短路保护电器
t_d	延时时间
T_x	变压器
UD	上级电器
ZSI	区域选择性联锁

4 选择性要求的范围

4.1 一般要求

表 1 给出了所考虑的 OCPD 的型式,对每一种选择型式都规定了一个名称,并给出了其相应的条款号。

对于装有欠电压线圈(与电源电压有关)的 OCPD,短路时产生电压跌落,上级电器的动作可能会影响选择性。为了提高选择性,可能需要使用延时型的欠电压脱扣器。

表 1　选择型式及相应的条款号

上级电器(UD)	下级电器(DD)				
	CB/MCB	FU	CPS	MOR	RCD
CB/MCB	5.1.1	5.1.2	5.1.3	5.1.4	
FU	5.2.1	5.2.2	5.2.3	5.2.4	
RCD					6.2

4.2　电动机保护断路器/手动电动机起动器

该类电器的特性并没有在一份单独的 IEC 标准中规定，而是在 GB 14048.2 中规定了断路器的特性，在 IEC 60947-4-1 中规定了电动机过载继电器的特性。为了与上级电器进行选择性配合，可以将该类电器作为断路器看待。

5　选择性的确定

本章规定了用于确定系统任一点两个串联 OCPD 之间选择性的方法。讨论整体的配合性则要求将此方法运用于所有的 OCPD 上，包括从电源到负载侧。

在确定选择性极限电流时，要考虑动作特性的公差。在下面的图中，为了简便起见，并没有标出公差带。在使用规定的时间-电流特性时，下级电器(DD)使用最大动作时间曲线，上级电器(UD)使用最小动作时间曲线。

注：为了获得更高的精确度，应该考虑热过载电器的工作温度，既要考虑热态特性，也要考虑冷态特性。实际应用中，在大多数情况下，对比任意两条冷态特性曲线或任意两条热态特性曲线即可获得满意的结果。

5.1　断路器作为 UD

MCB、MCCB 或 ACB 提供的过电流保护特性如下所示：

固有特性：

——热保护/磁保护；

——电子式保护(仅指 MCCB、ACB)。

外部/远程特性：

——过电流保护继电器，与 MCCB 或 ACB 配合使用。

5.1.1　断路器之间的选择性

确定断路器之间选择性的方法见 5.1.1.1 和 5.1.1.2，5.1.1.1 中规定了过载区域中的动作要求，5.1.1.2 中规定了故障电流区域中的动作要求。

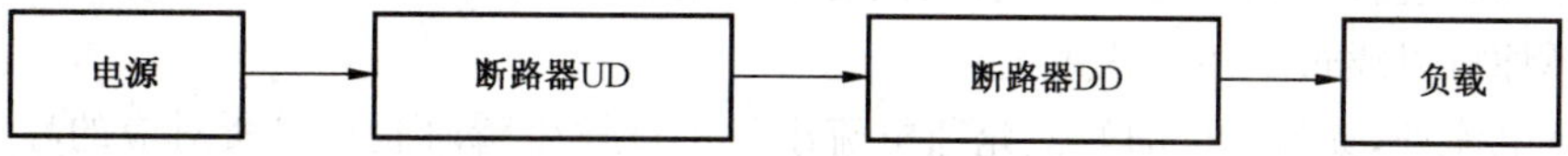

5.1.1.1　断路器——在过载区域中的选择性

通过对比时间-电流特性可以验证过载区域中的选择性，如图 1a)和图 1b)[图 1b)仅适用于 MCCB 和 ACB]所示。两条曲线在时间轴和电流轴上均不重合，这样就确保了 DD 和 UD 在该区域中的选择性动作。同时也要考虑该特性所使用的公差,制造商应根据产品标准的要求给出公差带,或者给出所适用的公差。

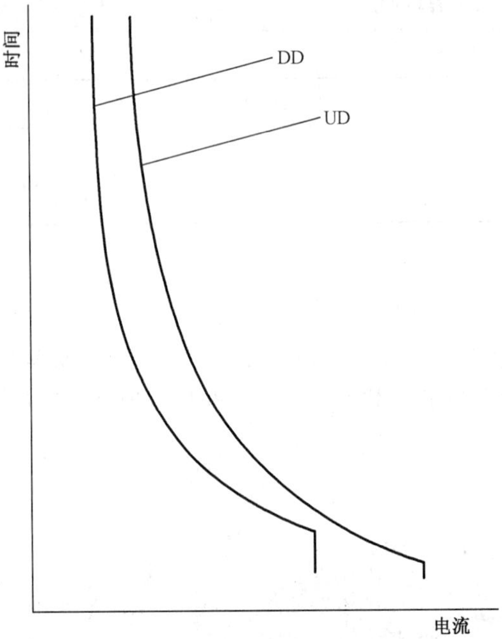

a) 过载区域中热磁时间-电流特性的比较

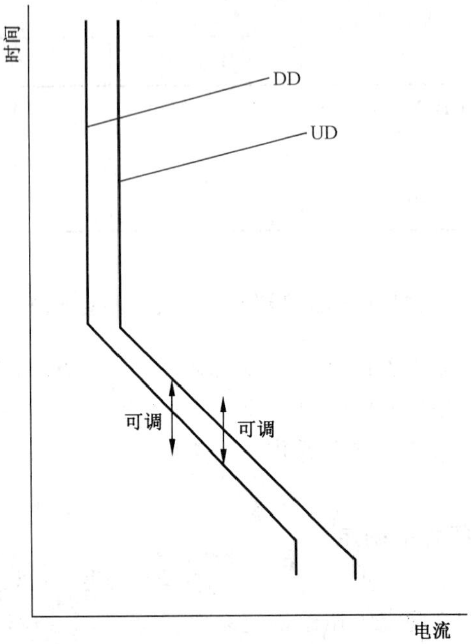

b) 过载区域中电子式时间-电流特性的比较

注1:应考虑每条特性曲线所适用的公差,见第5章的说明。

注2:为了便于各条特性曲线之间的对比,电流单位采用安培(或千安)。制造商所给出的特性应该以安培为单位,或者规定额定电流的倍数。

注3:热/磁和电子式特性的组合也比较常用。

图1 过载区域中断路器动作特性的比较

5.1.1.2 断路器——在故障电流区域中的选择性

断路器之间的选择性在GB 14048.2的附录A和GB 10963.1的附录D中有详细描述,规定了所适用的试验要求,给出了在故障电流区域中确定选择性的方法。见5.1.1.2.1和5.1.1.2.2。

注:由于基本结构的不同,符合GB 10963.1的MCB相对于符合GB 14048.2的MCCB来说一般具有高选择性。

5.1.1.2.1 断路器——通过特性比较确定在故障电流区域中的选择性

在故障电流区域中通过两台断路器特性比较确定选择性限于下述情况:图2中UD的电子式脱扣器提供短路延时脱扣功能。对于电子式和电磁式脱扣器来说,在UD会发生瞬时脱扣的故障电流处,需要通过制造商所提供的试验数据来确定两台断路器之间的选择性(见5.1.1.2.2)。

如果UD的瞬时脱扣与电磁效应有关,且没有具体的试验数据,那么在故障电流区域中两台断路器之间的最低选择性可以通过下述方式确定:

——在故障电流处,如果DD的峰值允通电流小于UD发生瞬时脱扣时所对应的峰值允通电流,那么在不超过该故障电流的范围内,选择性可以得到保证。

示例:UD=800A MCCB;I_{inst}=8 kA~12 kA(r.m.s)(10 kA整定值±20%);DD=125A MCCB。

UD的最小脱扣电流峰值为8×1.414=11.3 kA。

制造商所给出的资料中规定,由于DD的限流,在预期电流为15 kA(r.m.s)时,DD的允通电流峰值为11 kA。所以系统的选择性至少在预期电流不超过15 kA(r.m.s)时可以得到保证。

要注意的一点就是，在大多数情况下，通过该方法得到的选择性范围在小电流时可能会有误差，通过试验(5.1.1.2.2)而确定的实际选择性范围可能会大很多。

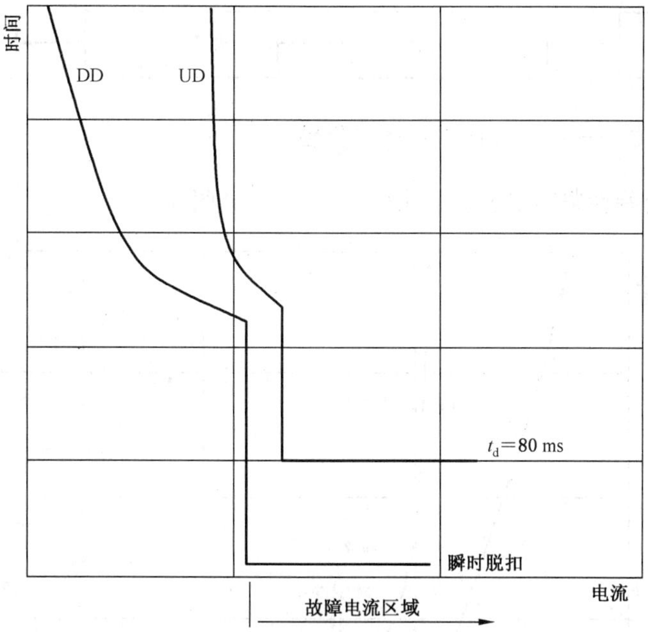

注：应考虑每条特性曲线所适用的公差，见第5章的说明。

图2 带短路延时脱扣器的断路器在故障电流区域中的选择性示例

5.1.1.2.2 断路器——通过试验方法确定故障电流区域中发生瞬时脱扣故障电流下的选择性

对每一种断路器的配合来说，选择性极限电流可以通过试验来确定，制造商可以提供数据，一般以图表的方式给出。在每一种情况下，可以实现如下所述的全选择性或局部选择性：

a) 全选择性：在不超过分断能力的所有过电流下均可实现选择性，即DD在不超过分断能力的所有过电流下，可以自己动作(至脱扣位置)分断电路。如果UD是具有限流作用的断路器，则动触头斥开可以使得在超过DD的分断能力的电流下实现选择性(动触头斥开指的是UD触头的短时分断(时间一般<10 ms))。可参见注3；

b) 局部选择性：在小于DD分断能力的一个过电流下可以实现选择性。选择性极限电流可以通过比较时间电流特性来确定，或者，如果UD为瞬时脱扣的话，可以通过比较试验数据和制造商提供的数据来确定。如果UD为限流型断路器，则可能发生动触头斥开。

断路器所适用的选择性等级示例见附录A。

在有些情况下，可能不允许发生短时的触头斥开，此时，要通过断路器的选用和/或整定值的设定来保证不会发生该情况，例如上级电器采用短延时。然而，无论SCPD的型式如何(熔断器或断路器)，在短路故障过程中均会发生与故障电流大小以及故障电路阻抗有关的比较严重的电压跌落。

注1：在故障电流区域中导致断路器瞬时脱扣的选择性极限电流数据可以通过试验获得，电器型式不同，其选择性极限电流也不同。没有统一的方法来确保不同厂家产品之间的互相替代性。

注2：通过各制造商提供的时间/电流特性数据，使用专用软件可以确定选择性。

注3：在超过DD分断能力的故障电流下，如果DD输入侧的感性负载(例如电动机)对短路电流的影响很大，则不能利用动触头斥开作为后备保护。

5.1.2 断路器(UD)和熔断器(符合 GB 13539.1 的要求)(DD)之间的选择性

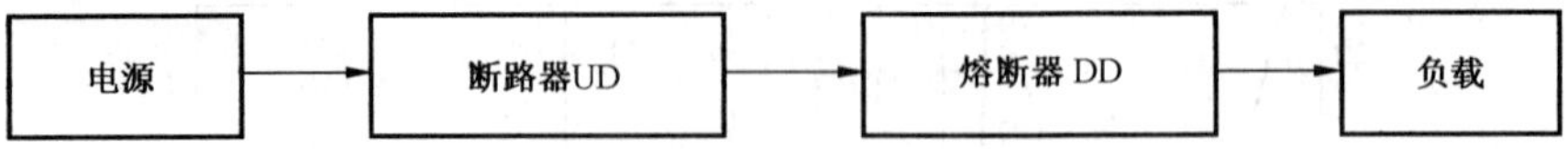

5.1.2.1 断路器/熔断器——在过载区域中的选择性

通过比较时间-电流特性来确定过载区域中的选择性(见图 3)。

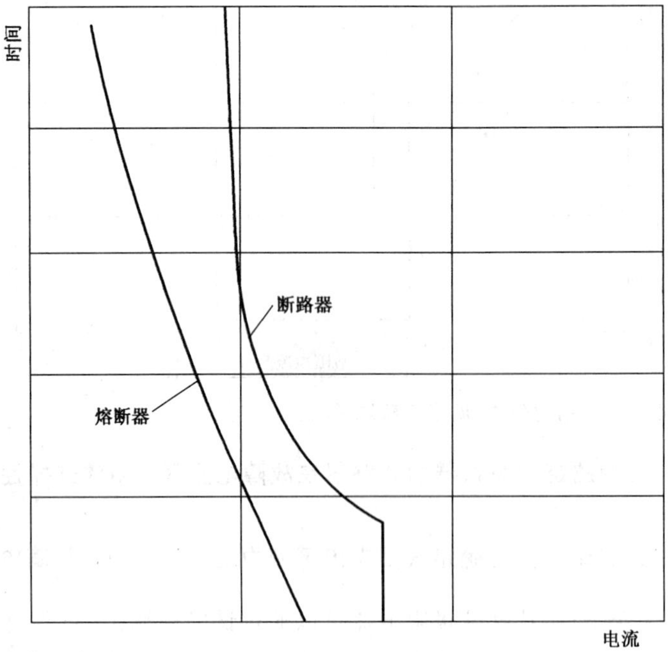

注：应考虑每条特性曲线所适用的公差，见第 5 章的说明。

图 3 过载区域中断路器(UD)和熔断器(DD)之间的选择性

5.1.2.2 断路器/熔断器——故障电流区域中的选择性

如果断路器带有短路延时脱扣器，则可以通过对比时间电流特性来确定故障电流区域中的选择性。如果断路器没有短路延时脱扣器，那么在瞬时脱扣区域内，必须通过制造商提供的试验数据来确定选择性极限电流。

如果 UD 为热/磁式断路器，且没有具体的试验数据，那么在故障电流区域中熔断器和断路器之间的最低选择性可以通过下述方式确定：在故障电流处，如果 DD 的峰值允通电流小于 UD 发生瞬时脱扣时所对应的峰值允通电流，那么在不超过该故障电流的范围内，选择性可以得到保证。

要注意的是，在大多数情况下，通过该方法得到的选择性范围在小电流时可能会有误差，通过试验确定的实际选择性范围可能会大很多。

5.1.3 断路器(符合 GB 14048.2)(UD)和 CPS(符合 GB 14048.9)(DD)之间的选择性

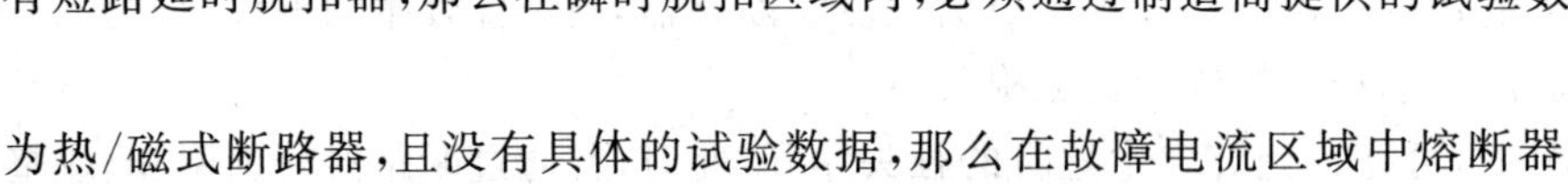

一般来说，符合 GB 14048.9 的 CPS 是终端电器，例如电动机控制器。由于其带有过电流脱扣器，且具备短路分断能力，所以就选择性而言，可以将其视为断路器来对待(见 5.1.1)。

5.1.4 断路器(UD)和电动机保护过载继电器(符合 IEC 60947-4-1 或 GB 14048.6)(DD)之间的选择性

结合产品标准中规定的特性要求，本条中给出了用以确定选择性的方法。

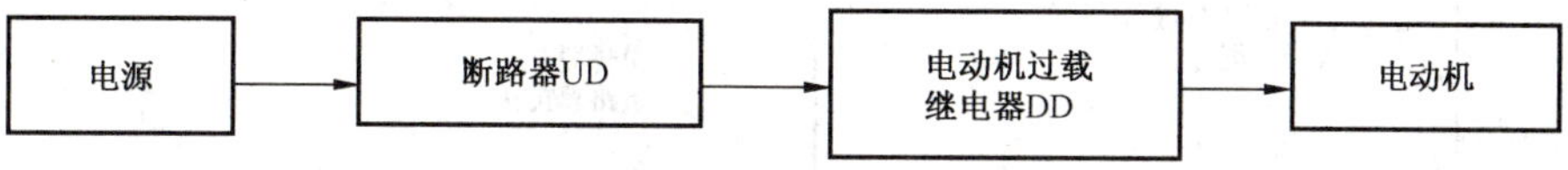

电动机起动器或起动器组件中的电动机保护过载继电器可以为电动机和电路中的导体提供过载保护。上级断路器对电路导体和起动器提供短路保护。过载继电器和断路器之间的配合可以通过试验来确定，试验根据 IEC 60947-4-1 的附录 B.4 以及 GB 14048.6 的附录 C 的要求进行。

不论选择 1 型或 2 型配合，都应确保在不超过电动机堵转电流的范围内可以实现选择性。

可以使用带有过载保护和故障电流保护的断路器(见图 4)。然而，只要求具备瞬时脱扣功能，符合 GB 14048.2 中附录 O 的要求的 ICB 可以专门用以此用途(见图 5)。

符合 GB 10963.1 要求的断路器具有特定的过载特性，按照瞬时脱扣等级来分类，具有相应的公差带。所以在过载区域中的选择性可以根据 B、C 或 D 特性来确定。考虑到电动机的冲击电流，一般选用 D 型断路器。

B 型——瞬时脱扣范围：(3～5)I_n

C 型——瞬时脱扣范围：(5～10)I_n

D 型——瞬时脱扣范围：(10～20)I_n。

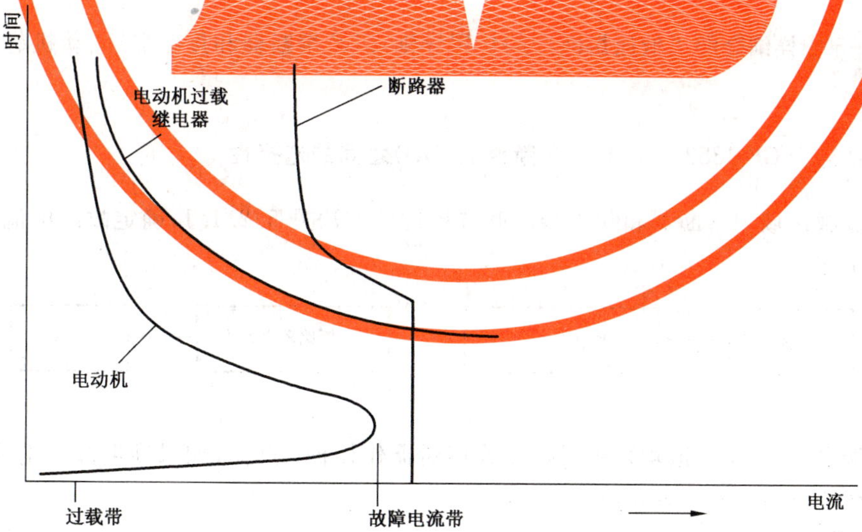

注：应考虑每条特性曲线所适用的公差，见第 5 章的说明。

图 4 断路器/MOR——断路器与电动机过载继电器之间的选择性

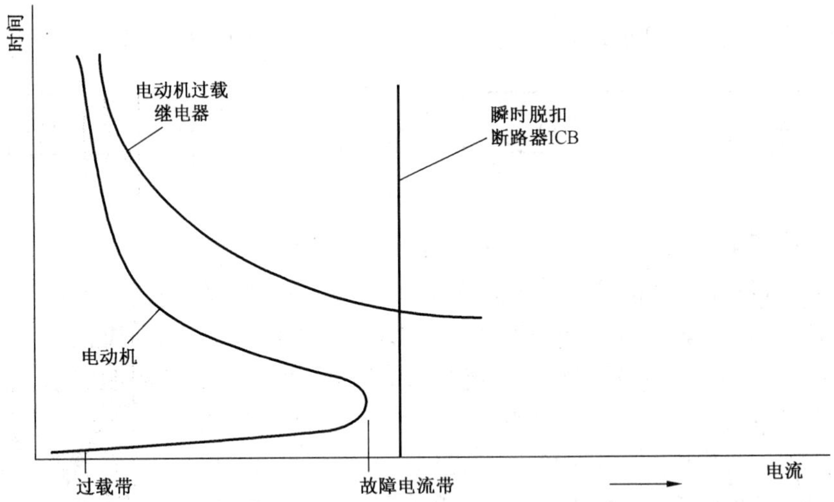

注：应考虑每条特性曲线所适用的公差，见第5章的说明。

图5　ICB/MOR——ICB与电动机过载继电器之间的选择性

5.2　熔断器(符合GB 13539.1)作为UD

IEC 60269-5中详细介绍了低压熔断器的应用导则，以及熔断器和接触器/电动机起动器之间配合的应用指南。

5.2.1　熔断器(符合GB 13539.1)(UD)和断路器(DD)之间的选择性

用以确定过载区域中熔断器和断路器之间选择性的方法见5.2.1.1，确定故障电流区域中选择性的方法见5.2.1.2。

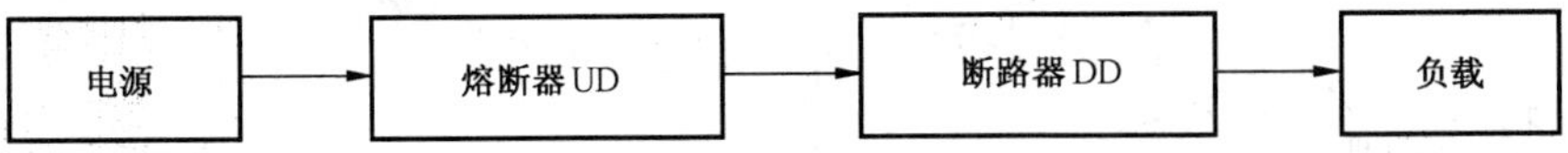

除了用电端之外，设备一般均采用断路器或熔断器作保护，然而，如果预期故障电流特别高，也可以使用熔断器作为断路器的后备保护。

5.2.1.1　熔断器/断路器——过载区域中的选择性

通过比较时间/电流特性可确定过载区域中的选择性(见图6)。

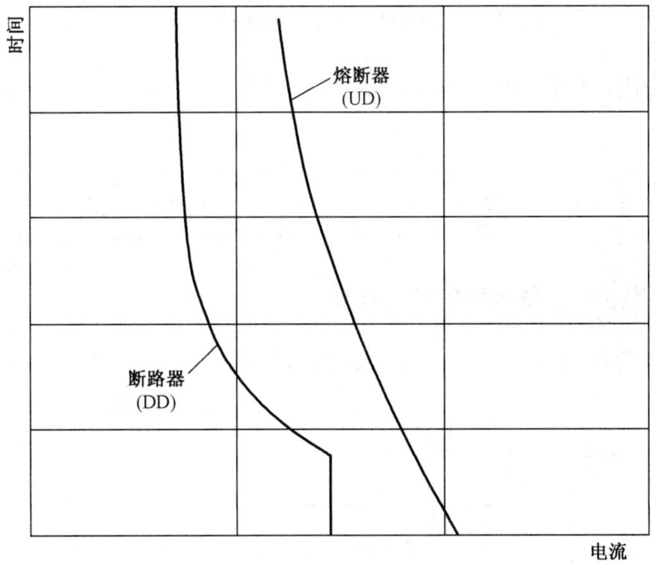

注：应考虑每条特性曲线所适用的公差，见第5章的说明。

图6 熔断器/断路器——在动作时间内验证熔断器和断路器在过载区域中的选择性(对于熔断器 $t \geq 0.1$ s)

5.2.1.2 熔断器/断路器——在故障电流区域中的选择性

根据 I^2t 特性来确定在故障电流区域中的选择性。选择性极限电流是断路器的允通 I^2t 超过熔断器的弧前 I^2t 时的电流值(见图7)。如果没有现成的曲线，可以采用制造商规定的弧前 I^2t 值。

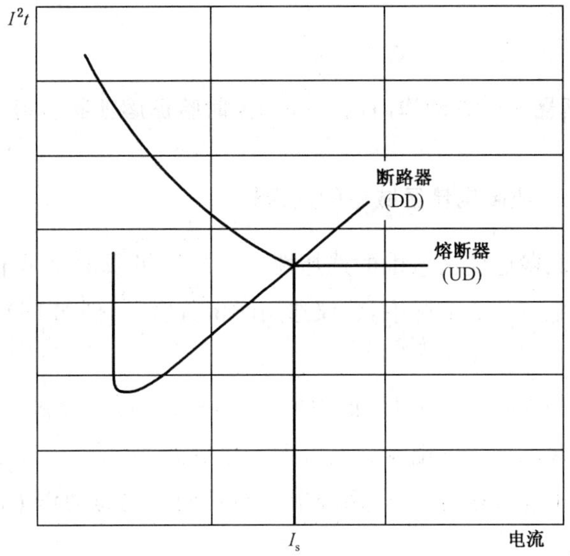

说明：

I_s——选择性极限电流。

注：应考虑每条特性曲线所适用的公差，见第5章的说明。

图7 熔断器/断路器——在动作时间 $t<0.1$ s 时验证熔断器和断路器之间的选择性

5.2.2 熔断器(符合 GB 13539.1)(UD 和 DD)之间的选择性

用以确定过载区域中熔断器和熔断器之间选择性的方法见 5.2.2.1,确定故障电流区域中选择性的方法见 5.2.2.2。

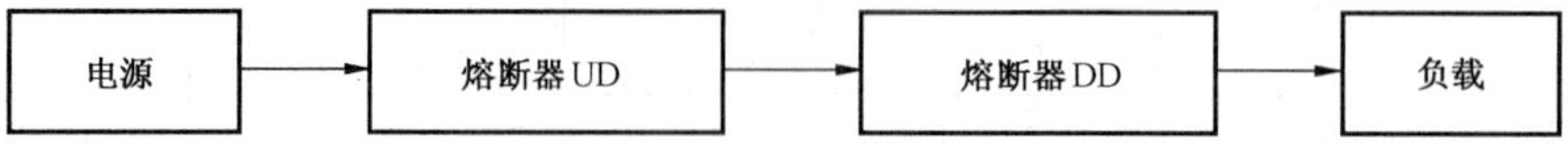

5.2.2.1 熔断器/熔断器——过载区域中的选择性

通过比较时间/电流特性可确定过载区域中的选择性(见图 8)。

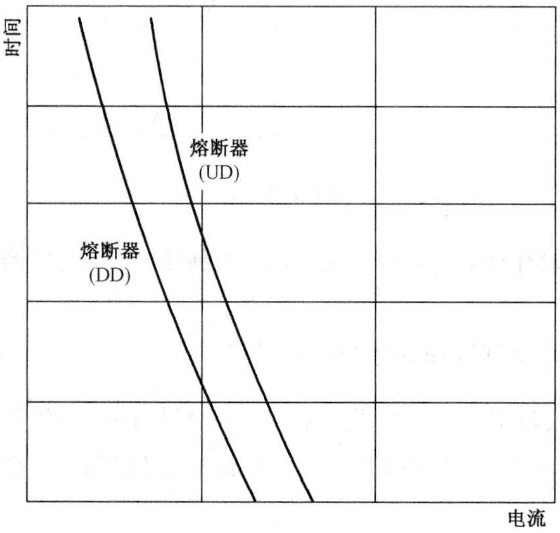

注:应考虑每条特性曲线所适用的公差,见第 5 章的说明。

图 8 熔断器/熔断器——在动作时间 $t \geqslant 0.1$ s 时验证熔断器和熔断器之间的选择性

5.2.2.2 熔断器/熔断器——故障电流区域中的选择性

根据 I^2t 特性来确定在故障电流区域中的选择性。选择性极限电流是下级熔断器的总的 I^2t 超过上级熔断器的弧前 I^2t 时的电流值。实际中,建议选用时留有余量,例如 DD 的总的 I^2t 值≤80%的 UD 弧前 I^2t 值。

在故障电流(短路)区域中,熔断器的 I^2t 值为恒定值,所以,可以通过对比制造商提供的表格数据确定选择性。弧前 I^2t 值与该区域内的电压和电流无关。然而,电弧 I^2t 值与系统电压有关,所以,会对总的动作 I^2t 值有影响。在中性线接地(TN)系统中,DD 熔断器的总动作 I^2t 值可以根据系统的相对中性线的电压来确定。

5.2.2.3 熔断器/熔断器——额定电流的比值

对于同一型式(例如 gG 型)、额定电流超过 16 A 的符合 GB/T 13539.2 的熔断器来说,如果上下级熔断器的额定电流的比值等于或大于 1.6∶1,则可以实现全选择性。

5.2.3 熔断器(符合 GB 13539.1)(UD)和 CPS(符合 GB 14048.9)(DD)之间的选择性

结合产品标准中规定的特性要求,本条中给出了用以确定选择性的方法。

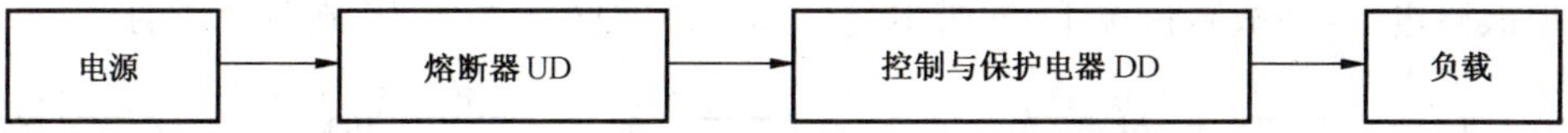

一般来说，符合 GB 14048.9 的 CPS 是终端电器，例如电动机控制器。由于其带有过电流脱扣器，且具备短路分断能力，所以就选择性而言，可以将其视为断路器来对待（见 5.2.1）。

5.2.4 熔断器（符合 GB 13539.1）（UD）和电动机过载保护继电器（符合 IEC 60947-4-1 或 GB 14048.6）（DD）之间的选择性

结合产品标准中规定的特性要求，本条中给出了用以确定选择性的方法。

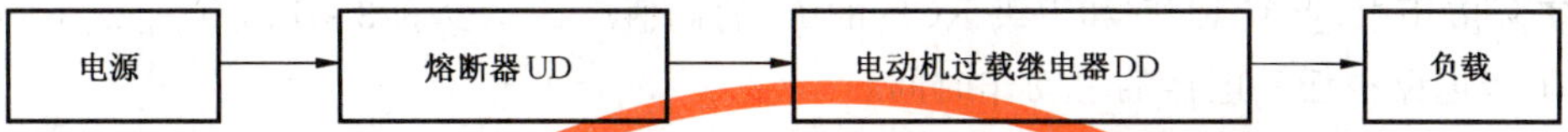

电动机起动器或起动器组件中的电动机保护过载继电器可以为电动机和电路中的导体提供过载保护。上级熔断器对电路导体和起动器提供短路保护。过载继电器和熔断器之间的配合可以通过试验来确定，试验根据 IEC 60947-4-1 的附录 B.4（起动器和 SCPD 在交接电流处的配合）以及 GB 14048.6 的附录 C（过载保护电器和 SCPD 之间的选择性）的要求进行。根据 GB 13539.1 的要求，可以使用 gG 型的熔断器。然而，由于只要求在故障电流（短路）区域中提供保护，所以有专门用于该场合的熔断器。根据 GB/T 13539.2 的要求，gM、gD 和 aM 型的熔断器都是小尺寸的，可以用以电动机电路中。gM 和 gD 型的熔断器在过载区域中是延时型的，aM 型熔断器只在故障电流区域中动作，这样的特性可以提高电动机耐受冲击电流的能力。

如果使用符合 GB 14048.6 要求的半导体电动机起动器，当选用 2 型配合时，则使用符合 IEC 60269-4 要求的半导体熔断器。

根据 IEC 60947-4-1 中 B.4 的要求，无论选择 1 型或 2 型配合，均要确保在不超过电动机堵转电流的范围内实现选择性。

6 剩余电流电器（RCD）

6.1 一般要求

具体的产品要求见 IEC 61008-1、IEC 61009-1 和 GB 14048.2 的附录 B 和附录 M。

本指导性技术文件的要求与 IEC/TR 62350《正确使用 RCD 的指南》的规定相一致。

RCD 的剩余电流保护功能仅对对地电流进行保护。

检测单相电路中电源线与中性线之间的电流，两者之间的电流差即为对地的“剩余电流”。在三相电路中，检测主极的电流矢量和来确定剩余电流。在这两种情况下，只有当电流从 RCD 的负载侧通过大地返回至电源侧时才会产生剩余电流。

注：RCD 也可以看作是一个对地的漏电保护电器。

剩余电流保护功能可以与过载保护和/或短路保护功能集成在同一电器中，或者单独在系统中提供。

在 TN-S 系统或 IT 系统（二次故障以及内部连接 PE 导体）中，绝缘失效可能会导致大电流，RCD 和过电流保护系统均可以检测出该故障电流。此时，应要研究电器之间的配合，考虑所有有关电器的特性，包括是否采用后备保护。

RCD 要规定一个主电路的额定电流（I_n）和额定剩余动作电流（$I_{\Delta n}$）。额定剩余动作电流（$I_{\Delta n}$）可以是固定的或可调的，可以瞬时动作，也可以延时动作。

6.2 选择性——RCD/RCD

考虑以下两种剩余电流水平：

——对地泄漏电流：无故障情况下流向大地的电流。该电流大小为毫安级；

——对地故障电流:在故障情况下(即带电导体和大地之间绝缘失效)流向大地的电流。

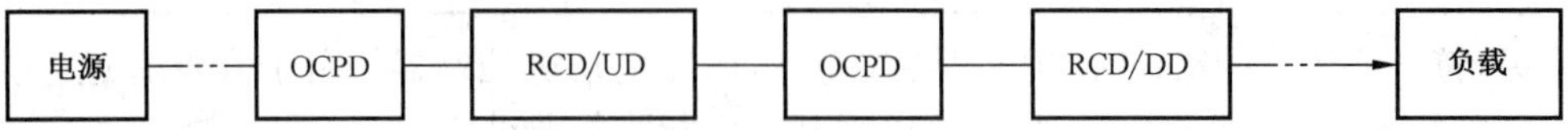

6.2.1 存在对地泄漏电流时 RCD 之间的选择性

串联连接的瞬时动作型(无延时)RCD 之间的选择性范围很小,因为任何超过上级 RCD 的 $I_{\Delta n}$的电流都会导致两台 RCD 均动作。所以,上级 RCD 应该是延时动作型(例如 S 型)的,这样才能实现选择性(见图 9)。实际应用中,上级 RCD 和下级 RCD 的 $I_{\Delta n}$的比值应该至少为 3∶1,而且上级 RCD 的延时时间应该大于下级电路中任一电器的总动作时间。

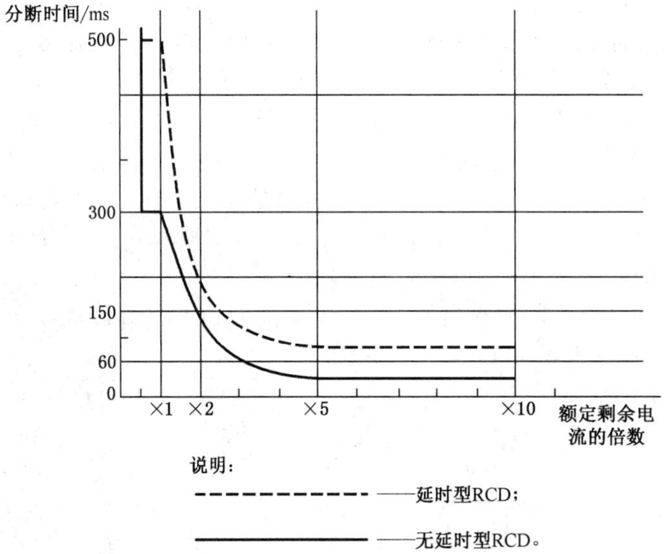

图 9 在对地泄漏电流下具有选择性的 RCD 特性——延时 S 型与无延时型间的选择性

一般来说,无延时型的 RCD 用作终端电器。$I_{\Delta n}$小于或等于 30 mA 的 RCD(有时称为高灵敏度的 RCD)经常用作防电击(基本防护)的附加保护,这时,RCD 必须是无延时型的。如果 $I_{\Delta n}$和延时时间的范围可调,且 $I_{\Delta n}$的整定值等于或小于 30 mA 的,则延时时间必须自动默认为瞬时动作。

S 型 RCD 是一种特定的延时型 RCD,标志为:

S

根据 IEC 61008-1、IEC 61009-1 和 GB 14048.2 的附录 B 和附录 M 的要求,S 型 RCD 对于无延时型 RCD 具有选择性。特性如图 9 所示。

RCD 与 SCPD 之间的选择性要求如下:

在所讨论的电流范围内,如果发生了对地泄漏电流故障.则用作对地泄漏电流保护的 RCD 与上级 SCPD 之间具有选择性。

6.2.2 在接地故障电流下 RCD 之间的选择性

一般来说,接地故障电流至少在数量级上比对地泄漏电流要高,即几十安培、几百或几千安培。

串联 RCD 之间的选择性与对地泄漏电流下的选择性实现方法相同,然而,在大电流下,要考虑与上级 SCPD 之间的配合。在所有情况下,选择性都是基于延时型 RCD 的延时时间等级来实现的。

如果 RCD 自身具有过电流保护(符合 IEC 61009-1 的 RCBO 和符合 GB 14048.2 的 CBR),在不超过额定短路分断能力的范围内,各功能之间可以实现自动配合,不需要考虑配置上级 SCPD。

在多个延时时间等级下,由于电路本身的局限,串联 RCD 可以实现的选择性有限,所以可以优先选用区域联锁功能(见第 7 章)。

7 区域选择性连锁(ZSI)

7.1 一般要求

区域选择性联锁(ZSI)指的是为了在很短的延时时间内实现选择性而对断路器采取的一种控制方法,无论延时时间等级(范围)如何,也无论故障发生在配电系统中的任何位置。应在每一个受影响的断路器上安装 ZSI 模块。ZSI 模块可以内置在断路器内,也可以是单独的。可以在相与相之间、或接地故障之间、或相与接地故障之间进行联锁。

7.2 工作原理

如果 ZSI 用于多个延时时间等级下,则每个受短路电流影响的断路器(即位于故障点上级的断路器)都要询问紧邻的下级断路器,以确定在下级电路中是否还存在短路电流。调整每个断路器的延时时间 t_{zsi} 整定值,以确保下级断路器(紧邻故障点的上级断路器)有时间分断故障电流。延时时间等级越多,ZSI 的优势越明显,因为以延时时间为基础的选择性会导致系统中供电电源处的断路器的延时时间过长。

7.3 举例

下面的例子很好的解释了 ZSI 的动作,详见图 10。

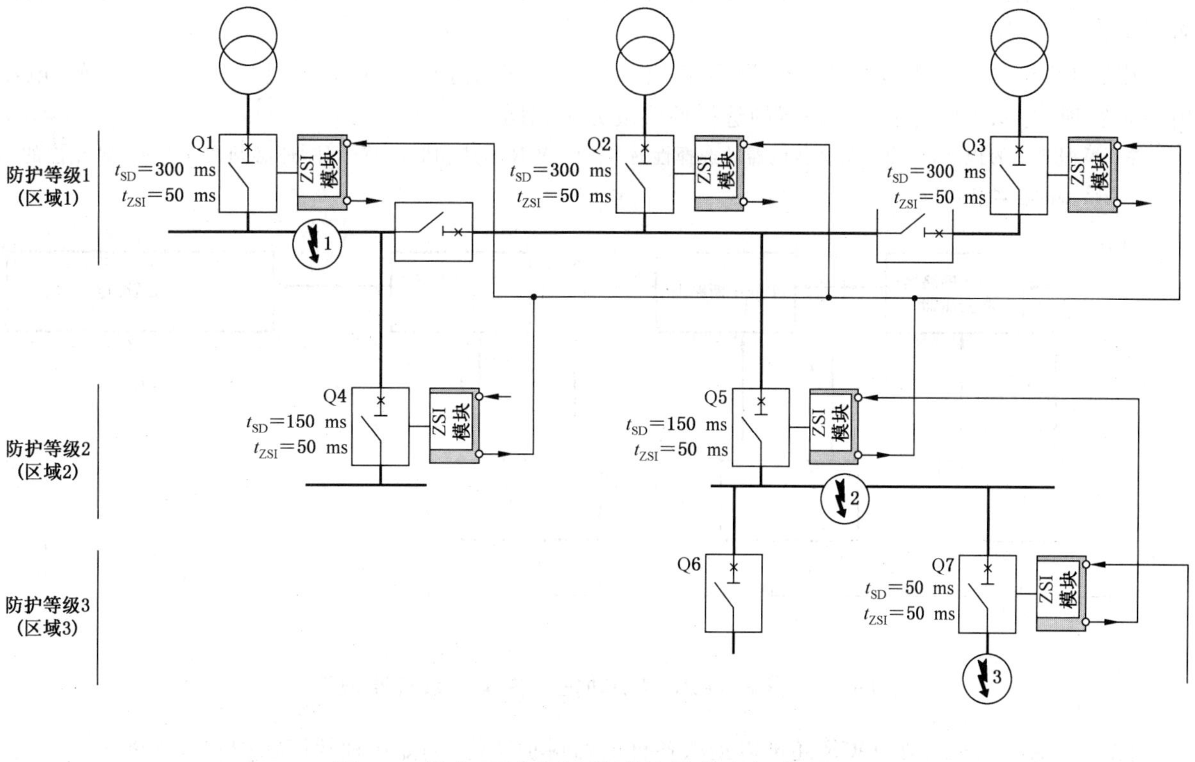

图 10 具有区域选择性联锁的多电源装置图

示例 1——位置 3 发生短路故障

断路器 Q1、Q2、Q3、Q5 和 Q7 受短路影响。通过发送 ZSI 信号,Q7 阻止 Q5 动作,同理,Q5 也阻止了 Q1、Q2 和 Q3

动作，所以在 t_{ZSI}=50 ms 内他们都不会脱扣。因为 Q7 没有收到下级断路器的阻止信号，所以，Q7 自己要负责尽快分断电路。

如果断路器 Q7 发生故障(例如 Q7 不能动作)，作为后备的 Q5 在短延时 t_{SD}=150 ms 后要脱扣分断电路。

示例 2——位置 2 发生短路

断路器 Q1、Q2、Q3 和 Q5 受短路影响，Q7 不受影响。所以，Q5 不再受到 Q7 的阻止信号，但是 Q5 向 Q1、Q2、Q3 发出阻止信号。这就告诉 Q5，它是距离短路点最近的断路器，Q5 脱扣，延时时间为 t_{ZSI}=50 ms 而不是 t_{SD}=150 ms，故障清除时间减少了 100 ms。

示例 3——位置 1 发生短路

只有断路器 Q1、Q2 和 Q3 受短路影响，而且它们没有收到来自下级断路器的阻止信号。断路器 Q1、Q2 和 Q3 在延时时间 t_{ZSI}=50 ms 后脱扣。故障清除时间减少了 250 ms。

8 过电流保护继电器(OCR)——与时间有关或无关的单输入测量继电器

OCR 电器的要求详见 IEC 60255 系列标准。

安全电源为 OCR 供电，电流互感器监视系统电路电流。

继电器的输出作为非自动开关电器的电气脱扣系统的输入。例如，操动一台非自动断路器进行分励脱扣。断路器的 I_{cw} 值必须等于或大于安装位置的预期电流值，动作时间与 OCR 的整定值相匹配。OCR 的过载特性应该与断路器的特性相匹配。

OCR 以及相连的开关电器可以作为带有保护继电器的断路器的替代方案。OCR 一般用在设备的电源输入端，例如 MV 和 LV 的主配电盘(见图 11)。

系统设计人员可以选择使用 OCR 对电源系统进行保护，满足电源系统的灵敏度、选择性和通讯要求。

OCR 的制造商提供详细的使用说明，对测量电路电流的电流互感器以及互感器在系统中的安装位置方面提出建议。

串联 OCR 之间的选择性以及 OCR 和其他 OCPD 之间的选择性，可以通过比较设备的时间/电流特性来实现，与 5.1 中规定的断路器的选择性实现方法相同。

注：根据 5.1 的规定，在确定与其他电器的选择性时，除了 OCR 的脱扣时间特性外，还必须考虑与 OCR 相连的断路器的总动作时间。

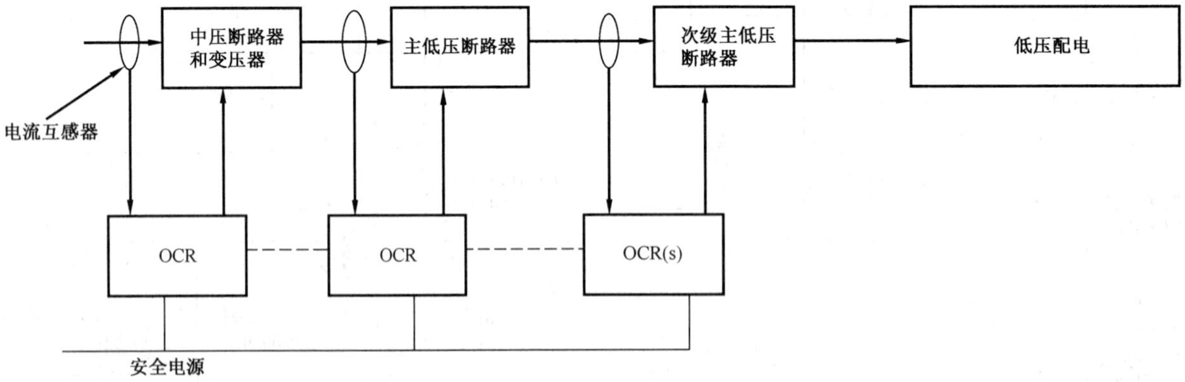

图 11 具有 OCR 保护功能的主配电系统原理图

除了过电流保护之外，OCR 还可以提供各种电路保护功能，例如接地故障保护和零差保护。

附　录　A
（资料性附录）
过电流保护电器之间的选择性举例——断路器适用的选择性等级的举例

示例 1：全选择性

在图 A.1 中，UD=MCCB，I_n=100 A，I_{cu}=65 kA；

DD=MCB，I_n=32 A，I_{cn}=10 kA。

图 A.2 和图 A.3 给出了这些示例电器的特性曲线。

发生在“F”处的任何过载或故障电流均会导致下级 MCB 脱扣，下级电器相对于上级电器具有全选择性，不会中断“S”处的供电。

理由：在不超过可能的最大故障电流 9 kA(r.m.s.)下，DD 的允通电流和允通能量都低于 MCCB/UD 的脱扣阈值。

注：在该示例中，不要求 UD 对 DD 提供后备保护

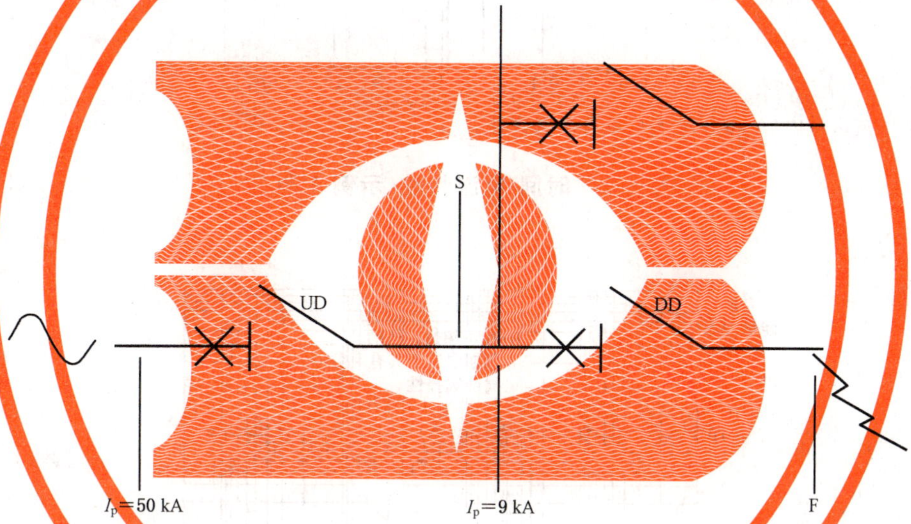

说明：I_p 是预期短路电流有效值。

图 A.1　断路器的配合示例——50 kA/9 kA 故障水平

示例 2：局部选择性

在图 A.1 中，UD=MCCB，I_n=100 A，I_{cu}=65 kA；

DD=MCB，I_n=63 A，I_{cn}=10 kA。

图 A.2 和图 A.3 给出了这些示例电器的特性曲线。

发生在“F”处的任何过载或故障电流均会导致下级 MCB 脱扣。在过载电流区域内和不超过 7 kA（该组合情况下的选择性极限电流）的故障电流下可以实现选择性，称为局部选择性。在 7 kA～9 kA（最大故障电流）的故障电流下，DD 会脱扣，UD 也可能会脱扣。

理由：故障电流有效值大于 7 kA 上，DD 的允通电流和/或允通能量大于 MCCB/UD 的脱扣阈值。

注：在该示例中，不要求 UD 对 DD 提供后备保护。

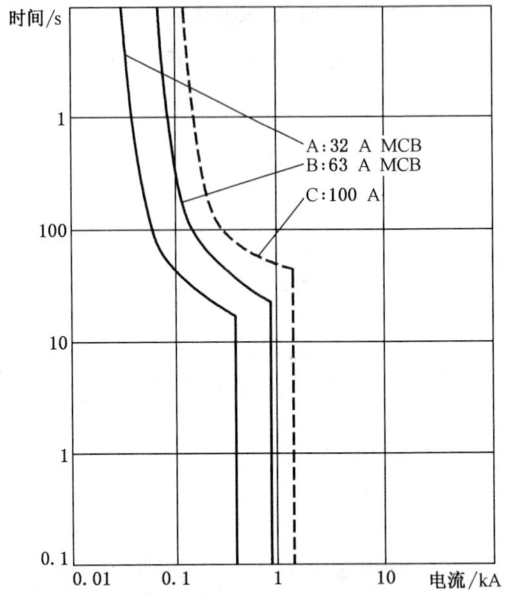

注：在过载电流区域内，A 和 B 对于 C 具有全选择性。

图 A.2　时间-电流特性(示例 1 和 2)

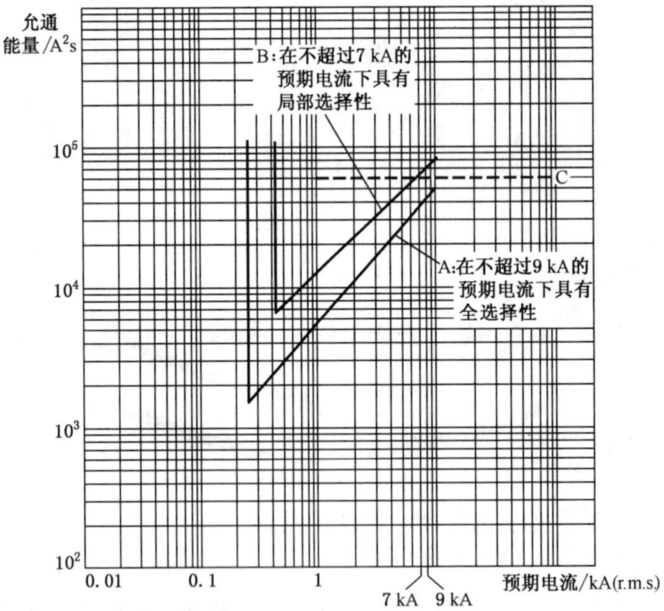

说明：

A——32 A MCB；

B——63 A MCB；

C——100 A MCCB(UD)的动作阈值。

注：允通能量并不是确定选择性的唯一标准，必须要通过试验验证。

图 A.3　在故障电流区域内的动作(示例 1 和 2)

示例 3:动触头斥开动作下的全选择性

在图 A.1 中,UD=MCCB* ,I_n=100 A,I_{cu}=65 kA;

DD=MCB,I_n=63 A,I_{cn}=10 kA。

* 此处的 MCCB 与示例 1 和示例 2 中的 MCCB 结构不同,为限流型 MCCB。

发生在“F”处的任何过载或故障电流均会导致下级 MCB 脱扣,而 UD 不会脱扣。对于超过 7 kA 的故障电流,UD 的触头会短时分断(几毫秒)。选择性得到保证。

注:在该示例中,不要求 UD 对 DD 提供后备保护。

示例 4:动触头斥开动作用于后备保护时的全选择性

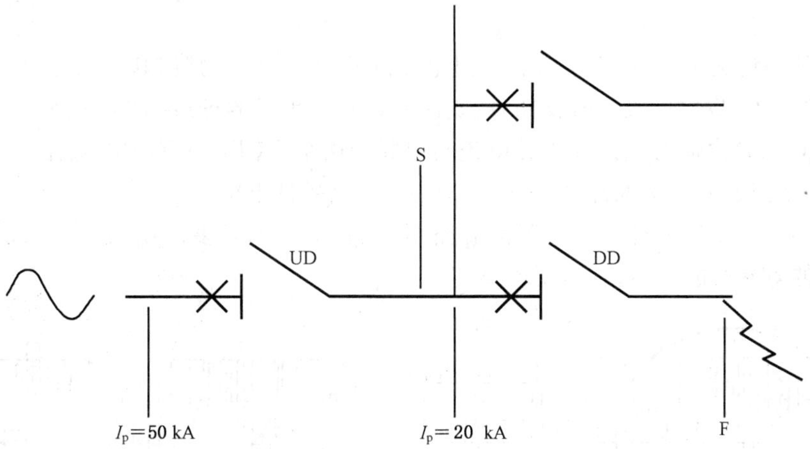

说明:I_p 是预期短路电流有效值。

图 A.4　断路器的配合示例——50 kA/20 kA 故障水平

在图 A.4 中,UD=MCCB* ,I_n=100 A,I_{cu}=65 kA;

DD=MCB,I_n=63A,I_{cn}=10 kA。

* 此处的 MCCB 与上面示例 1 和示例 2 中的 MCCB 结构不同,为限流型 MCCB。

这种情况下,发生在“S”处的故障电流超过了 MCB/DD 的额定分断能力(I_{cn}),所以根据试验结果,MCCB/UD 可用作 DD 的后备保护。

发生在“F”处的任何过载或故障电流均会导致下级 MCB 脱扣,而 UD 不会脱扣。对于超过 7 kA 的故障电流,UD 的触头会短时分断(几毫秒)。该特性有助于清除故障(例如后备保护),而且在不超过 20 kA 的故障电流下选择性会得到保证。

附　录　B
（资料性附录）
固定负载——在过载区域内固定负载对选择性的影响

考虑到串联OCPD中实际流过的电流，并且根据GB 14048.1中2.5.23的注以及本指导性技术文件中3.1.2（过电流选择性[1EV 441-17-15]）的注的规定，串联选择性和网络选择性是有区别的，串联选择性指不同的过电流保护电器通过同一过电流，网络选择性指同一过电流保护电器通过不同大小的过电流。所以：

——在下述任一情况下，应确定承载相同过电流的两个OCPD的脱扣时间：
- 在两个串联OCPD之间没有分支路径（支路），即只有单一的进线和出线；或
- 两个串联OCPD之间分支路径中的电流与串联的两个OCPD中流过的电流相比，无论从电流大小和/或功率因数方面来说都可以忽略，例如在短路条件下。

——如果在同一母线排上有多个电源侧断路器，或者负载侧有多个出线，在过载区域中流过两个OCPD的电流可能大不相同，见图B.1。

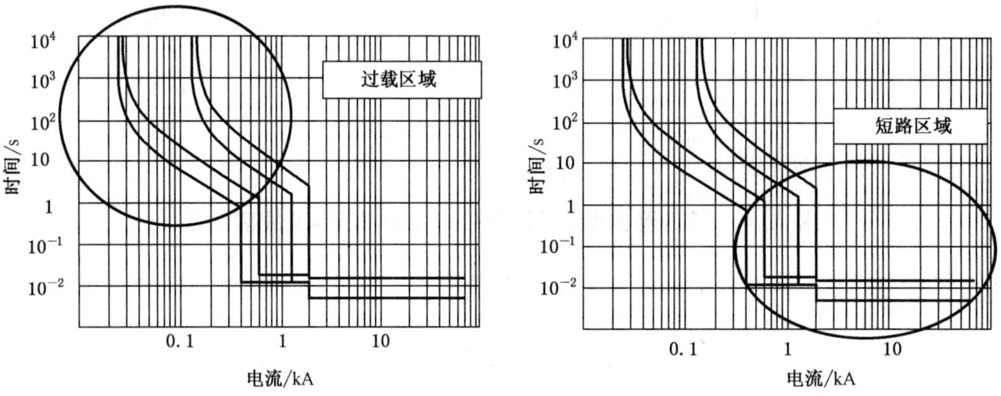

图B.1　过载区域和短路区域

关于OCPD中实际流过的电流，应主要考虑以下三种情况：

——两个OCPD串联（通过同一电流），见图B.2a）；

——电源侧有一台断路器，负载侧有多个OCPD（通过电源侧OCPD中的电流要高于任一负载侧OCPD中的电流），见图B.2b）；

——电源侧有两个或多个断路器，负载侧有多个断路器，见图B.2c）。

下面的例子中采用断路器作为OCPD，熔断器作为OCPD的情况相同。

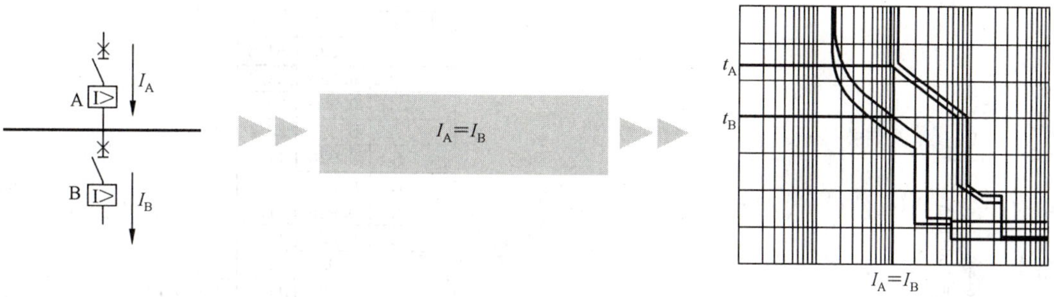

a) **OCPD 串联,承载同一电流(无支路)**

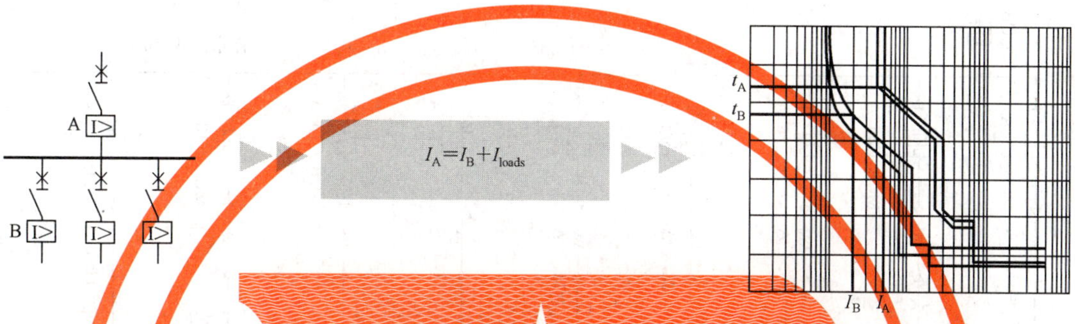

b) **OCPD 串联,多个负载(支路)**

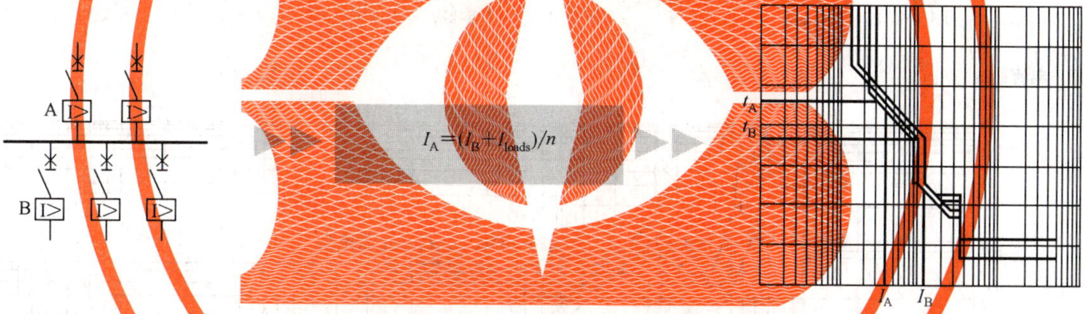

c) **OCPD 串联,多个负载(支路),多个电源**

说明:

I_B——断路器 B 中流过的电流;

I_A——断路器 A 中流过的电流;

I_{loads}——在正常情况下由断路器 A 供电产生的负载电流(B 除外)总和(结合实际的需求因数和使用类别);

n——等效电源电路的并联支路数。

注:这些公式没有考虑电流的相位差或电路的不对称性;在图 B.2a)和图 B.2b)的情况下,所给出的是传统的公式,在图 B.2c)的情况下,多个电源支路相同时,该公式是可以实际采用的。

图 B.2 串联 OCPD

示例:63 A 的 MCB 处大小为 100 A 的过载电流,在 160 A 的 MCCB 处产生一个大小为 156.1+(100-54.6)=201.5 A 的电流。

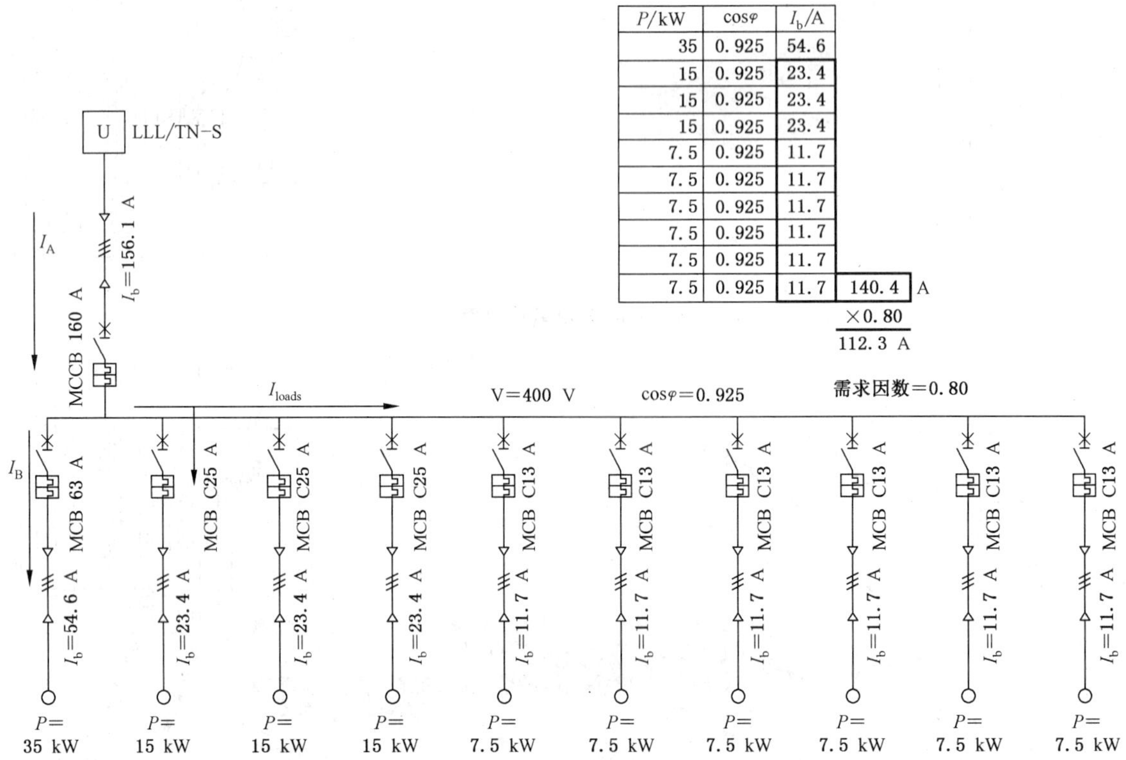

P/kW	cosφ	I_b/A	
35	0.925	54.6	
15	0.925	23.4	
15	0.925	23.4	
15	0.925	23.4	
7.5	0.925	11.7	
7.5	0.925	11.7	
7.5	0.925	11.7	
7.5	0.925	11.7	
7.5	0.925	11.7	
7.5	0.925	11.7	140.4 A
			×0.80
			112.3 A

时间-电流曲线

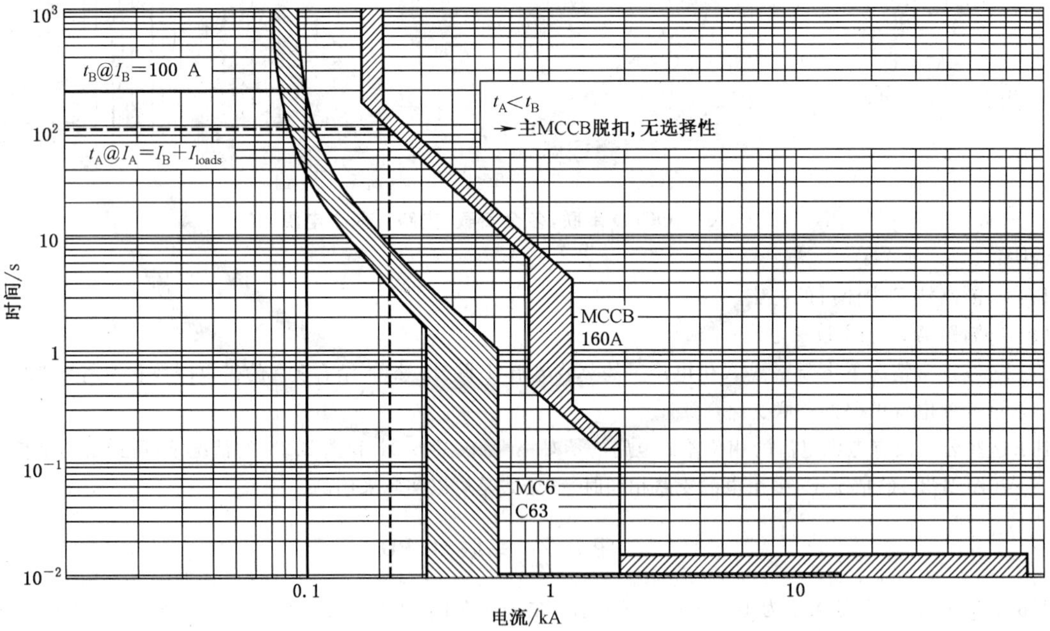

参 考 文 献

［1］ GB/T 2900.49 电工术语 电力系统保护(GB/T 2900.49—2004,IEC 60050-448:1995,IDT)

［2］ GB/T 2900.70 电工术语 电器附件(GB/T 2900.70—2008,IEC 60050-442:1998,IDT)

［3］ GB/T 2900.71—2008 电工术语 电气装置(GB/T 2900.71—2008,IEC 60050-826:2004,IDT)

［4］ GB/Z 22721 正确使用家用和类似用途剩余电流动作保护电器(RCD)的指南(GB/Z 22721—2008,IEC/TR 62350:2006,IDT)

［5］ IEC 60050-441 电工术语 第441章:开关设备、控制设备和熔断器

ICS 71.120;83.200
G 95

中华人民共和国国家标准

GB 25936.1—2012

橡胶塑料粉碎机械 第1部分:刀片式破碎机安全要求

Rubber and plastics machines—Size reduction machines—Part 1:Safety requirements for blade granulators

2012-03-09 发布　　　　2013-01-01 实施

中华人民共和国国家质量监督检验检疫总局
中国国家标准化管理委员会　发布

前　言

本部分的第5章、第6章和第7章为强制性的，其余为推荐性的。

GB 25936《橡胶塑料粉碎机械》分为4个部分：

——第1部分：刀片式破碎机安全要求；

——第2部分：拉条式切粒机安全要求；

——第3部分：切碎机安全要求；

——第4部分：团粒机安全要求。

本部分为GB 25936的第1部分。

本部分按照GB/T 1.1—2009给出的规则起草。

本部分使用重新起草法修改采用欧洲标准EN 12012-1：2007《橡胶塑料机械　破碎机　第1部分：刀片式破碎机安全要求》。

本部分与欧洲标准EN 12012-1：2007的技术性差异如下：

——在规范性引用文件中用我国标准代替了国际标准；

——删除了EN 12012-1：2007第1章最后一段；

——删除了EN 12012-1：2007第4章后面的悬置段。

本部分做了下列编辑性修改：

——将A.8中"至少应记录A.7规定的数据"改为"至少应记录A.8.2～A.8.6规定的数据"；

——删除了EN 12012-1：2007的资料性附录ZA。

本部分由中国石油和化学工业联合会提出。

本部分由全国橡胶塑料机械标准化技术委员会(SAC/TC 71)归口。

本部分起草单位：北京橡胶工业研究设计院、大连塑料机械研究所、广东省东莞市质量技术监督标准与编码所。

本部分主要起草人：夏向秀、何成、李香兰、李毅。

橡胶塑料粉碎机械 第1部分：刀片式破碎机安全要求

1 范围

GB 25936 的本部分规定了破碎橡胶塑料制品或材料用刀片式破碎机的设计和制造安全要求。

本部分适用于对橡胶塑料制品或材料进行粉碎的刀片式破碎机（以下简称破碎机）。

本部分所涉及的机器起始于破碎机整机喂料口的外边缘或作为集成部分的喂料装置的外边缘，终止于破碎机的排料区域。

本部分不涉及加工有害材料产生的危险。

2 规范性引用文件

下列文件对于本文件的应用是必不可少的。凡是注日期的引用文件，仅注日期的版本适用于本文件。凡是不注日期的引用文件，其最新版本（包括所有的修改单）适用于本文件。

GB/T 3767 声学 声压法测定噪声源声功率级 反射面上方近似自由场的工程法（GB/T 3767—1996，eqv ISO 3744：1994）

GB/T 3768 声学 声压法测定噪声源声功率级 反射面上方采用包络测量表面的简易法（GB/T 3768—1996，eqv ISO 3746：1995）

GB 5226.1—2008 机械电气安全 机械电气设备 第1部分：通用技术条件（IEC 60204-1：2005，IDT）

GB/T 6881.1 声学 声压法测定噪声源声功率级 混响室精密法（GB/T 6881.1—2002，idt ISO 3741：1999）

GB/T 6881.2 声学 声压法测定噪声源声功率级 混响场中小型可移动声源工程法 第1部分：硬壁测试室比较法（GB/T 6881.2—2002，idt ISO 3743-1：1994）

GB/T 6881.3 声学 声压法测定噪声源声功率级 混响场中小型可移动声源工程法 第2部分：专用混响测试室法（GB/T 6881.3—2002，idt ISO 3743-2：1994）

GB/T 6882 声学 声压法测定噪声源声功率级 消声室和半消声室精密法（GB/T 6882—2008，ISO 3745：2003，IDT）

GB/T 8196—2003 机械安全 防护装置 固定式和活动式防护装置设计与制造一般要求（ISO 14120：2002，MOD）

GB/T 14574 声学 机器和设备噪声发射值的标示和验证（GB/T 14574—2000，eqv ISO 4871：1996）

GB/T 15706.1—2007 机械安全 基本概念与设计通则 第1部分：基本术语和方法（ISO 12100-1：2003，IDT）

GB/T 15706.2—2007 机械安全 基本概念与设计通则 第2部分：技术原则（ISO 12100-2：2003，IDT）

GB/T 16404 声学 声强法测定噪声源的声功率级 第1部分：离散点上的测量（GB/T 16404—1996，eqv ISO 9614-1：1993）

GB/T 16404.2 声学 声强法测定噪声源的声功率级 第2部分：扫描测量（GB/T 16404.2—

1999,eqv ISO 9614-2:1996)

GB/T 16538 声学 声压法测定噪声源声功率级 现场比较法(GB/T 16538—2008,ISO 3747:2000,IDT)

GB 16754 机械安全 急停 设计原则(GB 16754—2008,ISO 13850:2006,IDT)

GB/T 16855.1—2008 机械安全 控制系统有关安全部件 第1部分:设计通则(ISO 13849-1:2006,IDT)

GB/T 17248.2 声学 机器和设备发射的噪声 工作位置和其他指定位置发射声压级的测量 一个反射面上方近似自由场的工程法(GB/T 17248.2—1999,eqv ISO 11201:1995)

GB/T 17248.3 声学 机器和设备发射的噪声 工作位置和其他指定位置发射声压级的测量 现场简易法(GB/T 17248.3—1999,eqv ISO 11202:1995)

GB/T 17248.4 声学 机器和设备发射的噪声 由声功率级确定工作位置和其他指定位置的发射声压级(GB/T 17248.4—1998,eqv ISO 11203:1995)

GB/T 17248.5 声学 机器和设备发射的噪声 工作位置和其他指定位置发射声压级的测量 环境修正法(GB/T 17248.5—1999,eqv ISO 11204:1995)

GB/T 18831 机械安全 带防护装置的联锁装置 设计和选择原则(GB/T 18831—2010,ISO 14119:1998,MOD)

GB/T 19670 机械安全 防止意外启动(GB/T 19670—2005,ISO 14118:2000,MOD)

GB/T 19671—2005 机械安全 双手操纵装置 功能状况及设计原则(ISO 13851:2002,MOD)

GB/T 19876 机械安全 与人体部位接近速度 相关防护设施的定位(GB/T 19876—2005,ISO 13855:2002,MOD)

GB 23821—2009 机械安全 防止上下肢触及危险区的安全距离(ISO 13857:2008,IDT)

GB/T 25078.1—2010 声学 低噪声机器和设备设计实施建议 第1部分:规划(ISO/TR 11688-1:1995,IDT)

3 术语和定义

GB/T 15706.1—2007 界定的以及下列术语和定义适用于本文件。

3.1

刀片式破碎机 blade granulator

在其破碎室内用刀片将物料破碎,直至被破碎物料能通过合适规格的筛板孔进入排料区的机械,见图1。

3.2

破碎室 cutting chamber

在其内部产生破碎及粉碎作用的部件。

3.3

转子 rotor

在破碎室内,装有刀片的旋转破碎装置的部件。

3.4

固定切刀 stationary cutting blade(s)

一片或多片安装在破碎室内的静止刀架上的切刀。

3.5

喂料区 feeding area

喂入物料的区域。

3.6

喂料装置　feeding device

将物料送入破碎室的部件。喂料装置可以是固定的，例如，喂料斗或类似装置；也可以是可移动的，例如，喂料辊、螺杆、运输带或气动输送装置等。

3.7

转子抑制器　rotor restraint

当破碎机停车和破碎室打开时，防止手触动转子转动或转子因惯性而转动的部件。

3.8

排料区　discharge area

被破碎物料或成品排出破碎室的区域。

3.9

筛板　screen plate

安装在破碎室排料侧、允许符合规定尺寸的破碎物料或成品进入排料区的筛网。

3.10

工作平面　working level

操作者站立的平面。

3.11

装料台　loading table

放置送往破碎机中物料的平面。

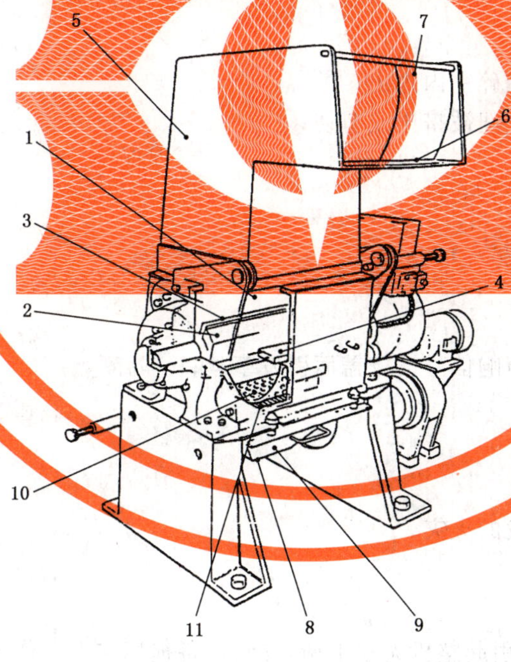

说明：

1——破碎室；
2——转子；
3——旋转刀片；
4——固定切刀；
5——喂料斗；
6——喂料口；
7——防护挡板；
8——排料区；
9——排料斗；
10——筛板；
11——防护装置。

图 1　刀片式破碎机示意图

4 重大危险列举

4.1 机械危险

4.1.1 破碎室

破碎室有如下危险：
——机械零部件或物料从破碎室内弹出；
——在转子和破碎室内壁之间被挤压或剪切；
——被刀片切割或切断。

4.1.2 喂料区

喂料区有如下危险：
——被喂料装置剪切；
——被喂物料缠绕；
——跌落进喂料斗；
——由于料斗移动所引起的挤压；
——机械零部件或物料从喂料口弹出。

4.1.3 排料区

排料区有如下危险：
——机械零部件或物料从破碎室内弹出；
——在转子和破碎室内壁之间被挤压或剪切；
——被刀片切割或切断。

4.2 噪声危险

噪声可能导致：
——听力受损；
——语言交谈被干扰以及声响信号被掩盖而引发事故；
——精神紊乱。

4.3 被加工物料产生的危险

加工过程中产生的粉尘引发的火灾。

4.4 机械失去稳定产生的危险

在喂料斗处于打开位置时，引起整机失去平衡，导致设备损坏和人员伤害。

4.5 电气危险

接触带电部件或由于电气故障而带电的部件，导致电击或灼伤。

5 安全要求和/或保护措施

5.1 总则

破碎机应遵守本章所规定的安全要求和/或保护措施。此外，本文件中其他一些未予规定的非重大危险的机械设计，也应符合 GB/T 15706.2—2007 的规定。

5.2 机械危险

5.2.1 破碎室

当喂料装置和排料装置与破碎室组装在一起时，破碎室的设计应考虑消除引发 4.1.1 所列的一切危险，并防止在转子运行时进入破碎室。

5.2.1.1 强度

破碎室应能承受正常工作产生的应力和运转时由于刀片断裂或松脱产生的应力。

5.2.1.2 通过开口进入

对通过开口进入破碎室，应进行以下保护：

——在设计上，安全距离应符合 GB 23821—2009 中表 2、表 3 或表 4 的规定；或

——按 GB/T 8196—2003 中 3.2.2 的规定设置距离防护装置；

——按 GB/T 8196—2003 中 3.6 和 GB/T 18831 的规定设置带防护锁定的联锁防护装置。控制系统有关安全部件应符合 GB/T 16855.1—2008 中的 3 类规定。

5.2.1.2.1 采用固定喂料装置时，对通过喂料口进入破碎室的保护：

——喂料斗或其他喂料装置的尺寸和设计应符合 GB 23821—2009 中表 2 规定的安全距离，以避免上肢进入破碎室；

——如果喂料口尺寸大于 0.40 m×0.50 m，则孔口的下边缘和/或装料台与工作平面的距离应不小于 1.20 m；

——如果距离小于 1.20 m，则应在喂料口前至少 1.20 m 处安装距离防护装置，防止直接进入喂料口，或者利用防护装置，使操作者只能从侧面喂料；

——如果机器上安装的是自动喂料装置，该装置应起到保护装置的作用。

5.2.1.2.2 采用可移动的喂料装置时，对通过喂料口进入破碎室的保护：

——当喂料斗或其他喂料装置可移动时，转子停止转动前应防止通过喂料口进入破碎室；

——喂料斗或其他喂料装置应起到带防护锁定的联锁防护装置的作用，并应符合 GB/T 8196—2003 中 3.6 和 GB/T 18831 的规定。控制系统的有关安全部件应符合 GB/T 16855.1—2008 中的 3 类规定。

5.2.1.2.3 对通过排料口进入破碎室的保护：

——转子停止转动前，应对通过排料口进入破碎室进行保护；

——应按 GB/T 8196—2003 中 3.6 和 GB/T 18831 的规定设置带防护锁定的联锁防护装置。控制系统有关安全部件应符合 GB/T 16855.1—2008 中的 3 类规定。

5.2.1.2.4 对通过维修或清洁口进入破碎室的保护：

——破碎室壁上的维修或清洁孔口，应按 GB/T 8196—2003 中 3.6 和 GB/T 18831 的规定设置带防护锁定的联锁防护装置；

——控制系统有关安全部件应符合 GB/T 16855.1—2008 中的 3 类规定。

5.2.1.3 转子抑制器

破碎机转子运动的惯性足以引起伤害，例如，某部件拆卸后或正在拆卸时失去平衡，或在拧松刀片进行拆卸时。在破碎室开启到能触及转子之前，转子抑制器应起作用(具体开口尺寸见 GB 23821—2009 中表 4 的规定)。

转子抑制器在以下情况，应能解除限制：

——需要转动转子时，通过操作者需连续操控解除限制；

——在破碎机能够启动之前，通过某一方法，如关闭破碎室，或其他合适的方法，确保转子抑制器解除限制；

——使转子抑制器解除限制的装置，应设计成由控制转子运动的操作者激活。

5.2.2 喂料区

在喂料区的设计中，应消除4.1.2所列的危险。

5.2.2.1 喂料装置

5.2.2.1.1 喂料装置应按GB 23821—2009中表2、表3或表4的规定进行设计，以避免上肢触及运动部件。

5.2.2.1.2 如果加工极易缠绕的薄膜、纤维及塑胶条等材料的破碎机采用动力喂料装置，应在喂料口处配备符合GB/T 15706.1—2007中3.26.5规定的机械致动的敏感保护设备（自动停机装置），用来自动停止喂料。该敏感保护设备（自动停机装置）应能在受到不小于150 N的力时触发。

5.2.2.1.3 如果喂料斗设有转轴或铰链，不管采用什么系统打开或关闭喂料斗，则应使用能自动激活的抑制装置，以防止喂料斗意外闭合。

5.2.2.1.4 如果喂料斗动作是动力驱动的，则：

——应使用符合GB/T 19671—2005中的ⅢB型双手操纵装置，其安装位置应符合GB/T 19876的规定，且确保在安装位置能够看清喂料斗的开启和闭合区；或

——应使用符合GB/T 15706.1—2007中3.26.3规定的止-动控制装置，其安装位置应距离危险区至少2 m，且确保在安装位置能够看清喂料斗的开启和闭合区。

有关手动喂料的信息资料，应在使用说明书中给出（见7.1.5）。

5.2.2.2 机械零部件或物料弹出

在设计阶段，应采取措施来消除加工时机械零部件或物料通过喂料口从破碎室内弹出的可能性。可以采取的措施，例如有：

——喂料装置配备遮挡屏；

——安装如图1所示的防护挡板；

——当喂入长料可能造成防护挡板无法闭合时，降低危险的其他措施，应在使用说明书中给出（见7.1.5）。

5.3 噪声危险

5.3.1 通过设计降低噪声源的噪声

在机械设计中，应采取可利用的信息和技术措施来控制噪声源的噪声，示例见GB/T 25078.1—2010。

注：机械噪声发生的可利用的信息见GB/T 25078.2。

5.3.2 主要噪声源和降噪措施

5.3.2.1 主要噪声源有破碎室、喂料斗、喂料口、排料口以及可能配备的抽吸系统和排放管。

5.3.2.2 可以采取以下措施控制噪声：

——改变切刀和转子的几何构型；

——改变喂料斗的几何构型；

——破碎室增加隔音材料；
——降低破碎速度；
——加隔音外罩。

5.3.3 噪声发射值的测定和标示

噪声发射值的测定和标示见附录 A。
另见 7.1.6。

5.4 被加工物料产生的危险

如果破碎机是专为加工易产生附加危害材料(例如易燃或有毒材料)而设计的,则制造商应考虑最新技术,将风险降低到最低程度。

其措施可包括：
——增加局部排放系统；
——增加自动清洗设施；
——增加自动灭火系统；
——增加产生惰性气氛的设施；
——增加声响和视觉警报。

如果破碎机并非为加工易燃或有毒材料而设计,制造商应在机器上就此点加贴警示标志(见 7.2)。

5.5 机械失去稳定产生的危险

机器及其固定方式应设计成,当料斗打开时,机器仍能保持稳定(见 7.1.2)。

5.6 电气危险

5.6.1 总则

电气设备应符合 GB 5226.1—2008 的规定,还应符合 5.6.2～5.6.8 的规定。

5.6.2 电源切断(隔离)开关

电源切断(隔离)开关应采用 GB 5226.1—2008 中 5.3.2 规定的 a)～ e)型式,凡采用 a)～d)型式的电源切断(隔离)开关,应符合 GB 5226.1—2008 中 5.3.3 的规定。

5.6.3 意外启动

应按 GB/T 19670 的要求,防止意外启动。
防止意外启动的切断器件应符合 GB 5226.1—2008 中 5.4 的规定。

5.6.4 直接接触的防护

直接接触的防护应符合 GB 5226.1—2008 中 6.2 的规定。

5.6.5 间接接触的防护

间接接触的防护应符合 GB 5226.1—2008 中 6.3 的规定。

5.6.6 紧急停止功能

应符合 GB 5226.1—2008 中 9.2.2 的 0 类规定。

5.6.7 急停装置

破碎机应至少有一个急停操动器，操动器的数量取决于机器的大小。操动器的位置应便于接近和操控。至少应有一个或数个操动器在喂料口和/或排料口操作者能控制的位置上。

注：带有自动喂料和/或排料设施的破碎机或小型破碎机，如果控制面板紧靠喂料口以及排料口，且操作者可以清楚地看到，则可在控制面板上设置一个急停操动器。

急停操动器应符合 GB 16754 的规定。急停器件的型式应为按钮开关。

另见 GB 5226.1—2008 中 10.7 的规定。

5.6.8 试验与验证

可进行以下一项或数项试验，但应包括保护联结电路连续性的验证：

——电气设备与技术文件一致性的检验；

——保护联结电路连续性；

——绝缘电阻试验；

——耐压试验；

——残余电压的防护；

——功能试验。

另见 GB 5226.1—2008 第 18 章。

6 安全要求和/或保护措施的验证

对安全要求和/或保护措施的符合性验证，应按表 1 进行。

表 1 符合性验证方法

条款	表观检查	功能试验[a]	测量	计算	设计确认[b]	参考标准
5.2.1.1					●	
5.2.1.2	●	●	●		●	GB 23821—2009、GB/T 8196—2003、GB/T 16855.1—2008、GB/T 18831
5.2.1.2.1	●		●			GB 23821—2009
5.2.1.2.2	●	●			●	GB/T 8196—2003、GB/T 16855.1—2008、GB/T 18831
5.2.1.2.3	●	●			●	GB/T 8196—2003、GB/T 16855.1—2008、GB/T 18831
5.2.1.2.4	●	●			●	GB/T 8196—2003、GB/T 16855.1—2008、GB/T 18831
5.2.1.3	●	●	●		●	GB 23821—2009
5.2.2.1	●	●	●		●	GB/T 15706.1—2007、GB 23821—2009、GB/T 19671—2005、GB/T 19876
5.2.2.2		●				
5.3	●		●		●	GB/T 25078.1—2010；附录 A

表 1（续）

条款	表观检查	功能试验[a]	测量	计算	设计确认[b]	参考标准
5.4	●	●			●	
5.5				●	●	
5.6	●	●	●		●	GB 16754、GB/T 19670、GB 5226.1—2008

[a] 功能试验包括功能验证、防护以及安全装置的效率，其依据的是：

——使用信息中的说明；

——安全方案和线路原理图；

——第5章以及其他引用文件规定的要求。

[b] 设计确认是指验证设计符合本部分的安全规定。

7 使用信息

7.1 使用说明书

7.1.1 使用说明书应按照GB/T 15706.2—2007中6.5的规定编写。

7.1.2 制造商应提供安装说明书，包括：

——凡必要之处，应注明锚固强度要求；

——防震垫安装；

——刀片正确安装，包括螺栓扭矩要求；

——5.2.1.2.1条中如需要的防护结构的安装。

7.1.3 制造商应就破碎室打开进行维修保养和清洁时有关的作业，例如更换刀片、调整刀片或清除余留物料等，予以以下说明：

——制造商应就更换切刀时切割危险，予以警告，包括需要使用防护手套和防护眼镜；

——说明书应对未配备5.2.1.3中所述的转子限制器的转子的维修保养程序步骤，予以描述，其中应包括防止它们转动的措施。

7.1.4 制造商应就切刀或转子的裂缝或断裂或松动的危险，予以警告。说明书应对必须遵循的安全检查系统予以描述，这样的安全检查系统可以检测出以下部件的磨损、裂缝或断裂：

——固定切刀的螺栓和螺孔；

——刀片；

——转子。

每次更换刀片时，应仔细检查上述部件，包括如检查螺栓重新拧紧所使用的正确扭矩等，在说明书中应予以明示。

7.1.5 制造商应就以下内容，予以警告：

——缠绕的危险，特别是手动喂入薄膜、纤维、塑胶条或类似物料时；

——长物弹出的危险。

说明书应对这类物料的安全处理程序，予以描述。该程序可包括，例如，加工前物料预破碎、装袋或打包等。

7.1.6 制造商应就进行噪声测定时所依据的操作条件和安装类型，予以示明，并给出按照附录A或相关标准测定的破碎机的噪声发射值有关的信息资料。

7.1.7 制造商应对听力和视力保护，提出建议。

7.2 标志

机器上至少应带有的标志：

——制造商和供货商的名称和地址；

——相应的安全警示；

——设计序号或型号；

——序列号或机器编号；

——若该机设计并非用于加工易燃或有毒材料，则应带有此项内容的警示标签。

附 录 A
（规范性附录）
噪声试验规程

A.1 引言

不同的噪声产生机理在每一机台上是相互影响的。工作条件发生变化，将影响某些或所有机理及其相互干扰的程度。因此，测得的某一操作条件下的值，对该机台的所有操作条件，并不一定具有代表性。仅仅公告一个噪声发射值，可能导致误解。因此本附录规定，除为破碎特定材料特定项而设计的破碎机外，噪声发射值测定至少应取两个不同的试样。

A.2 范围

机器的使用说明书和技术文件应给出按照本附录测定的噪声发射值。

本噪声试验规程就刀片破碎机向空气中发射噪声的测定、标示和验证，规定了其有效进行以及在标准化条件下进行的所有应具备的信息。

本规程规定了噪声测量方法以及试验应使用的操作和安装条件。

噪声发射特性包括工位上发射声压级和声功率级。这些量的测定用于以下情况：

——刀片破碎机制造商标示该机器发射噪声；

——用户对投入市场的刀片破碎机的噪声发射情况进行比较；

——设计人员在设计阶段对声源噪声予以控制。

本规程的使用，在所使用的基本测量方法的准确度等级所决定的特定限度内，可保证空气中噪声发射特性的测定值具有再现性。

A.3 声功率级的测定

A.3.1 基本标准

A 计权声功率级应采用下述标准之一进行测定：GB/T 6881.1、GB/T 6881.2、GB/T 6881.3、GB/T 3767、GB/T 6882、GB/T 3768、GB/T 16538、GB/T 16404 或 GB/T 16404.2。

应使用工程法（准确度等级 2 级）。如果无法使用工程法，则可使用简易法（准确度等级 3 级）。应给出选择简易法的理由。

在每一传声器位置上至少测量一次。每次测量的持续时间长度至少 90 s。

在使用 GB/T 3767 或 GB/T 3768 时，测量面应为平行六面体，测量距离为 1 m。

A.3.2 测量不确定度

再现性的标准偏差见所用的基本标准。

A.4 发射声压级的测定

A.4.1 基本标准

手动喂料的刀片破碎机，应使用 GB/T 17248.2、GB/T 17248.3 或 GB/T 17248.5 之一测量 A 计

权声压级。

测量应在操作者工位处按上述标准进行。

在未规定工位或无法确定工位的场合,应在距离机器表面 1m 和距离地面或平台入口处高 1.6 m 的地方测量声压级,应记录测量位置和最大声压值。

A 计权声压级的测定,应按下列方法进行:

——用 GB/T 17248.2 或 GB/T 17248.3 或 GB/T 17248.5 进行测定,在离刀片破碎机外表面 1 m,高度 1.6 m 的一系列点上测定 A 计权声压级,并记录其最大值;

——或,用 GB/T 17248.4,按 $Q=Q_2$ 和 $d=1$ m 的方法从声功率级推算 A 计权声压级。

A.4.2 测量不确定度

如果发射声压级经测量而得,则 A 计权声压级再现性的标准偏差即是所用的基本标准中所给出的,即工程法的 $\sigma_{RA}=2.5$ dB(A)。

如果发射声压级经计算而得,则再现性标准偏差即是声功率级测定的标准偏差。

A.5 噪声测量的安装条件

机器的安装和连接应按制造商使用说明书中的说明进行(见 7.1.6)。

A.6 操作条件

从固定的喂料辅助动力装置中发射的噪声,例如输送带等,不予考虑;但是卸料设备发射的噪声应予以考虑。

为破碎特定材料特定项而设计的破碎机,测定应使用该特定材料特定项进行。针对其他情况,至少应选两种试样,其中一个试样应按表 A.1 抽取。

表 A.1 试样和机器数据

公称功率/kW	卸料设备	筛孔直径/mm	试样			
			类型	材料	质量或容积	一次加入的试样数
≤5.5	无	6	瓶盖	PP	3 g±0.5 g	10
			圆珠笔体	PS	4 g±0.5 g	10
>5.5 <30	抽吸	10	预塑坯	PET	45 g±5 g	2
			瓶子	PET	1.5 L	2
≥30	抽吸	10	瓶子	PE	5 L	2

测定应使用新刀片。

试样的喂料频率(Q)按式(1)计算:

$$Q=\frac{C_{75}}{60\times N\times M} \qquad \cdots\cdots(1)$$

式中:

C_{75}——最大公称产量的 75%,单位为千克每小时(kg/h);

N——一次加入的试样数;

M ——一个试样的质量,单位为千克(kg);

Q ——每分钟喂料的次数,修正到整数位。

A.7 测量不确定度

测定破碎机的噪声发射值,其不确定性与以下三个因素相关:

——再现性标准偏差:A 计权级 σ_{RA}(见 A.3.2 和 A.4.2);

——操作条件相关的标准偏差:A 计权级 $\sigma_{OpA}=1.5$ dB(A);

——试样变量相关的标准偏差:A 计权级 $\sigma_{SA}=1.5$ dB(A)。

按式(2)计算总标准偏差:

$$\sigma=\sqrt{\sigma_{RA}^2+\sigma_{OpA}^2+\sigma_{SA}^2} \qquad \cdots\cdots(2)$$

注:噪声发射真值低于 $L_m+1.645\sigma$ 的可能性为 95%,其中:L_m 是测定值。

A.8 应记录的信息

A.8.1 总则

应记录的信息包括:所使用的基本标准中要求予以记录的数据,即试验时机器安装和操作条件、声学环境、仪器仪表和声学数据的准确证明。

至少应记录 A.8.2～A.8.6 规定的数据。

A.8.2 总体数据

记录的总体数据包括:

——制造机器的类型、序列号和年代号;

——喂料装置;

——物料温度;

——室温。

A.8.3 机器技术数据

记录的机器技术数据包括:

——公称功率,单位为千瓦(kW);

——转子:

- 直径;
- 转速;
- 刀片数;

——固定刀片数;

——筛板特性;

——破碎产出率,单位为千克每小时(kg/h);

——在使用抽吸式卸料设备时的空气流速,单位为立方米每小时(m^3/h)。

A.8.4 标准

噪声测量使用的标准。

A.8.5 安装和操作条件

机械试验时相关安装和操作条件的说明。

A.8.6 试样和材料数据

试验所用的试样的形状和试验所用物料的物理特性的细节。

A.9 噪声发射值的标示和验证

噪声发射值的标示和验证应符合 GB/T 14574 的规定。

噪声标示应按 GB/T 14574 的规定标示两项数值，即分别明示测定值和测量不确定度。它应包括以下内容：

——声压级超过 70 dB 的操作者操作位上测定的 A 计权时间平均声压级值；若声压级不超过 70 dB 时，此情况应予以指出；

——此项超过 63 Pa(130 dB 对应于 20 μPa)的操作者操作位上测定的 C 计权时间平均声压级峰值；

——在 A 计权时间平均声压级测定值超过 85 dB 的操作者操作位上测定的 A 计权声功率级值。

噪声标示应明示：已按本噪声测定规程得到的噪声发射值，并明示所使用的是哪一个基本标准。如果有偏离本噪声测定规程之处和/或偏离所用的基本标准之处，噪声标示应给予清楚地明示。

注：倍频带内其他噪声发射量，如声功率级，也可在噪声标示内给出。在这种情况下，应特别仔细，避免将这些其他噪声发射数据与测定的噪声发射值混淆。

如果是验证性试验，则应采用噪声发射值初始测定时所用的相同的安装和操作条件进行。

参 考 文 献

[1] GB/T 25078.2 声学 低噪声机器和设备设计实施建议 第2部分:低噪声设计的物理基础

ICS 71.120;83.200
G 95

中华人民共和国国家标准

GB 25936.2—2012

橡胶塑料粉碎机械 第2部分:拉条式切粒机安全要求

Rubber and plastics machines—Size reduction machines—Part 2:Safety requirements for strand pelletisers

2012-03-09 发布 2013-01-01 实施

中华人民共和国国家质量监督检验检疫总局
中国国家标准化管理委员会 发布

前　言

本部分的第5章、第6章和第7章为强制性的，其余为推荐性的。

GB 25936《橡胶塑料粉碎机械》分为4个部分：

——第1部分：刀片式破碎机安全要求；

——第2部分：拉条式切粒机安全要求；

——第3部分：切碎机安全要求；

——第4部分：团粒机安全要求。

本部分为GB 25936的第2部分。

本部分按照GB/T 1.1—2009给出的规则起草。

本部分使用重新起草法修改采用EN 12012-2：2001＋A2：2008《橡胶塑料机械　粉碎机械　第2部分：拉条式切粒机安全要求》。

本部分在修改采用EN 12012-2：2001＋A2：2008时做了技术内容修改，修改内容如下：

——删除了EN 12012-2：2001＋A2：2008规范性引用文件中的EN 1070：1998机械安全—术语。

本部分还做了如下编辑性修改：

——删除了EN 12012-2：2001＋A2：2008的附录ZA（资料性附录）；

——删除了EN 12012-2：2001＋A2：2008的附录ZB（资料性附录）。

本部分由中国石油和化学工业联合会提出。

本部分由全国橡胶塑料机械标准化技术委员会（SAC/TC 71）归口。

本部分主要起草单位：凯迈（洛阳）机电有限公司、北京橡胶工业研究设计院、大连塑料机械研究所、广东省东莞市质量技术监督标准与编码所。

本部分主要起草人：陈军、熊伟、袁媛、夏向秀、何成、李香兰、李毅。

橡胶塑料粉碎机械
第2部分:拉条式切粒机安全要求

1 范围

GB 25936 的本部分规定了加工橡胶塑料用拉条式切粒机设计和制造的基本安全要求。

本部分适用于由反应器或挤出机连续喂入的橡胶塑料材料切粒用拉条式切粒机。

本部分所涉及的机器起始于拉条式切粒机的喂料装置的喂料口,如果有启动装置,则起始于拉条式切粒机的启动装置,终止于排料区。

2 规范性引用文件

下列文件对于本文件的应用是必不可少的。凡是注日期的引用文件,仅注日期的版本适用于本文件。凡是不注日期的引用文件,其最新版本(包括所有的修改单)适用于本文件。

GB/T 3767 声学 声压法测定噪声源声功率级 反射面上方近似自由场的工程法(GB/T 3767—1996,eqv ISO 3744:1994)

GB/T 3768 声学 声压法测定噪声源声功率级 反射面上方采用包络测量表面的简易法(GB/T 3768—1996,eqv ISO 3746:1995)

GB 3836.1 爆炸性环境 第1部分:设备 通用要求(GB 3836.1—2010,IEC 60079-0:2007,MOD)

GB 3836.2 爆炸性环境 第2部分:由隔爆外壳"d"保护的设备(GB 3836.2—2010,IEC 60079-1:2007,MOD)

GB 3836.3 爆炸性环境 第3部分:由增安型"e"保护的设备(GB 3836.3—2010,IEC 60079-7:2006,IDT)

GB 3836.4 爆炸性环境 第4部分:由本质安全型"i"保护的设备(GB 3836.4—2010,IEC 60079-11:2006,MOD)

GB 3836.5 爆炸性环境用防爆电气设备 第5部分:正压外壳型"p"(GB 3836.5—2004,IEC 60079-2:2001,MOD)

GB 3836.6 爆炸性环境用防爆电气设备 第6部分:油浸型"o"(GB 3836.6—2004,IEC 60079-6:1995,IDT)

GB 3836.7 爆炸性环境用防爆电气设备 第7部分:充砂型"q"(GB 3836.7—2004,IEC 60079-5:1997,IDT)

GB 4208—2008 外壳防护等级(IP代码)(IEC 60529:2001,IDT)

GB 5226.1—2008 机械电气安全 机械电气设备 第1部分:通用技术条件(IEC 60204-1:2005,IDT)

GB/T 6881.1 声学 声压法测定噪声源声功率级 混响室精密法(GB/T 6881.1—2002,idt ISO 3741:1999)

GB/T 6881.2 声学 声压法测定噪声源声功率级 混响场中小型可移动声源工程法 第1部分:硬壁测试室比较法(GB/T 6881.2—2002,idt ISO 3743-1:1994)

GB/T 6881.3 声学 声压法测定噪声源声功率级 混响场中小型可移动声源工程法 第2部

分:专用混响测试室法(GB/T 6881.3—2002,idt ISO 3743-2:1994)

GB/T 6882 声学 声压法测定噪声源声功率级 消声室和半消声室精密法(GB/T 6882—2008,ISO 3745:2003,IDT)

GB/T 8196—2003 机械安全 防护装置 固定式和活动式防护装置设计与制造一般要求(ISO 14120:2002,MOD)

GB/T 14574 声学 机器和设备噪声发射值的标示和验证(GB/T 14574—2000,eqv ISO 4871:1996)

GB/T 15706.1 机械安全 基本概念与设计通则 第1部分:基本术语和方法(GB/T 15706.1—2007,ISO 12100-1:2003,IDT)

GB/T 15706.2—2007 机械安全 基本概念与设计通则 第2部分:设计原则(GB/T 15706.2—2007,ISO 12100-2:2003,IDT)

GB/T 16404 声学 声强法测定噪声源的声功率级 第1部分:离散点上的测量(GB/T 16404—1996,eqv ISO 9614-1:1993)

GB/T 16404.2 声学 声强法测定噪声源的声功率级 第2部分:扫描测量(GB/T 16404.2—1999,eqv ISO 9614-2:1996)

GB/T 16538 声学 声压法测定噪声源声功率级 现场比较法(GB/T 16538—2008,ISO 3747:2000,IDT)

GB 16754 机械安全 急停 设计原则(GB 16754—2008,ISO 13850:2006,IDT)

GB/T 16855.1—2008 机械安全 控制系统有关安全部件 第1部分:设计通则(ISO 13849-1:2006,IDT)

GB/T 17248.2 声学 机器和设备发射的噪声工作位置和其他指定位置发射声压级的测量 一个反射面上方近似自由场的工程法(GB/T 17248.2—1999,eqv ISO 11201:1995)

GB/T 17248.3 声学 机器和设备发射的噪声工作位置和其他指定位置发射声压级的测量 现场简易法(GB/T 17248.3—1999,eqv ISO 11202:1995)

GB/T 17248.4 声学 机器和设备发射的噪声 由声功率级确定工作位置和其他指定位置的发射声压级(GB/T 17248.4—1998,eqv ISO 11203:1995)

GB/T 17248.5 声学 机器和设备发射的噪声 工作位置和其他指定位置发射声压级的测量 环境修正法(GB/T 17248.5—1999,eqv ISO 11204:1995)

GB/T 18153 机械安全 可接触表面温度 确定热表面温度极限值的工效学数据(GB/T 18153—2000,eqv EN 563:1994)

GB/T 18831 机械安全 带防护装置的联锁装置 设计和选择原则(GB/T 18831—2010,ISO 14119:1998,MOD)

GB/T 19670 机械安全 防止意外启动(GB/T 19670—2005,ISO 14118:2000,MOD)

GB 23821—2009 机械安全 防止上下肢触及危险区的安全距离(ISO 13857:2008,IDT)

GB/T 25078.1 声学 低噪声机械机器和设备设计实施建议 第1部分:规划(GB/T 25078.1—2010,ISO/TR 11688-1:1995,IDT)

3 术语和定义

GB/T 15706.1 中所界定的以及下列术语和定义适用于本文件。

3.1

拉条式切粒机 strand pelletiser

将橡胶塑料的条状物料在其切割室内切割成规则颗粒的机械,可通过调整转动切刀和喂料辊的转速,实现颗粒外形的尺寸要求,见图1和图2。

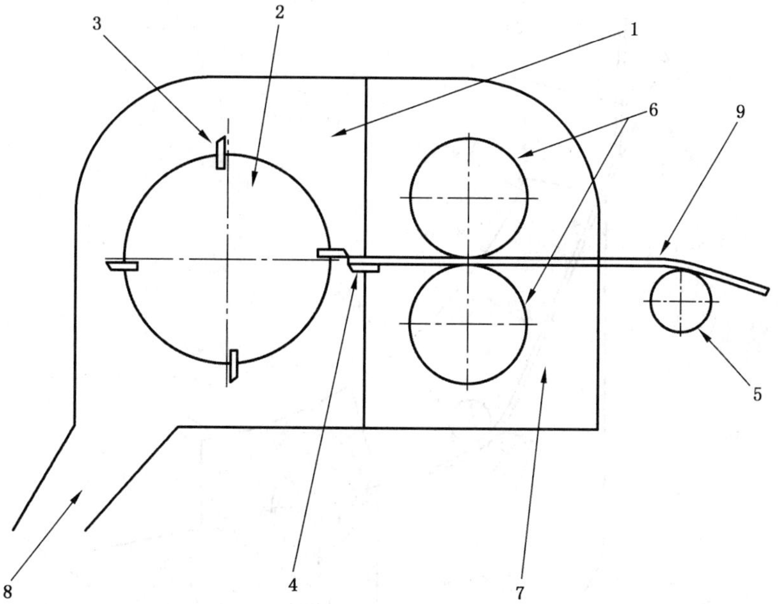

说明:

1——切割室;
2——转动切刀;
3——转动切刀刀刃;
4——固定切刀;
5——喂料装置;
6——喂料辊;
7——喂料区;
8——排料区;
9——条状物料。

图1 拉条式切粒机示意图

3.2

切割室 cutting chamber

在其内部产生切割作用的部件。

3.3

转动切刀 rotor

在外圆表面上有多个等距刀刃的旋转部件。

3.4

固定切刀 stationary cutting blade

固定于切割室内的切刀。

3.5

启动装置 start-up device

位于喂料区前端,引导条状物料从启动位置到操作位置的装置。

3.6

喂料装置 feeding device

将条状物料输送到喂料区的部件。喂料装置可以是移动的,例如运输带或运输辊;也可以是固定的,例如输送槽或输送板。

3.7

喂料区 feeding area

安装喂料辊的区域。

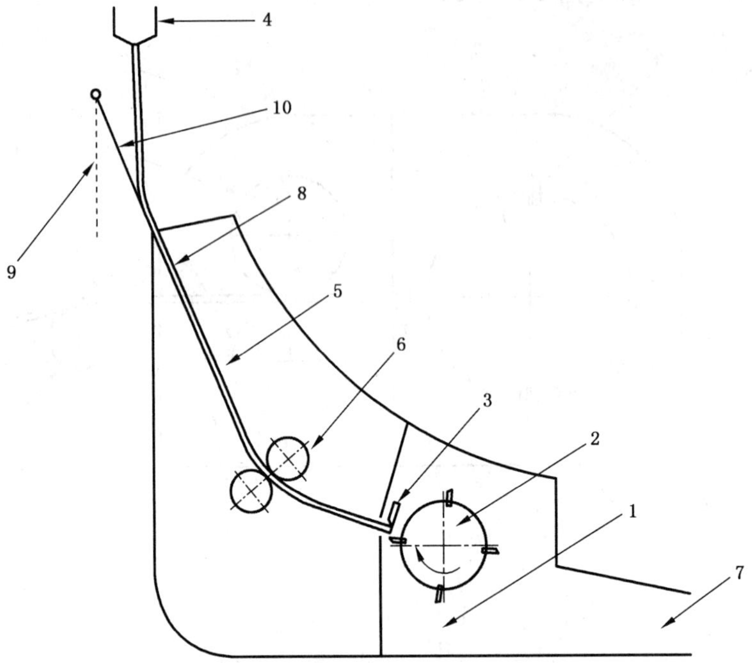

说明：

1——切割室；
2——转动切刀；
3——固定切刀；
4——铸带模板；
5——喂料装置；
6——喂料区；
7——排料区；
8——条状物料；
9——启动装置的启动位；
10——启动装置的操作位。

图2 带有启动装置的拉条式切粒机示意图

3.8

排料区 discharge area

粒料离开切割室的区域。

3.9

冷却系统 cooling system

用水或空气使物料温度降低到适于切粒工艺的系统。

3.10

工作平面 working level

操作者站立的平面。

4 重大危险列举

4.1 机械危险

4.1.1 切割室

切割室有如下危险：

——在转动切刀和机箱之间被挤压/剪切；

——被刀片或锐边的零件切割/切断；

——机械零部件或物料从切割室内弹出。

4.1.2　喂料装置

喂料装置有如下危险：
——被喂料装置的运动部件卷入；
——被条状物料缠绕。

4.1.3　喂料区

在喂料辊之间被缠绕或挤压。

4.1.4　排料区

机械零部件或物料弹出。

4.1.5　启动装置

启动装置有如下危险：
——在铸带模板和启动装置之间被挤压；
——在启动装置和喂料装置之间被挤压/剪切；
——被启动装置运动部件所挤压/剪切。

4.2　噪声危险

噪声可能导致：
——听力受损；
——语言交谈被干扰而引发事故；
——声响信号被掩盖而引发事故。

4.3　热危险

以下情况可导致灼伤或烫伤：
——与炙热的机器表面接触；
——与高温的物料和冷却介质接触。

4.4　水溢流危险

水浸入电气设备。

4.5　电气危险

接触带电部件或由于电气故障而带电的部件，导致电击或灼伤。

5　安全要求和/或保护措施

拉条式切粒机应遵守本章所规定的安全要求及保护措施。此外，本文件中其他一些未予规定的非重大危险（例如锋利锐边）的机械设计，也应符合 GB/T 15706.1、GB/T 15706.2 的规定。

5.1　机械危险

5.1.1　切割室

5.1.1.1　强度

切割室要能承受正常运转及其可能有以下原因引起的应力：

——运转时刀片意外断裂或松脱；
——物料中的杂物或其他物品。

5.1.1.2 进入切割室内部

转动切刀和喂料辊停止转动前，应不能打开切割室盖，进入到切割室内部。应按 GB/T 8196—2003 中 3.6 和 GB/T 18831 的规定设置带防护锁定的联锁防护装置；控制系统有关安全部件应符合 GB/T 16855.1—2008 中的 3 类规定。

5.1.1.3 从排料区进入切割室

应防止从排料区进入切割室内部，设计时安全距离应符合 GB 23821—2009 中表 2 的规定。

5.1.1.4 进入维修或清洁孔口

切割室壁上的维修或清洁孔口，应按 GB/T 8196—2003 中 3.6 和 GB/T 18831 的规定设置带防护锁定的联锁防护装置；控制系统有关安全部件应符合 GB/T 16855.1—2008 中的 3 类规定。

5.1.2 喂料装置

5.1.2.1 触及喂料装置运动部件

如果喂料装置是固定于机器上的，当触及运动部件，应通过以下各项予以防护：
——使用符合 GB/T 8196—2003 中 3.2 规定的固定式防护装置；或
——应按 GB/T 8196—2003 中 3.6 和 GB/T 18831 的规定设置带防护锁定的联锁防护装置；控制系统有关安全部件应符合 GB/T 16855.1—2008 中的 3 类规定；或
——以上两项相组合。

5.1.2.2 防止缠绕

应参照 5.5.7 的要求设置急停操动器。
见 7.1.8。

5.1.3 喂料区

通过孔口触及喂料辊的防护应按 GB 23821—2009 中表 2、表 3 或表 4 的规定进行设计，以避免上肢触及运动部件。

5.1.4 排料区

排料区的设计应使其能够承受运转时刀片意外断裂或松脱引起的应力，并防止机械零部件弹出。

5.1.5 启动装置

应通过以下各项防止触及运动部件：
——使用符合 GB/T 8196—2003 中 3.2 规定的固定式防护装置；或
——使用符合 GB/T 8196—2003 中 3.5 规定的联锁防护装置，或 GB/T 8196—2003 中 3.6 和 GB/T 18831 规定的带防护锁定的联锁防护装置；控制系统有关安全部件应符合 GB/T 16855.1—2008 中的 1 类规定；或
——以上两项相组合。

5.2 噪声危险

5.2.1 通过设计降低噪声源噪声

在机械设计中，应采取可利用的信息和技术措施来控制噪声源的噪声，示例见GB/T 25078.1。

5.2.2 主要噪声源

主要噪声源有切割室、喂料口、排料口以及可能配备的抽吸系统和排放管。

可以采取以下措施控制噪声：

——改变切刀和转动切刀的几何构型；

——降低切粒速度；

——安装隔音外罩。如果可能的话，应在切割室出口通道安装消音设施。

5.2.3 噪声发射值的测定和标示

噪声发射值的测定和标示应按附录A的规定进行。

5.3 热危险

如果机器表面、物料或冷却介质的温度超过GB/T 18153规定的限值，应使用符合GB/T 8196—2003中3.2规定的固定式防护装置，防止与之接触。

如果为了维修保养等必须接近机器的炙热表面或物料，应使用符合GB/T 8196—2003中3.3规定的活动式防护装置，并在炙热而足以造成伤害的部件上设置警示标志（见7.2）。

当热的冷却介质的飞溅有可能造成伤害时，应另外配备防护装置。

5.4 水溢流危险

带有水冷却系统的机器的设计应避免对电气设备产生水溢溅或滴漏。该类设备的外壳防护等级应不低于GB 4208—2008中规定的IP 54。

如果在切粒系统中出现了会导致水溢流的物料堆积，应自动切断供水，阻止水位上升，避免水溢出。

5.5 电气危险

电气设备应符合GB 5226.1—2008的规定，还应符合以下要求。

5.5.1 本机器用于爆炸性气体环境中

如果拉条式切粒机要用于爆炸性气体环境中，则应相应采用GB 3836.1～GB 3836.7系列标准。

5.5.2 电源切断（隔离）开关

应使用下述电源切断（隔离）开关：

——隔离开关；或

——隔离器；或

——断路器；或

——通过软电缆对移动式机器供电时，采用插头/插座组合或器具耦合器。

另见GB 5226.1—2008中5.3.2。

5.5.3 意外启动

应按GB/T 19670的要求，防止意外启动。

另见 GB 5226.1—2008 中 5.4。

5.5.4 直接接触的保护

最低防护等级：

——外壳内带电部件应符合 GB 4208—2008 中的 IP 2X 或 IP XXB；

——易接近的壳体顶面应符合 GB 4208—2008 中的 IP 54。

在开启外壳的情况下，最低防护等级：

——GB 5226.1—2008 中的 6.6.2a)：外壳内的带电部件应符合 GB 4208—2008 中的 IP 2X 或 IP XXB；如果设备需要带电对电器进行调整或复位时，操作上有可能触及的带电部件的防护等级，应符合 GB 4208—2008 中的 IP 2X 或 IP XXB；

——GB 5226.1—2008 中的 6.6.2b)：应按 GB 4208—2008 标准防护等级为 IP 2X 或 IP XXB；

——GB 5226.1—2008 中的 6.6.2c)：应按 GB 4208—2008 标准防护等级为 IP 2X 或 IP XXB。

另见 GB 5226.1—2008 中 6.2 和本部分的 5.4。

5.5.5 间接接触的保护

应采取以下措施：

——使用自动切断电源予以保护；或

——使用绝缘保护或类似的绝缘保护；或

——使用电气隔离保护。

另见 GB 5226.1—2008 中 6.3。

5.5.6 紧急停止功能

应符合 GB 5226.1—2008 中 9.2.2 的 0 类规定。

5.5.7 急停装置

应配备一个或多个急停操动器。操动器的数量取决于机器的大小。操动器应安装在靠近物料进口和靠近所有可能操作位的位置。至少应有一个或多个操动器设置在操作控制面板上。

急停操动器应符合 GB 16754 的规定。急停器件的型式包括：

——按钮开关；或

——拉线操作开关；或

——不带机械防护装置的脚踏开关。

另见 GB 5226.1—2008 中 10.7。

5.5.8 试验与验证

可进行以下一项或数项试验，但应包括保护联结电路连续性的验证：

——电气设备的检验与技术文件一致性；

——保护联结电路连续性；

——绝缘电阻试验；

——耐压试验；

——残余电压的防护；

——功能试验。

另见 GB 5226.1—2008 第 18 章。

6 安全要求和/或保护措施的验证

对安全要求和/或保护措施的验证,应按表1进行。

表1 验证方法

条款	验证方法				参考标准
	表观检查	功能试验[a]	测量	设计有效性[b]	
5.1.1.1				●	
5.1.1.2	●	●		●	GB/T 8196—2003,GB/T 16855.1—2008,GB/T 18831
5.1.1.3			●	●	GB 23821—2009
5.1.1.4	●	●		●	GB/T 8196—2003,GB/T 16855.1—2008,GB/T 18831
5.1.2.1	●	●		●	GB/T 8196—2003,GB/T 16855.1—2008,GB/T 18831
5.1.2.2	●	●		●	GB/T 16855.1—2008
5.1.3				●	GB 23821—2009
5.1.4				●	
5.1.5	●	●		●	GB/T 8196—2003,GB/T 16855.1—2008,GB/T 18831
5.2	●		●	●	GB/T 25078.1,附录A
5.3	●		●	●	GB/T 18153,GB/T 8196—2003
5.4	●	●		●	GB 4208—2008
5.5	●	●	●	●	GB 16754,GB/T 19670,GB 5226.1—2008,GB 4208—2008

[a] 功能试验包括功能验证、防护以及安全装置的效率,其依据的是:
——使用信息资料中的说明;
——安全方案和线路原理图;
——第5章以及其他引用文件规定的要求。

[b] 设计确认是指验证设计符合本部分的安全规定。

7 使用信息

7.1 使用说明书

7.1.1 使用说明书应按照GB/T 15706.2—2007中6.5规定编写。

7.1.2 制造商应提供安装说明书,包括:

——机械安装支撑面的强度要求;

——切刀的正确安装，包括紧固螺栓的扭矩要求。

7.1.3 制造商应就切割室打开进行维修保养和清洁时有关的作业，例如，更换刀片、调整刀片或清除余留物料等，予以以下说明：

制造厂商应就更换切刀时切割危险，予以警告。说明书应对安全程序步骤，予以描述，其中应包括例如防范转动切刀运动的措施，并注明需要使用防护手套和防护眼镜。

7.1.4 制造商应就切刀或转动切刀的裂缝或断裂或松动的危险，予以警告。说明书应对必须遵循的安全检查系统予以描述，这样的安全检查系统可以检测出以下部件的磨损、裂缝或断裂：

——固定切刀的螺栓和螺孔；

——刀片；

——转动切刀。

每次更换刀片时，应仔细检查上述部件，包括如检查螺栓重新拧紧所使用的正确扭矩等，在说明书中应予以明示。

7.1.5 制造商应就进行噪声测定时所依据的操作条件和安装类型，予以示明，并给出按照附录A测定的拉条式切粒机的噪声发射值有关的信息资料。

7.1.6 制造商应就防止意外接触表面温度超过GB/T 18153允许限值的炙热机械部件或炙热粒料的安全措施予以明示，例如需要戴防护手套等。

7.1.7 制造商应对听力和视力保护，提出建议。

7.1.8 制造商应在操作手册中说明，机器应尽可能以最低速度启动。

7.2 标志

机器上至少应带有的标志：

——制造商和供货商的名称和地址；

——授权代理的商业名称及全部地址(如果适用)；

——机器名称；

——相应的安全警示；

——设计序号或型号；

——序列号或机器编号；

——警告标志，指示某些部件足以造成烫伤。

附　录　A
（规范性附录）
噪声发射值的测定和标示

A.1　范围

机器的使用说明书和技术文件应给出按照本附录测定的噪声发射值。

本噪声试验规程就拉条式切粒机向空气中发射噪声的测定、标示和验证，规定了其有效进行以及在标准化条件下进行的所有应具备的信息。

本规程规定了噪声测量方法以及试验应使用的操作和安装条件。

噪声发射特性包括工位上发射声压级和声功率级。这些量的测定用于以下情况：

——拉条式切粒机制造商标示该机器发射噪声；

——用户对投入市场的拉条式切粒机的噪声发射情况进行比较；

——设计人员在设计阶段对声源噪声予以控制。

本规程的使用，在所使用的基本测量方法的准确度等级所决定的特定限度内，可保证空气中噪声发射特性的测定值具有再现性。

A.2　声功率级的测定

A.2.1　基本标准

A 计权声功率级应采用下述标准之一进行测定：GB/T 6881.1、GB/T 6881.2、GB/T 6881.3、GB/T 3767、GB/T 3768、GB/T 16538、GB/T 16404、GB/T 16404.2 或 GB/T 6882。

如果切实可行，应使用工程法。

在每一传声器位置上至少测量一次。每次测量的持续时间长度至少 30 s。

A.2.2　测量不确定度

具体针对测定声功率级的工程法，其再现性的标准偏差 $\sigma_R = 1.5$ dB。

A.3　发射声压级的测定

A.3.1　基本标准

A 计权发射声压级应用 GB/T 17248.2～GB/T 17248.5 标准之一测定。

如果切实可行，应使用工程法。

在每一传声器位置上至少测量一次。每次测量的持续时间长度至少 30 s。

A 计权时间平均发射声压级，如果是按照 GB/T 17248.4 从 A 计权发射声功率级推算而得，则应使用下述方法得出：

$Q = Q_2$ 和 $d = 1$ m

在未规定工位或无法确定工位的场合，则 A 计权声压级应在距离机器表面 1 m 以及距离地面或进出平台 1.6 m 的高度上测量。应注明最大声压的位置和数值。

A.3.2 测量不确定度

如果发射声压级经测量而得，则A计权声压级再现性的标准偏差即是所用的GB/T 17248.2和GB/T 17248.5中所给出的，即$\sigma_{RA}=2.5$ dB(A)。

如果发射声压经计算而得，则再现性的标准偏差即是声功率级测定的标准偏差。

A.4 噪声测量的安装条件

机器的安装和连接应按制造商使用说明书中的说明进行(见7.1.5)。

不管何种辅助排料设备，均不涵盖在内。但在自动喂料情况下涵盖了喂料装置。

A.5 操作条件

在工位上测量声压级、声功率级的操作条件应与推算声压级的操作条件相同。测定时该机器应以最大公称产量相应的转动切刀速度空负荷运行。

注：本条款仅规定空负荷操作条件，其原因是拉条式切粒机在制造商所在地只能进行空负荷操作，而制造商目前无法在安装新机器的用户所在处测定噪声发射情况。但可以确认拉条式切粒机发射的噪声是空负荷发出的，其对于负荷下、正常操作时的噪声发射情况，不具有代表性。因此建议制造商开始收集符合条件下的噪声发射数据。该数据可由制造商在用户处新安装的机器上，或者在新机器安装阶段进行测量而获得。从该数据，制造商可逐步具有以下能力：

——评估设计阶段实施的负荷下噪声防治措施的效率；

——向用户提供各种可能负荷下噪声发射值。

可以使用以下现行的现场测量方法在用户所在处测得负荷下噪声的发射值：

——用GB/T 17248.3或GB/T 17248.5，测定工位上A计权发射声压级；

——最好按照GB/T 16538或GB/T 3768或GB/T 16404，测定工位上A计权发射声功率级；

在提供负荷下噪声发射数据时，还应提供有关材料的类型、生产率、拉条式切粒机的类型及切粒冷却设备等信息资料。

A.6 应记录的信息

应记录的信息包括：所使用的基本标准中要求予以记录的数据，即试验时机器安装和操作条件、声学环境、仪器仪表和声学数据的准确证明。

至少应该记录A.6.1～A.6.6规定的数据。

A.6.1 总体数据

记录的总体数据包括：

——制造机器的类型、序列号和年代号；

——喂料装置(在自动喂料情况下)。

A.6.2 转动切刀技术数据

记录的转动切刀技术数据包括：

——直径；

——转速；

——切刀刀刃数；
——螺旋角。

A.6.3 标准

测量噪声使用的标准。

A.6.4 噪声数据

记录的噪声数据包括：
——机器空运转、转动切刀以最大公称产量相应的转速运转所测得的和/或计算所得的噪声发射值，包括测量不确定度。若是水下拉条式切粒机，应在最大水流量的情况下进行测试。
——依据制造商在该类机器上获得的经验，对本机器负荷运转、转动切刀以最大公称产量相应的转速运转，所应预计的最高噪声发射值。

A.6.5 规定的测试参数

转动切刀最高转速、最大公称产量和最高水流量（如果有的话）。

A.6.6 安装和操作条件

噪声测量时机器的安装和操作条件的说明。

A.7 噪声发射值的标示和验证

噪声发射值的标示和验证应符合GB/T 14574的规定。

噪声标示应按GB/T 14574的规定标示两项数值，即分别明示测定值和测量不确定度。它应包括以下内容：
——声压级超过70 dB的操作者操作位上测定的A计权时间平均声压级值；若声压级不超过70 dB时，此情况应予以指出；
——此项超过63 Pa（130 dB对应于20 μPa）的操作者操作位上测定的C计权时间平均声压级峰值；
——在A计权时间平均声压级测定值超过80 dB的操作者操作位上测定的A计权声功率级值。

噪声标示应明示：已按本噪声测定规程得到的噪声发射值，并明示所使用的是哪一个基本标准。如果有偏离本噪声测定规程之处和/或偏离所用的基本标准之处，噪声标示应给予清楚地明示。

注：倍频带内其他噪声发射量，如声功率级，也可在噪声标示内给出。在这种情况下，应特别仔细，避免将这些其他噪声发射数据与测定的噪声发射值混淆。

如果是验证性测试，则应采用噪声发射值原初测定时所用的相同的安装和操作条件进行。

ICS 71.120;83.200
G 95

中华人民共和国国家标准

GB 25936.3—2012

橡胶塑料粉碎机械 第3部分:切碎机安全要求

Rubber and plastics machines—Size reduction machines—
Part 3:Safety requirements for shredders

2012-03-09 发布 2013-01-01 实施

中华人民共和国国家质量监督检验检疫总局
中国国家标准化管理委员会 发布

前　言

本部分的第5章、第6章和第7章为强制性的，其余为推荐性的。

GB 25936《橡胶塑料粉碎机械》分为4个部分：

——第1部分：刀片式切碎机安全要求；

——第2部分：拉条式切粒机安全要求；

——第3部分：切碎机安全要求；

——第4部分：团粒机安全要求。

本部分为GB 25936的第3部分。

本部分按照GB/T 1.1—2009给出的规则起草。

本部分使用重新起草法修改采用欧洲标准EN 12012-3：2001+A1：2008《橡胶塑料机械　粉碎机械　第3部分：切碎机安全要求》。

本部分与欧洲标准EN 12012-3：2001+A1：2008的技术性差异如下：

——在规范性引用文件中用我国标准代替了国际标准；

——删除了EN 12012-3：2001+A1：2008第1章最后一段。

本部分还做了下列编辑性修改：

——删除了EN 12012-3：2001+A1：2008的资料性附录ZA；

——删除了EN 12012-3：2001+A1：2008的资料性附录ZB。

本部分由中国石油和化学工业联合会提出。

本部分由全国橡胶塑料机械标准化技术委员会(SAC/TC 71)归口。

本部分负责起草单位：北京橡胶工业研究设计院、大连塑料机械研究所、东莞市质量技术监督标准与编码所。

本部分主要起草人：何成、夏向秀、李香兰、李毅。

橡胶塑料粉碎机械
第3部分：切碎机安全要求

1 范围

GB 25936的本部分规定了橡胶塑料用切碎机设计和制造所适用的安全要求。

该机器起始于喂料斗外边缘，终止于排料区。

本部分不涉及喂料设备或切碎的物料排料设备。

本部分不涉及与减少被切碎物料残留的易燃物着火导致的风险有关的安全措施。

本部分不涉及局部排气通风系统。

2 规范性引用文件

下列文件对于本文件的应用是必不可少的。凡是注日期的引用文件，仅注日期的版本适用于本文件。凡是不注日期的引用文件，其最新版本(包括所有的修改单)适用于本文件。

GB/T 3767　声学　声压法测定噪声源声功率级　反射面上方近似自由场的工程法(GB/T 3767—1996,eqv ISO 3744:1994)

GB/T 3768　声学　声压法测定噪声源声功率级　反射面上方采用包络测量表面的简易法(GB/T 3768—1996,eqv ISO 3746:1995)

GB 3836.1　爆炸性环境　第1部分：设备　通用要求(GB 3836.1—2010,IEC 60079-0:2007,MOD)

GB 3836.2　爆炸性环境　第2部分：由隔爆外壳"d"保护的设备(GB 3836.2—2010,IEC 60079-1:2007,MOD)

GB 3836.3　爆炸性环境　第3部分：由增安型"e"保护的设备(GB 3836.3—2010,IEC 60079-7:2006,IDT)

GB 3836.4　爆炸性环境　第4部分：由本质安全型"i"保护的设备(GB 3836.4—2010,IEC 60079-11:2006,MOD)

GB 3836.5　爆炸性气体环境用电气设备　第5部分：正压外壳型"p"(GB 3836.5—2004,IEC 60079-2:2001,MOD)

GB 3836.6　爆炸性气体环境用电气设备　第6部分：油浸型"o"(GB 3836.6—2004,IEC 60079-6:1995,IDT)

GB 3836.7　爆炸性气体环境用电气设备　第7部分：充砂型"q"(GB 3836.7—2004,IEC 60079-5:1997,IDT)

GB 4208—2008　外壳防护等级(IP代码)(IEC 60529:2001,IDT)

GB 5226.1—2008　机械电气安全　机械电气设备　第1部分：通用技术条件(IEC 60204-1:2005,IDT)

GB/T 6881.1　声学　声压法测定噪声源声功率级　混响室精密法(GB/T 6881.1—2002,ISO 3741:1999,IDT)

GB/T 6881.2　声学　声压法测定噪声源声功率级　混响场中小型可移动声源工程法　第1部分：硬壁测试室比较法(GB/T 6881.2—2002,idt ISO 3743-1:1994)

GB/T 6881.3 声学 声压法测定噪声源声功率级 混响场中小型可移动声源工程法 第2部分：专用混响测试室法(GB/T 6881.3—2002,idt ISO 3743-2:1994)

GB/T 6882 声学 声压法测定噪声源声功率级 消声室和半消声室精密法(GB/T 6882—2008,ISO 3745:2003,IDT)

GB/T 8196—2003 机械安全 防护装置 固定式和活动式防护装置设计与制造一般要求(ISO 14120:2002,MOD)

GB/T 14574 声学 机器和设备噪声发射值的标示和验证(GB/T 14574—2000,eqv ISO 4871:1996)

GB/T 15706.1 机械安全 基本概念与设计通则 第1部分:基本术语和方法(GB/T 15706.1—2007,ISO 12100-1:2003,IDT)

GB/T 15706.2—2007 机械安全 基本概念与设计通则 第2部分:技术原则(ISO 12100-2:2003,IDT)

GB/T 16404 声学 声强法测定噪声源的声功率级 第1部分:离散点上的测量(GB/T 16404—1996,eqv ISO 9614-1:1993)

GB/T 16404.2 声学 声强法测定噪声源的声功率级 第2部分:扫描测量(GB/T 16404.2—1999,eqv ISO 9614-2:1996)

GB/T 16538 声学 声压法测定噪声源声功率级 现场比较法(GB/T 16538—2008,ISO 3747:2000,IDT)

GB 16754 机械安全 急停 设计原则(GB 16754—2008,ISO 13850:2006,IDT)

GB/T 16855.1—2008 机械安全 控制系统有关安全部件 第1部分:设计通则(ISO 13849-1:2006,IDT)

GB/T 17248.2 声学 机器和设备发射的噪声工作位置和其他指定位置发射声压级的测量 一个反射面上方近似自由场的工程法(GB/T 17248.2—1999,eqv ISO 11201:1995)

GB/T 17248.3 声学 机器和设备发射的噪声工作位置和其他指定位置发射声压级的测量 现场简易法(GB/T 17248.3—1999,eqv ISO 11202:1995)

GB/T 17248.4 声学 机器和设备发射的噪声 由声功率级确定工作位置和其他指定位置的发射声压级(GB/T 17248.4—1998,eqv ISO 11203:1995)

GB/T 17248.5 声学 机器和设备发射的噪声 工作位置和其他指定位置发射声压级的测量 环境修正法(GB/T 17248.5—1999,eqv ISO 11204:1995)

GB/T 18569.1—2001 机械安全 减小由机械排放的危险性物质对健康的风险 第1部分:用于机械制造商的原则和规范(ISO 14123-1:1998,EQV)

GB/T 18831 机械安全 带防护装置的联锁装置 设计和选择原则(GB/T 18831—2010,ISO 14119:1998,MOD)

GB/T 19670 机械安全 防止意外启动(GB/T 19670—2005,ISO 14118:2000,MOD)

GB/T 19876 机械安全 与人体部位接近速度相关防护设施的定位(GB/T 19876—2005,ISO 13855:2002,MOD)

GB 23821—2009 机械安全 防止上下肢触及危险区的安全距离(ISO 13857:2008,IDT)

GB/T 25078.1 声学 低噪声机器和设备设计实施建议 第1部分:规划(GB/T 25078.1—2010,ISO/TR 11688-1:1995,IDT)

3 术语和定义

GB/T 15706.1 界定的以及下列术语和定义均适用于本文件。

3.1

切碎机　shredder

在一根或多根低速旋转轴上装有切碎工具的机械，在旋转切碎工具之间或在旋转切碎工具和固定切碎工具之间切碎物料，见图1。

3.2

切碎室　shredding chamber

在其内部产生切碎作用的部件。

3.3

转子　rotor

在切碎室内的由轴、工具和/或切碎工具组成的一个或多个旋转装置。

3.4

固定切碎工具　stationary cutting tool

固定于切碎室内的一个或多个工具。

3.5

喂料装置　feeding device

将物料送入切碎室的部件。喂料装置可以是固定的，例如料斗或类似的装置；也可以是运动的，例如运输带。

3.6

喂料区　feeding area

喂入物料的区域。

3.7

排料区　discharge area

被切碎物料排出切碎机的区域。

3.8

工作平面　working level

操作者站立的平面。

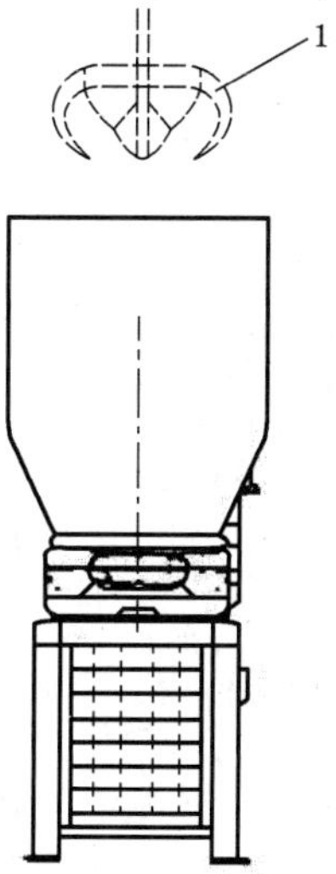

说明：

1——抓斗。

a)

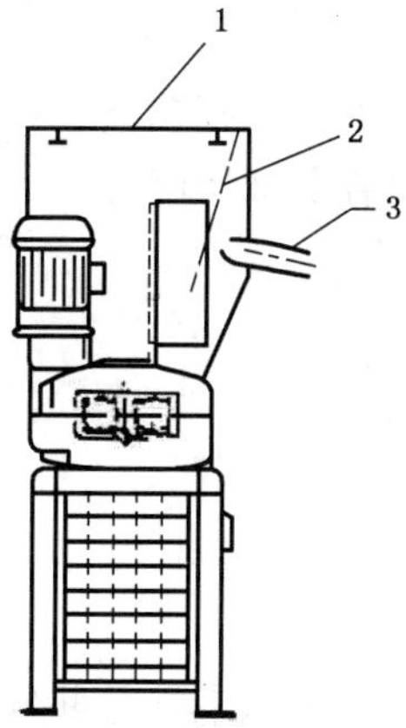

说明：

1——固定防护；

2——防护挡板；

3——输送带。

b)

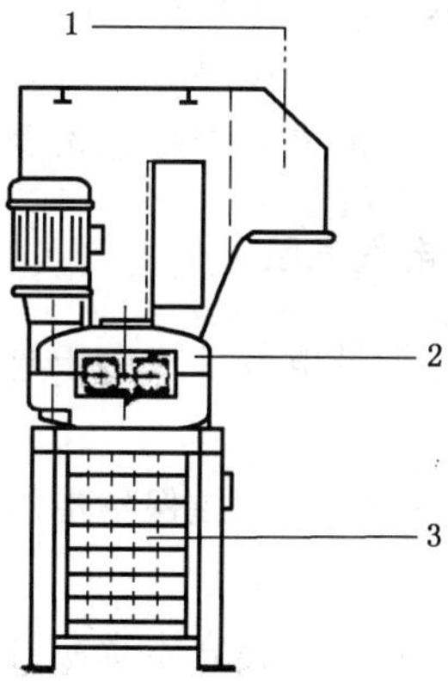

说明：

1——喂料区；

2——切碎室；

3——排料区。

c)

图1　切碎机示意图

4 重大危险列举

4.1 机械危险

4.1.1 切碎室

切碎室有如下危险：

——机械零部件或物料从切碎室内弹出；

——在转子和切碎室内壁之间被挤压或剪切；

——被工具切割或切断。

4.1.2 喂料区

喂料区有如下危险：

——被喂入的物料缠绕；

——机械零部件或物料从喂料口弹出。

4.1.3 排料区

机械零部件或物料从切碎室内弹出或跌落。

4.2 噪声危险

噪声可能导致：

——听力受损；

——语言交流被干扰而引发事故，或

——声响信号的感知被干扰而引发事故。

4.3 被加工物料产生危险

被加工物料可产生的危险有：

——由于接触或吸入有害残留物。例如桶或容器被切碎时。

——由于易燃残留物着火。例如桶或容器被切碎时。

4.4 电气危险

接触带电部件或由于电气故障而带电的部件，导致电击或灼伤。

5 安全要求和/或保护措施

切碎机应遵守本章所规定的安全要求及保护措施。此外，本部分中其他一些未予规定的非重大危险(例如锋利刀刃)的机械设计，也应符合 GB/T 15706 的规定。

5.1 机械危险

5.1.1 切碎室

5.1.1.1 强度

切碎室要能承受正常运转和物料中的杂物或其他物体引起的应力。

5.1.1.2 进入切碎室

应采用符合 GB/T 8196—2003 中的 3.6 和 GB/T 18831 要求的联锁防护装置，在转子和喂料装置停止转动前，联锁防护装置保持关闭和锁定，防止通过开口进入切碎室。控制系统有关安全部件应符合 GB/T 16855.1—2008 中的 3 类规定。

5.1.1.3 通过喂料口进入切碎室

料斗或其他喂料装置的尺寸和设计，应能避免上肢通过喂料口进入切碎室。安全距离应符合 GB 23821—2009 中表 2 的规定。

5.1.1.4 通过排料口进入切碎室

在转子停止转动前，应阻止通过排料口触及切碎室的转子。如果防护设施与转子的最小距离符合 GB/T 19876 的规定，应使用 GB/T 8196—2003 中的 3.5 和 GB/T 18831 规定的联锁防护装置。如果最小距离不符合要求，则应采用符合 GB/T 8196—2003 中的 3.6 和 GB/T 18831 规定的带防护锁定的联锁防护装置；控制系统有关安全部件应符合 GB/T 16855.1—2008 中的 3 类规定。

5.1.2 喂料区

5.1.2.1 被喂入的物料缠绕

如果被加工的物料很容易造成缠绕危险，制造商应向用户通告应采取的预防措施(见 7.1.5)。

注：在切碎流水线上，如果可能出现物料缠绕，则物料一般要经过预切割，例如用裁断机。

5.1.2.2 机械零部件或物料弹出

在设计阶段应采取措施，防止机械零部件或物料从喂料口弹出。例如，可以采取的措施有：

——喂料装置的设计应尽可能防止机械零部件或物料弹出，如图 1a)所示；

——防护挡板，如图 1b)所示。

5.1.3 排料区

在转子停止转动前，应阻止通过排料区接近切碎室的转子。如果防护设施与转子的最小距离符合 GB/T 19876 的规定，应使用 GB/T 8196—2003 中的 3.5 和 GB/T 18831 规定的联锁防护装置。如果最小距离不符合要求，则应采用符合 GB/T 8196—2003 第 3.6 条和 GB/T 18831 规定的带防护锁定的联锁防护装置；控制系统有关安全部件应符合 GB/T 16855.1—2008 中的 3 类规定。

如果配备排料设备，其安全等级应与排料区防护设施的安全等级相同。

5.2 噪声危险

5.2.1 通过设计降低噪声源噪声

在机械设计中，应采取可利用的信息和技术措施来控制噪声源的噪声，示例见 GB/T 25078.1。

5.2.2 主要噪声源

主要噪声源有切碎室、喂料斗、喂料口、排料口以及可能配备的抽吸系统和排放管。

在保护措施中，可以采用的有：

——改变工具和转子的几何构型；

——改变喂料斗的几何构型；

——降低切碎速度；
——加隔音罩：如可能，排料区的出口或排放区应安装消音设施；
——安装基垫以隔离结构振动噪声。

5.2.3 噪声发射值的测定和标示

噪声发射值的测定和标示应按附录 A 的规定进行。

5.3 被加工物料产生的危险

5.3.1 如果切碎机要用于加工可能造成附加危险的物料，则应符合 GB/T 18569.1—2001 中 4.1 的规定（另见 7.1.5）。

如果被切碎的桶或容器等含有有害残留物，应使用局部排气通风系统。

本部分不涉及局部排气通风系统。

本部分不涉及与减少被切碎物料残留的易燃物着火导致的风险有关的安全措施。

5.3.2 如果切碎机并非为加工易燃或有毒物料设计，制造商应在机器上附贴警示标志（见 7.2）。

5.4 电气危险

电气设备应符合 GB 5226.1—2008 的规定，还应符合以下要求。

5.4.1 易爆环境用机器

易爆环境用切碎机，应符合 GB 3836.1～3836.7 的要求。

5.4.2 电源切断（隔离）开关

应使用下述电源切断（隔离）开关：

——隔离开关；或
——隔离器；或
——断路器；或
——通过软电缆对移动式机器供电时，采用插头/插座组合或器具耦合器。

另见 GB 5226.1—2008 中 5.3.2。

5.4.3 意外启动

应按 GB/T 19670 的要求，防止意外启动。

另见 GB 5226.1—2008 中 5.4。

5.4.4 直接接触防护

最低防护等级：

——外壳内带电部件应符合 GB 4208—2008 中的 IP 2X 或 IP XXB；
——易接近的壳体顶面应符合 GB 4208—2008 中的 IP54。

在开启外壳的情况下，最低防护等级：

——GB 5226.1—2008 中的 6.6.2a)：外壳内的带电部件应符合 GB 4208—2008 中的 IP 2X 或 IP XXB；如果设备需要带电对电器进行调整或复位时，操作上有可能触及的带电部件的防护等级，应符合 GB 4208—2008 中的 IP 2X 或 IP XXB；
——GB 5226.1—2008 中的 6.6.2b)：应按 GB 4208—2008 标准防护等级为 IP 2X 或 IP XXB；
——GB 5226.1—2008 中的 6.6.2c)：应按 GB 4208—2008 标准防护等级为 IP 2X 或 IP XXB。

另见 GB 5226.1—2008 中 6.2。

5.4.5 间接接触防护

应采取以下措施：

——使用自动切断电源予以保护，或；

——使用绝缘保护或类似的绝缘保护，或；

——使用电气隔离保护。

另见 GB 5226.1—2008 中 6.3。

5.4.6 紧急停止功能

紧急停止功能应符合 GB 5226.1—2008 中 9.2.2 的 0 类规定。

5.4.7 急停装置

应配备一个或数个急停操动器。操动器的数量取决于机器的大小。操动器的位置应便于接近和操控。至少应有一个或数个操动器设置在喂料口以及/或者排料口操作者附近的位置上。

注：带有自动喂料和/或排料设施的切碎机或小型切碎机，如果控制面板紧靠喂料口以及排料口，且操作者可以清楚地看到，则可在控制面板上设置一个急停操动器。

急停操动器应符合 GB 16754 规定。急停器件的型式应为按钮开关。

另见 GB 5226.1—2008 中 10.7。

5.4.8 试验和验证

可进行以下一项或数项试验，但应包括保护联结电路连续性的验证：

——电气设备的检验与技术文件一致性；

——保护联结电路连续性；

——绝缘电阻试验；

——耐压试验；

——残余电压的防护；

——功能试验。

另见 GB 5226.1—2008 的第 18 章。

6 安全要求和/或保护措施的符合性验证

安全要求和/或措施的符合性验证应按表 1 进行。

表 1 验证方法

条款	验证方法				参考标准
	表观检查	功能测试[a]	测量	设计确认[b]	
5.1.1.1				●	
5.1.1.2	●	●		●	GB/T 8196—2003，GB/T 16855.1—2008，GB/T 18831
5.1.1.3	●		●	●	GB 23821—2009

表 1（续）

条款	验证方法				参考标准
	表观检查	功能测试[a]	测量	设计确认[b]	
5.1.1.4	●	●		●	GB/T 8196—2003，GB/T 16855.1—2008，GB/T 19876，GB/T 18831
5.1.2.2	●	●			
5.1.3	●	●		●	GB/T 8196—2003，GB/T 16855.1—2008，GB/T 19876，GB/T 18831
5.2	●		●	●	GB/T 25078.1，附录 A
5.3	●			●	GB/T 18569.1—2001
5.4	●	●	●	●	GB 16754，GB/T 19670，GB 5226.1—2008，GB 4208—2008

[a] 功能测试包括功能验证、防护及安全装置的有效性，其依据是：

——使用信息中的说明；

——安全方案和电路图；

——第 5 章以及其他引用标准的要求。

[b] 设计确认是指验证设计符合本部分的安全规定。

7 使用信息

7.1 使用说明书

7.1.1 使用说明书应符合 GB/T 15706.2—2007 中 6.5 的规定。

7.1.2 如果物料在加工或排放过程中产生有害流体、气体、烟气或粉尘，制造商应提供相关信息。且制造商应通知用户配备足够的局部排气通风系统，并说明这类系统的安装位置。相关信息应符合 GB/T 18569.1—2001 第 6 章和第 7 章的规定。

7.1.3 制造商应对操作者能相隔一定距离看清喂料区的装置的安装，例如反射镜或闭路电视等，提供使用说明。

7.1.4 制造商应对噪声测定的操作条件和设备类型予以说明，并给出按照附录 A 测定的切碎机的噪声发射值有关的信息资料。

7.1.5 制造商应就切碎某些物料的风险，提出警告，特别是要指明：

——例如丝、带和膜应在喂料前事先切短或汇集成小批料，以防缠绕；

——化学品、溶剂等用容器、桶在喂料前应完全清空，以防危险物泄漏和易燃残留物燃烧。

7.1.6 制造商应警示用户：切碎机的安装应确保其零部件等不能从排料区弹出。

7.1.7 制造商应对切碎室打开时所进行维修保养和清洁有关的作业，例如，更换刀片、调整刀片或清除残余物等，予以说明。

制造商应对更换工具时划伤风险予以警示。说明书应对安全程序予以描述，其中应包括例如防范转子运动的措施，并说明需要使用防护手套和防护眼镜。

7.1.8 制造商应对听力和视力保护，提出建议。

7.2 标志

机器上至少应该带有的标志：

——制造商和供货商的名称和地址；

——(如果适用)授权代表的商业名字和全部地址；

——机器名称；

——相应的安全警示；

——设计序号或型号；

——序列号或机械编号；

——如该机设计并非用于加工易燃或有毒物料，则应带有此项内容的警示标签。

附　录　A
（规范性附录）
噪声发射值的测定和标示

A.1　范围

本噪声试验规程就切碎机在空气中发射噪声的测定、标示和验证，规定了其有效进行以及在标准化条件下进行的所有应具备的信息。本噪声试验规程规定了噪声测量方法以及用于试验的操作和安装条件。

噪声发射特性包括工位上发射声压级和声功率级。这些量的测定用于以下情况：

——用于切碎机制造商标示该装置噪声值；

——用于用户比较市场上的切碎机的噪声发射情况；

——用于设计人员在设计阶段控制噪声源噪声。

本规程的使用，在所使用的基本测量方法的精度等级所决定的特定限度内，可保证空气中噪声发射特性的测定值具有再现性。

A.2　声功率级的测定

A.2.1　基本标准

A 计权声功率级应用下述标准之一进行测定：GB/T 3767、GB/T 3768、GB/T 6881.1、GB/T 6881.2、GB/T 6881.3、GB/T 6882、GB/T 16404、GB/T 16404.2、GB/T 16538。

如果切实可行，应使用工程法。

在每一传声器位置上至少测量一次。每次测量的持续时间长度至少 90 s。

A.2.2　测量不确定度

具体针对测定声功率级的工程法，其再现性的标准偏差 $\sigma_R=1.5$ dB。

A.3　发射声压级的测定

A.3.1　基本标准

A 计权发射声压级应用 GB/T 17248.2～17248.5 标准之一测定。

如果切实可行，应使用工程法。

在每一传声器位置上至少测量一次。每次测量的持续时间长度至少 90 s。

A 计权声压级，如果是按照 GB/T 17248.4 从 A 计权声功率级推算而得，则应使用下述方法确定：

$$Q=Q_2 \text{ 和 } d=1\ \text{m。}$$

在未规定工位或无法确定工位的场合，则声压级应在距离喂料口 1 m 以及距离地面或进出平台 1.6 m 的高度上测定。应注明最大声压的位置和数值。

A.3.2　测量不确定度

如果声压经测量而得，则 A 计权级再现性的标准偏差是 GB/T 17248.2 和 GB/T 17248.5 中所给出的：

$$\sigma_{RA}=2.5\ dB$$

如果声压经计算而得，则再现性的标准偏差即是声功率级测定的标准偏差。

A.4 噪声测定的安装条件

切碎机的安装应按制造商使用说明书(见7.1.4)中的说明进行。

切碎机应安装在混凝土制的平面上。如果在机器和支撑面之间安装弹性基垫，应记录其技术特性。不管何种辅助排料设备，均不涵盖在内。但在自动喂料情况下涵盖了喂料装置。

A.5 操作条件

在工位上测定声压级、声功率级的操作条件应与推算声压级的操作条件相同。测定时该机器应以最大公称产量相应的转子速度空负荷运行。

注：本章/条仅规定无负荷操作条件。其原因是切碎机只能在制造商所在处进行无负荷操作，而制造商目前无法在安装新机械的用户所在处测定噪声发射情况的。但是，切碎机无负荷下噪声发射不代表其负荷下正常操作时的噪声发射。因此建议制造商开始收集负荷下噪声发射数据。该数据可由制造商在用户处新安装的机械上，或在新机械安装阶段进行测量而获得。从该数据，制造商可以逐步具有以下能力：

——评估设计阶段实施的负荷下噪声防护措施的效率；

——向用户提供各种可能负荷下估算的噪声发射值。

可使用以下现行的、现场测量方法在用户所在处测得负荷下噪声发射值：

——用GB/T 17248.3或GB/T 17248.5，测定A计权发射声压级；

——用GB/T 3768或最好GB/T 16538或GB/T 16404，测定A计权声功率级。

在提供负荷下噪声发射数据时，还应提供有关切碎产品的类型、物料和生产率等信息资料。

A.6 应记录的信息

应记录的信息包括：所用的基本标准中要求予以记录的数据，即试验时机器安装和操作条件、声学环境、仪器仪表和声学测定数据的准确证明。

至少应记录A.6.1～A.6.6规定的数据。

A.6.1 机器总体数据

应记录的机器总体数据包括：

——制造机器的类型、序列号和年代号；

——喂料设备(如是自动喂料的话)。

A.6.2 机器技术数据

应记录的机器技术数据包括：

——标定功率(kW)；

——转子；

——直径；

——转速。

A.6.3 标准

测定噪声使用的标准。

A.6.4 噪声数据

应记录的噪声数据包括：

——机械空负荷运转，转子以最大公称产量的转速运转，所测得的或计算所得的噪声发射值，包括测量不确定度；

——依据制造商在该类机械上所获得的经验，对本机械负荷运转，转子以最大公称产量转速运转，所预计的最高噪声发射值。

A.6.5 规定的测试参数

转子最高转速和最大产量。

A.6.6 安装和操作条件

对噪声测量时，机械的安装和操作条件情况加以描述说明。

A.7 噪声发射值的标示和验证

噪声发射值的标示和验证应符合 GB/T 14574 的规定。

噪声标示应按 GB/T 14574 规定标示两项数值，即测量值和测量不确定度。它应包括以下各项：

——声压级超过 70 dB 的操作位上测定的 A 计权时间平均声压级值；如声压级不超过 70 dB 时，此点应予以明示；

——此项超过 63 Pa(130 dB 与 20 μPa 成对应关系)的操作位上测定的 C 计权时间平均声压级峰值；

——在 A 计权时间平均声压级测定值超过 80 dB 的操作人操作位上测定的 A 计权声功率级值。

噪声标示应明确说明：已按本噪声测定规程得到的噪声发射值，并明示所使用的是哪一个基本标准。如果有偏离本噪声测定规程之处和/或偏离所用的基本标准之处，噪声标示应给予清楚地明示。

倍频带内其他噪声发射量，如声功率级，也可在噪声标示内给出。在这种情况下，应特别仔细，避免将这些其他噪声发射数据与测定的噪声发射值弄混。

如果是验证性测试，则应采用噪声发射值初始测定所用的相同的安装和操作条件进行。

ICS 23.060
N 16

中华人民共和国国家标准

GB/T 26155.2—2012

工业过程测量和控制系统用智能电动执行机构 第2部分:性能评定方法

Intelligent electrical actuators for industrial-process measurement and control systems—Part 2: Methods of evaluating the performance

2012-06-29 发布

2012-11-01 实施

中华人民共和国国家质量监督检验检疫总局
中国国家标准化管理委员会
发布

前　言

本部分按照 GB/T 1.1—2009 给出的规则起草。

GB/T 26155《工业过程测量和控制系统用智能电动执行机构》分为两部分：

——第 1 部分：通用技术条件；

——第 2 部分：性能评定方法。

本部分是 GB/T 26155 的第 2 部分。

本部分由中国机械工业联合会提出。

本部分由全国工业过程测量和控制标准化技术委员会(SAC/TC 124)归口。

本部分负责起草单位：重庆川仪自动化股份有限公司。

本部分参加起草单位：上海自动化仪表股份有限公司、西仪集团有限责任公司、福建上润精密仪器有限公司、西南大学。

本部分主要起草人：游军。

本部分参加起草人：丁成卫、王学涛、沈伟愿、戈剑、张新国、祝培军、张建成、周雪莲、何强、潘东波。

工业过程测量和控制系统用智能电动执行机构 第2部分:性能评定方法

1 范围

GB/T 26155 的本部分规定了工业过程测量和控制系统用智能电动执行机构的试验方法和检验规则。

本部分适用于工业过程测量和控制系统用智能电动执行机构(以下简称执行机构)。

2 规范性引用文件

下列文件对于本文件的应用是必不可少的。凡是注日期的引用文件,仅注日期的版本适用于本文件。凡是不注日期的引用文件,其最新版本(包括所有的修改单)适用于本文件。

GB 3836.1 爆炸性环境 第1部分:设备通用要求(GB 3836.1—2010,IEC 60079-0:2007,MOD);

GB 3836.2 爆炸性环境 第2部分:由隔爆外壳“d”保护的设备(GB 3836.2—2010,IEC 60079-1:2007,MOD)

GB 4208 外壳防护等级(IP 代码)(GB 4208—2008,IEC 60529:2001,IDT)

GB 4793.1 测量、控制和实验室用电气设备的安全要求 第1部分:通用要求(GB 4793.1—2007,IEC 61010-1:2001,IDT)

GB/T 15479 工业自动化仪表绝缘电阻 绝缘强度技术要求和试验方法

GB/T 16511 电气和电子测量设备随机文件(GB/T 16511—1996,idt IEC 61187:1993)

GB/T 16842 外壳对人和设备的防护 检验用试具(GB/T 16842—2008,IEC 61032:1997,IDT)

GB/T 17626.2 电磁兼容 试验和测量技术 静电放电抗扰度试验(GB/T 17626.2—2006,IEC 61000-4-2:2001,IDT)

GB/T 17626.3 电磁兼容 试验和测量技术 射频电磁场辐射抗扰度试验(GB/T 17626.3—2006,IEC 61000-4-3:2002,IDT)

GB/T 17626.4 电磁兼容 试验和测量技术 电快速瞬变脉冲群抗扰度试验(GB/T 17626.4—2008,IEC 61000-4-4:2004,IDT)

GB/T 17626.5 电磁兼容 试验和测量技术 浪涌(冲击)抗扰度试验(GB/T 17626.5—2008,IEC 61000-4-5:2005,IDT)

GB/T 18271.3 过程测量和控制装置 通用性能评定方法和程序 第3部分:影响量影响的试验(GB/T 18271.3—2000,idt IEC 61298-3:1998)

GB/T 18271.4 过程测量和控制装置 通用性能评定方法和程序 第4部分:评定报告的内容(GB/T 18271.4—2000,idt IEC 61298-4:1995)

GB/T 26155.1—2010 工业过程测量和控制系统用智能电动执行机构 第1部分:通用技术条件

JB/T 9329—1999 仪器仪表运输贮存基本环境条件及试验方法

3 试验方法

3.1 试验条件

3.1.1 一般大气条件

一般大气条件要求如下：

a) 温度：15 ℃～35 ℃；

b) 相对温度：45%～75%，无凝露；

c) 大气压力：86 kPa～106 kPa；

3.1.2 动力条件

3.1.2.1 公称值

公称值应符合下列要求：

电压：单相 220 V；三相 380 V。

频率：50 Hz。

3.1.2.2 允差

允差应满足下列要求：

电压：±1%；

频率：±1%；

谐波含量：<5%。

3.2 试验的一般规定

试验一般规定如下：

a) 试验时执行机构处于正常安装位置；

b) 在进行检验前允许调整执行机构的零位、额定行程范围和阻尼特性。除非另有规定，在试验过程中不得进行调整；

c) 试验时，执行机构的输入信号在同一方向增大或减小，逼近并达到试验点，保证不产生过冲。规定信号增大时的行程方向为正行程，信号减小时的行程方向为反行程；

d) 除非另有规定，试验时执行机构的输出轴(杆)上应加有额定负载；

e) 除非另有规定，试验测量点设置为执行机构输入(或输出)量程的 0%，25%，50%，75%，100% 五个点，每个试验点在输入信号增大和减小的方向上各测量三次。出厂检验允许每个点测量一次；

f) 除非另有规定，试验时执行机构的施加条件不能超过制造厂规定的限值。短时或间歇工作的执行机构应当按制造厂的规定，以最长的一段时间工作和以最短的一段时间恢复；

g) 除非另有规定，所有试验应在同一样本上完成，试验顺序由检验方自定。

3.3 试验方法

3.3.1 功能检查

3.3.1.1 自诊断功能

执行机构正常运行过程中，施加单一故障条件时，执行机构是否有相应的反馈。

通过目视检查。如有怀疑，可通过相应的设备测试。

3.3.1.2 组态功能

通过操作面板、手操器或计算机，就地或远距离设定和调整执行机构的参数，其输出是否有相应的变化。

通过目视检查。如有怀疑，可通过相应的设备测试。

3.3.1.3 非测量信息管理功能

通过操作面板、手操器或计算机，是否能就地或远距离设置或读取执行机构的非测量管理信息。

通过目视检查。

3.3.1.4 显示功能

通过操作面板或手操器，查看执行机构显示信息是否符合 GB/T 26155.1—2010 中 5.2.4a）的规定。

再输入规定的标准输入值，执行机构正常定位后，查看输入值、位置反馈值的显示误差是否符合 GB/T 26155.1—2010 中 5.2.4b）的规定。

通过目视检查。如有怀疑，可通过相应的设备测试。

3.3.1.5 断电保护功能

给执行机构输入任一信号，使其定位在额定行程内的相应位置。

a） 切断电源，观察输出轴是否保持原位；

b） 操动手轮，使输出轴朝任意方向偏移输出量程允许的距离；

c） 接通电源，观察阀位显示是否发生相应的变化。如果是调节型执行机构，输出轴应能自动恢复到切断电源前的位置；

d） 改变输入信号，输出轴能相应改变位置。

通过目视检查。如有怀疑，可通过相应的设备测试。

3.3.1.6 限幅保护功能

通过组态，按制造厂的规定分别设置执行机构的输出下限值、输出量程（或输出上限值），正、反操动执行机构往返定位各 3 次，观察执行机构是否按照设定值实施定位，是否符合 GB/T 26155.1—2010 中 5.2.6 的规定。

3.3.1.7 通信功能

按照制造厂标志的通信功能的协议要求进行测试，是否符合相关的通信协议。

3.3.1.8 行程特性修正功能

通过软件组态，设置执行机构具有的任一行程特性曲线，观察并测量其输出轴（杆）的位移是否符合 GB/T 26155.1—2010 中 5.2.8 的规定。

3.3.1.9 阀位变送功能

按照 3.3.2.1 的规定进行测试，试验结果是否符合 GB/T 26155.1—2010 中 5.2.9 的规定。

3.3.1.10 开关触点输出功能

在执行机构的运行过程中，按照制造厂的规定设置执行机构相应的状态，观察并测量开关触点的动作是否符合 GB/T 26155.1—2010 中 5.2.10 的规定。

3.3.2 与准确度有关的试验

3.3.2.1 基本误差

3.3.2.1.1 调节型智能电动执行机构

将输入信号增大或减小，在正、反行程方向分别记录输入信号和输出轴(杆)的行程值，分别按试(1)计算基本误差：

$$\delta=(L_1-L_0)/L\times 100\% \qquad (1)$$

式中：

δ ——基本误差，%；

L_1——输出轴(杆)行程的实际测量值，单位(°)，或毫米(mm)，或转(r)；

L_0——输出轴(杆)行程的约定真值，单位(°)，或毫米(mm)，或转(r)；

L ——输出轴(杆)的额定行程值，单位(°)，或毫米(mm)，或转(r)。

每个测量点上每次测量值是否符合 GB/T 26155.1—2010 表 1 中 1 的规定。

3.3.2.1.2 开关型智能电动执行机构

操作执行机构，使输出信号达到规定的值，在正、反行程方向分别记录输出轴(杆)的行程值，分别按式(1)计算，每个测量点上每次测量值是否符合 GB/T 26155.1—2010 表 1 中 1 的规定。

本条仅适用于带位置反馈信号输出的执行机构。

3.3.2.2 回差

取 3.3.2.1 各试验点正、反行程基本误差之间最大代数差的绝对值，是否符合 GB/T 26155.1—2010 表 1 中 2 的规定。

3.3.2.3 死区

本条适用于调节型智能电动执行机构，该试验应在额定行程的 25%，50%，75%三个点上进行。

a) 缓慢改变(增大或减小)输入信号，直到输出轴(杆)有一个可觉察的行程变化，记录此时输入信号值 I_1；
b) 然后在相反方向上缓慢改变输入信号，直到刚察觉输出轴(杆)的变化，记录此时输入信号值 I_2；
   按式(2)计算：

$$\Delta=|I_1-I_2|/I\times 100\% \qquad (2)$$

   式中：

   Δ ——死区；

   I ——输入量程。

测量结果是否符合 GB/T 26155.1—2010 表 1 中 3 的规定。

3.3.3 与影响量有关的试验

3.3.3.1 概述

在 3.3.3.2～3.3.3.4 规定的试验中：

a) 同样结构的系列产品，如果其中一个规格已通过试验，则质量超过 35 kg 的规格产品可免除该试验；
b) 试验时执行机构不加负载。

3.3.3.2 电源电压影响

将执行机构的供电电源电压从公称值分别调至规定的正、负极限值，测量在不同电压时执行机构的输出下限值和输出量程。

取三次测量的平均值，按照式(3)和式(4)计算输出下限值和输出量程变化：

$$\Delta v_0 = | X_{V1} - X_{V0} | / L \times 100\% \quad \cdots\cdots(3)$$

$$\Delta v_L = | L_{V1} - L_{V0} | / L \times 100\% \quad \cdots\cdots(4)$$

式中：

Δv_0 ——电源电压变化时，输出下限值的变化量，%；

Δv_L ——电源电压变化时，输出量程的变化量，%；

X_{V0} ——公称电压时的输出下限值，单位(°)，或毫米(mm)，或转(r)；

X_{V1} ——正、负极限电压时的输出下限值，单位(°)，或毫米(mm)，或转(r)；

L_{V0} ——公称电压时的输出量程，单位(°)，或毫米(mm)，或转(r)；

L_{V1} ——正、负极限电压时的输出量程，单位(°)，或毫米(mm)，或转(r)；

L ——额定行程，单位(°)，或毫米(mm)，或转(r)。

测量结果是否符合 GB/T 26155.1—2010 中 5.4.1 的规定。

3.3.3.3 环境温度影响

将执行机构放入温度试验箱中，将试验箱温度先调至 0 ℃(该初始温度值可由测试方确定)，然后再分别调至制造厂允许的最低温度值和最高温度值，每一温度点的允差为±2 ℃，在每个温度点上至少保持 2 h 后，分别测量执行机构的输出下限值和输出量程。

取每一温度点上三次测量的平均值，按照式(5)和式(6)计算输出下限值和输出量程变化：

$$\Delta T_0 = (| X_{Ti} - X_{T0} | / L \times 100\%) / (0.1 \times | T_i - T_0 |) \quad \cdots\cdots(5)$$

$$\Delta T_L = (| L_{Ti} - L_{T0} | / L \times 100\%) / (0.1 \times | T_i - T_0 |) \quad \cdots\cdots(6)$$

式中：

ΔT_0——温度每变化 10 ℃时，输出下限值的变化量，%；

ΔT_L——温度每变化 10 ℃时，输出量程的变化量，%；

X_{T0} ——起始温度时的输出下限值，单位(°)，或毫米(mm)，或转(r)；

X_{Ti} ——最低、最高极限温度时的输出下限值，单位(°)，或毫米(mm)，或转(r)；

L_{T0} ——起始温度时的输出量程，单位(°)，或毫米(mm)，或转(r)；

L_{Ti} ——最低、最高极限温度时的输出量程，单位(°)，或毫米(mm)，或转(r)；

L ——额定行程，单位(°)，或毫米(mm)，或转(r)。

测量结果是否符合 GB/T 26155.1—2010 中 5.4.2 的规定。

3.3.3.4 湿热影响

将执行机构放入湿热试验箱，先将温度升至 40 ℃±2 ℃，再将相对湿度调至 91%～95%，并保持 48 h。

湿热试验后执行机构立即从湿热箱中取出，按照 3.3.4.1 规定的方法测量，测量结果是否符合 GB/T 26155.1—2010 表 2 中 3 的规定。

3.3.3.5 机械振动影响

执行机构安装在振动试验台上，以 10 Hz～150 Hz 的频率分别在三个垂直方向上进行扫频振动，寻找共振点，然后在共振频率上分别进行 30 min 的耐振试验，如果无共振点则在 150 Hz 频率进行 30 min 的耐振试验，试验过程中：

a) 具有位置反馈信号的执行机构测量执行机构输出位置反馈信号的下限值和输出量程，按照式(7)和式(8)计算输出下限值和输出量程变化：

$$\Delta J_0 = |X_{J1} - X_{J0}| / L \times 100\% \quad \cdots\cdots(7)$$

$$\Delta J_L = |L_{J1} - L_{J0}| / L \times 100\% \quad \cdots\cdots(8)$$

式中：

ΔJ_0——机械振动时，输出下限值的变化量，%；

ΔJ_L——机械振动时，输出量程的变化量，%；

X_{J0} ——振动试验前的输出下限值；

X_{J1} ——振动试验中的输出下限值；

L_{J0} ——振动试验前的输出量程；

L_{J1} ——振动试验中的输出量程；

L ——额定行程。

b) 仅有触点输出的执行机构测量触点变化。

测量结果是否符合 GB/T 26155.1—2010 表 2 中 4 的规定。

3.3.3.6 运输环境影响

按照 GB/T 26155.1 表 2 中 5 规定的试验参数和 JB/T 9239 中有关的方法进行温度、碰撞和自由跌落试验，在碰撞和自由跌落试验后的性能测试前，允许进行 3.3.2 中规定的调整。

试验结果是否符合 GB/T 26155.1—2010 表 2 中 5 的规定。

注：当 3.3.3.2 中的试验已进行了 55 ℃(或高于 55 ℃)的试验时，GB/T 26155.1—2010 表 2 中 5 规定的高温试验可免除。

3.3.3.7 外界磁场影响试验

按照 GB/T 18271.3 中规定的试验方法进行。

试验时，在执行机构输出为量程的 50%，测量输出变化值是否符合 GB/T 26155.1—2010 表 2 中 6 的规定。

3.3.3.8 射频干扰影响

按照 GB/T 17626.3 中的规定进行试验，试验等级按照制造厂的规定。

试验时，在执行机构输出为量程的 50%，测量输出变化值是否符合 GB/T 26155.1—2010 表 2 中 7 的规定。

3.3.3.9 电快速瞬变脉冲群影响试验

按照 GB/T 17626.4 中规定进行试验，试验等级按照制造厂的规定。

试验时，在执行机构输出为量程的 50%，测量输出变化值是否符合 GB/T 26155.1—2010 表 2 中 8 的规定。

3.3.3.10 冲击(浪涌)影响试验

按照 GB/T 17626.5 中的规定进行试验，试验等级按照制造厂的规定。

试验时，在执行机构输出为量程的 50%，测量输出变化值是否符合 GB/T 26155.1—2010 表 2 中 9 的规定。

3.3.3.11 静电干扰影响试验

按照 GB/T 17626.2 中的规定进行试验，试验等级按照制造厂的规定。

试验时，在执行机构输出为量程的 50%，测量输出变化值是否符合 GB/T 26155.1—2010 表 2 中 10 的规定。

3.3.3.12 共模干扰影响试验

按 GB/T 18271.3 中规定进行试验，共模电压允许值为 250 V AC. 或按照制造厂的规定。

试验时，在执行机构输出为量程的 50%，测量输出变化值是否符合 GB/T 26155.1—2010 表 2 中 11 的规定。

3.3.3.13 串模干扰影响试验

按 GB/T 18271.3 中规定进行试验，串模电压允许值按照制造厂的规定。

试验时，在执行机构输出为量程的 50%，测量输出变化值是否符合 GB/T 26155.1—2010 表 2 中 12 的规定。

3.3.4 与安全性能有关的试验

3.3.4.1 绝缘电阻试验

按 GB/T 15479 中规定进行试验。断开执行机构的电源，使电源开关处于接通位置，输入端子、电源端子分别短接，按照本 GB/T 26155.1—2010 中 5.5.1 规定的端子，用直流电压为 500 V 的兆欧表测量是否符合 GB/T 26155.1—2010 中 5.5.1 的规定。

3.3.4.2 绝缘强度试验

按 GB/T 15479 中规定进行试验。断开执行机构的电源，使电源开关处于接通位置，输入端子、电源端子分别短接，按照 GB/T 26155.1—2010 中 5.5.2 规定的电压和频率，在规定的端子间将试验电压缓慢地上升到规定值，并保持 1 min，然后将试验电压缓慢地下降到零，断开试验电源。

测量结果是否符合 GB/T 26155.1—2010 中 5.5.2 的规定。

3.3.4.3 外壳防护等级

如果制造厂对执行机构按符合 GB 4208 规定的防护等级来规定和标志，则应对执行机构按照 GB 4208 规定的方法来检验是否合格。

3.3.4.4 防爆性能

按照 GB 3836.1 和 GB 3836.2 中规定的方法进行，并经国家认证授权的防爆检验机构认可并颁发合格证书。

3.3.5 其他性能项目的试验

3.3.5.1 阻尼特性

适用于调节型智能电动执行机构。

在执行机构的输入端依次施加输入量程的 25%、50%、75% 的阶跃信号，通过目视检查输出轴（杆）在正、反二个行程方向上摆动的半周期次数是否符合 GB/T 26155.1—2010 表 4 中 1 的规定。

3.3.5.2 时滞

适用于调节型智能电动执行机构。

在执行机构的输入端施加输入量程的15%的阶跃信号，用示波器摄制位置反馈信号的输出曲线，观察从原始到输出开始变化的时间是否符合GB/T 26155.1—2010表4中2的规定。

3.3.5.3 额定行程时间误差

在执行机构的输入端施加足以使执行机构输出轴(杆)移动额定行程的阶跃信号，记录输出轴(杆)移动额定行程的时间。

按照式(9)计算额定行程时间误差：

$$\delta_1 = (t_1 - t)/t \times 100\% \qquad \cdots\cdots(9)$$

式中：

δ_1——额定行程时间误差，%；

t_1——输出轴(杆)移动额定行程的实际时间测量值，单位为秒(s)；

t——输出轴(杆)移动额定行程的公称值，单位为秒(s)。

试验结果是否符合GB/T 26155.1—2010表4中3的规定。

3.3.5.4 间隙

操作执行机构使执行机构输出轴(杆)移动到额定行程的50%附近；

断开电源。

在输出轴(杆)上施加20%～25%的正(反)额定负载，记录此时的行程值，然后改变负载方向，观察并记录行程的变化值是否符合GB/T 26155.1—2010表4中4的规定。

3.3.5.5 起动特性

在执行机构输出轴(杆)上施加反向额定负载，改变电源电压至负极限值，然后施加输入信号，观察执行机构是否能正常起动并符合GB/T 26155.1—2010表4中5的规定。

3.3.5.6 惰走量

适用于开关型智能电动执行机构。

在执行机构输出轴(杆)上施加正向50%的额定负载，用示波器摄制输入信号切断后的位置反馈信号的输出曲线。

按照式(10)计算重复性误差：

$$\Delta_d = t_d/2t \times 100\% \qquad \cdots\cdots(10)$$

式中：

Δ_d——惰走量，%；

t_d——从输入信号切断起至位置发送器输出停止变化之间的时间，单位为秒(s)；

t——输出轴(杆)移动额定行程的实测时间，单位为秒(s)。

试验结果是否符合GB/T 26155.1—2010表4中6的规定。

3.3.5.7 温升

在试验前测量电动机绕组的冷态电阻，然后按照3.3.5.8的方法连续运行12h后，立即测量电动机绕组的热态电阻。

按照式(11)分别计算电动机绕组绕组的温升：

$$Q=[(R_1-R_0)/R_0]\times(235+T_0)+(T_0-T_1) \quad \cdots\cdots(11)$$

式中：

Q ——温升，单位为摄氏度(℃)

T_0——测量冷态电阻时的环境温度，单位为摄氏度(℃)；

T_1——测量热态电阻时的环境温度，单位为摄氏度(℃)；

R_0——绕组冷态电阻，单位欧姆(Ω)；

R_1——绕组热态电阻，单位欧姆(Ω)。

试验结果是否 GB/T 26155.1—2010 表 4 中 7 的规定。

3.3.5.8 长期运行稳定性

如无特别规定，应使执行机构在额定行程 50%的附近，以接通持续率 20%～25%，每小时接通次数为 580 次±50 次运行 48 h。

如制造厂有特别声明，按照制造厂规定的接通持续率或每小时接通次数(或接通时间)运行 48 h。

运行后按照 GB/T 26155.1—2010 表 4 中 8 规定的项目进行测量。

试验结果是否符合 GB/T 26155.1—2010 表 4 中 8 的规定。

3.3.5.9 外观

通过目视或手感检查，是否符合 GB/T 26155.1—2010 表 4 中 9 的规定。

4 检验规则

4.1 出厂检验

每台执行机构均须经制造厂质量检验部门检验合格后，并附有产品检验合格证方能出厂。

出厂检验项目按表 1 进行。

4.2 型式检验

有下列情况之一时应进行型式检验：

a) 新试制的产品；

b) 正常生产的产品，当结构、材料、工艺有较大改变，可能影响产品性能时；

c) 国家有关部门提出型式检验要求时。

型式检验项目按表 1 进行。

表 1 型式检验项目

项目名称	出厂检验	型式检验	技术要求条文号	试验方法
				条文号
功能要求	△	△	GB/T 26155.1—2010 5.2	3.2.1
基本误差	△	△	GB/T 26155.1—2010 表 1 中 1	3.3.2.1
回差	△	△	GB/T 26155.1—2010 表 1 中 2	3.3.2.2
死区	△	△	GB/T 26155.1—2010 表 1 中 3	3.3.2.3

表 1（续）

项目名称	出厂检验	型式检验	技术要求条文号	试验方法
				条文号
电源电压影响	—	△	GB/T 26155.1—2010 表 2 中 1	3.3.3.2
环境温度影响	—	△	GB/T 26155.1—2010 表 2 中 2	3.3.3.3
湿热影响	—	△	GB/T 26155.1—2010 表 2 中 3	3.3.3.4
机械振动影响	—	△	GB/T 26155.1—2010 表 2 中 4	3.3.3.5
运输环境影响	—	△	GB/T 26155.1—2010 表 2 中 5	3.3.3.6
外界磁场影响	—	△	GB/T 26155.1—2010 表 2 中 6	3.3.3.7
射频干扰影响	—	△	GB/T 26155.1—2010 表 2 中 7	3.3.3.8
电快速瞬变脉冲群影响	—	△	GB/T 26155.1—2010 表 2 中 8	3.3.3.9
冲击(浪涌)影响	—	△	GB/T 26155.1—2010 表 2 中 9	3.3.3.10
静电干扰影响	—	△	GB/T 26155.1—2010 表 2 中 10	3.3.3.11
共模干扰影响	—	△	GB/T 26155.1—2010 表 2 中 11	3.3.3.12
串模干扰影响	—	△	GB/T 26155.1—2010 表 2 中 12	3.3.3.13
绝缘电阻	△	△	GB/T 26155.1—2010 5.5.1	3.3.4.1
绝缘强度	△	△	GB/T 26155.1—2010 5.5.2	3.3.4.2
阻尼特性	△	△	GB/T 26155.1—2010 表 4 中 1	3.3.5.1
时滞	—	△	GB/T 26155.1—2010 表 4 中 2	3.3.5.2
额定行程时间误差	△	△	GB/T 26155.1—2010 表 4 中 3	3.3.5.3
间隙	—	△	GB/T 26155.1—2010 表 4 中 4	3.3.5.4
起动特性	△	△	GB/T 26155.1—2010 表 4 中 5	3.3.5.5
惰走量		△	GB/T 26155.1—2010 表 4 中 6	3.3.5.6
温升	—	△	GB/T 26155.1—2010 表 4 中 7	3.3.5.7
长期运行稳定性	—	△	GB/T 26155.1—2010 表 4 中 8	3.3.5.8
外观	△	△	GB/T 26155.1—2010 表 4 中 9	3.3.5.9

5 其他考虑事项

5.1 总则

为了准备试验报告、试验程序所需的通用信息，包含下述几个方面：

- 安装；
- 例行维护和调试；
- 维修和大修。

应根据实际运行要求和制造厂的说明书来进行性能检查，以便能同时对说明书做出评价。

5.2 安全

按 GB 4793.1 检查执行机构。

5.3 外壳防护

如果需要的话，应根据 GB 4208 和 GB/T 16842 进行试验。

5.4 文献资料

制造厂主动提供的以及试验室要求提供的全部有关文件应列出清单。

如果这些文件没有附带用来清楚描述安全栅操作的完善图表，或没有完整的元件清单和规范，则应指出其不足。

文献资料具体要求见 GB/T 16511。

5.5 安装

执行机构应根据制造厂的说明书安装和投入使用，同时要考虑在实际中可能遇到的和要求不同程序的各种应用。

制造厂规定的安装方法应列入报告。任何由于此种安装方法所造成的对执行机构的使用限制都应予以指出并加以说明。

另外，有关安装的难易程度也应指出并加以说明。

5.6 例行维护和调试

应根据制造厂的说明书进行必要的例行维护和调试操作(作为指南，每年应该至少进行 4 次这种操作)。

任何有关执行这些操作的难易程度都应予以指出，并说明原因。

5.7 修理

任何有关这些修理的难易程度都应予以指出，并说明原因。

5.8 表面防护处理

应列出制造厂规定的外部零件的表面防护处理完成情况，并附有关评价意见。

5.9 设计特征

应列出所有可能造成使用困难的有关设计或结构方面的情况，并说明原因。同时还要列出可能具有特殊意义的任何特征，例如工作部件的密封等级、备件的互换性和气候防护等。

5.10 可调整参数

报告中应指出厂商列出的重要的变型和选件。

5.11 工具和设备

应列出安装、维护和修理所必须的工具和设备。

6 试验报告和文档

试验完成以后，应根据 GB/T 18271.4 准备完整的评定试验报告。

报告发表之后，所有试验期间与测试有关的原始文档应在试验室至少储存两年。

ICS 17.220.20
N 22

中华人民共和国国家标准

GB/T 26831.2—2012

社区能源计量抄收系统规范 第2部分:物理层与链路层

Society energy metering for reading system specification—
Part 2:Physical and link layer

2012-11-05 发布　　　　2013-02-15 实施

中华人民共和国国家质量监督检验检疫总局
中国国家标准化管理委员会　发布

前　言

GB/T 26831《社区能源计量抄收系统规范》由以下四部分构成：

——第1部分：数据交换；

——第2部分：物理层和链路层；

——第3部分：专用应用层；

——第4部分：仪表的无线抄读。

本部分为GB/T 26831的第2部分；

本标准的制定参考了欧洲标准EN 13757。其中，第1部分、第2部分、第3部分等同采用了EN 13757-1、EN 13757-2、EN 13757-3对应部分，第4部分结合国内无线抄表的技术现状和国家无线通信相关标准作了较大的修改。

本部分使用翻译法等同采用EN 13757-2:2004《仪表及远程抄表通信系统　第二部分：物理层与链路层》。

本部分按照GB/T 1.1—2009给出的规则起草

请注意本文件的某些内容可能涉及专利。本文件的发布机构不承担识别这些专利的责任。

本部分由中国机械工业联合会提出。

本部分由全国电工仪器仪表标准化技术委员会(SAC/TC 104)归口。

本部分起草单位：哈尔滨电工仪表研究所、北京纳思电器有限公司、深圳市泰瑞捷电子有限公司、广东浩迪创新科技有限公司、长沙威胜信息技术有限公司、沈阳航发热计量技术有限公司、江苏林洋电子有限公司、哈尔滨华惠电气有限公司、西安旌旗电子有限公司、深圳市龙电电气有限公司、杭州百富电子技术有限公司、深圳浩宁达仪表股份有限公司、天正集团有限公司、唐山汇中仪表有限公司、宁波东海集团有限公司、北京福星晓程电子科技有限公司、青岛东软电脑技术有限公司、漳州科能电器有限公司、美国埃施朗股份有限公司、杭州鸿鹄电子有限公司。

本部分主要起草人：潘之凯、张志忠、侯学伟、郭永林、陈声荣、倪志军、尹建丰、冯喜军、姚礼本、徐茂林、肖伟峰、张绍衡、戴恋、许惠锋、吕文、关文举、黎洪、胡亚军、潘洪源。

引　言

随着科技进步、经济发展和人们对能源使用管理要求的不断提高，社区（建筑及居住区）能源需求量（水、电、气、热）远程抄收及管理的技术应用进入快速发展阶段，涌现出了一批使用各类通讯技术、涉及各个计量领域的多种产品及技术方案。产品制造方和用户方迫切希望这些产品或系统能够遵循统一的标准。

因而，从 1999 年开始，国际电工委员会陆续发布了 IEC 62056《抄表、费率和负荷控制的数据交换》系列标准；国内参照其内容制定发布了 GB/T 19882《自动抄表系统》系列标准。该标准是开放式体系，很好地解决了互连性和互操作性的要求。该标准体系分成相对独立的几个部分制定，从而有利于标准本身的不断发展。这种科学方法及该标准的内容都为《社区能源计量抄收系统规范》国家标准的制定提供了很好的参考。

同时，由于显而易见的原因，社区能源计量抄收系统与自动抄表系统具有很多相似或共通的内容，现实中产品也有互连互通的需量，《社区能源计量抄收系统规范》的制定应该要考虑与 GB/T 19882《自动抄表系统》的协调。

本标准体系正是在上述背景下制定的，认识这一背景情况对理解本标准的制定思路和理解标准内容都是有益的。

本标准体系包含社区能源计量抄收系统中应用管理和底层通信两方面的内容。在应用管理方面，主要内容是 COSEM（能源计量配套规范），利用仪表对象标识和接口对象方法建立模型，并进而描述了用于计量仪表和远程抄表的专用应用层。在底层通信方面涉及包括双绞线基带（M-BUS）和短距离无线两种物理层、链路层的规范。

在 EN 1434-3：1997（“M-BUS”）中，针对热量表首次介绍了基于双绞线的总线接口物理层和链路层的参数。本部分是 EN 1434-3：1997 一部分的更新，它是兼容的且相互配合。它也包括其他被测量介质（水、燃气和热分配表）、主站通信和较新技术发展。需要注意的是 EN 1434-3：1997 同样包括了其他通信技术。

它可应用在不同的应用层上，尤其是 EN 13757-3 应用层。

社区能源计量抄收系统规范 第2部分:物理层与链路层

1 范围

本部分规定了仪表通信系统中基于双绞线的M-BUS总线接口物理层和链路层的参数。

本部分适用于热量表、热分配表、水表和燃气表。

本部分对仪表通信系统与远程抄表的一般描述,参见GB/T 26831.1。

注:本部分还适用于其他的仪表(比如电能表)、传感器和执行器。

2 规范性引用文件

下列文件对于本文件的应用是必不可少的。凡是注日期的引用文件,仅注日期的版本适用于本文件。凡是不注日期的引用文件,其最新版本(包括所有的修改单)适用于本文件。

GB/T 17626.4—2008 电磁兼容 试验和测量技术 电快速瞬变脉冲群抗扰度试验(IEC 61000-4-4:2004,IDT)

GB/T 17626.5—2008 电磁兼容 试验和测量技术 浪涌(冲击)抗扰度试验(IEC 61000-4-5:2005,IDT)

GB/T 18657.1—2002 远动设备及系统 第5部分:传输规约 第1篇:传输帧格式(idt IEC 60870-5-1:1990)

GB/T 18657.2—2002 远动设备及系统 第5部分:传输规约 第2篇:链路传输规则(idt IEC 60870-5-2:1992)

GB/Y 26831.1—2011 社区能源计量抄收系统规范 第一部分:数据交换

3 术语和定义

GB/T 26831.1界定的以及下列术语和定义适用于本文件。

3.1

单位负载 unit load

一单位负载(1 U_L)是1.5 mA的最大标号状态电流。

4 物理层说明

4.1 概述

图1给出了物理层的主要电气概念:主机到从站的信息传递是通过电压电平变化而实现的。使用一个(高)电压电平静态电压值U_{mark}(闲置状态,典型值为36 V)和一个典型值比U_{mark}低12 V(至少12 V)的动态电压值(空号状态)进行数据传输。较高的电压变化幅度提高了主机到从站方向的噪声抗干扰能力。所需要的最小电压值,可以为一个段的所有从站提供持续的远程供电。信号传输是通过电压变化而不是绝对电压电平以抵抗由于安装电缆的导线电阻造成的大的电压跌落。所有从站是恒流接

收器。它们的闲置(标号状态)典型电流 1.0 mA～1.5 mA 能够为从站上的收发芯片提供电源,或者同时也可以为从站(仪表)供电。从站的活跃(空号状态)电流传送使用这个恒定电流的增加量(11 mA～20 mA)作为信号。采用恒定电流传输信号,提高了对感应电压的抗干扰能力,并且不受导线电阻的限制。在每个从站收发器的输入端使用一个整流桥,这可使每个从站不依赖配线极性,同时也可减少安装错误。在每个从站的收发器之前,安装保护电阻,就可简单地实现过压保护,并能将从站电流限制在 100 mA 以内,从而保护总线免受某一从站的半导体器件短路而带来的危害。附录 A 给出了从站收发器的主要功能。集成的从站收发器包括一个给从站(仪表)供电的被调节的缓冲电压输出、支持电池供电的电源切换和掉电信号的发出,它们是有商业价值的。

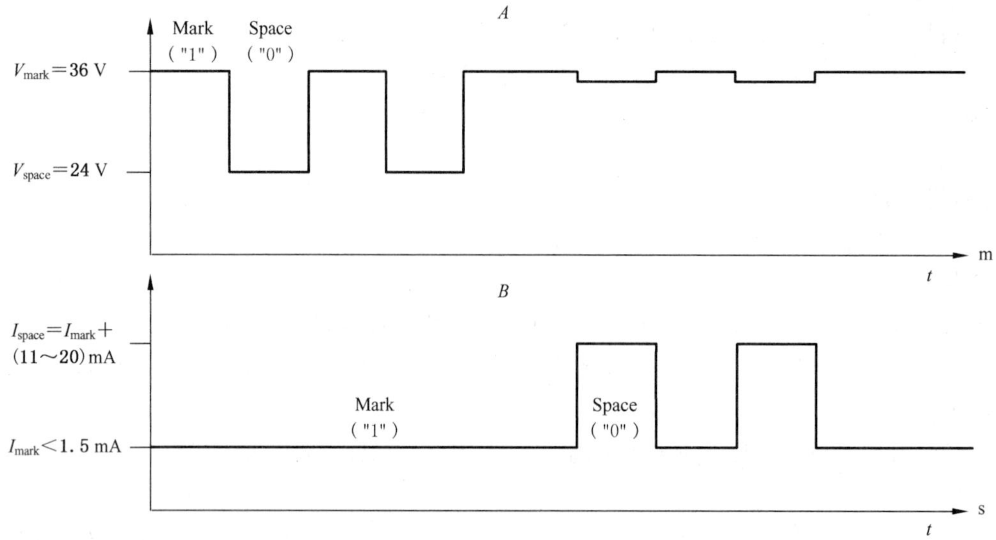

说明:

A ——转发器端的总线电压;

B ——从站的电流构成;

t ——时间;

m ——主机向从站发送;

s ——从站向主机发送。

图 1 M-BUS 中位的描述

对于一个可靠的系统元件,所有必须的特性参数应覆盖全部温度范围和工作电压。

4.2 从站电气要求

4.2.1 主机到从站的总线电压

最大的持续电压:－50 V～＋50 V(无损坏)。

满足所有具体要求的电压范围:±(12 V～42 V)。

在主从通信的标号(静态)状态下的从机端的总线电压($=U_{Mark}$)应该为±(21 V～42 V)。

标号电压被一个具有不对称时间常数的最大电压检测器存储。放电时间常数应该大于 30 倍充电常数,但要小于 1 s。

在 12 V 和 U_{Mark} 之间的电压范围内,存储电压的最大值 U_{Mark},在 50 ms 内下降不超过 0.2 V。

主从通信总线电压标号/空号状态:

空号:$U_{Bus}<U_{Mark}-8.2$ V

标号:$U_{Bus}\geqslant U_{Mark}-5.7$ V

最大空号状态时间 50 ms。

最大空号状态占空因数:0.92。

4.2.2 从站总线电流和单位负载倍数

4.2.2.1 概述

从站设备可能需要一个 N 倍(N 为 1～4 的整数)单位负载的最大标号电流。每个终端设备将用单位负载倍数 N(大于 1 时)标注,并且设备说明书中将包括器件关于 N 倍单位负载的注释。

4.2.2.2 从站设备标号状态总线电流

标号状态电流 I_{Mark} 应该小于或等于 N 倍的单位负载。

4.2.2.3 总线电压范围内的标号状态电流变化

当总线在±(12 V～42 V)范围内时,1 V～15 V 范围内的电压变化所引起的电流改变应不超过 $N\times3\ \mu\mathrm{A/V}$。

4.2.2.4 标号状态电流的短暂变化

在总线电压不变的情况下,总线电流在 10 s 内的变化不应该超过±1%。

4.2.2.5 在允许的温度和电压范围内从站设备的总电流变化

在从站设备所能承受电压和温度的整个范围,从站设备的标号状态电流的总体变化不应该超过±10%。

4.2.2.6 任何单个半导体器件或电容故障后的最大总线电流

在总线电压≤42 V 的条件下,单个半导体器件或电容故障发生 1 min 后,从站的最大电流应小于 100 mA。

4.2.2.7 慢启动

总线电压在－42 V～＋42 V 区间内时,总线电流应 $\leqslant N\times U_{\mathrm{L}}$。

4.2.2.8 快速变化

任何总线电压改变后,在 1 ms 之内总线电流应 $\leqslant N\times U_{\mathrm{L}}$。

4.2.2.9 空号状态发送电流

在所有允许的总线电压下,从站空号状态总线电流要比标号状态的总线电流高 11 mA～20 mA:$I_{\mathrm{Space}}=I_{\mathrm{Mark}}+(11\sim20)\mathrm{mA}$。

4.2.2.10 从站终端的输入电容:≤0.5 nf

电容将在施加 15 V～30 V 直流偏置后测量。

4.2.2.11 启动延迟

若总线电压跌落到 12 V 以下超过 0.1 s,则在施加了允许的标号状态电压后到具有完全通讯能力的恢复时间应小于 3 s。

4.2.2.12 电气隔离

任何总线端子与所有不损毁封印即可触及的金属部分之间的绝缘电阻，应该大于 1 MΩ。但与其他浮地或隔离的外部器件相连接的端子除外。试验电压为 500 V。对于输配干路运作的终端设备，适用相应的安全规则。

4.2.2.13 可选择的自恢复干路保护

从站接口可安装自恢复干路保护。这可保证干路在长时间(测试时间 1 min)出现 230 V(1+10%)电压和 50 Hz(或 60 Hz)时，从站接口不损坏，并且之后所有具体的要求都可再次得到满足。干路保护功能被所有干路操作的终端设备推荐。为了实行的可能性，参见附录 B。

4.2.3 动态要求

只要不超过 38 400 波特率的链路层或应用层都可以使用，只要它能保证在每 11 位时间内且不迟于 50 ms 时至少有一次能达到标号状态，并可保持至少一位时间。要注意的是对于至少 300 波特率并包括一个 50 ms 间隔的任何波特率，有 5 个数据位到 8 个数据位(有或没有相等位)的任何非同步协议都是正确的。同样对于许多有或没有位编码的同步协议也是正确的。

4.3 主机电气要求

4.3.1 参数

4.3.1.1 最大电流($\boldsymbol{I}_{\mathbf{Max}}$)

通过最大电流 I_{Max}表现主机物理层的特点。在 0 和 I_{Max}之间的所有主线电流，可满足该段所有的功能及参数要求。例如一个满负荷的段，带有 250 个从站，每个从站 $1U_L$，总电流 375 mA(加上了余量)，加一个从站短路电流(100 mA)及最大空号发送电流(20 mA)，故 $I_{Max} \geqslant 0.5$ A。

4.3.1.2 最大允许压降($\boldsymbol{U}_{\mathbf{r}}$)

最小空号状态电压减 12 V 定义为最大允许压降 U_r(>0 V)。U_r 除以主机与任一终端设备(仪表)之间的最大的电阻，所计算出的电流是该段电阻与主机组合的最大的可用总线电流。

4.3.1.3 最大波特率($\boldsymbol{B}_{\mathbf{Max}}$)

主机的另一特点是它能满足所有具体要求的最大波特率 B_{Max}。最低波特率总是 300 bit/s。

4.3.1.4 使用说明

针对适当的功能，主机设备应有所需要电缆和设备在安装方面的说明。

4.3.2 功能类型

4.3.2.1 简单电平转换器

使用一个在 M-BUS 物理层和其他标准化的物理层(如 V24)之间的逻辑透明电平转换器，可实现主机的功能。允许的波特率 300(bit/s)～B_{Max}是位透明的。它不能进行位时间恢复。因此简单的电平转换器不能用作转发器。

4.3.2.2 智能电平转换器

在最大波特率 B_{Max}下，智能电平转换器可进行异步通讯协议的空号状态位时间恢复。可以使用其

他 $B_{Max}IL(L=2\sim L_{Max})$的波特率，但此时不能保证它们的位恢复时间。这样的电平转换器在其最大波特率下，可作为物理层转发器。

4.3.2.3 桥

主机功能可以与一个链路层单元集成，从而形成一个(链路层)桥。如果这个桥能支持要求的物理层和链路层的管理功能，它也能支持多种的波特率。

4.3.2.4 网关

主机功能可以集成到一个网关的应用层，或者集成到一个应用上。

4.3.3 要求

4.3.3.1 标号(静态)电压(U_{Mark})

当总线电流在 $0\sim I_{Max}$范围内时，$U_{Mark}=(24\ V+U_r)\sim 42\ V$。

4.3.3.2 空号(信号状态)电压(U_{space})

$U_{Space}<U_{Mark}-12\ V$，但$\geqslant 12\ V+Ur$。

4.3.3.3 总线短路

可逆自动恢复应能保证在任何大于 I_{Max}的电流结束后 3 s 内恢复全部功能。

在短路状况发生 1 ms 之后，总线电流应限制到<3 A。

4.3.3.4 最低电压斜率

空号状态和标号状态之间，从稳态电压 10%过渡到 90%的时间应小于或等于 1/2 标称位时间。这些过渡时间的不对称应小于或等于 1/8 标称位时间。

过渡时间测试条件(从 E12 系列值中选择 C_{Load})：

——波特率为 300 bit/s 时，$C_{Load}=1.5\ \mu F$；

——波特率为 2 400 bit/s 时，$C_{Load}=1.2\ \mu F$；

——波特率为 9 600 bit/s 时，$C_{Load}=0.82\ \mu F$；

——波特率为 38 400 bit/s 时，$C_{Load}\doteq 0.39\ \mu F$。

4.3.3.5 有效电源阻抗

总线电流短时(小于 50 ms)增加 20 mA，总线电压降应不大于 1.2 V。

4.3.3.6 总线电压的交流声电压、脉动电压和短期电压(小于 10 s)稳定值：<200 mV_{pp}

4.3.3.7 数据检测电流(从站电流脉冲的接收)

总线电流≤总线闲置电流+6 mA：标号状态接收。

总线电流≥总线闲置电流+9 mA：空号状态接收。

小于 50 ms，占空比小于 0.92 的电流脉冲的测量。

4.3.3.8 大数据电流反应(冲突)

大于 25 mA 和 50 mA 的电流增加可认为是冲突状态。如果在一段大于 2～22 倍的位时间内，总线电流出现了这样一个冲突状态，主机应该向总线发出一个大于或等于22倍位时间，但小于50 ms的暂停信号(总线电压$=U_{Space}$)。同样再用一个时长相同的暂停信号，告知用户端。如果总线电流大于I_{max}，主机可以完全关闭总线电压。需要注意的是如果关闭时间大于100 ms，则应该考虑3 s的最小恢复时间。

4.3.3.9 电气隔离

在任一总线端子和所有可触及的没有隔离包封的金属部分之间，绝缘电阻应该大于1 MΩ。测试电压是500 V。干路提供电源的主机或者是连接到以地为基准的系统主机(例如连接到一个干路提供电源的PC的V24接口)，就应包括与这些电源各自信号线的隔离。对于干路操作终端设备，相关的安全规定有效。

4.3.3.10 与地对称性

干路提供电源的主机或者是连接到以地为基准的系统的主机(例如连接到一个干路提供电源的PC的V24接口)，静态和动态总线电压应该与地(40%～60%)对称。这一要求仅适用于以地为基准的系统。

4.4 小型主机电气要求

4.4.1 小型主机的定义

小型主机是指可在下列受限制的系统中使用的主机：

——段的最长布线：≤50 m；

——B_{max}：2 400波特；

——如果任何设备因过流而停止工作，不要求主机继续操作；

——不要求(在冲突状态下)自动搜索第二地址。

小型主机可以用作一些标准化的物理层接口(例如V24)的简单电平转换器，也可使它集成到数据处理设备中。通常不用它作转发器。把它作为固定设备或便携设备均可。它可由总线供电，也可由电池供电。

4.4.2 要求

与全功能标准主机相比，小型主机有下列简化的要求：

4.4.2.1 最小过渡斜率

对于75nF的负载电容：从空号状态变为标号状态，或从标号状态变为空号状态，两个静态信号电压的压差从10%到90%的过渡时间：最大过渡时间t_{max}≤50 μs。

4.4.2.2 较高数据电流状态(冲突状态)：不要求

4.5 转发器

4.5.1 一般要求

物理层转发器的从机端应满足从机的所有要求，主机端应满足主机的所有要求。当一个网络在指定的波特率安装时超过以下一个或多个限制，如仪表数目、总电缆长度、每个段内仪表最大数目和最远通讯距离，此时就需要物理层转发器。

4.5.2 附加要求

4.5.2.1 隔离

主机端的总线端子应该与从站端的总线端子隔离。对于 500 V 的测试电压，隔离电阻应≥1 MΩ。而对于由干路提供电源的设备，所有的相关安全规定都应遵循。

4.5.2.2 位恢复

根据所应用的链路层要求接收的数据，若在可接受的位时间失真范围内，就应该使用能满足链路层所有传送时序规则方法转发出去。

因而，转发器应当运行在限定的波特率下，或者限制在某一特定的字节格式或特定的链路层。

4.6 冲击和浪涌的要求

4.6.1 概述

对于 M-BUS 连接，根据 GB/T 17626.4—2008 和 GB/T 17626.5—2008，符合本标准的设备应至少能满足下列有关冲击和浪涌的要求。需要注意的是，在冲击和浪涌方面，可以实行更多或者更高的要求。同时需要注意的是，因为现场上的经验，EN 1434-3 中的一些值已得到更新。

4.6.2 室内用设备的要求

冲击测试电压：1 kV(严酷等级为 2)。

4.6.3 工业用设备的要求

冲击测试电压：1 kV(严酷等级为 2)。

浪涌测试电压：1 kV(严酷等级为 2)。

5 链路层(主机和从站)

5.1 概述

下列条款中表示的字母百分数(如“W%”)参考表 1 中的具体值。

5.2 波特率

5.2.1 要求的波特率

应能支持 300 bit/s。

5.2.2 推荐的附加波特率

推荐 2 400 bit/s 和 9 600 bit/s。

5.2.3 特殊波特率

通过网络操作员和仪表生产商间的特殊安排，也可以使用下列波特率中的一个或几个：600 bit/s、1 200 bit/s、4 800 bit/s、19 200 bit/s 或 38 400 bit/s。

整个段的尺寸和所连接的从站数将限制技术安全上的最大波特率(见附录 E 中线缆安装部分)。

5.2.4　复位后的波特率

设备在复位后的波特率与复位前应保持一致。

5.2.5　波特率的设置

所有设备在装配好之后的默认波特率都是 300 bit/s。可以通过链路层管理命令设置想要获得的其他波特率(见合适的应用层命令)。不推荐广播设置波特率。在对从站发射 300 bit/s 以外的波特率设置命令(以原有的波特率发射)之后,应立即(小于 2 min)尝试使用新的波特率进行合法通信。如果(甚至在几次重试后)没有收到确认,主机应以新的波特率发送波特率设置命令,并将从站波特率设置回原有的波特率;如果通信被确认成功,主机就能确定从站及其段都可以按新的波特率进行操作。没有自动测速功能的从站,在收到波特率设置命令后,应该检测 300 bit/s 以外的波特率,在波特率命令之后 2 min～10 min 之内使用新的波特率进行合法通信。如果命令没有被正确接收,从站应自动置回原来的波特率,以保存设置,避免不受该段支持的波特率的丢失。

5.2.6　自动调速模式

设备可以用所支持的波特率进行通信,不需要设置一个优先的波特率命令(自动调速模式)。在这种情况下,不需要波特率转换命令检测和自动跳回。所有波特率设置命令依然有效,但是除非有特殊要求,否则可以忽略。

5.2.7　发射波特率精度

发射波特率平均了所有 RSP_UD 报文,在所有可接受的参数(如电源电压、温度、电流操作状态和功能)下,可能存在不大于 $\pm M\%$ 标称波特率(见表 1)。

5.3　位的位置

5.3.1　同步发送位失真

对于数据发送,单个位发送可能有一个从它们标称时间位置(从实际波特率计算)到位时间 $n\%$ 的非累积最大偏差(同步起-停-失真,见图 2)。

5.3.2　总体发射位失真和最小发送元素

对于数据发送,假设每一位时间最小值为标称位时间的 $Q\%$(最小信号元素,见图 2)那么单个位发送时,就可能有一个从它们标称时间位置(从实际波特率计算)到位时间 $P\%$(总体起-停-失真,见图 2)的非累积最大偏差。

5.3.3　字符间隔要求

对于数据发送,起始位和下一个以及再下一个的起始位之间的时间不应小于分别为 11 和 22 个位时间的标称间隔——标称位时间的 $T\%$(字符间隔要求,见图 3)。

5.3.4　实际接收余裕和字符间隔要求

对于数据接收,标称位时间到 $\pm V\%$ 的标称发送时间内的偏差应是容许的(实际余裕,见图 4)。双字节和三字节起始位的标称位时间,它们各自的 11 和 22 位时间的标称值中有一个标称位时间到 $Y\%$ 的偏差,在这种情况下,它们能被正确接收(字符间隔要求,见图 5)。

5.3.5 最小发送元素

对于数据接收，应该忽略持续时间小于标称位时间的 $W\%$的起始位(最小发送元素，见图 6)。

5.4 字节格式

在半双工模式下，使用异步串行位(开始-停止)发送。字节格式为 1 个起始位、8 个数据位、1 个偶校验位和 1 个停止位。

5.5 块格式

5.5.1 发送字节间间隔

在数据发送中，字节间的间隔只允许在非累计位时间误差的预算内，即标称位时间的 $\pm P\%$(见图 2)。

5.5.2 接收字节间间隔

在接收中，可以将任何大于标称位时间 $+P\%$的字节间间隔认为是报文的结尾，也可以将任何大于 22 倍位时间的间隔认为是报文的结尾。

5.5.3 报文之间的空闲时间

在每次报文的结尾，接收器应该测试至少 11 倍位时间的最小静态时间(连续的标号状态)。这需要明确地区分是报文的真正结尾还是报文中较长的一段空白(见图 8)。

5.6 由于冲突引起的报文失败

如果从站在标号状态电平发送位的结尾检测到一个来自其主机的空号状态(电压)信号，那么从站必须立刻结束报文的发送。从主机收到的连续空号状态信号(暂停信号)超过 11 倍位时间，就应该在暂停信号开始后的 24 倍的位时间之内停止报文的发送。对于软件执行的字节发送，这一要求可以通过在每个标号状态发送位的末尾和每个起始位发送之前，测试接收信号状态得以实现。对于硬件执行(UART)的字节接收，可以利用该设备的暂停特性检测这样的一个状态。更多细节参见附录 D。

5.7 报文描述

5.7.1 概述

作为链路层，使用 GB/T 18657.1—2002 中的 FT 1.2 帧格式 和 GB/T 18657.2—2002 中的报文结构。报文示例和简单读出对话参见附录 F。

5.7.2 数据完整性

GB/T 18657.1—2002 中的 FT1.2 帧格式中的奇偶位与校验和字节，实现了汉明距离为 4 的 2 类数据完整性。

5.7.3 报文结构

GB/T 18657.2—2002 给出了报文结构。可使用本标准的所有通信类型。

5.7.3.1 正则化(必需的)

主机到从站的短报文：SND_NKE。回答：$E5。需要注意的是这一命令只预设内部的“上次接收的 FCB-位”并清空可选的选择位。不可以用作任何其他类型的复位功能。

5.7.3.2 时间临界数据的请求(必需的)

主机到从站的短报文:REQ_UD1。回答:如果没有待定时间临界数据,则是 RSP_UD;如果终端设备(仪表)中没有实现该功能,应回应 $ E5。由于 GB/T 18657 的链路层协议不支持各从站的同步报警,因此可使用时间临界要求报警。

注:在 EN 1434-3 中,这是可选的。对于本标准,要求新的从机具备此功能,以便简化未来主机对这个功能的使用。

5.7.3.3 标准读出请求(必需的)

主机到从站的短报文:REQ_UD2。回答:RSP_UD。

5.7.3.4 状态请求(必需的)

主机到从站的长报文:SND_UD。回答:$ E5。

5.7.4 报文编码

报文单独字节编码见 GB/T 18657。

5.7.5 编址

地址 0 为未配置的从站预留。每个未配置的从站都应该接收并回答这个地址的全部通信。

地址 1～250 用作从站的优先地址。每个从站都应该接收并回答其对应的地址的全部通信。

地址 251 是为带有优先主机转发器的管理通信预留(如物理层和链路层管理)。

地址 252 为保留地址。

地址 253 是为二次编址预留。每个选定的从站应该接收并回答这一地址的全部通信。关于单独从站和一组从站的选择以及去除选择,见二次编址的应用层。

地址 254 是测试和诊断地址。每个从站都应该接收并回答这一地址的全部通信。

地址 255 是广播地址。每个从站都应该接收这一地址的全部通信,并执行相应操作但不必回答。

5.7.6 链路层时序

GB/T 18657.1—2002 中给出了不同链路层通信类型的时间结构。主机发送报文结束和从站响应报文开始之间的回答时间应该在 11 倍的位时间和(330 倍的位时间＋50 ms)之间。见图 8。

5.7.7 报文排序

对于较长的复合的报文信息的管理和已确认数据的升序发送(与静态值和参数的发送相对应),链路层协议通过一个 FCB 位(帧计数位)支持合法报文的传送管理。对于简单的单一报文通信和没有递增信息的纯数据内容(如启动),从站可以忽略主机报文的 FCB 位。每个优先地址应分别管理拥有几个优先地址的从站和 FCB 管理一个“最后 FCB”位。同样的规则对于支持一个优先地址和通过地址 253 ($ FD)进行二次编址的从站也适用。任何给定地址为合法的 SND_NKE 都应该为这一地址清空这个内部“最后 FCB”位。需要注意的是,可同时支持 SND_UD 信息和 RSP_UD 信息的复合报文,要求每个方向各自的内部“最后 FCB”位。还要注意的是,REQ_UD2 报文,需要设置 FCV 位,SND_NKE 报文,需要清空 FCV 位和 FCB 位。

6 图和表

下列表格中的值和描述取自 ISO/IEC 7480:1991。U_1(单位间隔)是一个位时间的标称间隔的缩写。

表 1 —从站和主机的信号质量特性

方向	图号	描述	符号	单位	设备	
					主机	从站或小型主机
发送	2	同步起-停失真	N	%	≤5	≤8
	2	总体起-停失真	P	%	≤7	≤16
	2	最小信号元素	Q	$\%U_1$	90	84
	3	字符间隔要求				
		平均:标称削减	R	$\%U_1$	≤8	≤10
		平均值	S	字符	2	2
		最小:标称削减	T	$\%U_1$	≤16	≤20
		调制率精度	M	%	≤0.2	≤0.75
接收	4	实际余裕	V	%	≥40	≥30
	6	最小信号元素	W	$\%U_1$	30	30
	5	字符间隔要求				
		平均:标称削减	X	$\%U_1$	20	25
		平均值	S	字符	2	2
		最小:标称削减	Y	$\%U_1$	40	50

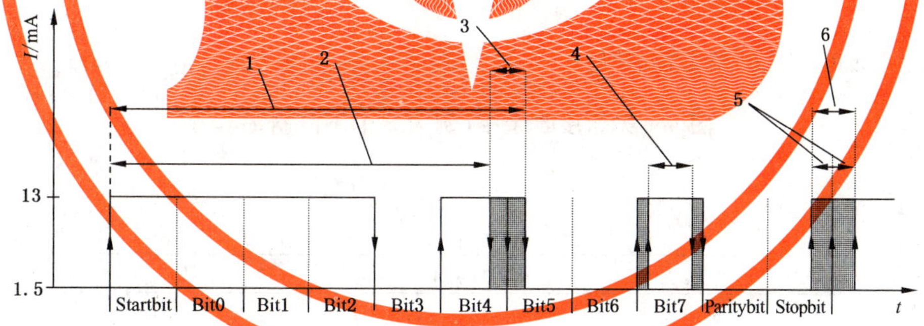

说明:

1——6 倍的平均位时间+1 倍标称位时间的 $N\%$;

6 倍的平均位时间+1 倍标称位时间的 $P\%$。

2——6 倍的平均位时间−1 倍标称位时间的 $N\%$;

6 倍的平均位时间−1 倍标称位时间的 $P\%$。

3——许可范围。

4——许可标称位时间的 $Q\%$。

5——许可标称位时间的 $P\%$。

6——许可范围。

图 2 起停失真(例见第四位)、最小信号元素(例见第七位)(发送)

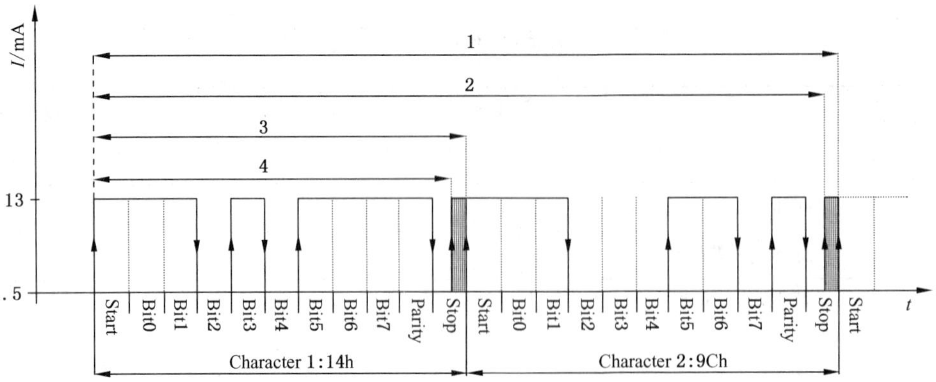

说明：

1——2倍的(标称字符长度)；

2——最小平均字符长度=2×标称−标称位时间的 $T\%$；

3——标称字符长度；

4——最小字符长度=标称−标称位时间的 $T\%$。

图3　字符间隔要求(发送)

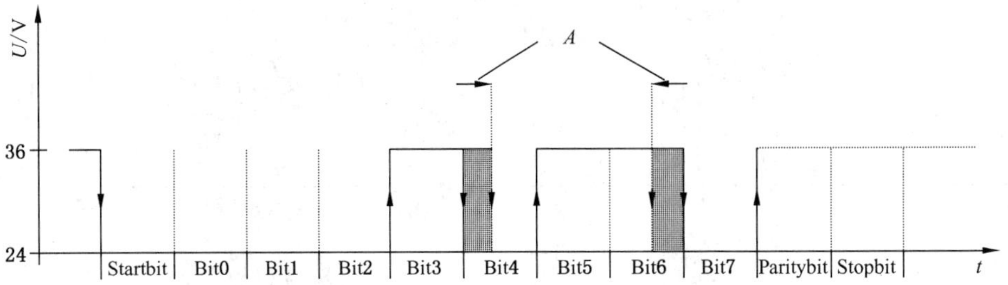

说明：

A——标称位长度的 $V\%$ 的下降斜率的转化。

图4　实际接收余裕(例为2个下降斜率)

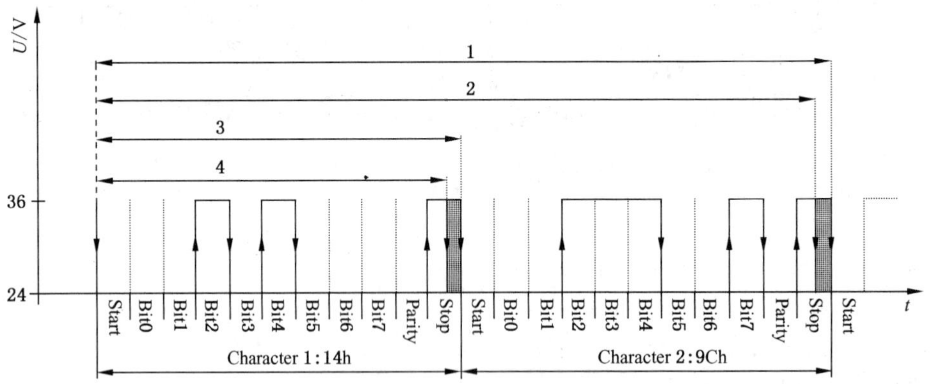

说明：

1——2倍的(标称字符长度)；

2——最小平均字符长度=2×标称−标称位时间的 $Y\%$；

3——标称字符长度；

4——最小字符长度=标称−标称位时间的 $Y\%$。

图5　字符间隔要求(接收)

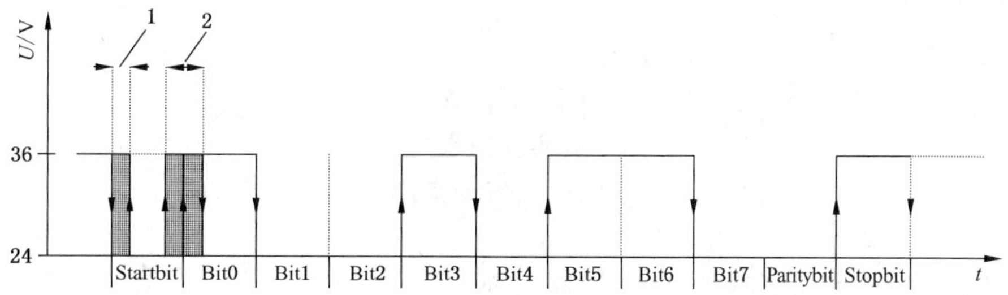

说明：

1——应该忽略持续时间<标称位时间的 $W\%$ 的起始位；

2——可接受任何标称位时间的 $\pm V\%$ 的偏差（任意位）。

图 6　最小持续时间启动元素（接收）

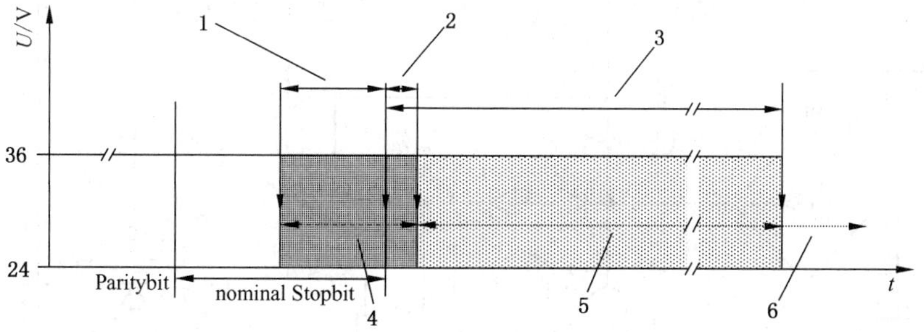

说明：

1——可以容许 $-Y\%$；

2——可以容许 $+P\%$；

3——最多可以容许 22 倍的位时间；

4——应该接受；

5——可探测作为报文的结尾；

6——应该探测作为报文的结尾。

图 7　报文包的接收

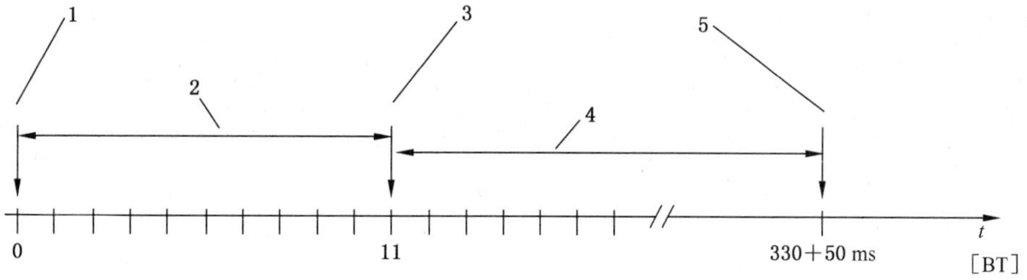

说明：

1——报文接收的结尾；

2——从站必须检验持续的标号状态（11 倍的位时间）；

3——回答开始的最早时间；

4——从站可以开始回答的时间段；

5——回答开始的最迟时间。

图 8　接收之后的静态时间

附 录 A
（资料性附录）
从站的执行示意图

从站可以使用与下面的功能图表相似的电路执行。

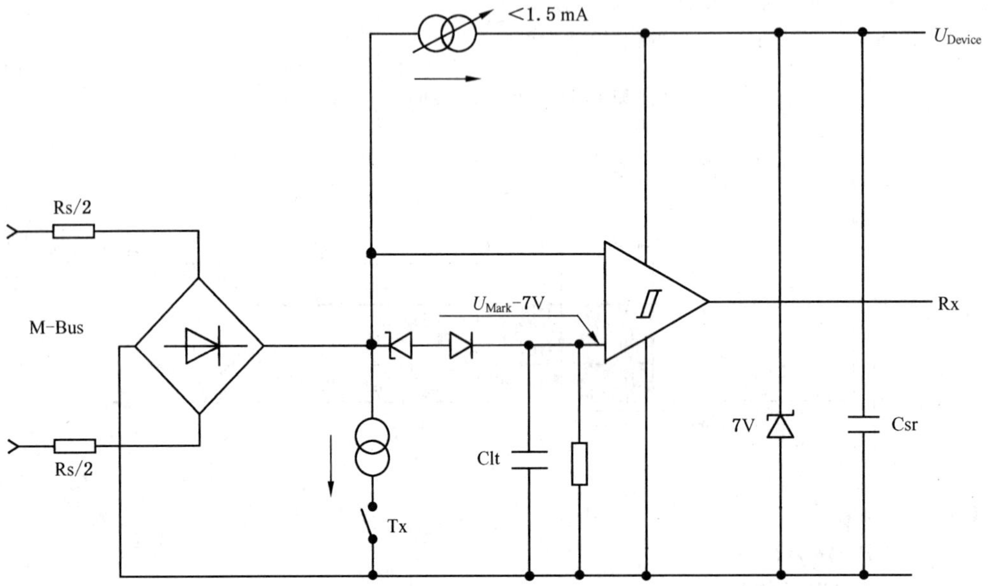

图 A.1 从站收发器

附 录 B
（资料性附录）
干路电压保护

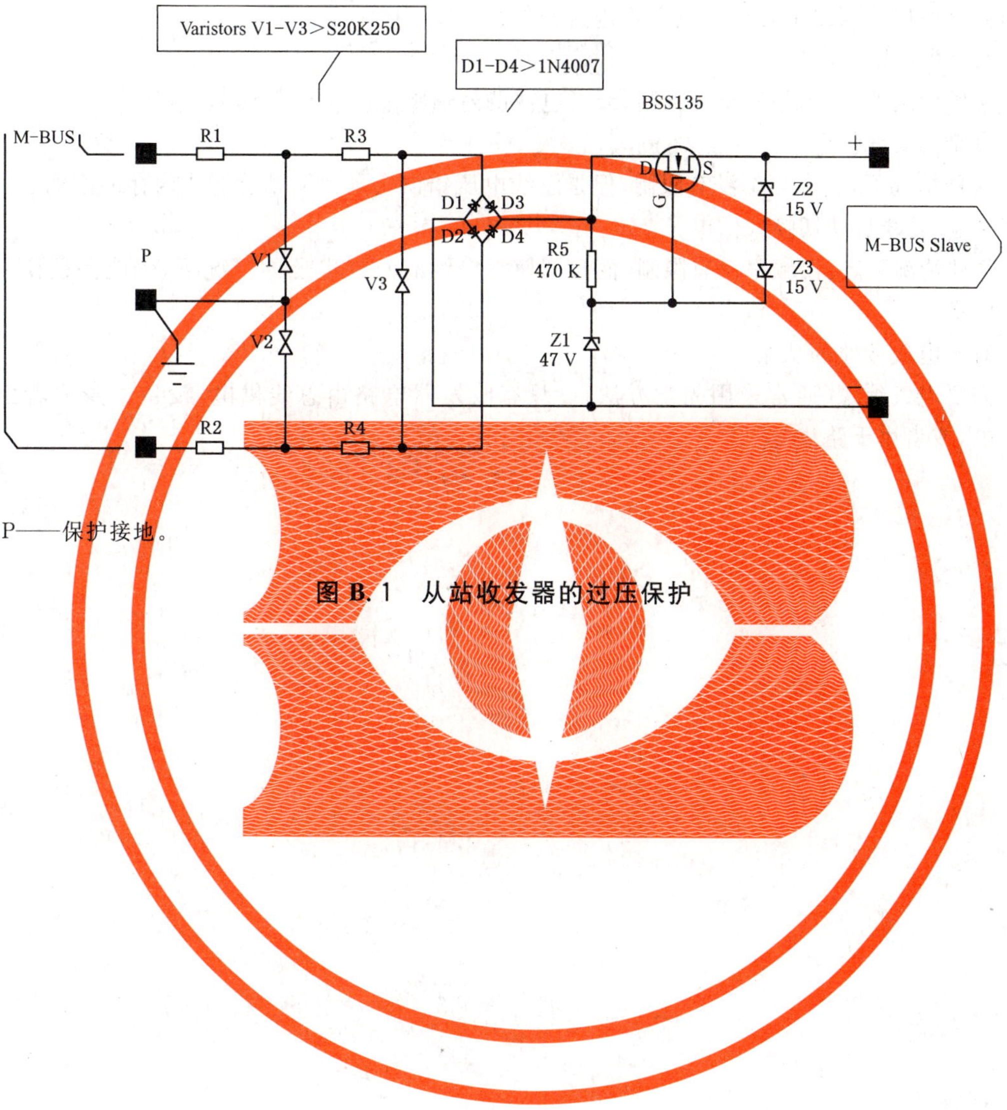

注：P——保护接地。

图 B.1　从站收发器的过压保护

附 录 C
（资料性附录）
从站供电选择

标准从站可以使用以下几种供电方式进行操作：

a） 完全由电池供电

这种情况下，读出频率将受限制，或者电池的寿命将取决于读出频率。

b） 完全由总线供电

这种情况下，读出频率没有限制，但是总线电压错误会导致从站功能或内存的削弱。

c） 电池/总线自动切换式供电

这种情况下，读出频率没有限制，而且即使是在没有总线电压的情况下，仍能保证仪表的全部功能。

d） 对于电气接地的从站：

需要电气绝缘（通常采用光学方法）。只有收发器电路由总线供电，设备本身或者由电池供电，或者由干路供电。

附 录 D
（资料性附录）
从站冲突检测

在通过主机进行从站搜索时，会出现发送从站之间的冲突。相当于2个或3个发送从站的(22～33)mA的很轻微冲突，这是主机和从站无法电气探测的。全新的带有双电流检测的主机硬件可以检测到(20～200)mA的轻微冲突，并可在总线上发出一个暂停信号(50 ms的空号状态)。如果冲突出现在空号状态和标号状态之间，并且从站支持此特性，从站可以检测到(70～500)mA的介质冲突。(90～5 000)mA的严重冲突将导致总线电压的暂停(从站断电)，并可能引起主机短路。

为避免严重冲突而带来上述后果，全新的主机具有暂停信号和过压状态时关机的双重电流检测特性。下面列举了一些从站检测冲突和停止发送的方法：

a) 基于软件UART's，无论输入是否是标号状态，都能在每个标号状态发送位的结尾进行检测。这保证可快速地检测到冲突，并且易于执行，推荐纯软件UART使用。

b) 方法1的变种是直接在每个起始位发送之前，检测总线电压是否为1。这对软件UART来说非常简单，但是对于硬件UART来说就比较困难了，并且还要求主机在检测到冲突后发送暂停信号。

c) 发送字节和接收字节的比较对无缓冲硬件UART来说非常简单，但对缓冲硬件UART来说比较困难。

d) 需要主机检测到冲突后发送暂停信号的另一个方法是，带有暂停检测的硬件UART。

附 录 E
（资料性附录）
线缆安装

E.1 概述

下列段类型能确保物理层通信的安全。对有保护的电话类型（典型值 4×0.8 mm 直径/0.5 mm^2）或标准干路类型（1.5 mm^2）的布线进行了调查研究。对于直径为 0.6 mm 的电话布线，无论是最远距离还是最多设备数都要减半。需要注意的是，仅保护连接到主机接地，但对终端一侧的 DC 和低频信号是开放的。

E.2 A 型：室内小型安装

E.2.1 描述

距离（抗性电缆长度）≤350 m。

段线缆总长度≤1 km。

电缆类型：电话型，直径 0.8 mm，有保护的，铜芯部分 0.5 mm^2，电阻＜30(Ω)ohm。

E.2.2 使用

最多设备数：9 600 bit/s 时最多 250 单位负载。

最快通信速度：38 400 bit/s 时最多 64 单位负载。

E.3 B 型：室内大型安装

E.3.1 描述

距离（抗性电缆长度）≤350 m。

段线缆总长度≤4 km。

电缆类型：电话型，直径 0.8 mm，有保护的，铜芯部分 0.5 mm^2，电阻＜30(Ω)ohm。

E.3.2 使用

最多设备数：2 400 bit/s 时最多 250 单位负载。

最快通信速度：9 600 bit/s 时最多 64 单位负载。

E.4 C 型：小型广域网

E.4.1 描述

距离（抗性电缆长度）≤1 km。

段线缆总长度≤4 km。

电缆类型：电话型，直径 0.8 mm，有保护的，铜芯部分 0.5 mm^2，电阻＜90(Ω)ohm。

E.4.2 使用:2 400 bit/s 时最多 64 单位负载

E.5 D 型:大型广域网

E.5.1 描述

距离(抗性电缆长度)≤3 km。

段线缆总长度≤5 km。

电缆类型:干路线缆,芯部分 1.5 mm^2,电阻<90(Ω)ohm。

在此应用中推荐使用特殊保护电缆。

E.5.2 使用:2 400 bit/s 时最多 64 单位负载

E.6 E 型:微型安装(表群)

E.6.1 描述

距离(抗性电缆长度)≤50 m。

段线缆总长度≤50 m。

电缆类型:电话型,直径 0.8 mm,有保护的,铜芯部分 0.5 mm^2,电阻<5(Ω)ohm。

E.6.2 使用:2 400 bit/s 时最多 16 单位负载

附 录 F
（资料性附录）
协议示例

F.1 启动

在主机完全上电且经过 3 s(最多)从站启动延时后，主机通过向广播地址"FFH"发送一个由字节1040FF3F16 组成的"SND-NKE"-型报文，以规范所有从机的链路层。考虑起始位(0)、停止位(1)、偶校验位(P)以及 LSB 初始位次序的总位次序是：

00000100011　00000001011　01111111101　01111110001　0011100011

代码	说明
10	帧起始符
40	初始化命令
FF	广播地址
3F	校验和
16	结束符

每个字节含 8 位二进制码，传输时加一个起始位(0)、一个偶校验位(P)和一个停止位(1)共 11 位。

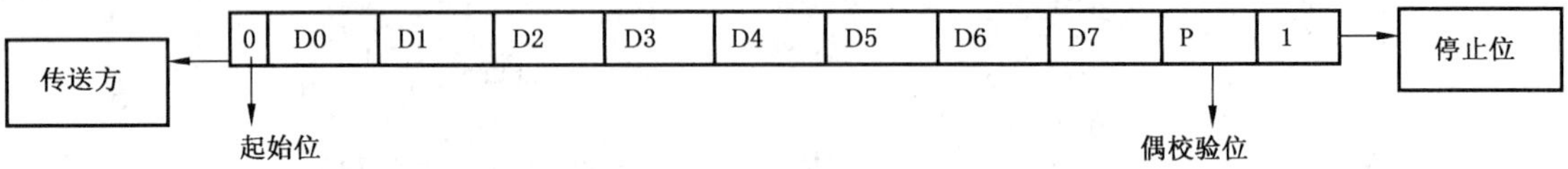

初始报文位的中在序是：

00000100011	00000001011	01111111101	01111110001	00110100011
10	40	FF	3F	16

F.2 从站(仪表)读出

通过以下对话，可读出地址 A=1 的仪表：

主机到从站

REQ_UD2(要求标准的，如：时间临界数据)105B015C16。

在 11 倍位时间和 330 倍位时间+50 ms 间的延时后：

从站到主机

RSP_UD(以用户数据 C=08h 回答)：68L1L26808CIxxyyzzCS16。

在此 L1=L2 发送应用字节的数目信号。在这个例子中使用应用字节 xxyyzz L1=L2=6，因为长度信息包括了 C、A 和 CI。CI 发送选择应用层和其功能的控制信息域信号，并且 CS 是校验和。

链路层更一进步的例子以及错误的处理方法，见 EN 13757-3，EN 1434-3 或 GB/T 18657.1—2002 和 GB/T 18657.2—2002。

若从站地址为 01，则主机到从站的读请求为：

<table>
<tr><th>代码</th><th colspan="2">说明</th></tr>
<tr><td>10</td><td colspan="2">帧起始符,启动指定长度</td></tr>
<tr><td>5B</td><td>读命令</td><td rowspan="2">校验和计算区</td></tr>
<tr><td>01</td><td>地址为 01 的从站</td></tr>
<tr><td>5C</td><td colspan="2">校验和 CS</td></tr>
<tr><td>16</td><td colspan="2">结束符</td></tr>
</table>

从站到主机的应答：

<table>
<tr><th>代码</th><th colspan="3">说明</th></tr>
<tr><td>68</td><td colspan="2">帧起始符,启动指定长度</td><td rowspan="9">校验和计算区</td></tr>
<tr><td>L1</td><td colspan="2">长度</td></tr>
<tr><td>L2</td><td colspan="2">L1=L2</td></tr>
<tr><td>68</td><td colspan="2">分隔符</td></tr>
<tr><td>08</td><td>命令 C</td><td rowspan="5">长度 L1 和 L2 的计算区</td></tr>
<tr><td>C1</td><td>控制码,用来选择应用层及其功率</td></tr>
<tr><td>XX</td><td rowspan="3">数据域</td></tr>
<tr><td>YY</td></tr>
<tr><td>ZZ</td></tr>
<tr><td>CS</td><td>校验和 CS</td><td></td><td></td></tr>
<tr><td>16</td><td>结束符</td><td></td><td></td></tr>
</table>

参 考 文 献

[1] GB/T 26831.3—2012 社区能源计量抄收系统规范 第3部分:专用应用层

[2] ISO/IEC 646:1991 信息技术 用于信息转换的ISO 7-位编码字符设置

[3] ISO/IEC 7480:1991 信息技术 系统之间的无线电通信和信息交换 DTE/DCE接口上的起一停发送信号质量

[4] ISO/IEC 7498-1:1994 信息技术 开放系统互联 基本参考模型:基本模型

[5] EN 1434-3:1997 热量表 第3部分:数据交换与接口

[6] prEN 13757-4 仪表的通信系统与远程抄表 第4部分:仪表的无线读出

[7] EN 60870-5-1:1993 遥控设备与系统 第5部分:发送协议 第1节:发送帧格式(IEC 60870-5-1:1990)

[8] EN 60870-5-4:1993 遥控设备与系统 第5部分:发送协议 第4节:应用信息元素的定义与编码(IEC 60870-5-4:1993)

[9] EN 62056-21:2002 电能表 抄表、费率与负荷控制的数据交换 第21部分:直接本地数据交换 (IEC 62056-21:2002)

ICS 17.220.20
N 22

中华人民共和国国家标准

GB/T 26831.3—2012

社区能源计量抄收系统规范 第3部分:专用应用层

Society energy metering for reading system specification—Part 3:Dedicated application layer

2012-11-05 发布 2013-02-15 实施

中华人民共和国国家质量监督检验检疫总局
中国国家标准化管理委员会 发布

前　言

GB/T 26831《社区能源计量抄收系统规范》由以下四部分构成：

——第1部分：数据交换；

——第2部分：物理层和链路层；

——第3部分：专用应用层；

——第4部分：仪表的无线抄读。

本部分为GB/T 26831的第3部分。

本标准的制定参考了欧洲标准EN 13757。其中，第1部分、第2部分、第3部分等同采用了EN 13757-1、EN 13757-2、EN 13757-3对应部分，第4部分结合国内无线抄表的技术现状和国家无线通信相关标准作了较大的修改。

本部分使用翻译法等同采用EN 13757-3:2004《仪表及远程抄表通信系统　第三部分：专用应用层》。

本部分按照GB/T 1.1—2009给出的规则起草。

请注意本文件的某些内容可能涉及专利。本文件的发布机构不承担识别这些专利的责任。

本部分由中国机械工业联合会提出。

本部分由全国电工仪器仪表标准化技术委员会(SAC/TC 104)归口。

本部分起草单位：哈尔滨电工仪表研究所、杭州鸿鹄电子有限公司、北京纳思电器有限公司、宁波东海集团有限公司、沈阳航发热计量技术有限公司、唐山汇中仪表有限公司、长沙威胜信息技术有限公司、江苏林洋电子有限公司、深圳浩宁达仪表股份有限公司、深圳市龙电电气有限公司、深圳市泰瑞捷电子有限公司、杭州百富电子技术有限公司、天正集团有限公司、广东浩迪创新科技有限公司、美国埃施朗股份有限公司、北京福星晓程电子科技有限公司、青岛东软电脑技术有限公司、哈尔滨华惠电气有限公司、漳州科能电器有限公司、西安旌旗电子有限公司。

本部分主要起草人：潘洪源、潘之凯、侯学伟、郭永林、陈声荣、倪志军、张志忠、尹建丰、冯喜军、黎洪、姚礼本、徐茂林、肖伟峰、张绍衡、胡亚军、戴恋、许惠锋、袁景、关文举。

引　言

随着科技进步、经济发展和人们对能源使用管理要求的不断提高，社区（建筑及居住区）能源需求量（水、电、气、热）远程抄收及管理的技术应用进入快速发展阶段，涌现出了一批使用各类通讯技术、涉及各个计量领域的多种产品及技术方案。产品制造方和用户方迫切希望这些产品或系统能够遵循统一的标准。

因而，从 1999 年开始，国际电工委员会陆续发布了 IEC 62056 系列标准；国内参照其内容制定发布了 GB/T 19882 系列标准。该标准是开放式体系，很好地解决了互连性和互操作性的要求。该标准体系分成相对独立的几个部分制定，从而有利于标准本身的不断发展。这种科学方法及该标准的内容都为《社区能源计量抄收系统规范》国家标准的制定提供了很好的参考。

同时，由于显而易见的原因，社区能源计量抄收系统与自动抄表系统具有很多相似或共通的内容，现实中产品也有互连互通的需求，《社区能源计量抄收系统规范》的制定应该要考虑与 GB/T 19882 的协调。

本标准体系正是在上述背景下制定的，认识这一背景情况对理解本标准的制定思路和理解标准内容都是有益的。

本标准体系包含社区能源计量抄收系统中应用管理和底层通信两方面的内容。在应用管理方面，主要内容是 COSEM（能源计量配套规范），利用仪表对象标识和接口对象方法建立模型，并进而描述了用于计量仪表和远程抄表的专用应用层。在底层通信方面涉及到包括双绞线基带（M-BUS）和短距离无线两种物理层、链路层的规范。

本部分属于 EN 13757 系列的一部分，EN 13757 适用于仪表及远程抄表通信系统。第一部分包括一般性描述和通讯协议。第二部分包括双绞线基带（M-Bus）的物理层和链路层。第四部分（目前准备咨询）描述了无线通信。

EN 1434-3 总线通信系统通常被称为 M-Bus。其应用层描述了主要应用于仪表抄读的标准。

它能够与各种支持传输可变长度的二进制透明报文的物理层、链路层和网络层共同使用。通常，EN 13757-2（双绞线基带）和 prEN 13757-4（无线）或 EN 13757-1 描述的物理层和链路层中的一个被使用。

仪表通信系统的概要及其进一步的定义在 EN 13757-1 中给出。

本部分与原标准 EN 1434-3：1997 的 6.4 到 6.6 条例的扩展一致。除了一些声明和实现提示之外，这个标准还包含了主要适用于组合式仪表的可选择扩展。由于技术发展，在这个标准里不再支持一些变量（固定格式和模式 2＝第一个长字节）。

值得注意的是，这个部分仅仅包含了怎样将数据编码的指导（指示）。它超出了应用层标准定义的在什么情况下，哪个数据通过哪种类型的从站传输，或者哪个数据传输到从站后会有什么反应的任务。所以依照此标准，通过一个通用的主站软件（包含所有可选特征）确保从站的共存、公共通信和读取能力，但还不能确保在此标准下，仪表功能或通信上的交换性。对于几种仪表型号和类型，一组远程供热用户已经提供了完全互换所需的应用描述。他们可以通过 m-bus 用户团体的 WWW 服务器 http://www.m-bus.com/files/default.html（文件名：WG4N99R4.EXE，这是可扩展.doc 文件）访问。

社区能源计量抄收系统规范
第3部分：专用应用层

1 范围

本部分规定了仪表的通信系统和仪表远程抄表的专用应用层。

本部分适用于仪表的通信系统和仪表远程抄表。

2 规范性引用文件

下列文件对于本文件的应用是必不可少的。凡是注日期的引用文件，仅注日期的版本适用于本文件。凡是不注日期的引用文件，其最新版本(包括所有的修改单)适用于本文件。

GB/T 26831.2—2012 社区能源计量抄收系统规范 第2部分：物理层和链路层。

3 术语和定义、缩略语及标识

3.1 术语和定义

GB/T 26831.2—2012 界定的术语和定义适用于本文件。

3.2 缩略语

下列缩略语适用于本文件。

DES：数据加密标准(Data Encryption Standard)

DRH：数据记录头(Data Record Header)

DIB：数据信息块(Data Information Block)

DIF：数据信息域(Data Information Field)

DIFE：数据信息扩展域(Data Information Field Extensions)

VIB：数值信息块(Value Information Block)

VIF：数值信息域(Value Information Field)

VIFE：数值信息扩展域(Value Information Field Extensions)

RSP_UD：应答用户数据(Respond User Data)

SEN_UD：发送用户数据到从站(Send User Data to slave)

REQ_UD：请求用户数据(Request User Data)

MDH：制造商特性数据块(Manufacturer Specific Data Block)

CI：控制信息域(Control Information Field)

E：扩展位(Extension Bit)

3.3 标识

十六进制数据后面加“h”标识。

二进制数。

4 一般原理:CI-域

4.1 综述

所有应用层的报文长度是可变的。长度信息是链路层的一部分。为了能够正确地终止每个报文的解码,长度信息将被应用层告知。每个报文由一个 CI 域(控制信息,见表 1)字节开始,以区别于不同的报文类型和应用功能。CI 域也被低层应用于区别真正的应用层通信和管理指令。剩余的报文字节的意义也决定于 CI 域的值。

表 1 主站或从站使用的 CI 域代码

	应用
00h～4Fh	基于 DLMS 应用的保留
50h	应用重新设置
51h	数据发送(主站到从站)
52h	从站选择
53h	保留
54h～58h	基于 DLMS 应用的保留
55h～5Bh	保留
5Ch	同步动作
60h～6Fh	保留
70h	从站到主站:应用错误报告
71h	从站到主站:报警报告
72h	从站到主站:可变格式数据跟随 12 字节数据头
73h～77h	保留
78h	从站到主站:无数据头的可变数据格式的应答
79h	保留
7Ah	从站到主站:可变格式数据的应答跟随 4 字节数据头
7Bh～80h	保留
81h	为将来 CEN-TC294-无线转发和应用层保留
82h	为将来 CENELEC-TC205-网络/应用层保留
82h～8Fh	保留
90h～97h	制造商特性(作废的)
A0h～AFh	制造商特性
B0～B7h	制造商特性
B8h	设置波特率为 300
B9h	设置波特率为 600

表 1（续）

	应　　用
BAh	设置波特率为 1 200
BBh	设置波特率为 2 400
BCh	设置波特率为 4 800
BDh	设置波特率为 9 600
BEh	设置波特率为 19 200
BFh	设置波特率为 38 400
C0h～FFh	保留
注：CI 代码 50h，52h，5Ch，70h，71h，78h，7Ah，80h，81h，A0h-AFh 和 B8h-BFh 是 EN 1434-3：1997 标准可选择的兼容性的扩充。即使这些可选择的 CI 代码的功能在从站没有被实现，链路层协议可要求一个适当的链路层确认这些包含任何一个 CI 代码的 SND_UD 报文。	

在多字节记录当中，EN 1434-3 定义了 2 种可能的数据顺序。本标准仅支持多字节传输时最低有效字节被优先传输的模式。

4.2　应用重新设置（CI＝50h）（可任选的）

4.2.1　概述

使用 CI 代码 50h，主站可以释放一个对从站应用层的重新设置命令。在它已经接收到这样一个应用重新设置后，每个从站自行决定哪个参数可以改变，例如哪个数据输出是缺省的。

4.2.2　应用层重新设置的子代码（可任选的）

在 CI＝50h 后面允许使用可选参数。如果后面跟随更多的字节，那么第一个字节是应用层重新设置的子代码，其余字节被忽略。应用层重新设置的子代码定义了报文的功能和主站请求的子报文。这个参数的数据类型是八位二进制。高四位字节定义了报文类型或者报文的应用，低四位字节定义了子报文的数量（数量的意思是设备特性）。对于从站为每一个应用层提供的单字节报文，低四位可以被忽略。子报文的数值 0 表示所有的报文被请求。

只有一个类型报文的从站可以忽略应用层重新设置和增加的参数。表 2 所示的代码可被用作第一个参数的高四位。

表 2　CI＝50h 后的第一个参数的高四位字节代码

代　　码	描　　述	举　　例
0000b	全部	
0001b	用户数据	消费量
0010b	简单账单	实际的固定日期的数值＋日期
0011b	功能增强型账单	历史数值
0100b	多费率账单	
0101b	瞬时值	用于调节

表 2（续）

代　码	描　述	举　例
0110b	为管理而加载管理值	
0111b	保留	
1000b	安装和启动	总线地址，固定日期
1001b	测试	高分辨值
1010b	校准	
1011b	制造	
1100b	升级	
1101b	自行测试	
1110b	保留	
1111b	保留	

注：表 2 由原标准的可选择单元扩展而来。

4.3　主站到从站数据发送(51h)(可选择的)

CI 域代码 51h 用来指示数据从主站发送到从站(见图 1)。

可变数据块(记录)	制造商特性数据块(可选择的)	可选择的制造商特性数据块
字节数量可变	1字节	字节数量可变

图 1　主站到从站的可变数据结构

注：这个数据结构除了固定的报头在这个方向上被忽略以外，其余的结构部分与从站到主站方向上的数据结构完全一致(详见第 5 章)。

4.4　从站选择(52h)(可选择的)

CI 域码 52h 被用于可选择的第二地址的管理(见 11.3)。

4.5　同步动作(CI＝5Ch)(可选择的)

CI 码可被用于从站和主站的同步功能(例如：时钟同步)。特殊动作或参数的下载可能已准备好，但是它的最终实现被延迟到接收到这样一个特殊的 CI 域命令之后。这个 CI 域没有跟随数据。

4.6　应用层错误报告(从站到主站)(CI＝70h)(可选择的)

一般的应用错误报告详细情况见 8.2。对于单个数据元的错误报告见 8.3。

4.7　报警状态报告(从站到主站)(CI＝71h)(可选择的)

有关报警状态详细情况报告见附录 D。

4.8　可变数据应答(从站到主站)(CI＝72h,78h,7Ah)

见第 5 章。

4.9 波特率切换命令 B8h-BFh(可选择的)

这些可选的命令可通过主站切换从站的波特率。见 11.2。

5 可变数据应答(CI=72h,CI=78h,CI=7Ah)

5.1 介绍

对于可变数据应答的数据首部,CI 域代码 72h,78h,7Ah 被用于指示在长报文(RSP_UD)可变数据结构中使用了可选择的固定报头。注意:CI 域代码 78h 和 7Ah 是从 EN 1434-3 扩展来的,它们用于新的主站,以简化无线通信的集成。

图 2 显示了表示数据的方式。

数据首部	可变数据块	生产特性数据块	可选的制造商特性数据
0字节(CI=78h) 4字节(CI=7Ah) 12字节(CI=72h)	字节数量可变	1字节	字节数量可变

图 2 在应答方向可变数据结构

5.2 数据首部结构(CI=72h)

用户数据的前 12 个字节由一个有固定长度和结构的数据块组成(见图 3)。

设备ID	制造商ID	版本	设备类型	访问序号	状态	签名
4字节	2字节	1字节	1字节	1字节	1字节	2字节

图 3 数据首部 CI=72h

5.3 数据首部结构(CI=7Ah)

用户数据的前 4 个字节由一个有固定长度和结构的数据块组成(见图 4)。

无线通信在未来的物理层和链路层标准使用这个 CI 域。在本标准内链路层地址包含制造商信息域、设备类型、版本和设备 ID。所以在报文应用层部分,不需要固定报头 CI=72h 的 8 个字节。

访问序号	状态	签名
1字节	1字节	2字节

图 4 数据首部 CI=7Ah

5.4 设备 ID

设备 ID 是一个固定制造号码或者是可由用户改变的号码,采用 8 位压缩 BCD 码(4 字节),取值范围从 00000000 到 99999999。它可以在制造期间预先设置一个唯一号码,但其后可以更改,特别是当附加了另外一个唯一并且不可更改的制造号码的情形(DIF=0Ch,VIF=78h,见 7.2)。

5.5 制造商 ID

制造域采用 2 字节无符号二进制编码。本制造商 ID 是用以下公式，由 GB/T 19897.1 制造商 ID（3 个大写字母）的 ASCII 码计算出来：

制造商. ID=[ASCII(第一个字母)－64]·32·32
+[ASCII(第二个字母)－64]·32
+[ASCII(第三个字母)－64]

注：这三个 GB/T 19897.1 制造商标识码的字母由英国标签组织（www.dlms.com/flag）管理。

5.6 版本 ID

版本域是指仪表的改进或版本，它由制造商决定。它被用来确保每一个版本号的标识码是唯一的。

5.7 设备类型 ID

设备代码字节编码见表 3。

表 3 设备类型 ID

设备类型（以前称作媒介）	二进制码 7……0 位	十六进制码
其他	0000 0000	00
油	0000 0001	01
电	0000 0010	02
燃气	0000 0011	03
热量	0000 0100	04
蒸汽	0000 0101	05
温水(30 ℃～90 ℃)	0000 0110	06
水	0000 0111	07
热分配器	0000 1000	08
压缩气	0000 1001	09
冷量表(体积测量对准回水温度:出口)	0000 1010	0A
冷量表(体积测量对准进水温度:入口)	0000 1011	0B
热量(体积测量对准进水温度:入口)	0000 1100	0C
冷/热量表	0000 1101	0D
总线/系统元件	0000 1110	0E
未知媒介	0000 1111	0F
设备类型(以前称作媒介)	二进制码 7……0 位	十六进制码
保留	……	10-14
热水(≥90 ℃)	0001 0101	15
冷水	0001 0110	16

表 3（续）

设备类型(以前称作媒介)	二进制码 7……0 位	十六进制码
双寄存(冷/热)水表(见注释)	0001 0111	17
压力	0001 1000	18
A/D 转换器	0001 1001	19
保留	……	1Ah-20h
保留给阀类	0010 0001	21h
保留	……	22h-FFh

注 1：这种仪表以独立的寄存器和合适的费率 ID 来存储限定温度下的水流量。

注 2：此表是从 EN 1434-3 可选部分扩展来的。

5.8 访问序号

访问序号是一个无符号二进制编码，在每一个来自从站的 RSP_UD 之前或之后增 1(模为 256)。因为本参数也可以用于私有最终用户检测出对其消费仪表的非期望过度读出，所以不能够被任何总线通信重置。

5.9 状态字节

状态域编码见表 4，状态域编码的应用层错误见表 5。

表 4 状态域编码

位	位设置的含义	位不设置的含义
0,1	见表 5	见表 5
2	电量低	无电量低
3	永久错误	无永久错误
4	暂时错误	无暂时错误
5	制造商专用	制造商专用
6	制造商专用	制造商专用
7	制造商专用	制造商专用

表 5 状态域编码的应用层错误

状态位	应用层状态
0 0	无错
0 1	应用层拥挤
1 0	任意应用错误
1 1	保留

注：由 CI=70h 开头的应用报文可以提供详细错误信息，以及/或者用数据记录信号提供更多详细的错误信息。

5.10 签名域

5.10.1 概述

签名留作可选的应用数据的加密。这种加密可能仅用于无线抄表传输的需要。假定每个表(或一组表)都有一个独立的密匙。如果无密匙,它的值是0000h。

5.10.2 功能

功能要求:

——用户仪表值数据保密;

——探测模拟的仪表传输;

——防止旧的仪表值重放。

5.10.3 加密报文的结构

加密报文的结构:

a) 数据首部(CI=72h 见 5.2 或者 CI=7Ah 见 5.3)总不加密。这个块的最后一个字是签名字符。如果随后的数据没有加密,签名字符中就会包含一个0。

b) 如果传输中包括加密数据,签名字符的高位字节中将包含一个对加密方式的代码。0表示没有加密。当前只有02xxh或者03xxh这两种加密代码被定义,其他代码都被保留。签名字的低位字节是加密字节的个数。在EN 1434-3中签名字的内容被定义为0,相当于没有加密。

c) 加密数据直接跟随在签名字符的后面,这样形成了部分报文的DIF/VIF结构开头。

5.10.4 部分加密

部分加密:

a) 如果加密字节的个数少于报文的剩余数据,非加密数据可以跟在加密数据之后。它们将从一个记录的边界开始,例如,加密数据后的第一个字节,这个字节通常被认为是一个DIF。

b) 如果一个部分加密报文包含具有适当长度DIF(可能是一个可变长度的字符串DIF)的加密的制造商自定义数据记录,并且VIF=7Fh(制造商自定义数据记录)通常用MDH-DIF=0Fh代替。这是要求在解密DIF/VIF解码标准后,使得一个先前的部分加密报文包括加密制造商特性数据。

5.10.5 加密方式

加密方式:

a) 依据ANSI X3.92:1981里描述的DES(数据加密标准)方式加密。

b) (加密方式代码=02xxh)分组反馈加密(CBC)模式依据ANSI X3.106:1983里描述,且初始向量为0。这样的情况下,数据记录应该包含抄表前的当前日期。

注:这种情况下,数据带有日期记录,尤其对于这种加密仪表,即使它自身包含的数据不变,抄表数据每天改变一次。这样就可以防止黑客使用其保存的加密抄表记录进行无法探测的事后重放。

c) 在模式1序列中,可由设备ID数据头的前6个字节做为选择定义该标准下的64位“初始指针IV”(Initialization Vector IV),例如最低4个字节设备ID,其后为接下两个较高字节里的制造商ID,最后为两个最高字节按记录结构“G”方式将当前日期编码。

这种情况下,将加密方式编码为“03xxh”。注意:这种情况下,即使加密数据自身包含的数据不变,所有的加密数据仍然每天改变一次。这样就可以防止黑客使用其保存的加密抄表记录进行无法探测的事后重放。

d) 为了简化对正确解码的校验，并防止对未加密数据首部的识别发生不可检出的更改，报文的加密部分应该包含或者至少伴随合适的应用层代码(DIF 和 VIF)，并且报文的未加密数据数部部分应该包含或至少伴随相同的应用层认证码。

e) 由于 DES-运算的数学属性，加密长度被包含在签名字符的低位字节，如果信号的高位字节表示 DES-加密，那么其低位字节中的加密字节长度应该是 8 的整数倍。最后的那个 8 字节块中的未使用字节应该用合适结构的空数据补齐，以使其能够达到加密数据结尾的那个必须的记录边界。包含在填充器 DIF＝2Fh 中的一个或多个字节都应该填充这一空白。

f) 某些加密方式的应用可能被当地法律所禁止。

5.11 根据 EN 13757-4 与无线链路层一起使用的地址结构

链路层包含一个八字节地址报头，依据 GB/T 19897.1，由一个二字节的制造商设备 ID 开始，后面跟随 6 字节地址。如果无线链路层与此标准的应用层和 CI-域 78h 或 7Ah 一起使用，这个 6 字节地址和 CI-域为 72h 固定报头结构相似，如下所示：

设备 ID 按 5.3 的规定(4 字节 BCD 码)，后面跟随符合 5.5 的 1 字节版本设备 ID，最后是符合 5.6 的 1 字节设备类型码。

6 可变数据块(记录)

6.1 概述

在数据记录里，数据和相关的编码、长度和数据类型的信息可以以任意序列传输。许多记录可以被传输，因为这是一个包括 C、A、CI 域和固定数据头在内的总长为 234 字节的数据区域。这就限制了报文总长度为 255 字节。这种限制被要求，以便于通过其他的链路层和应用层。制造商数据头(MDH)由特征字 0 Fh 或 1 Fh 构成，同时表明了用户数据的制造商特性数据的开始，如没有制造商特性数据，制造商特性部分开头是可忽略的。

DIF	DIFE	VIF	VIFE	Data
1字节	0…10(每个1字节)	1字节	0…10(每个1字节)	0…N字节
数据信息块 DIB		数据信息块 VIB		
数据记录报头 DRH				

图 5 数据记录结构(从左到右传输)

每个数据记录包含 1 个有关其描述(DRH)的值(数据)，DRH 依次由 DIB(数据信息块，描述数据长度、类型和编码)和 VIB(值信息块，给出单位和倍数值)组成。注意：应用层报文不仅可以包含一个单独的数据记录，也可以是以任意顺序排列的任意数量的数据记录。

注：这种多数据报文见附录 E 或 http://www.m-bus.com 中的文件。

6.2 数据信息块(DIB)

DIB 至少包含一个字节(DIF，数据信息域)，也可以最大扩展至 10 个 DIFE(数据信息域扩展)。

6.3 数据信息域(DIF)

DIF 中包含的信息见图 6。

位7	6	5	4	3	2	1	0
扩展位 (E)	保存 数目的LSB	功能域		数据域： 数据长度和数据编码			

图6　数据信息域(DIF)编码

6.4　数据域

数据域指出了在长度和编码方面怎样注释来自主站的数据，表6包含了可能的数据域编码。

表6　数据域编码

字节长度	编码	含义	编码	含义
0	0000	无数据	1000	为读取选择
8	0001	8位整型数/二进制	1001	2个阿拉伯数BCD
16	0010	16位整型数/二进制	1010	4个阿拉伯数BCD
24	0011	24位整型数/二进制	1011	6个阿拉伯数BCD
32	0100	32位整型数/二进制	1100	8个阿拉伯数BCD
32/N	0101	32位实型数	1101	可变长度
48	0110	48位整型数/二进制	1110	12个阿拉伯数BCD
64	0111	64位整型数/二进制	1111	特殊功能
注：此表由原标准中的可选部分扩展而来。				

有关数据类型的详细描述，参考附录A(例BCD＝类型A，整数＝类型B，实型数＝类型H)。

可变长度：

带数据域＝‘1101b’几种可变长度的数据类型可以使用。数据长度在第一个字节是实型数DRH之后给出，被称作LVAR(例：LVAR＝02h；ASCII字符后跟随2个特性)。

LVAR＝00h－BFh：根据ISO 8859-1，具有LVAR(0到191)字符的8位文本字符(如同所有其他多字节数据)可被传输，但低位字节优先。

LVAR＝C0h－C9h：带有(LVAR－C0h，例如：0到9)正的BCD码·2数字(0～18数字)。

LVAR＝D0h－D9h：带有(LVAR－D0h)负的BCD码·2数字(0～18数字)。

LVAR＝E0h－Efh：带有(LVAR－E0h)字节(0～15字节)的二进制数字。

LVAR＝F8h：根据IEEE754，浮点型。

其他LVAR值：保留。

如同所有的多字节域一样，最后的字符最先被传输。

特殊功能(数据域＝1111b)：

表7　特殊功能的DIF编码

DIF	功能
0 Fh	从制造商专有数据结构开始到用户数据结束
1 Fh	与DIF＝0 Fh＋下一个报文的更多记录有相同意义
2 Fh	空值填充(不被注释)，跟随字节＝下一个记录的DIF

表 7（续）

DIF	功能
3 Fh……6 Fh	保留
7 Fh	全部数据读取请求（所有的存储，单元，价格表，功能域）
注：此表由原标准可选部分扩展而来。	

如果在 DIF＝0 Fh 或 1 Fh 后的数据有制造商特性的无结构数据。制造商特性数据的字节数可以由链路层在应用层报文总长度的信息计算出来，DIF 1 Fh 表示从站向主站发出再读取的请求。主站应该一直保持读取从站直到应答报文（多报文抄读）中再没有 DIF＝1 Fh 或者使用应用层重设。

6.5 功能域

功能域给出表 8 所示的数据类型。

表 8 功能域

编码	描述	编码	描述
00b	瞬时值	01b	最大值
10b	最小值	11b	错误状态下的值

6.6 存储数目

DIF 的第 6 位字节用作相关数据存储数目的 LSB，从站能够通过这种方式说明和传输各种已存储的仪表值或仪表数据的历史值。此位是存储数目中最低有效位，因此可以用 0 和 1 来编码。如果需要存储数目大于“1”，那么随后（可选的）DIFE's 将包含更高的位。存储数目＝0 表示一个真实值。注意：每个存储数目都与某个给出的时间点关联。所以，所有具有相同存储数目的数据记录都与这个储存数目的时间点对应的变量相关。一个可取的做法是，每个存储数据使用的时间/日期记录包含在报文的某个位置以说明这个时间点与这个存储数目相关联。这个日期或日期/时间是用 VIF＝E110110n 的数据记录来编码的。通常（但非必需）高的存储数目对应一个老的时间点。存储数目的有序块与等距时间点的顺序相关（简介）。这种块由其起始时间、时间间隔、起始存储码或块的长度来描述。仪表设定的协议和费率详细例子见 http://www.m-bus.com（仅在德国可用）下载 CBDIPW6.EXE 文件。

6.7 扩展位（E）

扩展位（MSB）表示更多详细的或扩展的描述（数据域扩展＝DIFE）字节，如果其他 VIFE 和 DIFE 跟随，E＝1。

6.8 数据扩展字节

每个 DIFE（最大 10 个）再次包含一个扩展位，表示是否有另外的 DIFE 正在发送。除了提供储存码的下一个最高有效位，DIFE's 允许有关设备的费率和子单元的信息传送，以此方式，存储码的下一个最高有效位或多个位将会被传送。图 7 显示了一个 DIFE 的结构。

位	7	6	5　4	3　2　1　0
值	扩展位 (E)	(设备) 单元	费率	存储码

图 7　数据信息扩展域的编码(DIFE)

提供的最大 10 个 DIFE 中,有 41 个存储数目字节,20 个费率字节,10 个仪表子单元字节。DIFE 中没有应用层,但所有的字节数目都能被使用。

6.9　费率信息

对于在唯一功能的(由功能域给出)每个唯一时间点(由存储码给出)由(唯一功能的)以下值信息块(VIB)给出每个(唯一的)值类型的设定,可能存在各种各样在不同条件下测得或积累的数据。所谓的条件可以是日期、变量值(例如,正累计值和负累计值的独立存放)、其他信号或变量或不同的平均持续时间的变量范围。这些变量是不能分辨的,除非将其数据信息块中的费率分配以不同的值。注意:包含但不对各种货币型费率(不是必需)必要的限制。它能区别制造商介绍每一费率有什么不同(除 0 外)。因为在共享相同费率的情况下,存储数与费率信息都不同。

6.10　子单元信息

从站单元可能包含多种功能和理论上独立的功能相同或不同的子单元。这个设备既可以使用几个不同的第一地址和/或第二地址,这样,从链路层和应用层看来就是几个独立的设备(共享一个公共物理层接口)。推荐用于那些代表了几个真正独立的物理层聚集的设备。推荐对于那些共享一般信息和数值和有着逻辑连接到一个公共链路层的装置。不同子单元可以把它们的特性信息包括在一个公共的报文中。报文在子单元数据域的记录中,通过独立的子单元数目加以区分。

7　数值信息块(VIB)

7.1　概述

VIB(数值信息块)在 DIF(0xFh 除外)或无扩展位的 DIFE 之后。至少包含 VIF(数值信息域,见图 8)的一个字节,也可以由 10 个 VIFE 组成最大的一个扩展。VIF 和 VIFE 通过最高有效位 MSB 置位,表示后面跟随一个 VIFE。VIF 值域的其他 7 个位表示传输数值的单位和量纲。

位	7	6　5　4　3　2　1　0
值	扩展位 (E)	数值的单位和量纲

图 8　值域编码(VIF)

VIF 编码有五种类型:

a) 主 VIF:E000 0000b…E111 1011b

单位和量纲见主 VIF(7.2)。

b) 纯文本 VIF:E111 1100b

VIF 值=7Ch/FCh 时,VIF 表示在随后的 ASCII 字符串中首字节的长度。请注意在长度字节后面的字母的字节顺序,由已定义的字节顺序决定。因为只有多字节数据传输的 LSB 模式(M=1)已经被定义,最右边的字节才能首先被传送。这个纯文本 VIF 允许用户对不包含在 VIF 表格里的单元编码。

c) 线性 VIF-扩展:FDh 与 FBh

VIF 值=FDh 或 VIF 值=FBh 时，VIF 由下一个字节赋值(例如第一个 VIFE)，见表 12。VIF 第二扩展见表 13(7.4 或 7.5)。这些使得 VIF's 通过另外 256 代码被扩展。

d) 任意 VIF:7Eh/Feh
   用于从主站到从站读出所有的 VIF's 选择。特殊功能见 6.4。

e) 制造商指定:7Fh/FFh
   在这种情况下，包括 VIFE's 的数据记录剩余由制造商自行编码。

7.2 主 VIF's(主表)

主表第一部分包含整数值，第二部分为平均值，第三部分为瞬时值，第四部分为参数值(E:扩展位)。

主 VIF 代码见表 9。

表 9 主 VIF 代码

标识	描述	量纲	范围
E000 0nnn	能量	$10^{(nnn-3)}$ Wh	0.001 Wh~10 000 Wh
E000 1nnn	能量	$10^{(nnn)}$ J	0.001 kJ~10 000 kJ
E001 0nnn	体积	$10^{(nnn-6)}$ m^3	0.001 l~10 000 l
E001 1nnn	质量	$10^{(nnn-3)}$ kg	0.001 kg~10 000 kg
E010 00nn	加电时间	nn=00b 秒 nn=01b 分 nn=10b 小时 nn=11b 天 nn=11 天	仪表加电时间
E010 01nn	工作时间	代码类似于加电时间	仪表累积能量时间
E010 1nnn	功率	$10^{(nnn-3)}$ W	0.001 W~10 000 W
E011 0nnn	功率	$10^{(nnn)}$ J/h	0.001 kJ/h~10 000 kJ/h
E011 1nnn	体积流量	$10^{(nnn-6)}$ m^3/h	0.001 l/h~10 000 l/h
E100 0nnn	外部体积流量	$10^{(nnn-7)}$ m^3/min	0.000 1 l/min~1 000 l/min
E100 1nnn	外部体积流量	$10^{(nnn-9)}$ m^3/s	0.001 ml/s~10 000 ml/s
E101 0nnn	质量流量	$10^{(nnn-3)}$ kg/h	0.001 kg/h~10 000 kg/h
E101 10nn	进水温度	$10^{(nn-3)}$ ℃	0.001 ℃~1 ℃
E101 11nn	回水温度	$10^{(nn-3)}$ ℃	0.001 ℃~1 ℃
E110 00nn	温差	$10^{(nn-3)}$ K	1 mK~1 000 mK
E110 01nn	外部温度	$10^{(nn-3)}$ ℃	0.001 ℃~1 ℃
E110 10nn	压力	$10^{(nn-3)}$ bar	1 mbar~1 000 mbar
E110 1100	日期与时间(实际或带存储码或者功能)		数据域=0010b,类型 G
E110 1101[a]	日期与时间(实际或带存储码或者功能)		数据域=0100b,类型 F
E110 1101[a]	扩展的时间点(实际或带存储码或者功能)	秒	数据域=0011b,类型 J

表 9（续）

标识	描述	量纲	范围
E110 1101[a]	扩展的日期与时间点(实际或带存储码或者功能)	秒	数据域＝0110b，类型 I
E110 1110	H.C.A 的单位		无量纲的
E110 1111	保留 VIF 编码第三扩展		
E111 00nn	平均时间	nn 类似于加电时间	
E111 01nn	实际时间	nn 类似于加电时间	
E111 1000	识别号		见 E.3
E111 1001	(增强的)识别		
E111 1010	地址		(本标准 1 个字节链路层地址，数据类型 c(x＝8))标准 EN 13757-4：数据域 110b(6 byte 头-ID)或 111b(全部 8 byte 头)
注：此表由原标准的可选部分扩展而来。			
[a] 的含义由数据域决定。			

7.3 专用 VIF 标识

专用 VIF 标识见表 10。

表 10 专用 VIF 标识

标识	描述	用途
1111 1011 (FBh)	VIF 编码的第一扩展	VIF 值在第一个 VIFE 赋值。如表 11，见 7.5(128 个新的 VIF 编码)
E111 1100	VIF 随后字串 (首字节长度)	允许用户自定义的 VIF's(无格式 ASCII 字符)[a]
1111 1101 (FDh)	VIF 编码第二扩展	VIF 值在第一个 VIFE 中赋值和他的编码使用，如表 11，见 7.4。(128 个新的 VIF 编码)
1110 1111 (EFh)	为 VIF 编码第三扩展表格保留	为后期表格保留，尤其是为电表。
E111 1110	任意 VIF	读出所有的 VIF's 选择。(见 6.4)
E111 1111	厂家特定	VIFE's 和厂家特定的数据块由厂家特定。
[a] 与 ASCII 编码(DIF 中的数据范围＝1101 b)中的数据，结合 ASCII 码中的 VIF 的编码。允许用户自定义表格中数据。		

注意：此表由原标准的可选部分扩展而来。

7.4 主 VIFE 编码扩展表(遵循主 VIF 的 VIF＝FDh)

主 VIFE 编码扩展表见表 11。

表 11 主 VIFE 编码扩展表

标识	描述	组
E000 00nn	本国合法的货币单位 10^{nn-3} 的贷方	流通单位
E000 01nn	本国合法的货币单位 10^{nn-3} 的借方	
E000 1000	访问量(传输量)	
E000 1001	设备类型	
E000 1010	制造商	
E000 1011	参数组识别	增强识别
E000 1100	模式/版本	
E000 1101	硬件版本#	
E000 1110	固件(软硬件)版本#	
E000 1111	其他软件版本#	
E001 0000	用户位置	
E001 0001	用户	
E001 0010	用户编号	
E001 0011	操作员编号	改良的选择
E001 0100	系统操作员编号	其他用户要求
E001 0101	开发员编号	
E001 0110	密码	
E001 0111	错误标识(二进制位)(专用设备类型)	
E001 1000	错误屏蔽	
E001 1001	保留	
E001 1010	数字输出(二进制位)	
E001 1011	数字输入(二进制位)	
E001 1100	波特率(波特)	
E001 1101	响应延迟时间(位时间)	
E001 1110	重试	
E001 1111	远程控制(特殊设备)	
E010 0000	循环存储的第一个存储#	
E010 0001	循环存储的最后一个存储#	
E010 0010	存储块的容量	
E010 0011	保留	加强存储
E010 01nn	存储间隔 A[秒…天][a]	管理
E010 1000	存储间隔[月]	
E010 1001	存储间隔[年]	
E010 1010	保留	
E010 1011	时间点秒(0 到 59)	
E010 11nn	距最近一次读出时间[秒…天][a]	
E011 0000	费率起始(日期和时间)[b]	
E011 00nn	费率持续时间(nn=01…11:分)	
E011 01nn	费率周期[秒…天][a]	

表 11（续）

标识	描述	组
E011 1000	费率周期(月)	增强的费率
E011 1001	费率周期(年)	管理
E011 1010	无量纲/无 VIF	
E011 1011	保留	
E011 11xx	保留	
E100 nnnn	10^{nnnn-9} V	电压单位
E101 nnnn	$10^{nnnn-12}$ A	
E110 0000	计数器复位	
E110 0001	累计计数器	
E110 0010	控制信号	
E110 0011	周休日[d]	
E110 0100	周次	
E110 0101	切换日	
E110 0110	激活状态参数	
E110 0111	客户信息	
E110 10pp	最近一次累计时间[小时…年][c]	
E110 11pp	电池工作时间[小时..年][c]	
E111 0000	电池更换的日期和时间	
E111 0001	保留	
E111 0010	夏令时(开始,结束,偏差)数据类型 K	
E111 0011	侦听窗管理数据类型 L	
E111 0100	电池剩余时间(天数)	电池工作时间
E111 0101	停机次数	
E111 0110 到 E111 1111	保留：	

注：此表已被 EN 1434-3 收录。

[a] nn=00 秒
01 分
10 时
11 天

[b] 数据类型 F 类(日期与时间)或 G 类(日期)数据的使用信息,I(秒)或 J(扩展的日期/时间)可取自于数据域(0010b:类型 G/0011b:类型 J,0100:类型 F)。

[c] pp=00 时
01 天
10 月
11 年

[d] 数据类型 A (1=星期一;7=星期日,0=所有日期)

7.5 副 VIFE-Code 代码扩展表(遵循主 VIF 的 VIF=0FBh)

副 VIF 代码扩展表见表 12。

表 12 副 VIF 代码扩展表[a]

标识	描述	量纲	范围
E000 000n	有功能量	$10^{(n-1)}$ MWh	0.1 MWh~1 MWh
E000 001n	无功能量	$10^{(n)}$ kVARh	1 kVARh~10 kVARh
E000 01nn	保留		
E000 100n	能量	$10^{(n-1)}$ GJ	0.1 GJ~1 GJ
E000 101n	保留		
E000 11nn	保留		
E001 000n	体积	$10^{(n+2)}$ m^3	
E001 001n	保留		
E001 01nn	保留		
E001 100n	质量	$10^{(n+2)}$ t	100 t~1 000 t
E001 1010-E010 0000	保留		
E010 0001	体积	0.1 英尺^3	
E010 0010	体积	0.1 美制加仑	见注
E010 0011	体积	1 美制加仑	见注
E010 0100	体积流量	0.001 美制加仑/min	见注
E010 0101	体积流量	1 美制加仑/min	见注
E010 0110	体积流量	1 美制加仑/h	见注
E010 0111	保留		
E010 100n	功率	$10^{(n-1)}$ MW	0.1 MW~1 MW
E010 101n	保留		
E010 11nn	保留		
E011 000n	功率	$10^{(n-1)}$ GJ/h	0.1 GJ/h~1 GJ/h
E011 0010-E101 0111	保留		
E101 10nn	进水温度	$10^{(nn-3)}$ ℉	0.001 ℉~1 ℉ 见注
E101 11nn	回水温度	$10^{(nn-3)}$ ℉	0.001 ℉~1 ℉ 见注
E110 00nn	温差	$10^{(nn-3)}$ ℉	0.001 ℉~1 ℉ 见注
E110 01nn	进水温度	$10^{(nn-3)}$ ℉	0.001 ℉~1 ℉ 见注
E110 1nnn	保留		
E111 00nn	高低温限制	$10^{(nn-3)}$ ℉	0.001 ℉~1 ℉ 见注
E111 01nn	高低温限制	$10^{(nn-3)}$ ℃	0.001 ℃~1 ℃
E111 1nnn	附带计算最大功率	$10^{(nnn-3)}$ W	0.001 W~10 000 W

注：此表已列入原始标准。

[a] 在新的开发中将不使用这些标识，使用相关的仪表单元代替新开发中的无仪表单元并添加 VIFE 3DH(单位替换，见 7.6 表 13)，另外还可参照附录 C 中表 C.1。

7.6 复合(正交)VIFE编码扩展表

这个编码紧随VIF或VIFE并更正其含义(在编码扩展情况下),见表13。

表13 复合(正交)VIFE-表

VIFE-标识	描述
E00x xxxx	保留(主站到从站):参见条款9或错误代码(从站到主站):参见8.3
E010 0000	每秒
E010 0001	每分钟
E010 0010	每小时
E010 0011	每天
E010 0100	每周
E010 0101	每月
E010 0110	每年
E010 0111	每测量
E010 100p	在输入通道#p每个输入脉冲时增加
E010 101p	在输出通道#p每个输出脉冲时增加
E010 1100	每升
E010 1101	每立方米
E010 1110	每公斤
E010 1111	每开氏温度
E011 0000	每度
E011 0001	每GJ
E011 0010	每千瓦
E011 0011	每(开氏温度*升)
E011 0100	每伏
E011 0101	每安
E011 0110	乘S
E011 0111	乘S/V
E011 1000	乘S/A
E011 1001	开始日期(/时间)[a,b]
E011 1010	VIF包含代替修正单位的无修正单位
E011 1011	如果有正向流量直接累计(产生正向流)
E011 1100	如果有反向流量按ABC值累计(产生反向流)
E011 1101	非公制单位系统替换保留(见附录C)
E011 111x	保留
VIFE-标识	描述

表 13（续）

VIFE-标识	描　　述
E100 u000	U=1:上限 u=0:下限
E100 u001	#超下限(u=0)或超上限(u=1)的次数
E100 uf1b	首次(f=0)/末次(f=1)超下限(u=0)/超上限(u=1)的起始(b=0)/结束(b=1)时刻(日期/时间)
E101 ufnn	超限时间(u,f:同上 nn=持续时间)
E110 0fnn	超限持续时间[a,b](f:同上,nn=持续时间)
E110 1u00	超下限(u=0)或超上限(u=1)期间的值
E110 1001	泄漏值
E110 1101	溢出值
E110 1f1b	首/末次超限起始/结束时刻(日期/时间)[a](f,b:同上)
E111 0nnn	乘法修正因素 110^{nnn-6}
E111 10nn	附加修正常数 10^{nn-3} VIF 的单位(偏移量)
E111 1100	保留
E111 1101	值的乘法修正因数(无单位)10^3
E111 1110	未定义
E111 1111	制造商自定数据块和下一个 VIFE's
注:此可选表格已列入原始标准中。	
[a] 所有数据头记录包含“日期的时间”或“持续的时间”信息,均与整个数据记录首部包含的信息有关。 [b] F类(日期与时间)或G类(日期)数据的使用信息能从数据域(0010b:type G/0100:type F)中得到。	

8　应用层状态和错误报告

8.1　概述

数据链接层仅报告通讯过程中的错误,不允许通过链接层报告应用层的错误(例如,在写数据时发生的错误)。应用错误报告有三种不同的技术。

8.2　状态域

一个可行的解决方式是利用在可变数据结构中的状态域保留的最低2位应用层状态(见5.9)。

8.3　一般应用层错误

为了报告一般应用层错误,从站可使用RSP_UD报文(CI=70h)描述错误类型的零个、一个或多个数据字节。见图9。

CI=70h	可选的第一个错误代码字节 (见表14)

图 9　报告普通应用层错误的应用层报文

数值取值按表 14 所示被定义。

表 14　普通应用层错误的第一个错误代码字节

0	未定义错误:如果数据域丢失
1	CI-域未实现
2	缓冲区太长,被删除
3	太多记录
4	不成熟的记录末端
5	DIFE's 超过 10 个
6	VIFE's 超过 10 个
7	保留
8	读出请求时应用程序拥挤
9	太多的读出(为了限制每个从站的读出时间)
10…255	保留
注:此可选表格已列入原始标准中。	

8.4　错误记录

错误报告记录仅属于特殊的记录,不是所有的请求记录。从站能在一个错误发生的地方增加记录。VIFE 包含表 15 里的应用程序错误编码类型中的一个值。

表 15　错误记录的代码(E=扩展位)

VIFE-Code	错误记录类型	错误组
E000 0000	无	DIF 错误
E000 0001	太多的 DIFE's	
E000 0010	存储码未实现	
E000 0011	单位号未实现	
E000 0100	费率号未实现	
E000 0101	功能未实现	
E000 0110	数据类未实现	
E000 0111	数据大小未实现	
E000 1000 to E000 1010	保留	

表 15（续）

VIFE-Code	错误记录类型	错误组
E000 1011	太多的 VIFE's	VIF 错误
E000 1100	非法 VIF-组	
E000 1101	非法 VIF 指数	
E000 1110	VIF/DIF 搭配错误	
E000 1111	未实现的行为	
E001 0000 to E001 0100	保留	
E001 0101	无用数据(无定义)	数据误差
E001 0110	数据溢出	
E001 0111	数据下溢	
E001 1000	数据误差	
E001 1001 to E001 1011	保留	
E001 1100	未成熟的记录末端	其他错误
E001 1101 to E001 1111	保留	
注：这些可选表格已被原始标准收录。		

在记录错误的情况下，数据可能丢失，从站可选择一些数据传输：

数据域＝0000b：无数据。

数据域＝0000b：无数据且空闲的补白至正常长度(DIF＝02Fh)。

其他数据域：正确长度的虚拟数据。

其他数据域：不可靠或估计数据。

9 综合目标层

该层的基本指导思想是数据的封装，以及数据的方法或动作。在向从站写数据的情况下，主站软件将关于一个行为的数据和信息封装在一个数据记录中，这一行为是从站将要处理这个数据。关于行为的可变数据记录就被称之为一个对象。下列任何一个 VIF 值都在第一个 VIFE 里赋值，包括(VIF＝FDh 或 VIF＝0FBH)，另一个 VIFE(通常是最后一个)能被额外附加，它包含一个如表 16 所示的行为代码。

行为：(E：扩展位)

表 16 一般对象层的行为代码(主站到从站)

VIFE-编码(二进制)	行为	解释
E000 0000	写数据(替换)	新数据替换原数据
E000 0001	增加数据	增加数据到原数据中
E000 0010	减去数据	从原数据中减去数据

表 16（续）

VIFE-编码(二进制)	行为	解释
E000 0011	或(置位)	数据或原数据
E000 0100	与	数据与原数据
E000 0101	异或(位异或)	数据异或原数据
E000 0110	与非(位清零)	数据取反与原数据
E000 0111	清零	置零
E000 1000	增加条目	新建一条数据记录
E000 1001	删除条目	删除一条现有的数据记录
E000 1010	延时行为	CI＝5Ch 跟随并实现期望的操作
E000 1011	冻结数据	冻结数据放到储存码
E000 1100	增加到读出列表	增加数据记录到 RSP_UD
E000 1101	从读出列表中删除	从 RSP_UD 中删除数据记录
E000 111x	保留	
E001 xxxx	保留	
注 1：该可选表已列入原始标准。 注 2：如果没有为这个记录的对象行为的 VIFE，对象行为"写/替换"(VIFE＝E0000000)是默认值和假设值。		

10 制造商特定的非结构化数据块

MDH 由 0Fh 特征或 1Fh(DIF＝0Fh 或 1Fh)组成，指出随后所有数据是制造商特定。当给出链路层/网络层总字节数、记录结构字节数和已知的固定报头长度，余下制造商特定的非结构化数据块字节数就能被计算出来。

注意这是制造商特定的数据结构(也就是说，这个有已知数据结构的记录除了包含制造商特定的含义或单位，还包含有二进制或 ASCII 码长度)，它可被数值信息域 VIF＝E1111111b 的正常数据记录描述。

当 MDH＝1Fh 时，从站发信号到主站，希望被再读(多报文读取)。主站将会读出一个数据，直到没有 MDH＝1Fh 在响应电报里面。

11 底层管理

11.1 概述

在 ISO-OSI 模式中，不允许通过高级链路层修改波特率和地址之类的参数。在三层紧缩模型的旁边和上面，定义了一个管理层(见图 10)。

管理层	
应用层	
数据链路层	通过地址256和CI=52h选择二级地址
物理层	地址254(255)/251

图 10 M-Bus 链路层的管理层(根据 EN 13757-2)

因此,地址 254 或 255(可能)用于管理总线的物理层,保留地址 251 用来管理原始的 M-总线电平转换器/桥。网络层地址 253(选择)(参见第 7 章)只在特殊情形下使用。采用管理这些地址与或 CI-域,我们能直接管理每个 OSI 层去实现那些超出基本的 OSI 模型的特性。

11.2 根据 GB/T 26831.2 的 M-Bus 链路层的波特率切换

所有的从站可以用 300 波特率的最小传输速率与主站进行通讯。收发波特率不允许分裂,但是在总线上可以存在不同波特率的设备。

在点对点连接过程中,从站被一个有着 FEh 地址和其中一个如表 17 所示的 CI-域的代码控制报文(SND_UD 且 L-Field=3)设置成另一个波特率:注意为了安全起见,更改波特率不推荐使用(无回复)的广播地址 255。

表 17 更改波特率的 CI-域代码

CI-域	B8h	B9h	BAh	BBh	BCh	BDh	BEh	BFh
波特率	300	600	1 200	2 400	4 800	9 600	19 200	38 400
注释	1	2	2	1	2	1	2	2

注释 1 推荐的标准波特率。

注释 2 这些波特率只为特殊的操作员合约所保留,应避免使用。

从站总是用旧波特率传输 E5h 来确认收到正确报文,并立即用新的波特率进行通讯,否则从站继续采用先前的波特率通讯。为了证实没有自动探测速度的从站已经切换为新的波特率,并能采用新的波特率通讯。通讯切换为新的波特率(除 300 波特率)后,主站可试用新的波特率在有效时间(小于 2 min)内通讯。如果(甚至经过适当的重试后)从站不应答,主站将在发送一个波特率设置命令(企图尝试新的波特率)后回到先前的波特率。如果没有自动探测速度的从站采用新的通讯波特率在(2…10)分钟内不能收到有效信息,从站将返回到先前的波特率。这必须保证从站的每个可设定地址的独立性与连续性。如果从站不应答它曾用过的最近一个波特率,主站为了与返回到 300 波特率的旧从站兼容,它将以 300 波特率尝试与此通讯。

11.3 选择与二级地址

这个技术允许 M-总线协议在逻辑上“连接”一个有某个(二级的)地址的从站,然后它将连接这个选择的主地址是 253(FDh)的从站。因此(主)地址最大数字 250 被此技术扩展到一个可能的从站的任意数地址,这有效的增加链路层的地址范围。这个功能仅仅能通过一个有 CI=52h 的 UND_UD 来激活到地址 253。

在 A-域帮助下的数据链路层选址时,地址分配问题将会产生。仪表制造商通常将地址设为 0 值,以便将仪表识别为未配置的从机。非常费力的地址定位方法源自于安装从站时的地址设置,例如用 DIP 开关。进一步的地址定位方法是,当设备连接到总线时通过主站软件确定总线地址。主站软件发送一个地址分配(参见 E.3)命令到地址 0,这样从站就能被成功的连接到总线上。这将显著地简化安装过程。

无论如何,网络层地址的这些不利条件将被消除并且地址在原来基础上扩充超过主地址(A—域)250 个数,从站寻址在图 11 所示的所谓选择的协助下用二级寻址实现:

68h	0Bh	0Bh	68h	53h	FDh	52h	ID1-4	Man 1-2	Gen	Dev	CS	16h

图 11 选择从站的应用层报文结构

主站用 CI=52h 发送数据 SND_UD 到地址 253(FDh),然后用从站的标明地址的值填充特定的仪表二级地址(设备 ID、厂家、版本和设备类型)。收到 FDh 地址后,进入选择模式。如果收到 CI 选择码 CI=52h,内部选择位被设置,否则将重新设置。如果随后字节数组与仪表各自相应内部地址相比不一致,那么选择位清零,否则它保持不变。因此,仅使用合适的 CI 选择码而无需更多的数据去"选择"一个仪表将选择这条具有二级寻址能力的总线上的所有仪表。选择位置位意味着这个从机可以用总线地址 FDh 寻址(如 REQ_UD),且在本例中应答 RSP_UD。换言之,网络层将这个从机与地址 FDh 相关联。

在选取二级地址的单个位时可用通配符(Fh),这将意味着该位在选取时不能计算在内,并且这种选取会被限制到特定的位。为了完成从站地址群服务(广播),在识别数字中各个独立数位时可通过通配符 FH 指代,当域是制造商、版本和设备类型时可通过通配符 FFH 指代。

选择状态保持不变,直到客户机发送一个不匹配的二级地址选择指令(像上方所描述)或发送一个 SND_NKE 数据到地址 253 取消选定。使用模态 1 作为多位字节记录的从站,能被有 CI—域=52h 和正确的二级地址的一个数据报文所选择,但也可被任何一个其他的二级地址的数据报文所取消。

一个有主要工具和二级地址的从站也应该响应它的主地址的报文。只有二级地址的从站(也就是:内在的主地址=253)在发送数据时,RSP_UD 的地址域=FDH,它将不参与主地址。

11.4 概括的选择流程

为了包含一个新的或结构重置的识别参数到一个选择程序中,可使用选择报文(CI=52h)的改进定义:

在固定选择报头的 8 个字节之后也可跟随带数据的标准记录,在这种情况下只有那些固定报头及全部记录数据都一致的仪表可被选择。在大多数但非全部情形下,这意味着 DIF 和部分 VIF(不倡导)是匹配的。统配符规则也适用于记录数据(BCD 编码数据的数值统配符和二进制数据或串数据的字节统配符)。

基于一般选择之上,使用包含生产号的内容选择从站是可能的。举例来说,附加的生产号、较长的设备 ID、客户、客户位置及更多信息。为了包含选择程序里面的生产号,在"设备类型"域之后跟随 8 位的 BCD-生产号。部分生产号(Fab1…Fab4)可用通配符(Fh)代替。

如果生产号存在,从站应该把这个数据加入到每个 RSP-UD 报文的可变数据块中。如果生产号和改进了的选择在从站中不被实现,从站将不确认这个改进了的选择报文并且选定将被取消。

只有在标准种类选择不成功的情况下,改进了的选择才能被使用。

用生产号更进一步选择

设备 ID 可被当作用户号使用,然后可被操作员改变。因此二个从站可能会有相同的二级地址。由于这个原因选择报文可能被一个生产号扩展,以确保在任何情况下所有从站都可被区别。这个数字是在生产期间被分配的一个类似设备 ID 的 8 位 BCD 码(4 字节),因而取值范围从 00000000 到 99999999。

图 12 显示了由主站发出的改进了的选择报文的结构。

CI=52h	ID1 (LSB)	ID2	ID3	ID4	Man1	Man2	Gen	Med	DIF=0Ch	VIF=78h	Fab1	Fab2	Fab3	Fab4

图 12 改进了的选择报文的应用层结构(模式 1)

在设备类型之后,新的数据被赋予 DIF=0Ch 和 VIF=78h 的结构化数据的记录形式。部分生产号(Fab1…Fab4)可用通配符(Fh)代替。

如果生产号存在,从站应该把这个数据加到每个 RSP-UD 报文的可变数据块中。如果生产号和改进的选择在从站中不被实现,这个设备将不确认这个改进了的选择报文并取消选择。

改进了的选择只有在标准种类选择不成功的时候才能使用。

11.5 查找安装的从站

11.5.1 主地址

读出所有的已安装的从站时,主站软件能够辨别所有的与总线连接的从站。因此软件查找有主地址的从站时,可使用所有可用波特率向所有允许地址(1…250)发送 REQ_UD2 数据报文通讯。主站用相应的波特率记录用过的主地址。

11.5.2 二级地址

二级地址在当前部分的描述,请注意从站的二级地址连接到总线的决定问题。主站能读取采用已选择的二级地址的从站。因为设备 ID 提供数以百万种组合,用主站软件测试所有可能的设备 ID 将会花费几年的时间。由于这个原因,开发了一个对已安装从机进行快速和自动确认的流程。

11.5.3 通配符查找程序

下列通配符搜寻程序使用通配符(Fh)对部分个别的二级地址进行选择:

在这种情况下,可用一个字节的通配符指代设备 ID 的(BCD)每一个独立位置、厂家、版本和媒介(二进制代码)。主站开始使用 CI=52H(Mode 1)的 SUN_UD 进行选择,并用通配符占据除最顶部带通配符的所有位置。通过 10 次选择,顶部位置可在 0~9(0FFFFFFF~9FFFFFFF)之间进行选择操作。

如果主站收到无应答报文,那么它将实现下一个选择。如果主站收到 E5h,它将发送一个数据报文 REQ_UD2,只要没有发生冲突,它就会从回复报文中获得从站的二级地址。在选择或数据报文 REQ_UD2 之后有冲突发生时,主站会跳到下一个位置并且保存现有位置。例如,如果在 5FFFFFFF 那里有一个冲突,选择将在 50FFFFFF~59FFFFFF 之间进行选择运行。如果冲突再次发生,再一次改变当前位置跳到下一位置。通过一个完整的位置运行后跳到下一个更高的位置并一直推移到 9。

从这个通配符的查找程序可以看出,至少顶部位置将会为了查询所有的从站而被运行。依靠从站的号码和设备 ID 的分配运行到更远的位置是可能的。这个程序允许声明一个最大的与从站码有关的选择码,但是时常发生的冲突作为不利的因素应该被提及。通配符查找程序将为所有使用的波特率和双方的字节次序(模式 1 和 2)而被实现。

搜索程序能通过搜索厂家、产生和最后的设备类型的扩展去查找有同样设备 ID 的从站。它也可以去找寻某一个制造商的所有的从站或被设置了相应值的某一个设备类型的所有从站。这些扩大选择范围的仪表,只能通过他们的制造商特定的生产码的不同而被区别开来。

附 录 A
(规范性附录)
数据记录代码

下列数据类型被用在应用层里面:

类型 A=无符号整数 BCD:=XUI4[1 to 4] 〈0 to 9 BCD〉

2^7	2^6	2^5	2^4	2^3	2^2	2^1	2^0
digit 10				digit 1			
8	4	2	1	8	4	2	1

1UI4[1 to 4] 〈0 to 9 BCD〉:=digit 10^0

2UI4[5 to 8] 〈0 to 9 BCD〉:=digit 10^1

… … … … … … … … …

8	4	2	1	8	4	2	1

XUI4[5 to 8] 〈0 to 9 BCD〉:=digit 10^{X-1}

数值 Ah~Eh 在任何一个位置都表示无效。

十六进制 Fh 在 MSD 位置表示一个负的 BCD 值,余下的 X-1 位详细信息见附录 B。

类型 B=二进制整数:=I[1..X]〈($-2^{X-1}-1$)to+($2^{X-1}-1$)〉

2^7	2^6	2^5	2^4	2^3	2^2	2^1	2^0

1B1 [X]:=S=符号:S〈0〉:=正

… …

S〈1〉:=负

S	2^{X-2} … 2^{X-8}

负值是取 2 的余数

代码"10000000b"表示"无效"。

类型 C=无符号整数:=UI[1..X]〈0 to 2X-1〉

2^7	2^6	2^5	2^4	2^3	2^2	2^1	2^0

UI[1 to...8]〈(0 to 255)〉

… …

S	2^{X-2} … 2^{X-8}

类型 D=布尔值(1 位 2 进制信息):=XB1 B1[i]〈0 to 1〉

2^7	2^6	2^5	2^4	2^3	2^2	2^1	2^0

XB1:B1[i]〈0 to 1〉

… …

B1[i]〈0〉:=假

2^{X-1} … 2^{X-8}

B1[i]〈1〉:=真

类型 E:过期的

类型 F=复合 CP32:日期与时间

2^7 2^6 2^5 2^4 2^3 2^2 2^1 2^0	分:UI6[1 to 6]〈0 to 59〉;63:每分
2^{15} 2^{14} 2^{13} 2^{12} 2^{11} 2^{10} 2^9 2^8	小时:UI5[9 to 13]〈0 to 23〉;31:每小时
2^{23} 2^{22} 2^{21} 2^{20} 2^{19} 2^{18} 2^{17} 2^{16}	天:UI5[17 to 21]〈1 to 31〉;0:每天
2^{31} 2^{30} 2^{29} 2^{28} 2^{27} 2^{26} 2^{25} 2^{24}	月:UI4[25 to 28]〈0 to 12〉;15 每月
	年:UI7[22 to 24;29 to 32]〈0 to 99〉;127 每年
	百年:UI2[14 to 15]〈0 to 3〉1900+100 * 百年+年
	IV B1[8] IV〈0〉=有效;IV〈1〉=无效
	SU B1[16] IV〈0〉=标准时间;IV〈1〉=夏令时
	RES1 B1[7] 〈0〉保留备用

为了兼容有两位循环日期的旧表,主站软件把从“00”到“80”的年度看成是从2000年到2080年是可取的。

类型G:复合CP16:日期

2^7 2^6 2^5 2^4 2^3 2^2 2^1 2^0	天: UI5[1 to 5]〈1 to 31〉 “0”:每天
2^{15} 2^{14} 2^{13} 2^{12} 2^{11} 2^{10} 2^9 2^8	月: UI4[9 to 12]〈1 to 12〉 “15”:每月
	年: UI7[6 to 8,13 to 16]〈0 to 99〉127:每年

为了兼容有两位循环日期的旧表,主站软件把从“00”到“80”的年度看成是从2000年到2080年是可取的。

类型H:根据IEEE-标准的浮点数

“短浮点数IEEE STD 754”=R32IEEESTD754

R32IEEESTD754:=R32.23{分数,指数,符号}

分数	=	F:=	UI23[1 to 23]〈0 to $1-2^{-23}$〉	
指数	=	E:=	UI8[24 to 31]〈0 to 255〉	
符号	=	S:=	BS1[32] S〈1〉=负	S〈0〉=正

F〈0〉and E〈0〉	:=(−1)S * 0	=±零
F〈≠0〉and E〈0〉	:=(−1)S * 2E−126(0.F)	=非规格化数
E〈1 to 254〉	:=(−1)S * 2E−127(1.F)	=规格化数
F〈0〉and E〈255〉	:=(−1)S * ∞	=±无穷大
F〈≠0〉and E〈255〉	:=NaN	=不是数字,可不考虑它

bits	8	7	6	5	4	3	2	1
octet 1	F=分数							
	2^{-16}	2^{-17}	2^{-18}	2^{-19}	2^{-20}	2^{-21}	2^{-22}	2^{-23}
octet 2	F=分数							
	2^{-8}	2^{-9}	2^{-10}	2^{-11}	2^{-12}	2^{-13}	2^{-14}	2^{-15}
octet 3	E(LSB)	F=分数						
	2^{-0}	2^{-1}	2^{-2}	2^{-3}	2^{-4}	2^{-5}	2^{-6}	2^{-7}
octet 4	符号	E=指数						
	S	2^{7}	2^{6}	2^{5}	2^{4}	2^{3}	2^{2}	2^{1}

下列范围是由 IEE Std 754—1985 为浮点算法特别制定的：

范围：$(-2^{128}+2^{104})$到$(+2^{128}-2^{104})$，即$-3,4*10^{38}$到$+3.4*10^{38}$

最小的负数：-2^{-149}，即：$-1.4*10^{-45}$

最小的正数：$+2^{-149}$，即：$+1.4*10^{-45}$

类型 I：年到秒

数据域=0110(48 位)

Byte/bit	msb							lsb
lsB	8	7	6	5	4	3	2	1
	16	15	14	13	12	11	10	9
	24	23	22	21	20	19	18	17
	32	31	30	29	28	27	26	25
	40	39	38	37	36	35	34	33
msB	48	47	46	45	44	43	42	41

当地时间：		
秒	UI6[1 to 6]	〈0 to 59〉；63：每秒[a]
分	UI6[9 to 14]	〈0 to 59〉；63：每分钟[a]
小时	UI5[17 to 21]	〈0 to 23〉；31：每小时[a]
天	UI5[25 to 29]	〈1 to 31〉〈0〉(0=未定义)[a]
月	UI4[33 to 36]	〈1 to 12〉〈0〉0=未定义[a]
年	UI7[30 to 32+37 to 40]	〈0 to 99〉〈127〉127=未定义[a]
周休日	UI3[22 to 24]	1to7〉1=星期一 7=星期天 0=未定义[c]
周	UI6[41 to 46]	〈1 to 53〉0=未定义[a]
无效时间	UI1[16]	1=无效；0=有效
夏令时	UI1[7]	1=真(夏令时)；0=假
闰年	UI1[8]	1=闰年；0=平年
夏令时偏差(小时)[b]	UI1[15] UI2[47 to 48]	〈0 to 1〉 (1=+ 0= -) 〈0 to 3〉 0=无夏令时

[a] 其他未来使用的保留值。

[b] 当地时间小时数在夏令时开始时将被改正。

[c] 根据 Cosem 13/1208/CDV IEC 62056-62。

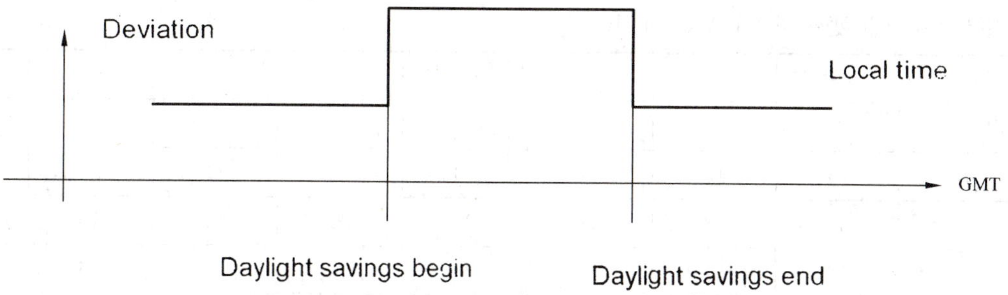

类型 J:天

数据域=0011(24 bits)

Byte/bit	msb						lsb
LsB	8	7	6	5	4	3	2	1
	16	15	14	13	12	11	10	9
msB	24	23	22	21	20	19	18	17

本地时间:

秒	UI6[1 to 6]	〈0 to 59〉;63:每秒[a]
分	UI6[9 to 14]	〈0 to 59〉;63:每分钟[a]
小时	UI5[17 to 21]	〈0 to 23〉;31:每小时[a]
[a] 其他的值为将来使用而保留。		

类型 K:夏令时

数据域=0100(32 位)

Byte/bit	msb							lsb
LsB	8	7	6	5	4	3	2	1
	16	15	14	13	12	11	10	9
	24	23	22	21	20	19	18	17
MsB	32	31	30	29	28	27	26	25

夏令时使能	UI1[16]〈0 to 1〉(1)1 夏令时使能功能
本地时间与格林尼治时间的偏差(小时):	UI5[6 to 8+14 to 15]〈0 to 23〉〈31〉31=未定义(1)
夏令时开始时间(当地时间给出):	
小时	UI5[1 to 5]〈0 to 23〉(1)
天	UI5[9 to 13]〈1 to 31〉(1)
月	UI4[25 to 28]〈1 to 12〉(1)
夏令时结束时间:(当地的时间给出):	
天	UI5[17 to 21]〈1 to 31〉(1)
月	UI4[29 to 32]〈1 to 12〉(1)
夏令时偏差(小时)(2)	
UI1[24]	〈0 to 1〉1=+ 0= -
UI2[22 to 23]	〈0 to 3〉0=无夏令时

类型 L:侦听窗管理

数据域=1101(长度变量 LVAR=EBh)

Byte/bit	Msb						lsb
LsB	8	7	6	5	4	3	2	1
	16	15	14	13	12	11	10	9
	24	23	22	21	20	19	18	17
	32	31	30	29	28	27	26	25
	40	39	38	37	36	35	34	33
	48	47	46	45	44	43	42	41
	56	55	54	53	52	51	50	49
	64	63	62	61	60	59	58	57
	72	71	70	69	68	67	66	65
	80	79	78	77	76	75	74	73
msB	88	87	86	85	84	83	82	81

字节 85～88:为将来使用而保留。

这个命令是当仪表在“正常模式”或“功率保存模式”下用于定义初始化侦听窗管理。

仪表运行在正常模式时选择周。置 1:bit 1 到 bit 53。bit 1 表示一年的第一周…,bit 52 表示一年的第 52 周。

仪表运行在正常模式时选择天。所有的周与这一选择一样。置 1:bit 54 到 bit 60。Bit 54 表示星期天,Bit 55 表示星期一,…,Bit 60 表示星期六。

仪表运行在正常模式时选择小时。置 1:bit 61 到 bit 83。Bit 61 表示第 1 个小时,Bit 84 表示第 24 个小时。

有一点,如果周、天和小时的字节都被设置为 1,仪表在“正常模式”。如果周、天和小时的一个或者更多位被设置为 0,仪表在“功率保存模式”。例如,如果 bit 3、55、56、61 和 62 被设置为 1 并且其他的字节被设置为 0。仪表的一年第三周的星期一和星期二的第 0 到 2 小时是在正常模式下。

附 录 B
（规范性附录）
在 BCD 数据域中的十六进制代码 AH-FH 解析

B.1 概述

B.1.1 参考标准

该标准允许多位 BCD 码数据域。如果主站软件发现一个非 BCD 码的十六进制代码（Ah-Fh），它仍然不包含发生的信息。

B.1.2 目的

目的：

a） 定义从站到主站的 RSP_UD 数据报文里的非 BCD 数字处理。充分定义一个包含错误处理的主站软件，这是非常必要的。

b） 通过从站利用这些代码去简单化错误处理，错误代码显而易见。为了简单化从站综合显示的设计，上面所提及的非 BCD 码将转换为相应的十六进制格式并通过 7 段值（通常是 LCD）直接显示。从通常 10 个 BCD 码到 7 段解析码的转换是通过有 16 项解析码的解析码表中得到的。

B.2 定义

B.2.1 16 进制代码含义

16 进制代码含义：

a） Ah-Eh

该代码在任意字节位置显示一个完整数据域的普通错误。这个显示将在仪表和远程读取设备的恰当显示位置显示一个合适的符号。

b） Fh

该代码在 MSD 位置显示剩余（N－1）位数值前的“减号”。在其他位置，它将显示一个错误。

示例：4 位 BCD 码“F321”将被主站软件解析为“－321”并只在 4 位显示仪上显示成－321。

B.2.2 LCD-解析表

LCD-解析表：

a） 解析表

	1	2	3	4	5	6	7	8	9	Ah	Bh	Ch	Dh	Eh	Fh
″0″	″1″	″2″	″3″	″4″	″5″	″6″	″7″	″8″	″9″	″A″	″b″	″C″	″ ″	″E″	″－″

附 录 C
(规范性附录)
非公制单位

如果 VIF 扩展码 3DH(非公制单位)被使用,VIF 表的标准公制单位将被取代。如表 C.1 所示。

表 C.1 公制/非公制单位

标准 VIF	标准单位与范围	非公制单位与范围	类型
E0000nnn	0.001 Wh to 10 000 Wh	0.001 kBTU to 10 000 kBTU	能量
E0010nnn	0.001 l to 10 000 l	0.001 USgal to 10 000 USgal	体积
E1000nnn	0.001 l/min to 10 000 l/min	0.001 USgal/min to 10 000 USgal/min	流量
E0101nnn	0.001 W to 10 000 W	0.001 mBTU/s to 10 000 mBtu/s	功率
E10110nn	0.001 ℃ to 1 ℃	0.001 ℉ to 1 ℉	进水温度
E10111nn	0.001 ℃ to 1 ℃	0.001 ℉ to 1 ℉	回水温度
E11101nn	0.001 ℃ to 1 ℃	0.001 ℉ to 1 ℉	高低温限制
E11000nn	0.001 ℃ to 1 ℃	0.001 ℉ to 1 ℉	温差

附 录 D
（资料性附录）
告警协议

主站软件通过请求临界时间选取最大的250个告警设备。一个从站可以传输一个无告警信号的确认报文或发送一个有CI=71H的请求数据报文去告警。

CI=71h	告警状态字节(二进制)

图D.1 告警响应的应用层数据报文

告警状态字节数据类型是D(布尔类型,8个二进制位)。设置位显示警告位或者警告代码。这些位的含义由制造商自定。

临界通讯的终止时间被设置到字节11....字节33,有规律地确保从所有告警设备中选取一个最快的设备。用9 600波特率向250个从站及时地发送一个告警,在超时发生前,每个从站将在最大时间为5.5 s内被选取。这似乎已足够快地为预警建立一个控制系统和其他的应用软件。为了更快地建立预警系统,预警传感器数量应该被限制到63(最坏信号延时少于1.5 s或增加传输速率到38 400且增加设备到250个)。

FCB的功能和FCV位将在这个告警协议中被完全实现,用来确保之前的警告已经安全地传输到了主站。如果从站已经报告了一个之前的警告与下一个有着FCB(FCV=1)的REQ_UD1,从站将用一个没有警报的E5h信号回应。否则,它将重复发送最后一个告警以避免警告信息丢失。

附 录 E
(资料性附录)
实 例

E.1 概述

应用协议数据单位由 CI 域开始,不包括校验与校验结束。

下列例子给出了基于详细链路层的所有数据报文:双绞线基带 EN 13757-2。其他的物理层和链路层也可被使用(例如,EN 13757-4)。

E.2 可变数据结构应答报文 RSP_UD 实例

(所有的值都是十六进制)

68 1F 1F 68	RSP_UD 报文头(长度 1Fh=31d 字节)
08 02 72	域=08(RSP),地址=2,CI=72H(var.,LS Byte first)
78 56 34 12	设备 ID=12345678
24 40 01 07	制造商 ID=4024h(PAD 见 GB/T 19897.1),版本 1,水
55 00 00 00	TC=55h=85d,身份=00h,签名=0000h
03 13 15 31 00	数据块 1:单元 0,存储号码 0,无费率,瞬时值,体积,12565i(24 位整数)
DA 02 3B 13 01	数据块 2:单元 0,存储号码 5,无费率,最大值,体积流量,113 I/h(4 位 BCD)
8B 60 04 37 18 02	数据块 3:单元 1,存储号码 0,费率 2,瞬时值,能量,218,37 kWh(6 位 BCD)
18 16	校验和和停止位

E.3 波特率切换实例:

主站与从站通讯波特率切换从当前 2 400 波特到 9 600 波特(点对点的连接)。

(所有值是 16 进制)

主站到从站:68 03 03 68 53 FE BD 0E 16　　2 400 波特

从站到主站:E5　　2 400 波特

接下来,如果从站能运用 9 600 波特,从站可用 9 600 波特率与主站进行通讯,否则从站将继续保持在 2 400 波特。在总线模式下,它将在 2 s 之内被一个 9 600 波特的确认的通信信息(例如,SND_NKE)跟随。

主站到从站:10 40 FE 3E 16

从站到主站:E5

E.4 子码重设实例:

主站发送一个重设请求到所有的从站后,用户数据类型的所有数据报文被请求。

(所有值是 16 进制):

主站到从站:68 04 04 68 53 FE 50 10 B1 16

从站到主站:E5

E.5 向从站写数据:

主站发送数据报文 SND_UD 到从站,模式 1 CI=51h(或旧模式 2-仪表 CI=55h)。必须注意,不考虑固定的 12 个字节报头,当前写数据报文中的数据结构与之前的定义已经有所改变。下面的表显示了一个写数据报文的数据结构,在下列表中的第一个表的三个数据块能被改变次序,但只写数据记录在报文尾,所有记录是可选的。

主地址记录	延伸的识别记录	标准数据记录	只写数据记录

图 E.1 写数据的数据结构

a) 主地址记录：

主地址记录是可选的，并由三个字节组成：

DIF＝01h	VIF＝7Ah	数据＝地址(1 个二进制字节)

在点对点连接中，有数据记录的主地址可被分配给某个从站。主站能辨别总线上所有使用过的地址并禁止向从站设置一个已经用过的地址。否则拥有相同地址的两个从站将不能被读出任何信息。

b) 延伸的识别记录：

这个可选数据记录的识别(二级地址)能被改变。这有两个案例：

1) 数据仅仅是设备 ID

DIF＝0Ch	VIF＝79h	数据＝设备 ID(8 位 BCD)

2) 数据是完整的识别 ID

DIF＝07h	VIF＝79h	数据＝完整的 ID(64 位整数)

数据被完全填满，就像是在一个 72 协议变量的读出报头，由低位的字节首先为模式 1 和由高位的字节首先为模式 2 读出。

设备 ID	制造商 ID	版本	媒介
4 byte	2 byte	1 byte	1 byte

(1) 一般数据记录：

数据记录能被数据报文 REQ_UD2 读出，然后把收到的 DIF、VIF 和新的数据内容发送回从站。额外的特性在一般的对象层实现(见 6.5)。

(2) 只写数据：

不能被带有一般数据记录块的从站读出的数据，可以使用厂家特殊代码的 VIF＝DIF 进行数据传输。DIF 有一个与数据类型和长度相符的值。

在数据链路层收到正确无误的 SND_UD 报文后，从站用一个确认报文(E5h)给与响应。在从主站上写数据后，从站才决定是否改变参数。如果在实现部分或整个写指令时出现错误，从站能决定是否改变不变量或单个正确的参数。从站可以通过一些方法在下一个 RSP_UD 数据报文中给主站报告这些错误，详细描述见 6.6。

为了实现写保护，这里有一些方法。例如，在硬件复位后或写操作启动时，只允许进行一次写操作。

实例(所有值是 16 进制)

示例 1：设置从站主地址 8，不改变其他任何东西：68 06 06 68 53 FE 51 01 7A 08 25 16

示例 2：设置从站的完整识别(ID＝01020304(BCD)，制造商编号＝4024h(PAD)，版本＝1，设备类型＝4(热量)：

68 0D 0D 68 53 FE 51 07 79 04 03 02 01 24 40 01 04 95 16

示例 3：设置从站的设备 ID 到"12345678(BCD)"和 8 位 BCD 码(单位 1KWH)到 107 kWh。

68 0F 0F 68 53 FE 51 0C 79 78 56 34 12 0C 06 07 01 00 00 55

E.6 配置数据输出(标准化的)

默认从站传输所有数据都有一个 REP_UD 报文。这对从一个和多个设备中读只选的数据记录很有用。这里有两个选择数据记录的方法：

E.6.1 选择无特定数据域

所要数据记录的选择可由 SND_UD(CI＝51h/55h)和数据记录包含数据域＝1000b 的报文实现，它意味着"为读出请求而选择"。按 EN 1434-3 列表所列出的，下面 VIF 定义了选择的数据并且无数据被传输。响应数据域由从站决定。主站可以通过发送在相同数据报文里数据域的更多的数据块，而选择各类的变量。

可用下列方法选择各类特殊值：

——任意 VIF：

VIF＝7Eh(任意 VIF)是专为来自从站的“所有 VIF”的读出请求，并且可被认为是值信息域的一个选择通配符。

——全局读出请求：

DIF＝7Fh 被定义为“请求读出所有数据的选择”，例如：所有的存储数、单元、费率和功能。如果这个 DIF 是用户数据的最后一个字节或 VIF＝7Eh 跟在后面，那么可请求所有的数据。所以用 SND_UD 做为一个从站的所有数据的选择并且字符 7FH 为用户数据。如果跟随一个不等于 7Eh 的 DIF，那么用 VIF 而读出的所有数据记录将被选择。

——所有费率：

在选择记录中最高的费率数被定义为“所有费率”的选择。例如：费率 1111b(15)意味着在一个记录中用两个 DIFE’s 选择所有的费率。

——所有存储数：

在选择记录中最高的费率数被定义为“所有费率”的选择。例如：费率 1111b(15)意味着在一个记录中用两个 DIFE’s 选择所有的费率。

——所有单元：

用一个有着最小的两个 DIFE’s 和最高的单元数的数据记录报头，选择“所有的单元”。

——高分辨力数据读出：

主站可选择一个有最大分辨力的从站去响应一个 VIF(“NNN”＝000(最小指数))的给出值/单位。仪表也可用有分辨力的值应答，例如，在需要的情况下，可用 1mWh(VIF＝0000000b)或一些更高分辨力的十进制值。单位值已经被选出，因此它们的最小值为校准提供了充足的解决方案。即 VIF(“nnn”＝max 最大(最大指数))的读出请求发送了一个仪表标准解决方案请求的信号。

如果请求的数据是有用的，在下一个 REQ_UD2 后从站将用自己的格式用选择数据进行响应。否则从机传输它的标准数据并且主机必须找出非请求的那个数据。如果有比所选 VIF 多的变量，设备将发出所有这些数据记录。

E.6.2　选择特定数据域

通过使用目标作用“加入到读出列表”(VIFE＝E000 1100b，见 9 条款)，主站能够完成一个有特殊数据域的读取请求任务。主站传输一个有数据记录的 SUD_UD(CI－FIELD＝51h/55h)，这个记录由需要的 DIF(数据域)、VIF 和 VIFE＝0Ch/8Ch 组成。从站在接收数据时将忽略哪些无数据跟随的 VIFE。如果它能这样，从现在开始，从站将传输带有请求数据域的数据记录。如果从站不提供这些数据域，它可以使用 VIFE＝E000 011x 中的一个 VIFE(不实现数据类或不实现数据大小)报告一个记录错误。

E.6.3　取消选定数据记录

主站能发出应用层的一个复位指令，特别是能通过发送数据报文 SND_UD(CI＝50H)撤消从站的标准 RSP_UD 报文。

为了目标作用“从读出列表中删除”(VIFE＝E000 1101b)，单个数据记录可以通过传输一个有 DIF、VIF 和 VIFE 的数据记录取消选择。

如果选择的数据由从站提供，但是对于一个 RSP_UD 数据报文太长(尤其为了读出所有历史值)，从站将传输一个只包含 DIF＝1Fh 的附加数据记录，这意味更多的数据将包含在下一个响应报文中。既然这样，主站直到收到响应报文 0E5h(无数据)或 RSP_UD 里没有 DIF＝IFh 的情况下才会再一次读取从站。

为了避免丢失响应报文数据，从站将提供报文的位的个数(FCB)。如果主站想提前结束这样一个多报文选择数据的连续读出，它可以发送一个重设请求(CI=50h)而不是更多的 REQ_UD2's。

示例 1：设置地址 7 的从站被设置成响应一个数据记录，数据记录包含体积(VIF=13h：体积，单位 1 l)与进水温度(VIF=5Ah：进水温度，单位 0.1 ℃)：

68 07 07 68 | 53 07 51 08 13 08 5A 28 16

示例 2：设置地址 1 的从站被设置成响应所有的存储码，所有的费率和所有的单元是 0 的 VIF's：

68 06 06 68 53 01 51 C8 3F 7E 2A 16

示例 3：设置地址 3 的从站被设置成响应可获得的完整的所有读出数据。这之后，主站可以获得从站所取得的那些数据：

68 04 04 68 53 03 51 7F 26 16

有了这些作用，主站能改变从站的数据或设置从站(作用 12 与 13)的输出数据。通过替换旧的数据(行为 0 相当于没有 VIFE 的情况下写数据)或用旧的与已传输的数据进行算数或逻辑运算，作用0～6 改变从站的数据。

注意：这个设置读出列表的方法(作用 12 与 13)，不仅允许添加列表项也允许删除列表项，这同使用 DIF=10000b 读出请求的方式形成对比(之前描述的)。

所有这些作用能被用于从站和智能主站，这些作用都被一个更高专用主站所操纵。“增加项”和“删除项”功能对告知智能主站去增加数值是很有用的，比如一个像任何一个从站的最大或最小值的新的数据记录。

使用“冻结数据储存”的功能是主站告知从站冻结与真实值相对应并被传输的 VIF、单位、费率以及 DIF/DIFE's 中已给出了的某一个存储码的功能。既然这样，VIF 中的数据域已经得到值 000b(无数据)。这个功能允许冻结被所选择的值或 VIF=7Eh(所有 VIF)的多重冻结。日期和时间也将被冻结到同一个存储码中。

示例 1：设置 8 位 BCD 码(瞬时值、实际值、无费率、单元 0)与 VIF=06(1 kWh)的从站，从站地址为 1-107 kWh：

68 0A 0A 68 53 01 51 0C 86 00 07 01 00 00 3F 16

示例 2：同 1)但为旧数据增加 10 kWh：

68 0A 0A 68 53 01 51 0C 86 01 10 00 00 00 48 16

示例 3：添加一条 8 位 BCD 码(瞬时值、实际值、没有费率、单元 0、1 kWh)的条目到地址为 5，初始值为 511 kWh 的从站：

68 0A 0A 68 53 05 51 0C 86 08 11 05 00 00 59 16

示例 4：冻结地址为 1 的从站的实际的进水温度(0.1 ℃：VIF = 5Ah)到存储码 1：

68 06 06 68 53 01 51 40 DA 0B CA 16

E.7　FCB-位与选择

FCB-从站的实现

为了所有通讯通过假的主地址 253(HDh)，一个被实现的二级地址的从站和被实现的 FCB 管理，有一个附加 0、1 或 2 的独立的设置“最后收到的 FCB”存储位。如果它能通过其他主地址进行二选一的通讯(除了特殊地址 254 和 255)，需要一个为这些主地址的附加的 0、1 或 2 的设置“最后被接受的 FCB”。通过假的主要地址 253(FDh)，一个有效的选择数据报文将不仅能设置内部选择位，而且也可清除所有的与二级地址联合的 0、1 或 2 内部“最后收到的 FCB”存储位。在任何一个选择报文(CI=52h)之后，主站将开始与 FCV-BIT 设置和 FCB-BIT 设置通讯(REQ_UD2 或 SND_UD)。如果从站有更多个选择性的二级识别，它将为所有二级地址请求一个单一设置 0、1 或 2“最后收到的 FCB”存储位。

FCB-主站实现

主站为假的主地址 253(FDH)和其他主地址实现一对独立的“下一个 FCB 图像”字节。尽管这些“下一个 FCB 图像”字节可能被用于许多从站，但不存在混淆，因为访问另一个从站需要一个选择报文，它将为主站和从站定义未来 FCB 的次序。

E.8　从站特性

E.8.1　概述

在子条项中介绍了从站的一些可选或推荐的特性。

E.8.2 生产码的使用

生产码是生产期间被分配的一系列序号。它是可变数据块的一部分(DIF=0 Ch 和 VIF=78h),并且用填充数位(4 字节)的 8 位 BCD 对其编码。

示例:

68 15 15 68	RSP_UD 数据报文的报文头(长度 1 Fh=31 d 字节)
08 02 72	C-域=08(RSP),地址 2,CI=72 H(var.,LSByte first)
78 56 34 12	设备 ID=12345678
24 40 01 07	制造商 ID=4024h (PAD in EN 61107),版本 1,水
13 00 00 00	TC=13h=19d, 状态=00h, 签名=0000h
0C 78 04 03 02 01	生产码= 01020304
9D 16	校验和停止位

如果这个设备 ID 是可改变的,就推荐该码的使用。在这样的情况下,两个或更多的从站可得到相同的二级地址,并且不能被唯一地选择。生产码与制造商号、版本号和媒介域组合代替唯一的编码。如果两个或更多的从站有相同的设备 ID(见 5.4),合适的主站就使用可增强选择方法的这一编码。

附 录 F
（资料性附录）
辅助查找

F.1 概述

已模拟查询程序寻找选择的最小值、平均值和最大值作为从站数的功能。对于不相宜的最大值与随机分配的平均值，选择了最适宜的最小设备 ID。计算结果如图 F.1 所示。

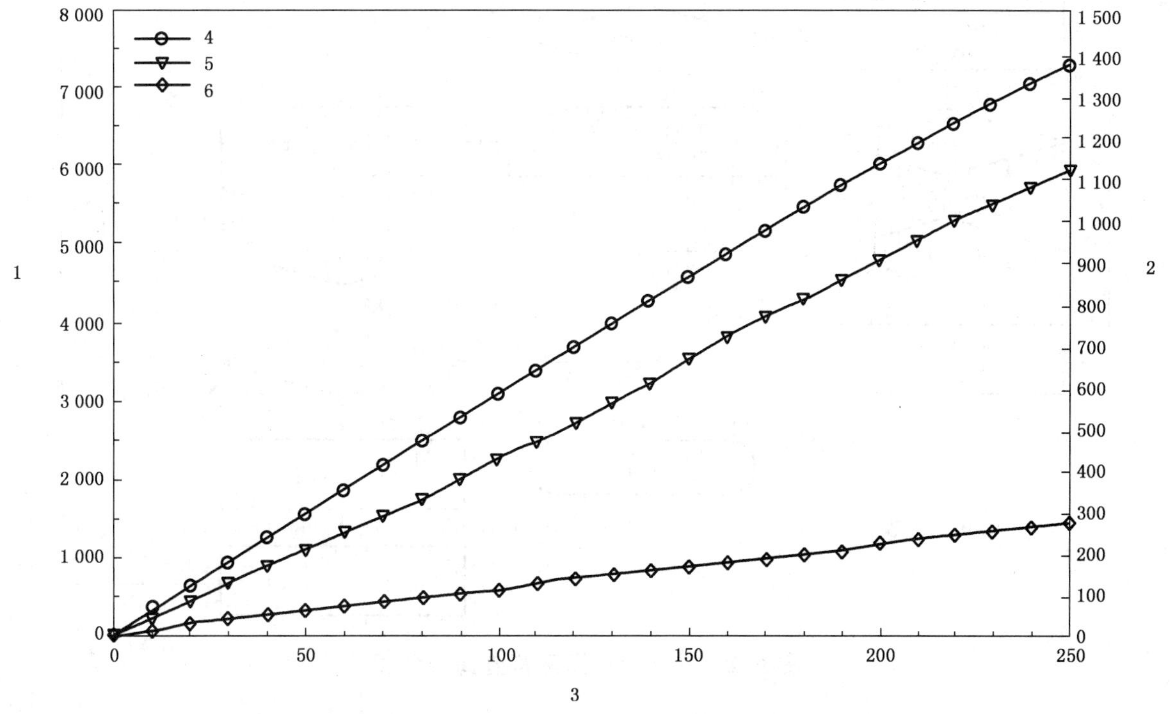

注 1：选择数（最坏情形）。

注 2：选择数（最好情况/随机情况）。

注 3：从站数。

图 F.1 通配符查询程序选择数

F.2 通配符查找使用说明

图 F.2 显示了用通配符查找程序的实现，借此仅使用设备 ID 查找。用通配符可指定制造商号、版本号和媒介，但也可被用户所更改，比如定位某个特定厂家的所有仪表。为了避免被 8 个位置的“For-To”循环的 8 个因素所分类，将这个组“值”定义成 8 个字节数，它们被用来定义那些位置的内容。当前运行的设备 ID 字节数用变量“POS”类型字节标注。

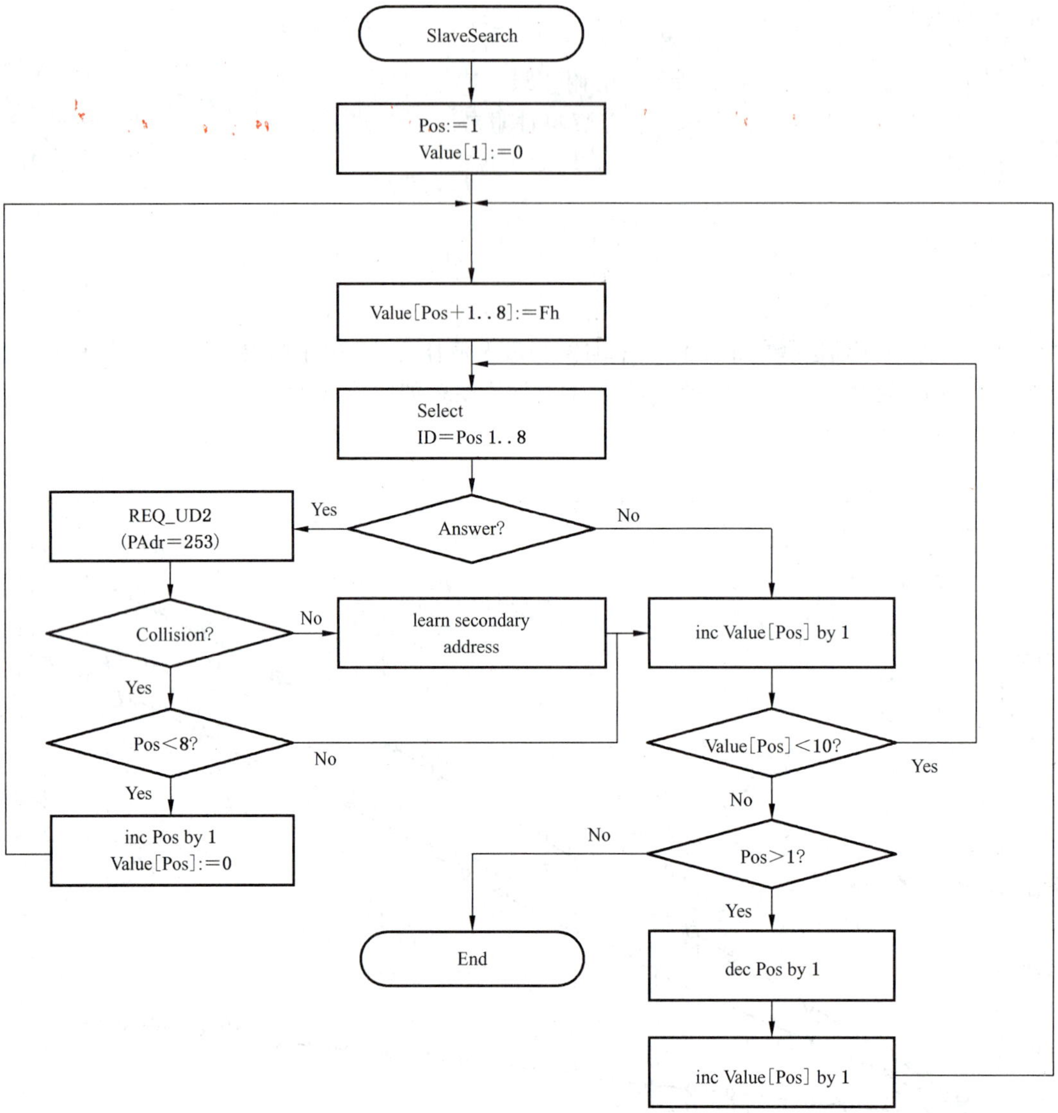

图 F.2 从站使用通配符查询流程图

程序从第一个位置开始，依次实现后边从 0 到 9 的每个位置的值：

——选择 ID-Nr 的第 1 位，第 2 位，…，第 8 位；

——如果无应答，[Pos]的值加 1；

——如果有应答，发送 REQ_UD2 到地址 253，如果数据报文被正确接收并确认，那么下一个被读出的地址值加 1；

——如果出现冲突且最后位置还没有达到，就跳到下一个位置(POS 加 1)；

——在经过一个完整的 0～9 位置后，子程序进入下一个更低的位置或结束查找(如果位置 Nr. 1 已得到处理)。

示例：表 F.1 显示的是主站软件从上到下依次查找二级地址的例子。

表 F.1 使用四个从站的通配符搜索查找二级地址

序号	设备 ID.	制造商(十六进制)	版本(十六进制)	设备类型(十六进制)
1	14 491 001	1057	01	06
2	14 491 008	4567	01	06
3	32 104 833	2010	01	02
4	76 543 210	2010	01	03

查询流程：

a） ID=0FFFFFFF 开始：无应答
b） ID=1FFFFFFF：Nr.1 和 Nr.2 发生冲突
c） ID=10FFFFFF，11FFFFFF，12FFFFFF，13FFFFFF：无应答
d） ID=14FFFFFF：Nr.1 和 Nr.2 发生冲突
e） 重复步骤 3 到 4 一直到 ID=1449100F
f） 获得 ID=14491001 与 14491008
g） 向后到 19999999
h） ID=2FFFFFFF：无应答
i） ID=3FFFFFFF：获得 ID=32104833
j） ID=4FFFFFFF，5FFFFFFF，6FFFFFFF：无应答
k） ID=7FFFFFFF：获得 ID=76543210
l） ID=8FFFFFFF，9FFFFFFF：无应答
m） 结束查找

附 录 G
（资料性附录）
无线产品的 M-bus 总线参数“特殊设备类型”的含义

G.1 VIF VIFE＝FDh 17h（错误标志）

对于无线产品，错误标志的第一字节（各位）有如下含义：

b7	b6	b5	b4	b3	b2	b1	b0
2^7	2^6	2^5	2^4	2^3	2^2	2^1	2^0

b0:1＝削弱
b1:1＝电池电量不足
b2:1＝外部告警
b3:1＝切断电源
b4-b7＝RSSI 代码：

b4	b5	b6	b7	dBm	注释
0	0	0	0		RSSI 无可利用
1	0	0	0	－100 或更少	
0	1	0	0	－90	
1	1	0	0	－80	
0	0	1	0	－60	
1	0	1	0	－50	
0	1	1	0	－40	
1	1	1	0	－30	
0	0	0	1	－20	
1	0	0	1	－10	
0	1	0	1	0	
1	1	0	1	10	
0	0	1	1	20 或更多	
1	0	1	1		保留
0	1	1	1		保留
1	1	1	1		保留

G.2 VIFE＝FDh 1 Fh 在一节点通过遥控操作

对于无线产品，远程控制第一字节各位有如下含义：

b7	b6	b5	b4	b3	b2	b1	b0
2^7	2^6	2^5	2^4	2^3	2^2	2^1	2^0

b0	b1	对于无线产品的校能,远程控制第一字节各位有如下含义:
0	0	不工作
0	1	保留
1	0	减少功耗(一个步骤)
1	1	增加功耗(一个步骤)

b3	b4	b5	测试模式
0	0	0	不工作
0	0	1	测试模式:临时发送"0"
0	1	0	测试模式:临时发送"0101"
0	1	1	测试模式:无调制的载波
1	0	0	测试模式:临时发送"1"
1	0	1	测试模式:临时接收
1	1	0	保留
1	1	1	保留

b6	模式选择
0	能量保存的模式
1	正常模式

b7	b8	为将来使用而保留

参 考 文 献

用 m-总线-用户组操作的 www-服务器在 http://www.m-bus.com 提供一个适时更新总线中信息的论坛。

[1] EN 1434-3:1997 热量表 第3部分:数据交换和接口

[2] EN 13757-1:2002 仪表及其远程读数的通信系统 第1部分:数据交换

[3] EN 62056-21 电能表 抄表、费率和负荷控制的数据交换 第21部分:直接本地数据交换(IEC 62056-21:2002)

ICS 53.060
J 83

中华人民共和国国家标准

GB/T 26949.1—2012/ISO 22915-1:2008

工业车辆 稳定性验证 第1部分:总则

Industrial trucks—Verification of stability—Part 1:General

(ISO 22915-1:2008,IDT)

2012-11-05 发布 2013-02-01 实施

中华人民共和国国家质量监督检验检疫总局
中国国家标准化管理委员会 发布

前　言

GB/T 26949《工业车辆　稳定性验证》拟分为如下部分：

——第1部分：总则；

——第2部分：平衡重式叉车；

——第3部分：前移式和插腿式叉车；

——第4部分：托盘堆垛车、双层堆垛车和操作者位置起升高度不大于1 200 mm的拣选车；

——第5部分：侧面式叉车(单侧)；

——第7部分：两向和多向叉车；

——第8部分：在门架前倾和载荷起升的特定条件下堆垛作业的附加稳定性试验；

——第9部分：搬运6 m及其以上长度货运集装箱的平衡重式叉车；

——第10部分：在由动力装置侧移载荷的特定条件下堆垛作业的附加稳定性试验；

——第11部分：伸缩臂式叉车；

——第12部分：搬运6 m及其以上长度货运集装箱的伸缩臂式叉车；

——第14部分：越野型伸缩臂式叉车；

——第15部分：带铰接转向的平衡重式叉车；

——第16部分：步行式车辆；

——第17部分：货物及人员车辆；

——第20部分：在使用中载荷偏置的特定条件下作业的附加稳定性试验；

——第21部分：操作者位置起升高度大于1 200 mm的拣选车。

本部分为GB/T 26949的第1部分。

本部分按照GB/T 1.1—2009给出的规则起草。

本部分使用翻译法等同采用ISO 22915-1:2008《工业车辆　稳定性验证　第1部分：总则》。

与本部分中规范性引用的国际文件有一致性对应关系的我国文件如下：

——GB/T 6104—2005　机动工业车辆　术语(ISO 5053:1987,IDT)

——GB/T 8591—2000　土方机械　司机座椅标定点(ISO 5353:1995,eqv)

——GB/T 8420—2000　土方机械　司机的身材尺寸与司机的最小活动空间(ISO 3411:1995,eqv)

本部分做了下列编辑性修改：

——为了准确地表达不产生歧义，将表1中第1列的第3行改写为：$250 < d \leqslant 500$ 。

本部分由中国机械工业联合会提出。

本部分由全国工业车辆标准化技术委员会(SAC/TC 332)归口。

本部分负责起草单位：杭叉集团股份有限公司、北京起重运输机械设计研究院。

本部分参加起草单位：国家起重运输机械质量监督检验中心、大连叉车有限责任公司、广西柳工机械股份有限公司、浙江诺力机械股份有限公司、宁波如意股份有限公司、厦门厦工机械股份有限公司。

本部分主要起草人：徐征宇、王墨洋、周云凤、王军、顾群、邵以东、冯振礼、周学军、江蕾。

工业车辆 稳定性验证 第1部分:总则

1 范围

GB/T 26949的本部分规定了与ISO 5053所定义的工业车辆的安全性相关的稳定性及其验证方法。本部分涉及的工业车辆是指带有轮子的自行式或步行式车辆,在轨道上运行的车辆除外。这些车辆可以是由驾驶员控制的,或者是无人驾驶的,用来搬运、牵引、推顶、起升、堆垛或货架内分层堆垛。

本部分规定了验证工业车辆(以下简称车辆)稳定性的基本试验规范和要求。

本部分适用于以下的车辆类型及其特定条件:

a) ISO 22915-2中规定的平衡重式叉车;

b) ISO 22915-3中规定的前移式和插腿式叉车;

c) ISO 22915-4中规定的托盘堆垛车、双层堆垛车和操作者位置起升高度不大于1 200 mm的拣选车;

d) 侧面式叉车(单侧)[1];

e) ISO 22915-7中规定的两向和多向叉车;

f) ISO 22915-8中规定的在门架前倾和载荷起升的特定条件下堆垛作业的附加稳定性试验;

g) 搬运6 m及其以上长度货运集装箱的平衡重式叉车[1];

h) GB/T 26949.10(ISO 22915-10)中规定的在由动力装置侧移载荷的特定条件下堆垛作业的附加稳定性试验;

i) 伸缩臂式叉车[1];

j) 搬运6 m及其以上长度货运集装箱的伸缩臂式叉车[1];

k) 越野型伸缩臂式叉车[1];

l) 带铰接转向的平衡重式叉车[1];

m) 步行式车辆[1];

n) 货物及人员载运车[1];

o) ISO 22915-20中规定的在使用中载荷偏置的特定条件下作业的附加稳定性试验;

p) ISO 22915-21中规定的操作者位置起升高度大于1 200 mm的拣选车。

本部分也适用于在相同工作条件下装有载荷搬运属具的车辆。

本部分不适用于:

——搬运可以自由摆动的悬吊载荷的车辆;

——起升高度不大于500 mm的低起升车辆。

2 规范性引用文件

下列文件对于本文件的应用是必不可少的。凡是注日期的引用文件,仅注日期的版本适用于本文件。凡是不注日期的引用文件,其最新版本(包括所有的修改单)适用于本文件。

ISO 3411 土方机械 司机的身材尺寸与司机的最小活动空间(Earth-moving machinery—Physical dimensions of operators and minimum operator space envelope)

ISO 5053 机动工业车辆 术语(Powered industrial trucks—Terminology)

ISO 5353 土方机械、农林拖拉机和机械 司机座椅标定点(Earth-moving machinery, and tractors and machinery for agriculture and forestry—Seat index point)

1) 计划发布的ISO 22915的部分标准。

3 术语和定义

下列术语和定义适用于本文件。

3.1

正常工作条件 normal operating conditions

〈除伸缩臂式和越野型车辆外的车辆〉符合下述工作条件：

a) 货叉基本水平，在坚实、平整、水平和铺好的路面上进行堆垛作业；

b) 载荷质心约在车辆纵向中心平面内时进行作业；

c) 门架或货叉后倾(如果可以)，载荷处于较低(运行)位置，在坚实、平整、水平和铺好的路面上运行；对于前移式车辆，门架或货叉完全缩回；

d) 载荷/操作者处于起升状态下运行或操作(车辆针对该工况进行了特殊的设计)。

3.2

正常工作条件 normal operating conditions

〈伸缩臂式和越野型车辆〉符合下述工作条件：

a) 臂架起升/伸出、货叉基本水平的组合状态下，在坚实、平整、水平和铺好的路面上进行堆垛作业；

b) 载荷质心约在车辆纵向中心平面内时进行作业；

c) 带门架的车辆在门架后倾不超过 10°、载荷质心后移不超过 600 mm 条件下操作起升状态下的载荷；

d) 在货叉后倾时操作起升状态下的载荷；

e) 越野车辆的门架或货叉后倾、载荷处于较低(运行)位置，在未经平整的地面或表层被破坏的场地上运行；如果可以，则任何前移/伸缩机构应完全缩回。

3.3

非正常工作条件 operating conditions other than normal

当工作条件与 3.1 或 3.2 中规定不相同时，车辆应符合下述条件之一：

a) 相关适用的标准所规定的不同特定条件(如，在由动力装置侧移载荷或使用中载荷偏置条件下堆垛作业的车辆、或门架前倾条件下堆垛作业的车辆及搬运货运集装箱的车辆)；或

b) 车辆稳定性由有关方与制造商协商一致，但不应低于相应车辆正常工作条件下试验规定的稳定性要求。

3.4 **倾斜平台 tilt table**

至少一侧可倾斜的刚性平台，可用于验证置于其上车辆在横向和纵向的稳定性(见图 1)。

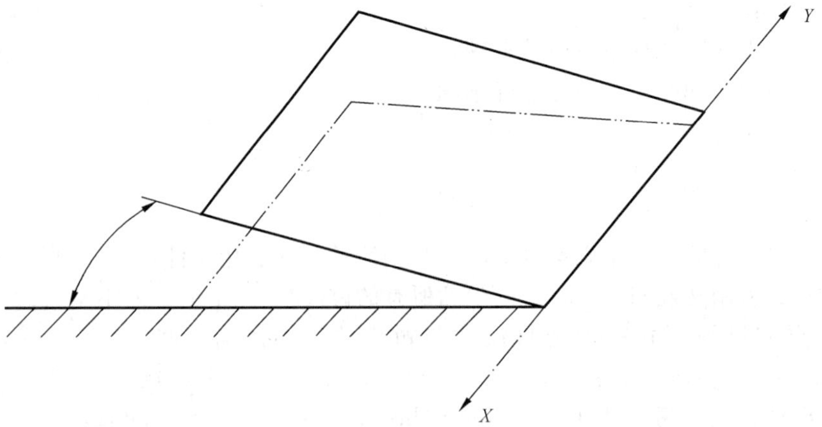

说明：

X-Y——表示倾斜平台的倾斜轴线。

图 1 倾斜平台

3.5

倾斜轴线　tilt axis

当对车辆质心施加足够大的静态或动态力时,车辆纵向或横向倾翻的轴线(见图 2)。

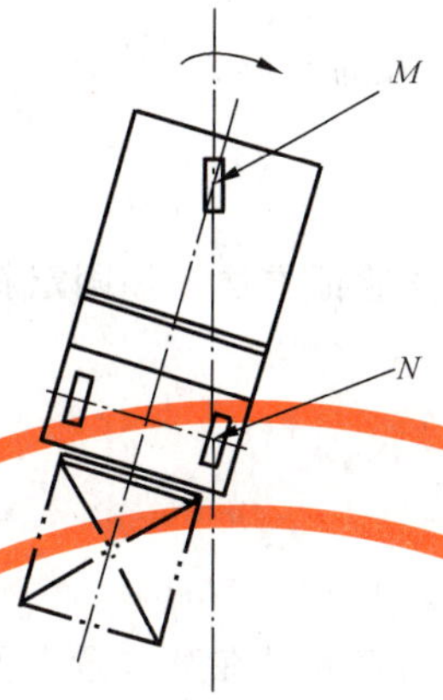

说明:

M-N——表示车辆的倾斜轴线。

图 2　倾斜轴线

3.6

倾翻　tip-over

车辆丧失稳定性并整体倾翻。

注:一个或多个车轮离开倾斜平台,或车架接触到倾斜平台不视为倾翻。

4　车辆稳定性试验

4.1　试验要求

车辆的稳定性应采用下述试验方法之一来验证。

若车辆通过全部试验而不倾翻或通过计算满足要求,则认为是稳定的。

当比较计算值和试验值时,试验值被认为是稳定性的真实值。

4.2　验证步骤

4.2.1　倾斜平台的操作和试验准则

车辆应根据 GB/T 26949 相关部分标准中规定的条件放置在倾斜平台上。进行每项试验时,倾斜平台应平稳地倾斜到规定的倾斜度。

对所有规定的试验,当倾斜平台达到所要求的倾斜度时,车辆不应倾翻。

除了设计用于搬运 6 m 及其以上长度货运集装箱的车辆外,允许一个或多个车轮离开倾斜平台或部分车架接触到倾斜平台。如果这种情况发生,允许车辆在新的位置重新稳定,或者在没有外部约束的情况下倾翻。

在发生倾翻瞬间之前,防倾翻的安全措施不应对车辆产生任何约束效果。

4.2.2 计算

通过计算可以确定稳定性数值是否与规定相符。

计算应依据类似车辆的经验数值。

该计算值应考虑制造误差和门架、轮胎等的变形。

4.2.3 其他方法

允许采用能得出相同结果的其他稳定性验证方法。如固定斜坡。

4.3 试验条件

4.3.1 车辆条件

试验应在一台可供使用的车辆上进行。

根据 ISO 3411 的规定，如果某项试验因驾驶员在其位置上而稳定性降低时，则坐驾式和站驾式车辆的驾驶员应由一块质量为 98 kg 的物体来模拟。对于站驾式车辆，物体的质心应固定在操作平台地板驾驶员正常工作位置中心上方 1 000 mm 处。对于坐驾式车辆，物体的质心应固定在按 ISO 5353 确定的座椅标定点(SIP)上方 150 mm 处，如果座椅位置可以调整，应将座椅置于可调范围的中点。

如果稳定性因燃油箱油量的原因而降低，则内燃车辆的燃油箱应加满。其他各油液箱应按其用途加注到正确工作液位。

充气轮胎应按照车辆制造商规定的压力值充气。如果车辆结构中有轮胎压重，则压重的使用应遵循车辆制造商的说明。

4.3.2 车辆在倾斜平台上的位置

车辆应根据 GB/T 26949 相关部分标准中规定的条件放置在倾斜平台上。横向稳定性试验应在车辆稳定性最小的一侧进行。

如图 3 所示，轴线为各轴的中心线，纵向中心平面指垂直于转向桥中心线和载重桥中心线的纵向平面。

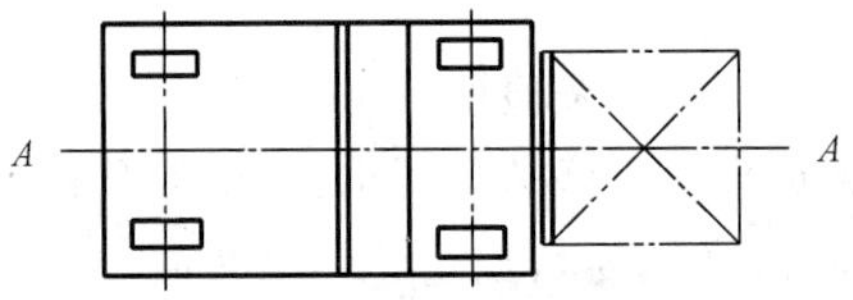

说明：

A-*A*——表示车辆纵向中心平面。

图 3 纵向中心平面和轴线示意图

可通过以下方式来保持车辆在倾斜平台上的初始位置：

——使用停车制动器或行车制动器，这些制动器应可靠地处于“制动”状态，或将车轮与车架楔紧，但无论如何确保不影响铰接功能；

——使用垫块或楔块来保持车辆在倾斜平台上的初始位置，其最大高度不应超过表 1 所列数值(载运车除外)；

——必要时，可采用适当的能增加摩擦的材料，以提高平台表面的摩擦系数。

表 1　垫块或楔块最大高度

单位为毫米

轮胎外径 d	垫块或楔块最大高度
$d \leqslant 250$	25
$250 < d \leqslant 500$	$0.1d$
$d > 500$	50

4.3.3　试验载荷、起升高度和标准载荷中心距

试验载荷的质量应等于车辆起升到相应起升高度时，作用在质心 G 处的实际起重量 Q，质心 G 通常位于车辆标牌上标出的标准载荷中心距 D 处(见图 4 和 ISO 3691-1、ISO 3691-2、ISO 3691-3、ISO 3691-5)，即从货叉垂直段前表面到质心 G 的水平距离和从货叉水平段上表面到质心 G 的垂直距离。

如果可以产生与一个均质质量相同的效果，也可以使用其他方法。

当车辆标牌上标有附加的起升高度、载荷和载荷中心距时，车辆的这些附加值也应满足 GB/T 26949本部分的要求。

试验载荷质心 G 应位于车辆纵向中心平面 A-A 内。

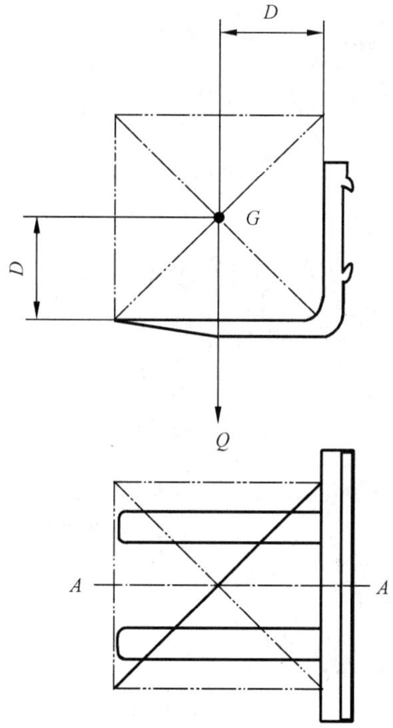

说明：

D——标准载荷中心距；

G——载荷质心，位于车辆纵向中心平面(A-A)内；

Q——实际起重量。

图 4　标准载荷中心距

4.4 试验安全措施

在试验过程中应采取措施防止车辆倾翻或试验载荷位移。

a) 应采用下列方法来防止车辆整体倾翻：

——钢丝绳，吊装带或链条；

——具有足够高度的起重机；

——其他方法。

b) 应采用下列方法来防止试验载荷位移：

——将试验载荷牢固地固定在载货架或类似结构上；

——利用货叉上的适当支承点将试验载荷悬挂在靠近地面处，而悬挂点应位于试验载荷质心 G 处，如同试验载荷置于货叉上。

4.5 装有属具车辆的稳定性验证

装有除货叉以外其他属具的车辆，应进行同样的稳定性试验。如果质心有明显的移动，应进行附加试验(见 GB/T 26949 其他部分)。为校验门架的垂直位置，应选择一个与试验载荷质心 G(见图 4)有固定关系的参考点。

试验载荷应为该属具用于被试车辆时，在相应载荷中心距处的实际起重量。

对于不安装货叉的属具，试验规定的起升高度，应在倾斜平台表面与载荷或属具的下表面之间测量，取其中的较小值。

参 考 文 献

[1] ISO 3691-1 Industrial trucks—Safety requirements and verification—Part 1:Self-propelled industrial trucks, other than driverless variable reach trucks, and burden carrier trucks

[2] ISO 3691-2 Industrial trucks—Safety requirements and verification—Part 2:Self-propelled variable reach trucks

[3] ISO 3691-3 Industrial trucks—Safety requirements and verification—Part 3:Additional requirements for trucks with elevating operator position and trucks specifically designed to travel with elevated loads

[4] ISO 3691-5 Industrial trucks—Safety requirements and verification—Part 5:Pedestrian-propelled trucks

ICS 03.120.20
A 00

中华人民共和国国家标准

GB/T 27043—2012/ISO/IEC 17043:2010
代替 GB/T 15483.1—1999,GB/T 15483.2—1999

合格评定　能力验证的通用要求

Conformity assessment—General requirements for proficiency testing

(ISO/IEC 17043:2010,IDT)

2012-12-31 发布　　2013-07-01 实施

中华人民共和国国家质量监督检验检疫总局
中国国家标准化管理委员会　发布

前　言

本标准按照 GB/T 1.1—2009 给出的规则起草。

本标准代替 GB/T 15483.1—1999《利用实验室间比对的能力验证　第 1 部分:能力验证计划的建立和运作》和 GB/T 15483.2—1999《利用实验室间比对的能力验证　第 2 部分:实验室认可机构对能力验证计划的选择和利用》。

本标准与 GB/T 15483.1—1999 和 GB/T 15483.2—1999《利用实验室间比对的能力验证》相比较,本标准的结构发生了重大变化:

(1) 标准的体例发生了根本性变化,将主体部分分为管理要求和技术要求两大部分,强化质量管理体系的作用;

(2) 适用范围发生了变化,该标准既适用于能力验证计划的运作,也适用于能力验证提供者建立管理体系;

(3) 内容变化较大。无论是能力验证相关定义、分类、管理要求还是技术要求,都发生了较大变化;

(4) 能力验证利用对象从认可机构拓展为利益相关方。

本标准等同采用 ISO/IEC 17043:2010《合格评定　能力验证的通用要求》。

本标准的附录 B 中给出的能力验证相关统计方法原则,与 ISO 13528:2005《利用实验室间比对进行能力验证的统计方法》密切相关,但在 ISO 13528 中的描述更为详细,建议各方在使用本标准时,同时参考 ISO 13528。

本标准由全国认证认可标准化技术委员会(SAC/TC 261)提出并归口。

本标准起草单位:中国合格评定国家认可中心、国家认证认可监督管理委员会、中国计量科学研究院、中国标准化研究院、辽宁出入境检验检疫局、北京中实国金国际实验室能力验证研究中心、中国电器科学研究院、山东出入境检验检疫局、卫生部临床检验中心、上海市食品药品检验所、国家环境分析测试中心。

本标准主要起草人:翟培军、田玲、葛曼丽、张明霞、李文龙、杨美成、郑江、茅祖兴、王海舟、吴国平、丁文兴、刘学惠、王治国、吴忠祥。

本标准所代替标准的历次版本发布情况为:

——GB/T 15483.1—1999;

——GB/T 15483.2—1999。

引　言

当前,实验室间比对的作用日益彰显,并得到越来越广泛地应用。实验室间比对的典型目的有:

a) 评定实验室从事特定检测或测量的能力及监视实验室的持续能力;

b) 识别实验室存在的问题并启动改进措施,这些问题可能与诸如不适当的检测或测量程序、人员培训和监督的有效性、设备校准等因素有关;

c) 建立检测或测量方法的有效性和可比性;

d) 增强实验室客户的信心;

e) 识别实验室间的差异;

f) 根据比对的结果,帮助参加实验室提高能力;

g) 确认实验室声称的不确定度;

h) 评估某种方法的性能特征——通常被称为协作试验;

i) 用于标准物质/标准样品的赋值,以及评定其应用于特定检测或测量程序时的适用性;

j) 支持由国际计量局(BIPM)及其相关区域计量组织,通过"关键比对"及辅助比对所达成的国家计量院间测量等效性的声明。

能力验证包含了如上述a)至g)所列出的利用实验室间比对确定实验室能力的活动,但通常不从事h)、i)和j)所表述活动。这是因为在这些比对中,实验室的能力已被设定,但这些比对仍可为实验室的能力提供独立证明。因此,本标准的要求也可用于h)、i)和j)中的技术策划和运作。

对实验室的能力持续保持信任,不仅对实验室及其客户至关重要,而且对其他利益相关方,诸如监管机构、实验室认可机构、以及其他对实验室持有特定要求的组织也很重要。GB/T 27011要求认可机构考虑实验室参加能力验证的情况及其结果。其他的合格评定活动,例如检查或产品认证,对于能力验证的需求也在不断增长,本标准中的大部分要求都适用于上述领域,尤其是在管理、策划和设计、人员、质量保证和保密性方面。适当时,也适用于其他方面。

本标准的制定,为所有利益相关方确定能力验证提供者的能力建立了基本原则。它将取代GB/T 15483—1999所包含的两部分内容。GB/T 15483—1999不仅包括了能力验证的建立和运作、实验室认可机构对能力验证的选择和使用,而且对典型的能力验证类型作了很有用的描述。对于GB/T 15483—1999中所阐述的能力验证运作原则,本标准予以保留并作了适当的修正和更新,这些将体现在附录A至附录C中。这些附录提供了在能力验证计划的典型类型,适用的统计方法,以及实验室、认可机构、监管机构和其他利益相关方选择和使用能力验证计划等方面的相关信息。

合格评定　能力验证的通用要求

1　范围

本标准规定了能力验证提供者所需能力，以及建立和运作能力验证计划的通用要求。

本标准的要求适用于所有类型的能力验证计划，并可作为某个特殊应用领域特定技术要求的基础。

2　规范性引用文件

下列文件对本文件的应用是必不可少的。凡是注日期的引用文件，仅注日期的版本适用于本文件。凡是不注明日期的引用文件，其最新版本(包括所有的修订单)适用于本文件。

GB/T 27000—2006，合格评定　词汇和通用原则(ISO/IEC 17000:2004，IDT)

ISO/IEC Guide 99:2007　国际计量学词汇　基础通用概念和相关术语(International Vocabulary of metrology—Basic and general concepts and associated terms(VIM))

3　术语和定义

GB/T 27000—2006、ISO/IEC Guide 99:2007 界定的以及下列术语和定义适用于本文件。

3.1

指定值　assigned value

对能力验证物品的特定性质赋予的值。

3.2

协调者　coordinator

负责组织和管理能力验证计划运作中所有活动的一人或多人。

3.3

客户　customer

通过合同性协议获得能力验证计划的组织或个人。

3.4

实验室间比对　interlaboratory comparison

按照预先规定的条件，由两个或多个实验室对相同或类似的物品进行测量或检测的组织、实施和评价。

3.5

离群值　outlier

一组数据中被认为与该组其他数据不一致的观测值。

注：离群值可能来源于不同的总体，或由于不正确的记录或其他粗大误差的结果。

3.6

参加者　participant

接受能力验证物品并提交结果以供能力验证提供者评价的实验室、组织或个人。

注：在某些情况下，参加者可以是检查机构。

3.7

能力验证 proficiency testing

利用实验室间比对，按照预先制定的准则评价参加者的能力。

注 1：在本标准中，术语“能力验证”具有极为广泛的含义，包括但不限于以下类型：

a) 定量计划 quantitative scheme

该类计划是确定能力验证物品的一个或多个被测量的量值。

b) 定性计划 qualitative scheme

该类计划是对能力验证物品的一个或多个特性进行鉴别或描述。

c) 顺序计划 sequential scheme

该类计划是将检测或测量的一个或多个能力验证物品按顺序分发，并按期返回能力验证提供者。

d) 同步计划 simultaneous scheme

该类计划中，分发能力验证物品，在规定期限内同时进行检测或测量。

e) 单个计划 single occasion exercise

该类计划中，为单一需求提供能力验证物品。

f) 连续计划 continuous scheme

该类计划中，按规定间隔持续提供能力验证物品。

g) 抽样 sampling

该类计划是针对分析前的抽样环节。

h) 数据转换和解释 data transformation and interpretation

该类计划中，提供成组的数据或其他信息，要求参加者通过处理这些信息给出解释（或其他结果）。

注 2：在医学领域的某些能力验证提供者，利用术语“外部质量评价（EQA）”表示其能力验证计划和/或更广义的计划（见附录 A）。本标准中的要求只适用于符合能力验证定义的 EQA 活动。

3.8

能力验证物品 proficiency test item

用于能力验证的样品、产品、人工制品、标准物质/标准样品、设备部件、测量标准、数据组或其他信息。

3.9

能力验证提供者 proficiency testing provider

对能力验证计划建立和运作中的所有任务承担责任的组织。

3.10

能力验证轮次 proficiency testing round

向参加者发放能力验证物品、评价和报告结果的一个完整流程。

3.11

能力验证计划 proficiency testing scheme

在检测、测量、校准或检查的某个特定领域，设计和运作的一轮或多轮次能力验证。

注：一项能力验证计划可以包含对能力验证物品的一种或多种特定类型的检测、校准或检查。

3.12

稳健统计方法 robust statistical method

对给定概率模型假定条件的微小偏离不敏感的统计方法。

3.13

能力评定标准差 standard deviation for proficiency assessment

根据可获得的信息，用于评价能力验证结果分散性的度量。

注 1：标准差只适用于比例尺度（ratio scale）和定距尺度（differential scale）的结果。

注 2：并非所有的能力验证计划都根据结果的分散性进行评价。

3.14

分包方　subcontractor

能力验证提供者使用的从事本标准中规定活动并影响能力验证计划质量的组织或个人。

注：术语"分包方"包括许多能力验证提供者所称的合作方。

3.15

计量溯源性　metrological traceability

通过文件规定的不间断的校准链将测量结果与参考标准联系起来的特性，每个链接点均对测量不确定度有贡献。

注1：本定义中，参考标准可以是通过实际复现的某个测量单位的定义，或是包括非序量测量单位的一个测量程序，或是一个测量标准。

注2：计量溯源性要求建立校准等级图。

注3：参考标准的技术要求中必须包括利用参考标准建立校准等级图的时间、以及有关该参考标准的其他计量信息，例如，在校准等级图中首次进行校准的时间。

注4：对于测量模型中含有一个以上输入量的测量，其每个输入量的量值在计量上应能溯源，相关的校准等级图可以形成支岔结构或网络状。为每个输入量的量值建立计量溯源性所作的努力应与对测量结果的贡献相适应。

注5：测量结果的计量溯源性不能保证测量的不确定度适用于某个特定的目的，或不存在差错。

注6：当两个测量标准间的比对是用于核查，及必要时对其中一个测量标准的量值及其测量不确定度进行修正时，则该比对可以视为校准。

注7：国际实验室认可合作组织(ILAC)认为，确认计量溯源性的要素有：与国际测量标准或国家测量标准相联系的一条不间断的计量溯源链、形成文件的测量不确定度、形成文件的测量程序、认可的技术能力、对SI的计量溯源性以及校准的间隔(见ILAC P-10:2002)。

注8：简称的术语"溯源性"，既可表示"计量溯源性"，有时也可表示其他概念，诸如"样品溯源性"、"文件溯源性"、"仪器溯源性"或"材料溯源性"，这些都代表了一件物品的历史(溯源)。所以，如有产生混淆的风险时，最好采用术语的全称"计量溯源性"。

[ISO/IEC Guide 99:2007，定义2.41]

3.16

测量不确定度　measurement uncertainty/uncertainty of measurement

不确定度　uncertainty

根据所用到的信息，表征赋予被测量的量值分散性的非负参数。

注1：测量不确定度包括源自系统影响的不确定度分量，诸如与修正值和测量标准指定量值相伴随的不确定度分量，以及定义的不确定度。有时，并未修正估计的系统影响，而是当作不确定度分量处理。

注2：参数可以是称为标准测量不确定度的标准差(或其特定的倍数)，或是具有规定包含概率的区间半宽度。

注3：测量不确定度一般由若干分量组成。其中一些分量可根据一系列测量值的统计分布，按测量不确定度的A类评定进行评定，并用标准差表征。而另一些分量则可根据经验或其他信息假设的概率密度函数，按测量不确定度的B类评定进行评定，也用标准差表征。

注4：通常，对于给出的一组信息，测量不确定度应伴随被测量所宣称的量值，该值的改变也会造成与其相伴的不确定度的改变。

[ISO/IEC Guide 99:2007，定义2.26]

4　技术要求

4.1　总则

能力验证计划的建立和运作应由能力验证提供者承担。该提供者应具有实施实验室间比对的能力，并能获得与特定类型能力验证物品相关的专业知识。能力验证提供者或其分包方还应具备对于待测特性的测量能力。

注：符合 GB/T 27025 或 GB/T 22576 可证明能力验证提供者实验室的能力，或承担能力验证计划相关检测或测量工作的分包方实验室的能力。符合 GB/T 15000.7 可证明提供能力验证物品的标准物质/标准样品生产者的能力。

4.2 人员

4.2.1 能力验证提供者应有管理和技术人员，他们具有履行其职责所需权限、资源和技术能力。

4.2.2 能力验证提供者管理层应规定组织中关键岗位所需资格和经验的最低要求，并确保人员满足要求。

4.2.3 能力验证提供者应使用长期雇用人员或签约人员。在使用签约技术人员及关键支持人员时，能力验证提供者应确保这些人员是胜任的且受到监督，并按照能力验证提供者管理体系要求工作。

注：对承担某专项工作的或作为顾问组或指导小组（见 4.4.1.4）成员的技术专家，通过诸如小组职责范围描述或其他方式签有正式协议，可视为满足本要求。

4.2.4 能力验证提供者应授权专门人员从事如下工作：

a) 选择适当的能力验证物品；
b) 策划能力验证计划；
c) 进行特定类型的抽样；
d) 操作特定的仪器设备；
e) 进行测量以确定能力验证物品被测量的稳定性和均匀性、指定值及其不确定度；
f) 制备、处置并分发能力验证物品；
g) 操作数据处理系统；
h) 进行统计分析；
i) 评价能力验证参加者的能力；
j) 提供意见和解释；
k) 批准发布能力验证报告。

4.2.5 能力验证提供者应保留所有技术人员（包括签约人员）的相关授权、能力、教育和专业资格、培训、技能和经验的最新记录，这些信息应易于获取，并应包括其承担相应工作的能力评价和确认日期。

4.2.6 能力验证提供者应为运作能力验证计划的每个人员制定教育、培训和技能的目标。能力验证提供者应有确定培训需求和提供人员培训的政策和程序。培训计划应与能力验证提供者当前和预期的任务相适应。

注：建议考虑人员定期再培训需求。人员培训政策宜考虑技术更新和证明持续能力的需求，并以持续提高技能为目的。

4.2.7 能力验证提供者应确保工作人员获得必要的培训，以确保人员能够胜任测量、仪器设备操作以及其他影响能力验证计划质量的工作，应评价培训活动的有效性。

注：可使用客观方法来评定人员所达到的能力。

4.3 设备、设施和环境

4.3.1 能力验证提供者应确保具有与能力验证计划运作相适应的设施，主要包括用于能力验证物品的制造、处置、校准、检测、储存和分发，以及数据处理、通讯、资料和记录检索的设施和设备。

4.3.2 能力验证提供者应确保环境条件不会影响能力验证计划或所要求的运作质量。当能力验证计划是在能力验证提供者固定设施以外的场所或委托给分包方运作时，应予以特别注意。应将影响能力验证计划的设施和环境条件的技术要求制定成文件。

4.3.3 应对影响能力验证计划质量的区域的进入和使用加以控制。能力验证提供者应根据其特定情况确定控制的程度。

4.3.4 能力验证提供者应识别可能显著影响能力验证物品、检测和校准质量的环境条件，包括规范和测量程序所要求的条件。提供者应对这些条件加以控制和监测,并应记录所有相关监控活动。当环境条件危及到能力验证计划的质量或运作时,应停止相关能力验证活动。

注:环境条件包括诸如生物消毒、灰尘、电磁干扰、辐射、湿度、供电、温度、声级、振级,要与涉及的技术活动相适宜。

4.3.5 应将不相容活动的相邻区域进行有效隔离。应采取措施以防止交叉污染。

4.3.6 能力验证提供者应确保用于确定能力验证物品的含量、均匀性和稳定性的实验室方法和设备的性能特征得到适当地确认和维持。

4.4 能力验证计划的设计

4.4.1 策划

4.4.1.1 能力验证提供者应识别和策划直接影响能力验证计划质量的过程,并应确保这些过程依据既定程序进行。

注:在建立一项计划及相关信息时可考虑相关方的利益。

4.4.1.2 能力验证提供者不应将能力验证计划的策划工作分包(见5.5.2)。

注:能力验证提供者可向顾问、专家或指导小组寻求建议和帮助(见4.4.1.4)。

4.4.1.3 能力验证提供者应在能力验证计划开始之前制定文件化的方案,说明本次能力验证计划的目标、目的以及基本设计情况,并提供以下信息,适当时应说明其取舍理由:

a) 能力验证提供者的名称和地址;
b) 协调者以及其他参与能力验证计划设计和运作人员的姓名、地址和联系方式;
c) 分包的活动以及参与能力验证计划运作分包方的名称和地址;
d) 参加计划应满足的条件;
e) 能力验证计划预期的参加者数量和类型;
f) 所选定的被测量或特性,包括参加者需要鉴别、测量或检测的有关信息;
g) 对能力验证物品预期的量值范围和/或特性的描述;
h) 所提供能力验证领域中涉及的潜在的主要错误来源;
i) 对能力验证物品生产、质量控制、存储、分发的要求;
j) 合理防范参加者串通或伪造结果的措施,以及当怀疑串通或伪造时可执行的程序;
k) 将提供给参加者的信息描述,以及能力验证计划各阶段时间表;
l) 对于连续能力验证计划,给参加者分发能力验证物品的频次或日期,参加者返回结果的截止日期,适当时,参加者进行检测或测量的日期;
m) 参加者准备检测材料以及进行检测或测量所使用的方法或程序的有关信息;
n) 用于能力验证物品均匀性和稳定性检验的检测或测量方法的程序,必要时确定其生物活性;
o) 为参加者准备的所有标准化的结果报告格式;
p) 所使用统计分析的详细描述;
q) 所有指定值的来源、计量溯源性和测量不确定度;
r) 参加者能力评价的准则;
s) 返回给参加者的数据、中期报告或信息的描述;
t) 参加者结果和根据能力验证计划结果所做结论的公布范围描述;
u) 能力验证物品丢失或损坏时应采取的措施。

4.4.1.4 能力验证提供者应能获得在检测、校准、抽样、检查以及统计分析等相关领域的必要专业知识和经验。需要时,可通过成立顾问组(称谓可不同)来实现。

4.4.1.5 适当时,应利用专业知识确定以下事宜:

a) 4.4.1.3中所列的策划要求;
b) 识别和解决在制备和保持均匀的能力验证物品,或在为能力验证物品提供稳定的指定值方面可预料到的困难；

c) 为参加者准备详细的指导书；

d) 对前几轮能力验证中参加者所提出的所有技术难题或意见进行评议；

e) 为评定参加者的能力提供建议；

f) 对参加者结果和能力进行整体评述，适当时，分组或逐一评议；

g) 为参加者分别提供或在报告中提供建议(在保密许可范围内)；

h) 回复参加者的反馈；

i) 策划或参加参加者之间的技术会议。

4.4.2 能力验证物品的制备

4.4.2.1 能力验证提供者应建立并执行程序，以确保能力验证物品制备按照4.4.1描述的方案进行。

注：建议能力验证提供者充分考虑制备足够数量的能力验证物品，以便替代分发期间丢失或损坏的能力验证物品，或者在完成结果评价之后，用于对参加者的培训或者用作标准物质/标准样品等。

4.4.2.2 能力验证提供者应建立并执行程序，确保所有能力验证物品以恰当的方式获得、收集、制备、处理、储存，需要时包括废弃物的处置。该程序应确保制备能力验证物品所用材料的获取符合相关法规和伦理道德要求。

4.4.2.3 能力验证物品的基体、被测量和浓度等应尽可能地与日常检测或校准物品和材料的类型相似。

4.4.2.4 当能力验证计划中需要参加者将制备和/或处理后的能力验证物品再返回给能力验证提供者时，能力验证提供者应为参加者提供能力验证物品制备、包装及运输的说明。

4.4.3 均匀性和稳定性

4.4.3.1 应基于不均匀性和不稳定性对参加者能力评定可能产生的影响，建立合适的均匀性和稳定性判定准则。

注1：本条要求旨在确保每个参加者都收到具有可比性的能力验证物品，并且这些能力验证物品在整个能力验证过程中保持稳定。为此，需要周密地策划、制备和运输，且通常需要通过检验来确认。

注2：某些情况下，无法对能力验证物品开展均匀性和稳定性检验，例如可用于制备能力验证物品的材料非常有限。

注3：某些情况下，仅可获得不足够均匀或稳定的材料，如果在指定值的不确定度中或者结果评价时考虑到这一点，这些材料仍可用作能力验证物品。(见附录B.3.1.3以及ISO 13528:2005附录B)

注4：均匀性和稳定性在GB/T 15000.7、GB/T 15000.3和ISO 13528中有更进一步的讨论。

4.4.3.2 应将均匀性和稳定性的评定程序形成文件并执行，只要可行，应根据适用的统计设计进行评定。如可能，能力验证提供者应根据统计方法，从整批检测材料中随机抽取一定数量、具有代表性的能力验证物品来评定材料的均匀性。

注：某些情况下，从整批能力验证物品中采用随机分层抽样或系统抽样更为合适。

4.4.3.3 均匀性评定通常应在能力验证物品被包装成最终形式之后、分发给参加者之前进行，除非不可行，例如稳定性研究表明必须以散装的方式来保存。

注1：当预计包装不会影响均匀性时，可在样品包装之前进行均匀性检验。

注2：某些情况下，由于实际的、技术的或后勤保障的原因，均匀性检验在样品分发前无法实施。

4.4.3.4 应证实能力验证物品足够稳定，确保这些材料在能力验证实施过程(如储存和运输条件)中不会发生明显变化。如果无法保证，则应将稳定性量化，并考虑作为能力验证物品指定值测量不确定度的补充分量，必要时，在能力评定准则中予以考虑。

4.4.3.5 若使用先前轮次中保留的能力验证物品，在样品分发前，能力验证提供者应确认本次能力验证计划中待测的特性值。

4.4.3.6 当无法进行均匀性和稳定性检验时，能力验证提供者应证明能力验证物品的收集、制备、包装和分发程序可以充分满足能力验证要求。

4.4.4 统计设计

4.4.4.1 应根据数据的特性(定量或定性,包括顺序和分类)、统计假设、误差的性质以及预期的结果数量,制定符合计划目标的统计设计。

注1:统计设计涵盖能力验证计划数据的策划、收集、分析和报告等过程。统计设计通常基于能力验证计划设定的目标,比如检出规定统计功效下的某类错误或确定带有规定测量不确定度的指定值。

注2:数据分析方法可能非常简单(如描述性统计量),也可能由于利用带有概率假设或不同能力验证物品结果组合的统计模型而非常复杂。

注3:当能力验证计划根据委托人(如客户、法定管理机构或认可机构)给定的规范设计时,可直接使用规范中的统计设计和数据分析方法。

注4:在缺少统计设计所需的可靠信息时,可利用先期的实验室间比对来获得。

4.4.4.2 能力验证提供者应将用来确定指定值和评价参加者测量结果的统计设计和数据分析方法形成文件,并对选用的原因和假设进行说明。能力验证提供者应能证实统计假设合理并确保统计分析按照规定程序进行。

4.4.4.3 在设计统计分析时,能力验证提供者应仔细考虑下列事项:

a) 能力验证中每个被测量或特性所要求或期望的准确度(正确度和精密度)以及测量不确定度;
b) 达到统计设计目标所需的最少参加者数量;当参加者数量不足以达到目标或不能对结果进行有意义的统计分析时,提供者应将评定参加者能力的替代方法的详细内容形成文件,并提供给参加者;
c) 有效数字与所报告结果的相关性,包括小数位数;
d) 需要检测或测量的能力验证物品数量,以及对每个能力验证物品或每项测定的检测、校准或测量的重复次数;
e) 用于确定能力评定标准差或其他评定准则的程序;
f) 用于识别和(或)处理离群值的程序;
g) 只要适用,对统计分析中剔除值的评价程序;
h) 只要适当,与设计相符的目标和能力验证轮次的频率。

4.4.5 指定值

4.4.5.1 能力验证提供者应将确定能力验证计划被测量或特性指定值的程序形成文件。该程序应考虑所需的计量溯源性和测量不确定度,以证明能力验证计划符合其目标。

注:计量溯源性并不是在所有情况都可行或适用。

4.4.5.2 校准领域的能力验证计划的指定值应具有计量溯源性和测量不确定度。

4.4.5.3 对于校准领域以外的能力验证计划,应考虑参加者或其他利益相关方的特定需求,或根据能力验证计划的设计来确定指定值的计量溯源性和测量不确定度的需求、关联性和可行性。

注:所需的计量溯源链可根据能力验证物品类型、被测量或特性以及可溯源校准和标准物质/标准样品可获得性而有所不同。

4.4.5.4 若将公议值作为指定值(见附录B),能力验证提供者应将选择的原因形成文件,并应根据能力验证计划方案来评估指定值不确定度。

4.4.5.5 能力验证提供者应有关于指定值披露的政策。该政策应确保参加者不能从早期的披露中获益。

4.5 方法或程序的选择

4.5.1 通常期望参加者使用他们自己选择的检测方法、校准或测量程序,这些方法或程序应与其日常所使用的一致。能力验证提供者也可依据能力验证计划的设计,要求参加者使用指定的方法。

4.5.2 若允许参加者使用他们自己选择的方法,能力验证提供者应:

a) 制定政策并按程序对不同检测或测量方法得到的结果进行比对;

b) 了解每个被测量所用不同检测或测量方法的技术等效性,并采取措施评价使用不同方法的参加者结果。

4.6 能力验证计划的运作

4.6.1 给参加者的指导

4.6.1.1 能力验证提供者应在发放能力验证物品前及早告知参加者能力验证物品可能到达或将要分发的日期,除非能力验证计划的设计不适宜这样做。

4.6.1.2 能力验证提供者应向所有参加者提供详细的文件化的指导书。指导书应包括:

a) 要求参加者按照大多数日常检测样品的处理方式处理能力验证物品(除非能力验证计划有不同于该原则的特定要求);

b) 对于影响能力验证物品检测或校准因素的详细说明,例如:能力验证物品的性质、存储条件、是否限定检测方法,以及检测或测量的时间要求;

c) 进行检测或校准之前,能力验证物品的准备和/或状态调节的详细程序;

d) 处置能力验证物品的适当指导,包括安全要求;

e) 参加者检测和/或校准时特定的环境条件,如适用,要求参加者报告测量期间相关环境条件;

f) 检测或测量结果及其不确定度记录和报告方式的明确和详细的说明。如果指导书要求报告结果的测量不确定度,应包括包含因子和置信概率(只要可行);

注:指导书通常包括测量单位、有效数字或小数位数、报告结果的基准(如按干基重量计或按"收到基"计)等参数。

g) 提供者接收用于分析的能力验证结果的截止日期;

h) 能力验证提供者接受问询的详细联络信息;

i) 适用时,返回能力验证物品的说明。

4.6.2 能力验证物品的处置和存储

4.6.2.1 能力验证提供者应确保能力验证物品从制备到分发的过程中,被妥善标识和隔离,并能免受污染或降解。

4.6.2.2 能力验证提供者应确保提供安全的存储区域和/或存储室,防止能力验证物品在制备和分发期间受损或变质。应制定授权从这些区域收发能力验证物品的合适程序。

4.6.2.3 为发现存储期间可能的变质,适当时,应定期检查存储或存放能力验证物品、化学品和材料的条件。

4.6.2.4 如果使用有潜在危险的能力验证物品、化学品和材料,应有设施保证其安全处置、去污染和废弃处理。

4.6.3 能力验证物品的包装、标识和分发

4.6.3.1 能力验证提供者应控制包装和标记过程,以确保符合有关国家、地区或国际的安全和运输要求。

注:对于某些类型的材料,分发能力验证物品时可能会面临一些困难,例如,要求持续冷藏或不能曝露于X射线下、碰撞或振动等。大部分化学材料采用气密包装,以避免受到空气中污染物的污染,例如,在运输中可能遇到的燃料蒸汽或发动机排放的废气。

4.6.3.2 能力验证提供者应规定能力验证物品运输相关的环境条件。必要时,提供者应监视运输过程中的这些环境条件,评估其对能力验证物品的影响。

4.6.3.3 在能力验证计划中，若要求参加者将能力验证物品传递给其他参加者，对于该传递，应向参加者提供文件化的指导书。

4.6.3.4 能力验证提供者应确保标识牢固地贴在每个能力验证物品的包装上，并在整个能力验证期间保持清晰和完整。

4.6.3.5 能力验证提供者应按照程序来确认能力验证物品的送达。

注：参加者如未按期收到能力验证物品，可按 4.6.1.1 告知能力验证提供者。

4.7 数据分析和能力验证计划结果的评价

4.7.1 数据分析和记录

4.7.1.1 所有的数据处理设备和软件在投入使用前，应依据程序确认。计算机系统维护应包括备份操作和系统恢复方案，并应记录维护和运作检查的结果。

4.7.1.2 应运用适当的方法记录和分析参加者提交的结果。应建立和执行程序以检查数据输入、转换、统计分析和报告的有效性。

4.7.1.3 数据分析应给出与能力验证计划统计设计相符的总计统计量、能力统计量以及有关信息。

4.7.1.4 应使用稳健统计方法或检出统计离群值的适当方法，使离群值对总计统计量的影响降至最低。

4.7.1.5 能力验证提供者应有文件化的准则和程序，以处理不适合统计评价的检测结果，例如：计算错误、转换错误和其他粗大误差。

4.7.1.6 能力验证提供者应有文件化的准则和程序，以识别和处理在分发后才发现的不适合能力评定的能力验证物品，例如，能力验证物品不均匀、不稳定、损坏或被污染。

4.7.2 能力评定

4.7.2.1 能力验证提供者应使用符合能力验证计划目标的有效评定方法。该方法应形成文件并包含对评定依据的描述。能力评定不应分包（见 5.5.2）。

4.7.2.2 适当时，为达到能力验证计划的目的，能力验证提供者应对参加者的能力提供以下方面的专家评议：

a) 将整体表现与预期比较，并考虑测量不确定度；
b) 室内及室间的变异，及其与先前能力验证轮次、类似能力验证计划、或已公布的精密度数据的比较；
c) 方法或程序间的差异；
d) 误差的可能来源（针对离群值）和提高能力的建议；
e) 给参加者的建议和指导性反馈，作为参加者持续改进程序的一部分；
f) 由于非正常的因素，无法进行结果评价和能力评定的情况；
g) 其他的建议、意见或总体评述；
h) 结论。

注：在某个特定的能力验证计划实施过程中或完成之后，定期向参加者提供单独的汇总表是有用的。汇总表可包括各参加者在连续的能力验证计划的各轮次中能力的最新汇总。如需要，可对这些汇总做进一步分析并强调其趋势。

4.8 报告

4.8.1 能力验证报告应清晰、全面，包含所有参加者结果的资料，并指出每个参加者的能力。最终报告的批准不应分包（见 5.5.2）。

注：如果不能为参加者提供所有原始资料，那么可以提供一个结果汇总，例如，以表格或图形的形式。

4.8.2 除非不适用或能力验证提供者有正当理由，否则报告应包括以下内容：

a） 提供者的名称和详细联系信息；

b） 协调者的姓名和详细联系信息；

c） 报告批准人的姓名、职位、签名或等效标识；

d） 提供者分包活动的说明；

e） 报告发布日期和状态（如初期的、中期的或最终的）；

f） 报告的页码和清晰的结束标记；

g） 结果保密程度的声明；

h） 能力验证计划报告的编号和清晰标识；

i） 对能力验证物品的清晰描述，包括能力验证物品制备、均匀性和稳定性评定的必要细节；

j） 参加者的结果；

k） 统计数据及总计统计量，包括指定值、可接受结果的范围和图形表示；

l） 用于确定指定值的程序；

m） 指定值的计量溯源性和测量不确定度的详细信息；

n） 用于确定能力评定标准差或其他评定准则的程序；

o） 对应每组参加者使用的检测方法/程序的指定值和总计统计量（如果不同组的参加者使用了不同的方法）；

p） 能力验证提供者和技术顾问对参加者的能力评述；

q） 能力验证计划设计和实施的信息；

r） 数据统计分析的程序；

s） 对统计分析解释的建议；

t） 基于本轮次能力验证结果的评述或建议。

注：对于连续能力验证计划，提供较简单的报告即可，上述很多内容在常规报告中可以省略，但应包含在参加者可获得的能力验证计划协议或阶段性的汇总报告中。

4.8.3 应使参加者在规定时间内获得报告。对于运作周期可能很长或涉及易腐坏材料的计划，可在最终结果发布之前提供初步的或预期的结果。

注：这样可以及早调查可能的错误。

4.8.4 能力验证提供者应具有关于个人和组织使用报告的政策。

4.8.5 当有必要发布一个能力验证计划新的或修正版的报告时，应包括以下内容：

a） 唯一性的标识；

b） 所要替换或修改的原始报告的引用；

c） 修改和重新发布原因的说明。

4.9 与参加者的沟通

4.9.1 能力验证提供者应提供有关能力验证计划的详细信息。包括如下内容：

a） 能力验证计划范围的详细信息；

b） 参加者应支付的各项费用；

c） 对参加能力验证的条件的文件化规定；

d） 保密措施；

e） 申请细则。

4.9.2 能力验证提供者应迅速将能力验证计划设计或运作中的所有变化通知参加者。

4.9.3 应制定文件化的程序，使参加者能够对能力验证计划中有关其能力评定提出申诉，并将申诉的途径告知能力验证计划参加者。

4.9.4 适当时,与参加者交流的相关记录应保留并归档。

4.9.5 若能力验证提供者发布参加通知或能力评定结果,应包含足够的信息,以免引起误导。

4.10 保密

4.10.1 除非参加者宣布放弃保密,否则应对能力验证计划参加者的身份保密;其身份应仅为参与能力验证计划运作的相关人员所知。

4.10.2 参加者向能力验证提供者提供的所有信息都应视为保密信息。

注:参加者可以选择在能力验证计划范围内放弃保密,以便能够互相交流和帮助,例如为了提高能力。出于管理或认可的目的,参加者也可以放弃保密。在大多数情况下,参加者可以自己向相关权威机构提供能力验证结果。

4.10.3 若某个利益相关方要求能力验证提供者直接向其提供能力验证结果,提供者应将该要求在计划开始前告知参加者。

4.10.4 特殊情况下,若法定管理机构要求能力验证提供者直接向其提供能力验证结果,提供者应书面通知受影响的参加者。

5 管理要求

5.1 组织

5.1.1 能力验证提供者或其所在组织,应是一个具有法律地位和能够承担法律责任的实体。

5.1.2 能力验证提供者有责任确保所提供能力验证活动符合本标准要求,并满足参加者、法定管理机构和对其提供承认的组织的需求。

5.1.3 能力验证提供者管理体系应覆盖其在固定设施内、离开其固定设施的场所和在相关临时设施中进行的工作。

5.1.4 如果能力验证提供者所在的组织还从事其他活动,为识别潜在利益冲突,能力验证提供者应确定该组织中涉及能力验证活动,或对能力验证活动有影响的关键人员的职责。当识别出潜在利益冲突时,能力验证提供者应实施相关程序以确保其所有活动的公正性。

5.1.5 能力验证提供者应:

a) 有管理人员和技术人员,不论他们的其他责任,他们应具有所需的权力和资源来履行包括实施、保持和改进管理体系的职责,识别对于管理体系或提供能力验证计划的各项程序的偏离,以及采取措施预防或减少这些偏离;

b) 有措施确保其管理层和员工不受任何对工作质量有不良影响的、来自内外部的不正当的商业、财务和其他压力;

c) 有保护客户的机密信息和所有权的政策和程序,包括保护电子存储和传输结果的程序;

d) 有政策和程序以避免卷入任何会降低其在能力、公正性、判断力或运作诚实性方面的可信度的活动;

e) 确定组织和管理结构、在母体组织中的地位,以及质量管理、技术运作和支持服务之间的关系;

f) 规定对能力验证计划运作质量有影响的所有管理、操作和核查人员的职责、权力、相互关系和所需的能力;

g) 确保全体人员理解他们活动的相关性和重要性,以及如何为实现管理体系目标做出贡献;

h) 由熟悉各项活动程序的人员,对技术人员包括在培员工,进行充分地监督;

i) 有技术管理者,全面负责技术运作和提供确保能力验证计划运作质量所需的资源,包括提供在相关检测、校准或检查领域以及 4.4.1.4 中规定的统计方面的必要专业知识和经验方面的支持;

j) 指定一名员工作为质量主管(称谓可不同),不论其他职责,应赋予其在任何时候都能确保管理体系得到实施和遵循的责任和权力。质量主管应有直接渠道接触决定能力验证提供者政策或资源的最高管理者；

k） 指定关键管理人员的代理人。

注：在能力验证提供者人员数量少时，一个人可能有多项职能，对所有主要职能都指定代理人可能不现实。

5.1.6 最高管理者应确保在组织内部建立适宜的沟通机制，并就管理体系有效性事宜进行沟通。

5.2 管理体系

5.2.1 能力验证提供者应建立、实施和保持与其活动范围相适应的管理体系，这些活动包括所提供能力验证的类型、范围和数量。

5.2.2 能力验证提供者对其政策、计划、程序和指导书的规定和文件化程度，应能满足保证能力验证各方面质量的需要。体系文件应传达至有关人员，并被其理解、获取和执行。

注：这些方面可包括但不限于：能力验证物品质量（如均匀性和稳定性）、特性（如设备校准和方法确认）、特性值的指定（如使用适当的统计程序）、参加者能力评价、能力验证物品的分发、储存和运输程序、检测结果统计处理以及报告。

5.2.3 能力验证提供者管理体系与质量有关的各项政策，包括质量方针声明，应在质量手册（称谓可不同）中阐明。应制定总体目标并在管理评审时加以评审。质量方针声明应由最高管理者授权发布，至少包括下列内容：

a） 管理者向参加者及其他客户提供能力验证服务的质量的承诺；

b） 管理者关于服务标准的声明；

c） 与质量有关的管理体系的目的；

d） 要求与能力验证活动有关的所有人员熟悉质量文件，并在工作中执行这些政策和程序；

e） 管理者对遵守本标准及持续改进管理体系有效性的承诺。

5.2.4 最高管理者应提供建立和实施管理体系以及持续改进其有效性承诺的证据。

5.2.5 最高管理者应将满足客户要求和法定要求的重要性传达到组织。

5.2.6 质量手册应包括或指明含技术程序在内的支持性程序，并概述管理体系中所用文件的架构。

5.2.7 质量手册中应规定技术管理者和质量主管的作用和责任，包括确保遵循本标准的责任。

5.2.8 当策划和实施管理体系的变更时，最高管理者应确保保持管理体系的完整性。

5.3 文件控制

5.3.1 总则

能力验证提供者应建立和保持程序来控制构成其管理体系的所有文件（内部制定或来自外部的），诸如法规、标准、其他规范化文件、能力验证计划协议、检测或校准方法，以及图纸、软件、规范、指导书和手册。

5.3.2 文件的批准和发布

5.3.2.1 凡作为管理体系组成部分发布的所有文件，在发布之前应由授权人员审查并批准使用；提供者应建立用于识别管理体系文件的当前修订状态和分发的清单，或等效的文件控制程序，并使之易于获取，以防止使用无效和（或）作废的文件。

5.3.2.2 文件控制程序应确保：

a） 在对能力验证计划有效运作起重要作用的所有作业场所都能得到相应文件的授权版本；

b） 定期审查文件，必要时进行更新，以确保其持续适用并满足使用要求；

c） 及时地从所有使用或发布处撤除无效或作废文件，或用其他方法保证防止误用；

d） 出于法律或知识保存目的而保留的作废文件，应有适当的标记。

5.3.2.3 能力验证提供者制定的管理体系文件应有唯一性标识。该标识应包括发布日期和(或)修订标识、页码、总页数或表示文件结束的标记和发布机构。

5.3.3 文件变更

5.3.3.1 除非另有特别指定,文件的变更应由原审查和批准责任人进行审查和批准。被指定的人员应获得进行审查和批准所依据的有关背景资料。

5.3.3.2 若可行,更改的或新的内容应在文件或适当的附件中标明。

5.3.3.3 如果能力验证提供者的文件控制系统允许在文件再版之前对文件进行手写修改,则应确定修改的程序和权限。修改之处应有清晰的标注、签名并注明日期。修订的文件应尽快发布。

5.3.3.4 应制定程序来描述如何更改和控制保存在计算机系统中的文件。

5.4 要求、标书和合同的评审

5.4.1 能力验证提供者应建立和保持对要求、标书和合同的评审政策和程序。这些评审应确保:

a) 对包括所用的检测和校准方法、测量设备及能力验证物品在内的要求应予充分规定,形成文件,并易于理解;

b) 能力验证提供者有能力和资源满足这些要求;

c) 能力验证计划在技术上是可行的。

注1:当客户要求为特定目的而开展能力验证计划,或与通常提供的计划在不同水平、有不同参加频次要求时,该评审显得尤为重要。

注2:当能力验证计划在目录或其他公告中已有详尽描述,且参加者加入例行计划时,该评审可简化。

5.4.2 应保存包括任何变化在内的评审记录。在执行合同期间,就客户的要求或工作结果与客户进行讨论的有关记录,也应予以保存。

5.4.3 评审的内容应覆盖要求的所有方面,包括被能力验证提供者分包出去的任何工作。

5.4.4 适用时,对合同或商定的能力验证计划方案的任何偏离均应通知参加者和其他客户。

5.4.5 能力验证计划开始后如果修改要求或合同,应重复进行同样的合同评审过程,并将所有修改内容通知所有受到影响的人员。

5.5 分包服务

5.5.1 当能力验证提供者需将工作分包时,应能证明分包方的经验和技术能力能够胜任指定的任务,并符合本标准和其他适用标准的相关条款。

5.5.2 能力验证提供者不得分包能力验证计划的策划(见4.4.1.2)、能力评定(见4.7.2.1)或最终报告的批准(见4.8.1)。

注:这并不排除能力验证提供者使用任何来自顾问、专家或指导小组的建议和协助。

5.5.3 能力验证提供者应将分包或可能分包的服务提前以书面的形式通知参加者。

注:例如,该通知可以在能力验证计划文件中采取以下形式的声明:"能力验证计划的各个方面可能有时被分包。分包时,会分包给有能力的分包方,并且能力验证提供者对该工作负责"。

5.5.4 能力验证提供者应就分包工作对参加者和其他客户负责,由法定管理机构指定的分包方除外。

5.5.5 能力验证提供者应保存能力验证计划运行中使用的所有分包方的登记表,包括分包的范围,并保存有关工作按照本标准和其他适用标准进行的能力评价记录。

5.6 服务和供应品的采购

5.6.1 能力验证提供者应有选择其所使用的、影响能力验证计划质量的服务和供应品的政策和程序。该程序应包含试剂、能力验证物品、标准物质/标准样品,以及与能力验证计划有关的其他消耗材料的采购、接收和存储。

5.6.2　能力验证提供者应确保所采购的、影响能力验证计划质量的供应品、设备和消耗材料，只有在经检查或以其他方式验证符合规范或要求之后才投入使用。应保存所采取的符合性检查活动的记录。

5.6.3　影响能力验证计划质量的物品的采购文件，应包含描述所购服务和供应品的信息。这些采购文件在发出之前，其技术内容应经过审查和批准。

5.6.4　能力验证提供者应对影响能力验证计划质量的重要供应品和服务的供应商进行评价，并保存这些评价的记录和获批准的供应商名单。

注：可以理解，某些能力验证提供者可能要根据其母公司或依托机构规定的政策执行其采购程序。

5.7　服务客户

5.7.1　在确保为参加者保密的前提下，能力验证提供者应在澄清客户疑问和允许客户监视其相关工作表现方面积极与参加者和其他客户合作。

5.7.2　能力验证提供者应向客户征求反馈，无论是正面的还是负面的；应分析和利用这些反馈，以改进管理体系、能力验证计划及客户服务。

注：反馈的类型示例包括：客户满意度调查、与客户一起复查能力验证报告。

5.8　投诉和申诉

能力验证提供者应有政策并按照程序处理来自参加者、客户或其他方面的投诉；应保存所有投诉和申诉的记录以及能力验证提供者所开展调查和纠正措施的记录。

5.9　不符合工作的控制

5.9.1　当工作的任何方面不符合其程序或与客户达成一致的要求时，能力验证提供者应实施既定的政策和程序。该政策和程序应确保：

a)　确定对不符合工作进行管理的责任和权力，规定当识别出不符合工作时所采取的措施(包括必要时暂停实施中的计划工作、扣发报告)；

b)　对不符合工作的严重性进行评价；

c)　立即对需要采取的措施和时限作出决定，同时对不符合工作的可接受性作出决定；

d)　适合时，通知能力验证计划的参与者和其他客户，召回或取消已经发送给参加者的不合格能力验证物品或报告；

e)　规定批准恢复工作的职责。

注：对管理体系或技术活动的不符合工作或问题的识别，可能发生在管理体系和技术运作的各个环节，例如参加者的投诉、管理评审和内部或外部审核、质量控制、能力验证物品的制备、均匀性和稳定性检验、数据分析、给参加者的指导书，及材料的处理和存储。

5.9.2　当评价表明不符合工作可能再度发生，或对能力验证提供者或分包方对政策和程序的符合性产生怀疑时，应立即执行5.11中规定的纠正措施程序。

5.10　改进

能力验证提供者应通过利用质量方针、质量目标、审核结果、数据分析、纠正措施、预防措施和管理评审来持续改进管理体系的有效性。

5.11　纠正措施

5.11.1　总则

能力验证提供者应制定政策和程序并指定适当的人员，以在识别出不符合工作和对管理体系或技术运作的政策和程序的偏离后实施纠正措施。

注：见5.9.1的注。

5.11.2 原因分析

纠正措施程序应从确定问题根本原因的调查开始。

注：原因分析是纠正措施程序中最关键、有时也是最困难的部分。根本原因通常并不明显，因此需要仔细分析产生问题的所有潜在原因。潜在原因可包括：客户要求、能力验证物品及其特性、方法和程序、员工技能和培训、消耗性供应品、能力验证物品的制备、均匀性和稳定性检验、统计设计、给参加者的指导书，以及材料的处理和储存。

5.11.3 纠正措施的选择和实施

5.11.3.1 需要采取纠正措施时，能力验证提供者应识别出各项可能的纠正措施，并选择和实施最可能消除问题和防止问题再次发生的措施。

5.11.3.2 纠正措施应与问题的严重程度和风险大小相适应。

5.11.3.3 能力验证提供者应将纠正措施调查所引起的任何变更制定成文件并加以实施。

5.11.4 纠正措施的监控

能力验证提供者应对纠正措施的结果进行监控，以确保采取的纠正措施有效。

5.11.5 附加审核

当对不符合或偏离的识别，导致对能力验证提供者符合其政策和程序，或符合本标准产生怀疑时，能力验证提供者应尽快依据5.14的规定对相关活动进行审核。

注：附加审核常在纠正措施实施后进行，以确定纠正措施的有效性。仅在识别出问题严重或对能力验证计划有危害时，才有必要进行附加审核。

5.12 预防措施

5.12.1 应识别技术方面和管理体系方面所需的改进和潜在不符合的原因。当识别出改进机会或需采取预防措施时，应制定、执行和监控这些措施计划，以减少类似不符合情况发生的可能性并借机改进。

5.12.2 预防措施程序应包括措施的启动和控制，以确保其有效性。

5.13 记录的控制

5.13.1 总则

5.13.1.1 能力验证提供者应建立和保持识别、收集、索引、存取、存档、存放、维护和清理质量记录和技术记录的程序。质量记录应包括内部审核报告和管理评审报告以及纠正措施和预防措施的记录。

5.13.1.2 所有记录应清晰明了，并以便于存取的方式存放和保存于具有防止损坏、变质、丢失的适宜环境的设施中。应规定记录的保存期。

注：记录可以存于任何形式的媒体上，例如硬拷贝或电子媒体。

5.13.1.3 对所有记录应予以安全保护和保密，并符合相关的法规要求。

5.13.1.4 能力验证提供者应执行程序来保护和备份以电子形式存储的记录，并防止未经授权的侵入或修改。

5.13.2 技术记录

5.13.2.1 能力验证提供者应按照规定的时间，保存每项能力验证的所有技术数据记录。这些记录包

括(但不限于)以下内容:

a) 均匀性和稳定性检验结果;

b) 给参加者的指导书;

c) 参加者的原始反馈;

d) 统计分析的校核数据;

e) 报告所需的信息(见 4.8);

f) 最终报告(汇总或单独的,或两者兼而有之)。

注 1:建议保存充足的信息,为各轮次能力验证结果的处理建立一个审核路径。

注 2:技术记录是开展能力验证活动所得数据和信息的累积。技术记录可包括表格、合同、工作单、工作手册、核查表、工作笔记、分包方报告和参加者反馈。

5.13.2.2 数据输入、检查和计算应在产生的当时进行记录,并能按照特定任务和责任人分类识别。

5.13.2.3 当记录中出现错误并进行修改时,应采取以下措施:

a) 标示更改内容和修改日期;

b) 避免原始数据的丢失;

c) 标示更改人。

5.14 内部审核

5.14.1 能力验证提供者应根据预定的日程表和程序,定期地对其活动进行内部审核,以验证其运作持续符合管理体系和本标准的要求。内部审核计划应涉及管理体系的全部要素,包括技术程序和能力验证物品制备、存储和分发,以及报告能力验证计划运作的活动。质量主管负责按照日程表的要求和管理层的需要策划和组织内部审核。审核应由经过培训和具备资格的人员来执行,只要资源允许,审核人员应独立于被审核的活动。

注:建议管理体系内部审核计划每 12 个月完成一次。

5.14.2 当审核中发现的情况导致对运作的有效性,包括对能力验证物品的适宜性和正确性、程序、统计评价和数据表达产生怀疑时,能力验证提供者应及时采取纠正措施,并通知在能力验证计划中可能受影响的客户和/或参加者。

5.14.3 审核活动的领域、审核发现的情况和因此采取的任何纠正措施,应予以记录。

5.14.4 跟踪审核活动应验证和记录纠正措施的实施情况及有效性。

5.15 管理评审

5.15.1 能力验证提供者的最高管理者应根据预定的日程表和程序,定期地对其管理体系和能力验证活动进行评审,以确保其持续适用和有效,并进行必要的变更或改进。评审应考虑到:

a) 政策和程序的适用性;

b) 管理和监督人员的报告;

c) 近期内部审核的结果;

d) 纠正措施和预防措施;

e) 由外部机构进行的评审;

f) 工作量和工作类型的变化;

g) 客户、咨询组或参加者的反馈;

h) 投诉和申诉;

i) 改进的建议;

j) 其他相关因素,如资源以及员工培训。

注 1:管理评审的典型周期为每 12 个月一次。

注 2：评审结果应当被输入能力验证提供者的策划系统，并包括目标和行动计划。

注 3：管理评审包括对日常管理会议中有关议题的研究。

注 4：能力验证提供者是较大组织的一部分时，宜召开覆盖能力验证活动的单独的评审会议。

5.15.2 应记录管理评审中的发现和为其采取的各项措施。管理者应确保这些措施在适当和约定的时限内得到执行。

附 录 A
（资料性附录）
能力验证计划的类型

A.1 总则

能力验证已经成为检测、校准、检查各领域实验室活动的一项重要内容。根据使用方的需求、能力验证物品的性质、所用方法及参加者的数量，能力验证计划会有所不同。但是，大部分能力验证计划具有共同的特征，即将一个实验室所得的结果与一个或多个不同实验室所得的结果进行比较。

能力验证计划中的检测或测量类型决定了进行能力比较的方法。实验室活动有三种基本类型：定量的、定性的以及解释性的。

——定量测量的结果是数值型的，并用区间尺度（interval scale）或比例尺度（ratio scale）表示。定量测量检测的精密度、正确度、分析灵敏度以及特异性可能有所差异。在定量能力验证计划中，对数值结果通常进行统计分析。

——定性检测的结果是描述性的，并以分类尺度（categorical scale）或顺序尺度（ordinal scale）表示，如微生物的鉴定，或识别出存在某种特定的被测量（如某种药物或某种特性等级）。用统计分析评定能力可能不适用于定性检测。

——对于解释性计划，“能力验证物品”是与参加者能力的解释性特征相关的一个检测结果（如描述性的形态学说明）、一套数据（如确定校准曲线）或其他一组信息（如案例研究）。

其他能力验证计划依其目的不同而有另外的特点，见3.7条注1的a)～h)。以下讨论一些常用的能力验证类型，并在图A.1中说明。这些计划可能是“单次的”，只做一次，或是“连续的”，按一定间隔实施。

A.2 顺序参加的计划

顺序参加的计划（有时被称作测量比对计划）是将能力验证物品连续地从一个参加者传送到下一个参加者（即按顺序参加），有时需要传送回能力验证提供者进行再次核查。图A.1中的模式1简述了这类计划的设计，其主要特点概述如下：

a) 使用参考实验室，其能为能力验证物品提供可靠的、具有计量溯源性的指定值，且该指定值具有足够小的测量不确定度。对于分类或顺序的特性，指定值应由专家公议或其他权威公议来确定。在能力验证计划实施过程中，可能有必要在特定阶段对能力验证物品进行核查，以确保指定值没有明显变化。

b) 各个测量结果与参考实验室确定的指定值进行比较。协调者应考虑各参加者声称的测量不确定度，或声称的专业水平。按组比较结果可能有困难，因为测量能力彼此接近的参加者可能相对较少。

c) 完成顺序参加能力验证计划需要较长时间（有时需若干年），由此会造成一些困难。例如：

——确保物品的稳定性；

——严格监控物品在参加者间的传递及各参加者允许的测量时间；

——在计划实施过程中需向参加者单独反馈结果，而不是等到计划结束。

d) 用于该类能力验证的能力验证物品（测量制品）可包括，如测量参考标准（如电阻器、千分尺和频率计),医学计划中有确诊结果的组织切片。

e) 据此设计但仅限于单个参加者独立进行检测的计划通常称为"测量审核"。

f) 某些情况下,在所有参加者(或部分参加者)完成测量比对后,能力验证物品的指定值由公议确定。

A.3 同步参加的计划

A.3.1 总则

同步参加的计划是从材料中随机抽取子样,同时分发给参加者共同进行测试。有些计划中,要求参加者自己抽取样品作为分析用能力验证物品。完成检测后,将结果返回能力验证提供者与指定值比对,以表明单个参加者的能力和一组参加者整体的能力。该类计划所用的能力验证物品可包括食品、体液、农产品、水、土壤、矿物和其他环境材料,某些情况下,也可是以前建立的标准物质/标准样品的一部分。建议或有教育意义的评论是能力验证提供者反馈给参加者的报告中的典型部分,目的在于促进(参加者)能力的提升。图 A.1 中的模式 2 描述了这类能力验证计划的典型例子,通常针对检测实验室。模式 3 介绍了一种经常与同步计划结合使用的计划类型,用于监督或教育目的。

如附录 B 所述,可以有多种方式确定这类能力验证计划的指定值。然而,能力的评定既可以基于参加者(全部参加者或部分"专家"参加者)的公议值,也可基于独立确定的指定值。

已知值计划使用的指定值与参加者无关,且能力验证物品具有若干已知的被测量或特性。有证标准物质/标准样品也可用于该类计划,可以直接利用其标准值和测量不确定度。在该类计划中,也可以在重复性条件下将能力验证物品和有证标准物质/标准样品进行直接比较,但应确保有证标准物质/标准样品与能力验证物品非常接近。以前能力验证所用的能力验证物品如被证明是稳定的,也可用于该类计划。

能力验证的一种特殊应用,常被称作"盲样"能力验证,是指能力验证物品与实验室收到日常客户的物品或样品无法区别。该类能力验证可能是困难的,因为这要求与实验室的日常客户协作。另外,由于独特的包装和运输的需要,批量处理通常难以实现,且均匀性检验也有困难。

A.3.2 分割水平设计

一种常用的能力验证设计是"分割水平"设计,其中两个能力验证物品具有类似(但不相同)水平的被测量。该设计用于评估参加者在某个特定的被测量水平下的精密度,它避免了用同一能力验证物品做重复测量,或者在同一轮能力验证中使用两个完全相同的能力验证物品带来的问题。

A.3.3 分割样品检测计划

"分割样品"设计是经常被参加者的客户以及某些监管机构采用的能力验证特殊类型。

注:不要将该类设计与 A.3.2 中讨论的分割水平设计相混淆。

分割样品能力验证通常用于少量参加者(通常只有两个参加者)数据的比较。在该类能力验证计划中,某种产品或材料的样品被分成两份或多份,每个参加者检测其中的一份(见图 A.1 模式 5)。该类计划的用途包括识别不好的准确度、描述持续偏倚以及验证纠正措施的有效性。该设计可用于评价作为检测服务提供方的一个或两个参加者,或用于参加者数量太少而无法进行适当结果评价的情况。

该类计划中,其中的一个参加者由于使用了参考方法和更先进的设备等,或通过参加承认的实验室间比对计划获得满意结果而证实了其自身的能力,可认为其测量具有较高的计量水平(即较小的测量不确定度)。该参加者的结果可用作该类比对的指定值,该参加者可作为顾问实验室或指导实验室,其他参加者的结果与之比对。

A.3.4 部分过程计划

能力验证的一种特殊类型,用于评定参加者完成检测或测量全过程中若干部分的能力。例如,现有的某些能力验证计划是评定参加者转换和报告一套数据的能力(而不是进行实际的测试或测量),或基于一套数据或能力验证物品(如用于诊断的染色血液涂片)做出解释的能力,或根据规范抽取及制备样品或试样的能力。

A.4 外部质量评价(EQA)计划

EQA 计划(例如为医学检验实验室提供的计划)根据传统的能力验证模型提供多种实验室间比对计划,但比在 A.2、A.3 和图 A.1 中所描述的应用模式更宽泛。许多 EQA 计划设计的目的是对实验室完整的工作流程进行深入了解,而不是仅针对检测过程。多数 EQA 计划是包括长期实验室能力跟踪的连续性计划。EQA 计划的一个典型特征是向参加者提供教育机会并促进质量改进,为实现该目的,EQA 计划反馈给参加者的报告中包括了咨询和教育性的评议。

某些 EQA 计划在评价分析阶段的同时,也评定检测的分析前阶段和分析后阶段的能力。在这类 EQA 计划中,能力验证物品的性质可能与传统能力验证计划中所用的有很大差异,这些"能力验证物品"可能是一个调查表或案例分析(见图 A.1 模式 3),由 EQA 提供者发放给每个参加者并要求其反馈特定的答案。另一种情况是,能力验证物品可能带有一些分析前信息,要求参加者选择适当的方法进行检测或结果解释,而不仅是实施检测。在"制样核查"计划中,可能要求参加者给 EQA 提供者提交"能力验证物品"(见图 A.1 模式 4)。该类能力验证物品可能是处理过的试样或样品(如染色玻片或固定的组织)、实验室数据(如测试结果、实验室报告或质量保证/质量控制记录)或文件(如程序或方法确认准则)。

注：根据指定值确定的方式，指定值在能力验证物品分发之前或在参加者结果反馈之后确定。

图 A.1 常见能力验证计划类型示例

附　录　B
（资料性附录）
能力验证的统计方法

B.1　总则

能力验证的结果可以多种形式出现，涉及不同的数据类型和统计分布。分析这些结果时，应根据不同情况选择适用的统计方法，由于统计方法种类繁多，本标准中不可能一一规定。ISO 13528中详细描述了各种情况下优先使用的具体方法，对于其他方法，只要具有统计依据并向参加者进行了详细描述，也可使用。ISO 13528中使用的某些方法，特别是均匀性检验和稳定性检验方法，在IUPAC技术报告《分析化学实验室能力验证国际协议》中已略有改动。这些文件还给出了设计和直观数据分析的指南。对于特定类型能力验证计划也可参考其他资料，例如，用于校准的测量比对计划。

本附录和参考文献中给出的方法，涵盖了几乎所有类型能力验证计划所共有的基本步骤，例如：

a）　指定值的确定；

b）　能力统计量的计算；

c）　能力评定；

d）　能力验证物品均匀性和稳定性的初步判定。

对新开展的能力验证计划，由于新的问题、新的形式、人造测试物品、检测或测量方法的不一致性或测量程序的不同等原因，导致初始阶段参加者结果的一致性往往较差。协调者可能不得不使用相对能力稳健指标（如百分位数），直到一致性得到改进。一旦参加者结果的一致性得到改进且能力验证计划也得到完善时，所用的统计方法也要进一步改善。

本附录中只考虑了能力验证数据处理的统计方法而没有考虑分析研究的统计方法。若将实验室间比对数据用于引言中提到的其他目的时，可能需要使用不同的统计方法。

B.2　指定值及其不确定度的确定

B.2.1　指定值的确定有多种方法，以下列出最常用的方法。在大多数情况下，按照以下次序，指定值的不确定度逐渐增大。

a）　已知值——根据特定能力验证物品配方（如制造或稀释）确定的结果；

b）　有证参考值——根据定义的检测或测量方法确定（针对定量检测）；

c）　参考值——根据对能力验证物品和可溯源到国家标准或国际标准的标准物质/标准样品或参考标准的并行分析、测量或比对来确定；

d）　由专家参加者确定的公议值——专家参加者（某些情况下可能是参考实验室）应当具有可证实的测定被测量的能力，并使用已确认的、有较高准确度的方法，且该方法与常用方法有可比性；

e）　由参加者确定的公议值——使用ISO 13528和IUPAC国际协议中的统计方法，并考虑离群值的影响。

B.2.2　指定值的确定应确保公平地评价参加者，并尽量使检测或测量方法间吻合一致。只要可能，应通过选择共同的比对小组以及使用共同的指定值达到这一目的。

B.2.3　对上述每类指定值，ISO 13528和IUPAC国际协议中详细地描述了确定其不确定度的程序。此外，ISO/IEC指南98-3中给出了确定不确定度的其他信息。

B.2.4 对定性数据[也称为“分类的(categorical)”或“定名的(nominal)”值(value)]或半定量值[也称为“顺序的(ordinal)”值(value)],确定其指定值的统计方法并没有在 ISO 13528 和 IUPAC 国际协议提及。通常,这些指定值需要由专家进行判断或由制造过程确定。某些情况下,能力验证提供者可使用大多数参加者的结果(预先确定的比例,如 80%或更高)来确定公议值。然而,这个比例应基于于能力验证计划的目标和参加者的能力和经验水平来确定。

B.2.5 离群值可按下列方法进行统计处理:

a) 明显错误的结果,如单位错误、小数点错误、或者错报为其他能力验证物品的结果,应从数据集中剔除,单独处理。这些结果不再计入离群值检验或稳健统计分析。

b) 当使用参加者的结果确定指定值时,应使用适当的统计方法使离群值的影响降到最低,即可以使用稳健统计方法或计算前剔除离群值。在较大的或常规的能力验证计划中,如存在有效的客观判据,则可自动筛除离群值。

c) 如果某结果作为离群值被剔除,则仅在计算总计统计量时剔除该值。但这些结果仍应当在能力验证计划中予以评价,并进行适当能力评定。

注:ISO 13528 给出了一种确定公议均值和标准差的稳健方法,该方法不需要剔除离群值。

B.2.6 需考虑的其他事项

a) 理想情况下,如果指定值由参加者公议确定,能力验证提供者应当有确定该指定值正确度和检查数据分布的程序。

b) 能力验证提供者应当有依据不确定度来判断指定值是否可接受的准则。在 ISO 13528 和 IUPAC 国际协议中给出了该准则,该准则是基于限定指定值不确定度对能力评定的影响而建立的,即:准则限定了由于指定值的不确定度而使参加者得到一个不可接受的评估结果的可能性。

B.3 能力统计量的计算

B.3.1 定量结果

B.3.1.1 能力验证结果通常需要转化为能力统计量,以便进行解释和与其他确定的目标作比较。其目的是依据能力评定准则来度量与指定值的偏离。所用统计方法可能从不做任何处理到复杂的统计变换。

B.3.1.2 能力统计量对参加者应是有意义的。因此,统计量应适合于相关检测,并在某特定领域得到认同或被视为惯例。

B.3.1.3 按照对参加者结果转化由简至繁的顺序,定量结果的常用统计量如下:

a) 差值 D,由式(B.1)计算:

$$D = x - X \qquad \text{(B.1)}$$

式中:

x ——参加者结果;

X——指定值。

b) 百分相对差 $D_{\%}$,由式(B.2)计算:

$$D_{\%} = \frac{(x - X)}{X} \times 100 \qquad \text{(B.2)}$$

c) z 比分数,由式(B.3)计算:

$$z = \frac{x - X}{\hat{\sigma}} \qquad \text{(B.3)}$$

式中：

$\hat{\sigma}$——能力评定标准差。

ISO 13528 中，$\hat{\sigma}$ 可由以下方法计算：

——与能力评价的目标和目的相符，由专家判定或法规规定（规定值）；

——根据以前轮次的能力验证得到的估计值或由经验得到的预期值（经验值）；

——由统计模型得到的估计值（一般模型）；

——由精密度试验得到的结果；

——由参加者结果得到的传统标准差或稳健标准差。

注：z 比分数有时也称作 z 分数或 z 值。

d) ζ 比分数，由式(B.4)计算，除了使用标准不确定度代替扩展不确定度外，计算与 E_n 值非常类似。其解释与 z 比分数相同。

$$\zeta=\frac{x-X}{\sqrt{u_{\text{lab}}^{2}+u_{\text{av}}^{2}}} \qquad \cdots\cdots(\text{B.4})$$

式中：

u_{lab}——参加者结果的合成标准不确定度；

u_{av}——指定值的标准不确定度。

注：ζ 比分数有时也称作 ζ 分数或 ζ 值，E_n 值有时也称作 E_n 数。

e) E_n 值由式(B.5)计算：

$$E_{\text{n}}=\frac{x-X}{\sqrt{U_{\text{lab}}^{2}+U_{\text{ref}}^{2}}} \qquad \cdots\cdots(\text{B.5})$$

式中：

U_{lab}——参加者结果的扩展不确定度；

U_{ref}——参考实验室指定值的扩展不确定度。

注1：仅当 x 和 X 独立时，式(B.4)和式(B.5)才是正确的。

注2：其他的统计方法参见 ISO 13528 和 IUPAC 国际协议。

B.3.1.4 需要考虑的其他事项。

a) 通过参加者结果与指定值之差完全可以确定实验室能力，对于参加者也是最容易理解的。差值($x-X$)在 GB/T 6379.4 和 ISO 13528 中称为“实验室偏倚的估计值”。

b) 百分相对差不依赖于指定值的大小，参加者也很容易理解。

c) 对于高度分散或者偏态的结果、顺序响应量、数量有限的不同响应量，百分位数和秩是有效的。但该方法仍应慎用。

d) 根据检测的特性，可能需要使用转换后的结果。例如，稀释的结果呈现几何尺度，需进行对数转换。

e) 如果 $\hat{\sigma}$ 由公议确定，变异度的估计应可靠，即：基于足够多次的观测以降低离群值的影响，并得到足够小的不确定度。

f) 如果能力统计量(例如 E_n 值和 ζ 比分数)需使用参加者报告的测量不确定度的估计值时，只有所有参加者采用一致的方法(比如按照 ISO/IEC 指南 98-3 的原则)评估不确定度，该方法才有意义。

B.3.2 定性结果和半定量结果

B.3.2.1 对于定性结果和半定量结果，如果应用统计方法，必须与结果的特性相适应。对定性数据［也称之为“分类(categorical)”数据(data)］，可采用直接将参加者结果与指定值进行比较的技术。如果两者相同,则结果是可接受的;如果不相同,可根据专家判断参加者结果是否满足预期用途。某些情况下,能力验证提供者可审查参加者的结果,并确定该能力验证物品不适于评估,或者指定值不正确。这些决定应当是能力验证计划的一部分,并在计划开始前使参加者了解。

B.3.2.2 用于定性数据的技术也适用于半定量结果[也称为"顺序(ordinal)"结果(results)]。顺序结果包括很多类型,例如,响应为等级或排序、感官评价,或化学反应强度(如1+,2+,3+,等)。有时,这些响应结果由数字表示,如:1=差,2=不满意,3=满意,4=良好,5=优秀。

B.3.2.3 对顺序数据,计算常规的总计统计量是不合适的,即使结果以数值表示。因为这些数值并不是基于区间尺度(interval scale),也就是说,客观意义上,1和2间的差可能与3和4间的差并不相同,因而不能解释其平均值和标准差的意义。因此,对半定量结果使用诸如 z 比分数的统计量是不合适的。特定的统计量,如秩或顺序统计量,对顺序数据是可以使用的。

B.3.2.4 描述出(或作图表示)所有参加者结果的分布,以及每一类结果的数量或百分比,并给出总计统计量(如众数和极差)是适当的。根据与指定值的接近程度评价结果的可接受性也是适当的,例如,结果落在指定值之上或之下一个数值范围内即为可接受的。某些情况下,利用百分位数评估能力也是合适的,如:可以规定距离众数或指定值最远的5%的结果是不可接受的。这些规则应根据能力验证计划的目的来确定,并事先告知参加者。

B.3.3 合成的能力比分数

当对一个特定被测量使用了一个以上能力验证物品或有一组相关被测量时,可根据一轮能力验证计划中两个或两个以上的结果评定参加者的能力。这样可以对参加者能力进行全面评定。

图方法,如尧敦(Youden)图或曼德尔(Mandel's)h 统计量图,是解释参加者能力的有效工具(见ISO 13528)。

总之,不鼓励使用能力比分数的平均值,因为这将掩盖对一个或多个能力验证物品的较差的检测或测量能力,而这正是需要调查的。最常用的合成的能力比分数是可接受结果的数量(或百分比)。

B.4 能力评定

B.4.1 初始能力

B.4.1.1 应根据能力度量方式制定能力评定准则,用于能力评定的方式如下:

a) 专家公议,由顾问组或其他有资格的专家直接确定报告结果是否与预期目标相符合;专家达成一致是评估定性测试结果的典型方法。

b) 与目标的符合性,根据方法性能指标和参加者的操作水平等预先确定准则。

c) 用统计方法确定比分数,其准则应当适用于每个比分数;比分数的常用例子如下:

   1) z 比分数和 ζ 比分数(简单起见,示例中仅给出了 z 比分数,对 ζ 也适用);

   ——$|z| \leqslant 2.0$ 表明能力"满意",无需采取进一步措施;

   ——$2.0 < |z| < 3.0$ 表明能力"有问题",产生警戒信号;

   ——$|z| \geqslant 3.0$ 表明能力"不满意",产生措施信号。

   2) 对 E_n 值:

   ——$|E_n| \leqslant 1.0$ 表明能力"满意",无需采取进一步措施;

   ——$|E_n| > 1.0$ 表明能力"不满意",产生措施信号。

B.4.1.2 分割样品设计的目的可能是为了识别结果中是否有不适当的校准或较大的随机波动。在这种情况下,评价需要建立在有足够多结果、并且测试结果的范围要足够宽的基础上。应用图形方法可以有效地识别并描述这些问题,在ISO 13528中对此有说明。这些图中纵轴表示结果之差,而不是一个参加者的结果对另一个参加者的结果作图。需要着重考虑的是一个参加者得到的结果是否有,或预期有较小的测量不确定度。这种情况下,该结果就是被测量实际水平的最佳估计值。如果两个参加者有几乎相同的测量不确定度,则两者结果的平均值就是实际水平的优先估计值。

B.4.1.3 只要可能,应当使用 ISO 13528 和 IUPAC 国际协议所述的图形来显示实验室能力(如直方图、误差条形图、顺序 z 比分数图)。这些图可用来显示:

a) 参加者结果的分布;

b) 多个能力验证物品结果间的关系;

c) 不同方法所得结果分布的比较。

B.4.2 长期监测能力

B.4.2.1 能力验证计划可包含长期监测能力的程序。该程序应当使参加者能观测到其能力的变动,是否呈现趋势性的变化或不一致的结果,以及随机变化。

B.4.2.2 图形方法有助于更多读者理解数据分析结果。传统的"休哈特"控制图是有用的,特别是出于自我改进的目的。数据列表和总计统计量可以提供更详细信息。用来评定能力的标准化能力比分数,如 z 比分数,可用于绘制这些图和表。ISO 13528 给出了其他示例和图形工具。

B.4.2.3 当标准差公议值作为能力验证标准差时,由于参加者群体的变化及其对比分数的未知影响,长期监测能力时应当谨慎。通常,由于参加者逐渐熟悉能力验证计划或者方法得到改进,实验室间标准差会随时间而减小。即便参加者本身的能力没有变化时,也会导致 z 比分数的明显变大。

B.5 能力验证物品均匀性和稳定性

B.5.1 本标准要求通过有效的统计方法(包括随机抽取代表性数量的样品)证明能力验证物品"充分均匀"。ISO 13528 和 IUPAC 国际协议详述了具体程序。这两个文件中定义的"充分均匀"是相对于能力验证计划的评估区间而言,因而其推荐的方法是由评估区间确定不均匀性所带来的不确定度的允许量。ISO 13528 规定了不均匀性和不稳定性的严格限制,以减小不确定度的影响,进而减小对能力评估的影响。相对 ISO 13528 中相应准则,IUPAC 国际协议扩展了允许不均匀性和不稳定性估计值统计检验的准则。

B.5.2 由于需求不同,本标准与 GB/T 15000.7 和 GB/T 15000.3 中的规定有所不同,后者用于确定有证标准物质/标准样品的参考值及其不确定度。GB/T 15000.3 使用方差分析法评估"瓶间"变异和"瓶内"变异(适当时),然后用这些方差作为指定值不确定度的分量。由于需要准确评估有证标准物质/标准样品的不确定度分量,因此,随机抽取样品数量可能超过能力验证所需的样品数量,而后者只是用来检查一批能力验证物品的不一致性。

B.5.3 稳定性检验通常用来确保被测量在一轮能力验证中不发生变化。如 ISO 13528,IUPAC 国际协议和 GB/T 15000.3 所述,能力验证物品的稳定性检验应考虑能力验证计划正常运作中的各种条件,例如,分发给参加者的运输和处置条件。尽管通常只做较少的检测或测量,但可接受的不稳定性的判定准则与 ISO 13528 中不均匀性的判定准则相同。

附 录 C
（资料性附录）
能力验证的选择和利用

C.1 总则

本附录制定了参加者和其他利益相关方选择和利用能力验证计划的原则，同时也意在促进利益相关方（如认可机构、监管机构或参加者的客户）协调使用能力验证计划。

由于能力验证计划的结果可能被用于评定参加者的能力，所以利益相关方和参加者对能力验证计划的建立和运作具有信心非常重要。

对参加者来说，清楚地了解利益相关方关于参加能力验证计划的政策，用于判断能力验证计划满意表现的准则，以及对每轮能力验证所有不满意结果的跟踪政策和程序也很重要。然而，除了监管机构的特定要求外，选择适当的能力验证计划并正确评价结果也是参加者自身的责任。

但应认识到，除能力验证计划外，利益相关方也考虑由其他活动产生的检测数据的适用性，例如参加者使用控制样的自身内部质量控制程序的结果、与其他参加者的分割样品数据的比对，以及对有证标准物质/标准样品检测的结果。因此，选择能力验证计划时，参加者应考虑到可利用的或已开展的其他质量控制活动。

C.2 能力验证计划的选择

C.2.1 实验室（以及其他类型的参加者）应选择适合于其检测或校准范围的能力验证计划。所选能力验证计划应符合本标准要求。

C.2.2 选择能力验证计划时，应考虑以下因素：

a) 涉及的检测、测量或校准应与参加者所开展的检测、测量或校准类型相匹配；

b) 利益相关方对计划设计的细节、确定指定值的程序、给参加者的指导书、数据统计处理以及最终总结报告的可获得性；

c) 能力验证计划运作的频次；

d) 拟参加的能力验证计划组织保障方面（如时间、地点、样品稳定性考虑、样品发送安排）的适宜性；

e) 接受准则（即用于判定能力验证中的满意表现）的适宜性；

f) 成本；

g) 能力验证提供者为参加者保密的政策；

h) 报告结果和分析数据的时间表；

i) 确信能力验证物品适宜性的特性（如均匀性、稳定性，以及适当时对国家或国际标准的计量溯源性）；

j) 与本标准的符合性。

注：有些能力验证计划中的检测可能与参加者所开展的检测不完全匹配（如对同一个测定使用不同的国家标准），但如果数据处理考虑了检测方法的重大差异或其他因素，参加能力验证计划在技术上仍然是可行的。

C.3 参加能力验证计划的政策

C.3.1 需要时,利益相关方应将参加能力验证计划的政策制定成文件;该类文件化的政策应向实验室和其他利益相关方公布。

C.3.2 参加特定能力验证计划的政策中应说明的事项包括:

a) 参加特定能力验证计划是强制性的或自愿的;

b) 参加的频次;

c) 利益相关方用于判定满意或不满意表现的准则;

d) 若参加者的表现被判定为不满意,是否要求其参加后续的能力验证计划;

e) 在能力评定和随后的决定中如何使用能力验证的结果;

f) 利益相关方为参加者保密的政策细节。

C.4 参加者对能力验证的利用

C.4.1 参加者应从能力验证计划组织和设计的评价中得出有关自身能力的结论,其间应考虑能力验证计划和参加者客户的需求间的关系。考虑的信息应包括:

a) 能力验证物品的来源和特性;

b) 所使用的检测和测量方法,可能时,特定检测或测量方法的指定值;

c) 能力验证计划的组织(如统计设计、重复测试次数、被测量、实施方式);

d) 能力验证提供者用于评定参加者能力的准则;

e) 相关的监管、认可或其他要求。

C.4.2 参加者应保留参加能力验证的记录,包括所有不满意结果的调查结论及随后的纠正或预防措施。

C.5 利益相关方对结果的利用

C.5.1 认可机构

C.5.1.1 GB/T 27011—2005 7.15 规定了认可机构利用能力验证的要求。

注:ILAC P-9 中进一步规定了认可机构符合 ILAC 多边承认协议要求的能力验证政策。

C.5.1.2 能力验证结果对于参加者和认可机构都有用。然而,利用这些结果确定参加者能力有其一定的限制。某一次能力验证计划的满意表现可以代表这一次的能力,但不能反映出持续的能力;同样,在一次能力验证计划中的不满意表现,也许反映的是参加者偶然地偏离了正常的能力状态。正因如此,在认可过程中,认可机构不能使用能力验证作为唯一的手段。

C.5.1.3 对报告了不满意结果的参加者,认可机构应有政策以:

a) 确保参加者在规定时间内开展调查和评议其能力,并采取适当的纠正措施;

b) (必要时)确保参加者进行后续的能力验证以确认所采取的纠正措施有效;

c) (必要时)确保由合适的技术评审员对参加者进行现场评价,以确定纠正措施是有效的。

C.5.1.4 认可机构应将对能力验证计划中不满意结果可能采取的后续措施告知获准认可机构。这些措施可能包括在规定时间内确认有效纠正措施后维持认可、对相关检测暂停认可(视纠正措施情况而定),直至撤销相关检测的认可。

注:通常认可机构所选择的措施将基于参加者能力的长期表现及最近现场评审的情况。

C.5.1.5 认可机构应有政策,从获准认可机构处反馈其对能力验证结果所采取的措施,尤其是对不满意结果的措施。

C.5.2 其他利益相关方

C.5.2.1 参加者可能需要向其他利益相关方证明其能力,例如客户或分包协议中的相关方。能力验证结果以及其他质量控制活动可用于证明能力,尽管这不是唯一的方式。

注:利用能力验证数据证实能力时通常与其他证据联合使用,例如认可。见C.5.1.2。

C.5.2.2 参加者有责任确保向评价其能力的利益相关方提供所有相关信息。

C.6 监管机构对能力验证的利用

C.6.1 对需要评价所辖参加者能力的监管机构,能力验证计划的结果是有用的。

C.6.2 监管机构运作能力验证计划时,应符合本标准要求。

C.6.3 使用独立的能力验证提供者的监管机构应:

a) 在承认能力验证计划之前,寻求其符合本标准的文件化证据;

b) 与参加者讨论能力验证计划的范围和运作参数,以便按相关规定恰当地判定参加者的能力。

参 考 文 献

[1] ISO/IEC Guide 98-3, Uncertainty of measurement—Part 3: Guide to the expression of uncertainty in measurement (GUM:1995)

[2] GB/T 27011—2005 合格评定 认可机构通用要求

[3] GB/T 27025 检测和校准实验室能力的通用要求

[4] ISO 3534-1, Statistics—Vocabulary and symbols—Part 1: General statistical terms and terms used in probability

[5] GB/T 6379.1 测量方法与结果的准确度(正确度与精密度)第1部分:总则与定义

[6] GB/T 6379.2 测量方法与结果的准确度(正确度与精密度)第2部分:确定标准测量方法重复性与再现性的基本方法

[7] GB/T 6379.4 测量方法与结果的准确度(正确度与精密度)第4部分:确定标准测量方法正确度的基本方法

[8] ISO 13528:2005, Statistical methods for use in proficiency testing by interlaboratory comparisons

[9] GB/T 22576 医学实验室 质量和能力的专用要求

[10] GB/T 15000.7 标准样品工作导则(7) 标准样品生产者能力的通用要求

[11] GB/T 15000.3 标准样品工作导则(3) 标准样品 定值的一般原则和统计方法

[12] ISO/TS 21748, Guide to the use of repeatability, reproducibility and trueness estimates in measurement uncertainty estimation

[13] EN 14136, Use of external quality assessment schemes in the assessment of the performance of in vitro diagnostic examination procedures

[14] ASTM E1301-95, Standard Guide for Proficiency Testing by Interlaboratory Comparisons

[15] Standards for EQA schemes in laboratory medicine. Version 4.02, December 2004. Clinical Pathology Accreditation (UK) Ltd. Sheffield, UK

[16] National Occupational Standards for External Quality Assessment, HCS-EQA1 to HCS-EQA12. Competence Framework for Healthcare Science. (www.skillsforhealth.org.uk/)

[17] EURACHEM/CITAC Guide CG4, Quantifying Uncertainty in Analytical Measurement, 2nd edition, 2000

[18] THOMPSON M., ELLISON S. L. R., WOOD R., "The International Harmonized Protocol for the proficiency testing of analytical chemistry laboratories" (IUPAC Technical Report), in Pure and Applied Chemistry, Vol. 78, No. 1, pp. 145-196, 2006

[19] ILAC P-9:2005, ILAC Policy for Participation in National and International Proficiency Testing Activities

[20] ILAC P-10:2002, ILAC Policy on Traceability of Measurement Results

ICS 19.020
B 04

中华人民共和国国家标准

GB/T 27411—2012

检测实验室中常用不确定度评定方法与表示

Routine methods for evaluation and expression of measurement uncertainty in testing laboratory

2012-12-31 发布　　2013-07-01 实施

中华人民共和国国家质量监督检验检疫总局
中国国家标准化管理委员会　发布

前　言

本标准按照 GB/T 1.1—2009 给出的规则起草。

本标准由全国认证认可标准化技术委员会(SAC/TC 261)提出并归口。

本标准起草单位:中华人民共和国辽宁出入境检验检疫局、中国合格评定国家认可中心、金陵科技学院、中国计量科学研究院、中华人民共和国烟台出入境检验检疫局、中华人民共和国山西出入境检验检疫局、北京工业大学、中华人民共和国上海出入境检验检疫局、中华人民共和国广东出入境检验检疫局、德宏州质量技术监督综合检测中心、中国疾病预防控制中心、国家危险化学品质量监督检验中心、国家电气安全质量监督检验中心。

本标准主要起草人:王斗文、施昌彦、曹实、牛兴荣、杨铭、孙海容、倪红、炅向君、赵发宝、谢田法、陈庆东、钟志光、邓云、王晶、杨姣兰、曾泽、姬洪涛、王霓。

引　言

目前，国家计量技术规范 JJF 1059《测量不确定度评定与表示》正在广泛应用于各类检测实验室；在应用过程中，实验室尤为关注的是操作性强、实用而便捷的评定方法。

本标准为实施 GB/T 27025《检测和校准实验室能力的通用要求》中检测实验室测量不确定度的评定，提供了精密度法、控制图法、线性拟合法和经验模型法。这四种方法在欧美业已广泛使用，实验室可根据自身情况酌情参考选用。

本标准方法是在满足特定条件下，对 JJF 1059 的简化和延伸应用。

本标准所举示例旨在对四种方法做出说明和解释。

检测实验室中常用不确定度评定方法与表示

1 范围

本标准规定了测量结果不确定度的四种评定方法。

本标准适用于检测实验室的测量不确定度评定。

2 规范性引用文件

下列文件对于本文件的应用是必不可少的。凡是注日期的引用文件，仅注日期的版本适用于本文件。凡是不注日期的引用文件，其最新版本(包括所有的修改单)适用于本文件。

GB/T 5487 汽油辛烷值测定法(研究法)

GB/Z 22553 利用重复性、再现性和正确度的估计值评估测量不确定度的指南

GB/T 22554 基于标准样品的线性校准

GB/T 27025 检测和校准实验室能力的通用要求

GB/T 27407 实验室质量控制 利用统计质量保证和控制图技术 评价分析测量系统的性能

GB/T 27408 实验室质量控制 非标准测试方法的有效性评价 线性关系

GB/T 27412 基于核查样品单次检测结果的实验室偏倚检出

JJF 1001 通用计量术语及定义

JJF 1059 测量不确定度评定与表示

3 术语和定义

GB/T 27407 和 JJF 1001 中界定的下列术语和定义适用于本文件。

3.1

测量方法 measurement method

对测量过程中使用的操作所给出的逻辑性安排的一般性描述。

注：测量方法可用不同方式表述，如替代测量法、微差测量法、零位测量法、直接测量法、间接测量法。

[JJF 1001—2011，定义 4.5]

3.2

测量结果 measurement result，result of measurement

与其他有用的相关信息一起赋予被测量的一组量值。

注：测量结果通常表示为单个测得的量值和一个测量不确定度。对某些用途，如果认为测量不确定度可忽略不计，则测量结果可表示为单个测得的量值。在许多领域中这是表示测量结果的常用方式。

[JJF 1001—2011，定义 5.1]

3.3

测量不确定度 measurement uncertainty，uncertainty of measurement

不确定度 uncertainty

根据所用到的信息，表征赋予被测量量值分散性的非负参数。

注 1：此参数可以是诸如称为标准测量不确定度的标准差(或其特定倍数)，或是说明了包含概率的区间半宽度。

注 2：通常，对于一组给定的信息，测量不确定度是相应于所赋予被测量的值。

[JJF 1001—2011，定义 5.18]

3.4

测量准确度　measurement accuracy ，accuracy of measurement

准确度　accuracy

被测量的测得值与其真值间的一致程度。

注 1：概念“测量准确度”不是一个量，不给出有数字的量值。当测量提供较小的测量误差时就说该测量是较准确的。

注 2：测量准确度有时被理解为赋予被测量的测得值之间的一致程度。

[JJF 1001—2011，定义 5.8]

3.5

测量正确度　measurement trueness，trueness of measurement

正确度　trueness

无穷多次重复测量所得量值的平均值与一个参考量值间的一致程度。

注 1：测量正确度不是一个量，不能用数值表示。

注 2：测量正确度与系统测量误差有关，与随机测量误差无关。

注 3：术语“测量正确度”不能用“测量准确度”表示。反之亦然。

[JJF 1001—2011，定义 5.9]

3.6

系统测量误差　systematic measurement error，systematic error of measurement

系统误差　systematic error

在重复测量中保持不变或按可预见方式变化的测量误差的分量。

注 1：系统测量误差的参考量值是真值，或是约定真值。

注 2：系统测量误差及其来源可以是已知或未知的。对于已知的系统测量误差可采用修正补偿。

注 3：系统测量误差等于测量误差减随机测量误差。

[JJF 1001—2011，定义 5.4]

3.7

测量偏倚　measurement bias

偏倚　bias

系统测量误差的估计值。

[JF 1001—2011，定义 5.5]

3.8

参考量值　reference quantity value

参考值　reference value

RQV

用作与同类量的值进行比较的基础的量值。

注 1：*RQV* 可以是被测量的真值，这种情况下它是未知的；也可以是约定量值，这种情况下它是已知的。

注 2：带有测量不确定度的 *RQV* 通常由 CS 样品提供。

[JJF 1001—2011，定义 8.19]

3.9

随机测量误差　random measurement error，random error of measurement

随机误差　random error

在重复测量中按不可预见方式变化的测量误差的分量。

注 1：随机测量误差的参考量值是对同一被测量由无穷多次重复测量得到的平均值。

注 2：一组重复测量的随机测量误差形成一种分布，该分布可用期望和方差描述，其期望通常可假设为零。

注 3：随机误差等于测量误差减系统测量误差。

[JJF 1001—2011，定义 5.6]

3.10

测量精密度　measurement precision

精密度　precision

在规定条件下，对同一或类似被测对象重复测量所得示值或测得值间的一致程度。

注 1：测量精密度通常用不精密程度以数字形式表示，如在规定测量条件下的标准偏差、方差或变差系数。

注 2：规定条件可以是重复性测量条件、期间精密度测量条件或复现性测量条件。

注 3：测量精密度用于定义测量重复性、期间测量精密度或测量复现性。

[JJF 1001—2011，定义 5.10]

3.11

实验标准偏差　experimental standard deviation

标准差　standard deviation

s

对同一被测量进行 n 次测量，表征测量结果分散性的量。

注 1：n 次测量中某单个测得值 x_k 的实验标准差 $s(x_k)$ 可按贝塞尔公式计算：

$$s(x_k)=\sqrt{\frac{\sum_{i=1}^{n}(x_i-\bar{x})^2}{n-1}}$$

式中：

x_i——第 i 次测量的测得值；

n——测量次数；

$\bar{x}$——n 次测量所得一组测得值的算术平均值。

注 2：n 次测量的算术平均值 $\bar{x}$ 的实验标准差 $s(\bar{x})$ 为：

$$s(\bar{x})=s(x_k)/\sqrt{n}$$

[JJF 1001—2011，定义 5.17]

3.12

重复性测量条件　measurement repeatability condition of measurement

重复性条件　repeatability condition

相同测量程序、相同操作者、相同测量系统、相同操作条件和相同地点，并在短时间内对同一或相类似被测对象重复测量的一组测量条件。

注 1：在化学中，术语“序列内精密度测量条件”有时用于指“重复性测量条件”。

注 2：重复性标准差的符合为 s_r；重复性限的符号为 r。

[JJF 1001—2011，定义 5.14]

3.13

期间测量精密度测量条件　intermediate precision condition of measurement

期间精密度条件　intermediate precision condition

除了相同测量程序、相同地点，以及在一个较长时间内对同一或相类似的被测对象重复测量的一组测量条件外，还可包括涉及改变的其他条件。

注 1：改变可包括新的校准、测量标准器、操作者和测量系统。

注 2：对条件的说明应包括改变和未变的条件以及实际改变到什么程度。

注 3：在化学中，术语“序列间精密度测量条件”有时用于指“期间精密度测量条件”。

注 4：期间精密度标准差的符合为 $s_{R'}$；期间精密度限的符号为 R'。

[JJF 1001—2011,定义 5.11]

3.14

复现性测量条件 measurement reproducibility condition of measurement

复现性条件 reproducibility condition

不同地点、不同操作者、不同测量系统,对同一或相类似被测对象重复测量的一组测量条件。

注:复现性标准差的符号为 s_R;复现性限的符号为 R。

[JJF 1001—2011,定义 5.15]

3.15

参考物质 reference material

标准物质

具有足够均匀和稳定的特定特性的物质,其特性被证实适用于测量中或标称特性检查中的预期用途。

注 1:赋值或未赋值的标准物质都可用于测量精密度控制,只有赋值的标准物质才可用于校准或测量正确度控制。

注 2:在某个特定测量中,所给定的标准物质只能用于校准或质量保证两者中的一种用途。

[JJF 1001—2011,定义 8.14]

3.16

质量控制样品 quality control sample

QC 样品

存储完整、用量充足的稳定和均质化物料,其物理或化学特性近似于测量系统的常规样品。

注:用于期间精密度条件下测量系统的精密度和稳定性确定和监控。

[GB/T 27407—2010,定义 3.7]

3.17

核查样品 check standard sample

CS 样品

质量控制测量中附有参考量值的物料。

注:该物料为标准物质、或实验室间比对赋予参考量值的物料,用来确定测量系统的准确度。

[GB/T 27407—2010,定义 3.8]

3.18

分辨力 resolution

引起相应示值产生可觉察到变化的被测量的最小变化。

注:分辨力可能与诸如噪声(内部或外部的)或摩擦有关,也可能与被测量的值有关。

[JJF 1001—2011,定义 7.14]

3.19

能力验证 proficiency testing

利用实验室间比对确定实验室的检测能力。

[JJF 1001—2011,定义 9.48]

3.20

测量模型 measurement model, model of measurement

模型 model

测量中涉及的所有已知量间的数学关系。

注 1:测量模型的通用形式是方程:$h(Y, X_1, \cdots, X_n)=0$,其中测量模型中的输出量 Y 是被测量,其量值由测量模型中输入量 $X_1, \cdots, X_n$ 的有关信息推导得出。

[JJF 1001—2011,定义 5.31]

3.21

目标不确定度　target uncertainty

目标测量不确定度　target measurement uncertainty

根据测量结果的预期用途，规定作为上限的测量不确定度。

[JJF 1001—2011，定义 5.26]

3.22

合成标准不确定度　combined standard uncertainty

合成标准测量不确定度　combined standard measurement uncertainty

u_C

由在一个测量模型中各输入量的标准测量不确定度获得的输出量的标准测量不确定度。

[JJF 1001—2011，定义 5.22]

3.23

扩展不确定度　expanded uncertainty

扩展测量不确定度　expanded measurement uncertainty

U

合成标准不确定度与一个大于 1 的数字因子的乘积。

注 1：该因子取决于测量模型中输出量的概率分布类型及所选取的包含概率。

注 2：本定义中术语“因子”是指包含因子。

[JJF 1001—2011，定义 5.27]

3.24

包含区间　coverage interval

基于可获得的信息确定的包含被测量一组值的区间，被测量值以一定概率落在该区间内。

注 1：包含区间不一定以所选的测得值为中心。

注 2：包含区间可由扩展测量不确定度导出。

[引自 JJF 1001—2011，定义 5.28]

3.25

包含概率　coverage probability

在规定的包含区间内包含被测量的一组值的概率。

注：包含概率替代了曾经使用过的“置信水准”。

[JJF 1001—2011，定义 5.29]

3.26

包含因子　coverage factor

k

为获得扩展不确定度，对合成标准不确定度所乘的大于 1 的数。

[JJF 1001—2011，定义 5.30]

4　总则

4.1　四种评定方法及其符合原则

4.1.1　精密度法

a)　本法符合 GB/T 27025 和 JJF 1059 中以下条文的原则。

GB/T 27025 中规定：

"某些情况下,公认的检测方法规定了测量不确定度主要来源的值的极限,并规定了计算结果的表示方式,这时,实验室只要遵守该检测方法和报告的说明,即被认为符合本条的要求"。

JJF 1059 中规定:

"在日常的大量测量中,有时虽然没有任何明确的不确定度报告,但所用的测量仪器是经过检定处于合格状态,并且测量程序有技术文件明确规定,则其不确定度可以由技术指标或规定的文件评定"。

b) 本法也符合上述文件中质量控制的概念和原则。

c) 本法适用于测量系统偏倚受控情况下,各类检测实验室中不确定度的评定。详见第5章及附录A。

4.1.2 控制图法

a) 本法符合 JJF 1059 中以下条文的原则。

JJF 1059 中规定:

"对一个测量过程,若采用核查标准和控制图的方法使测量过程处于统计控制状态,则统计控制下的测量过程的A类标准不确定度可以用合并标准偏差(s_p)表征"。

"A类评定方法通常比用其他评定方法所得到的不确定度更为客观,并具有统计学的严格性,但要求有充分的重复次数。此外,这一测量程序中的重复测量所得的测得值,应相互独立"。

b) 本法也符合上述文件中质量控制的概念和原则。

c) 本法适用于 QC 样品测量结果的偏倚受控及正态分布情况下,各类检测实验室中不确定度的评定,详见第6章及附录B。

4.1.3 线性拟合法

a) 本法符合 JJF 1059 中以下条文的原则。

JJF 1059 中规定:

"当输入量的估计值是由实验数据用最小二乘法拟合的曲线上得到时,曲线上任何一点和表征曲线拟合参数的标准不确定度,可用有关的统计程序评定。如果被测量估计值在多次观测中呈现与时间有关的随机变化,则应采用专门的统计分析方法"。

"采用适当方法去除相关性,将引起相关的量作为独立的附加输入量进入测量模型,则在计算合成标准不确定度时就不须再引入协方差或相关系数了"。

b) 本法也符合上述文件中质量控制的概念和原则。

c) 本法适用于工作曲线的偏倚和测量过程受控情况下,各类检测实验室中不确定度的评定。详见第7章及附录C。

4.1.4 经验模型法

a) 本法符合 GB/T 27025 和 JJF 1059 中以下条文的原则。

GB/T 27025 中规定:

"合理的评定应依据对方法特性的理解和测量范围,并利用诸如过去的经验和确认的数据"。

"据以作出满足某规范决定的窄限"。

JJF 1059 中规定:

"在可能情况下,尽可能采用按长期积累的数据建立起的经验模型";

"应该提出目标不确定度,并做出测量不确定度预先分析报告,论证目标不确定度的可行性"。

b) 本法也符合上述文件中质量控制的概念和原则。

c) 本法适用于测量过程偏倚受控情况下,化学检测实验室中不确定度的评定。详见第8章及附录D。

4.2 不确定度的报告

不确定度是测量结果质量高低的统计估计值，以扩展不确定度(U)表示。如果包含因子(k)不取 2，则应指明 k 值(见 GB/T 27412)；若不考虑抽样变异，则 U 仅为对所给样品的评定。

注：不确定度的报告与表示见 JJF 1059。

5 精密度法

5.1 概要

确保测量过程的偏倚和精密度受控。若能忽略标准物质的不确定度和抽样效应，实验室可参考复现性标准差(s_R)作为不确定度的估计值。

5.2 测量过程的偏倚控制

5.2.1 Δ 值的界定

本法规定，若式(1)成立，则认为偏倚处于受控。

$$|\Delta| < 2s_D \quad \cdots\cdots(1)$$

式中：

Δ ——分别为标准物质、能力验证和权威方法确认时得到的偏倚估计值；

s_D——分别为标准物质、能力验证和权威方法确认时得到的标准差。

5.2.2 标准物质的确认

实验室 l 对标准物质(假定不确定度小于 s_D)进行重复测量，形成标准物质的偏倚估计值见式(2)：

$$|\Delta_l| = |\bar{y} - RQV| \quad \cdots\cdots(2)$$

式中：

Δ_l——实验室 l 对标准物质进行重复测量的偏倚估计值；

$\bar{y}$ ——实验室 l 重复测量结果 $y_i(i=1\cdots n)$的平均值；

s_D的计算见式(3)：

$$s_D = \sqrt{s_L^2 + \frac{s_W^2}{n_l}} \quad \cdots\cdots(3)$$

式中：

s_D ——实验室 l 采用标准物质确认时得到的标准差；

s_L ——实验室间的标准差；

s_W ——实验室 l 的标准差，由 n_l次重复获取；

n_l ——实验室 l 的重复测量次数，可选择 n_l，使得$\sqrt{s_W^2/n_l}$的不确定度小于 $0.2s_R$。

若上述$|\Delta_l|$和 s_D的关系符合式(1)，表明实验室的偏倚处于受控状态。

5.2.3 权威方法的确认

实验室 l 采用权威方法(假定权威方法的不确定度小于 s_D)和常规方法，对样品进行 n_l次重复测量，产生 n_l个的成对值(y_i，$\hat{y}_i$)。形成的偏倚估计值见式(4)：

$$|\bar{\Delta}_y| = \frac{\sum_{i=1}^{n_l}(\hat{y}_i - y_i)}{n_l} \quad \cdots\cdots(4)$$

式中：

$\overline{\Delta}_y$——实验室 l 采用权威方法确认时的平均偏倚估计值；

$\hat{y}_i$——实验室 l 采用常规方法的样品测量结果；

y_i——实验室 l 采用权威方法的样品测量结果；

n_1——实验室 l 对样品的重复测量次数。

s_D的计算见式(5)：

$$s_D=\sqrt{s_L^2+\frac{s^2(\Delta_y)}{n_1}} \qquad (5)$$

式中：

s_D——实验室 l 采用权威方法确认时得到的标准差；

$s(\Delta_y)$——$\hat{y}_i$与 y_i差值的标准差。可选择 n_1，使得$\sqrt{s^2(\Delta_y)/n_1}$的不确定度小于 0.2s_R。

若上述$|\overline{\Delta}_y|$和 s_D的关系符合式(1)，表明实验室的偏倚处于受控状态。

5.2.4 能力验证的确认

实验室 l 参加了能力验证，并由此得到一个偏倚估计值，则该数据可用于偏倚受控的确认。

以下为两个可行的方案：

方案 1：标准物质的确认

可采用附公议值和不确定度的标准物质，按照 5.2.2 来进行确认。

方案 2：能力验证的确认(能力验证给出的标准差小于等于 s_R)

形成的偏倚估计值见式(6)：

$$|\overline{\Delta}_y|=\frac{\sum_{i=1}^{q}(\hat{y}_i-y_i)}{q} \qquad (6)$$

式中：

$\overline{\Delta}_y$——实验室 l 参加能力验证确认时的平均偏倚估计值；

$\hat{y}_i$——实验室 l 给出的结果，$\hat{y}_1$，$\hat{y}_2$，……，$\hat{y}_q$；

y_i——能力验证给出的公议值，y_1，y_2，……，y_q；

q——$\hat{y}_i$与 y_i差值的次数，$q \geqslant 1$。

s_D的计算见式(7)：

$$s_D=\sqrt{s_L^2+\frac{s^2(\Delta_y)}{q}} \qquad (7)$$

式中：

$s(\Delta_y)$——$\hat{y}_i$与 y_i差值的标准差。

若上述$|\overline{\Delta}_y|$和 s_D的关系符合式(1)，表明实验室的偏倚处于受控状态。

5.3 重复性与性能持续的确认

5.3.1 实验室 l 应表明，其标准差(s_l)与重复性标准差(s_r)要保持一致，这种一致性应通过一个或多个合适样品的重复分析(可合并结果)来确认。使用 95%包含概率的 F 检验，计算 s_l与 s_r的比值。

5.3.2 实验室 l 应遵循第 6 章，通过相对稳定、均匀的 QC 样品测量，定期对偏倚和精密度进行核查，确保测量过程处于统计控制状态。

5.4 s_R的调整

通常情况下，不确定度依赖于被测量，此时，实验室 l 可选用式(8)～式(10)的模型之一，进行不确定度评定：

$$\hat{s}_R = bm \qquad \cdots\cdots(8)$$

$$\hat{s}_R = a + bm \qquad \cdots\cdots(9)$$

$$\hat{s}_R = cm^d \qquad \cdots\cdots(10)$$

式中：

$\hat{s}_R$ ——s_R的调整值；

m ——测量结果的平均值。

a,b,c 和 d ——不同 m 测量得到的经验系数(a,b 和 c 为正值)。

5.5 不确定度评定与应用示例

5.5.1 在偏倚和测量过程受控的情况下，若忽略偏倚的不确定度和其他效应，则实验室 l 可参考 s_R 作为不确定度的估计值。

5.5.2 本法的应用示例参见附录 A。

6 控制图法

6.1 概要

实验室 l 在期间精密度条件下，按时间序列进行 QC 样品或 CS 样品的测量，计算正态统计量 A^{2*}。

假定系列预处理结果(I_i)呈正态性和独立性，建立单值图(I 图)和移动极差图(MR 图)，确保图中的数据排列呈随机状态。

在确保偏倚和测量过程的受控情况下，期间精密度标准差($s_{R'}$)即为实验室 l 获得的 u_C。

6.2 数据预处理

6.2.1 QC 样品的数据预处理见式(11)：

$$I_i = Y_i \qquad \cdots\cdots(11)$$

式中：

I_i ——样品预处理结果，其中，$i=1\cdots n$；

Y_i ——样品测量结果，其中，$i=1\cdots n$。

6.2.2 CS 样品的数据预处理如下。

当精密度不随水平变化时的预处理见式(12)：

$$I_i = Y_i - RQV_i \qquad \cdots\cdots(12)$$

RQV_i——第 i 个水平的参考量值。

当精密度随水平变化时的预处理见式(13)：

$$I_i = \frac{Y_i - RQV_i}{\sqrt{s_{RQV_i}^2 + s_{R'}^2}} \qquad \cdots\cdots(13)$$

式中：

s_{RQV_i}——RQV 的标准差。

6.3 正态性、独立性和分辨力检验

6.3.1 将剔除了离群结果的系列值 I_i 排序成 $I_1 \leqslant I_2 \leqslant \cdots \leqslant I_n$，其标准单位见式(14)：

$$w_i = \frac{I_i - \bar{I}}{s_{I_i}} \qquad \cdots\cdots(14)$$

式中：

w_i——I_i 的标准化值；

$\overline{I}$ ——I_i 的平均值；

s_{I_i}——I_i 的标准差，按贝塞尔公式（s 式）求得。当不存在自相关时，也可按移动极差公式（MR 式）求得，其中：$MR_i = |I_{i+1} - I_i|$，$\overline{MR} = 1.128 s_{R'}$。

6.3.2 利用表 B.2，将 w_i 值换算成正态概率 p_i 值。

6.3.3 A^2 值和 A^{2*} 值的计算见式(15)～式(16)：

$$A^2 = -\frac{\sum_{i=1}^{n}(2i-1)[\ln(p_i) + \ln(1 - p_{n+1-i})]}{n} - n \quad \cdots\cdots(15)$$

$$A^{2*} = A^2(1 + \frac{0.75}{n} + \frac{2.25}{n^2}) \quad \cdots\cdots(16)$$

式中：

A^2 ——正态统计量；

A^{2*}——正态统计量，A^2 的修正值。按 s 式计算时表示 A_s^{2*}，按 MR 式计算时表示 A_{MR}^{2*}；

p_i ——正态概率值；

n ——测量次数。

6.3.4 若 A_s^{2*} 和 A_{MR}^{2*} 均小于 1.0，接受数据的正态性、独立性和分辨力适宜性的假定。

6.4 控制图

6.4.1 *I* 图与 *EWMA* 叠加

I 图的控制限见式(17)式(18)：

$$UCL = \overline{I} + 2.66\,\overline{MR} \quad \cdots\cdots(17)$$

$$LCL = \overline{I} - 2.66\,\overline{MR} \quad \cdots\cdots(18)$$

式中：

UCL 和 LCL ——分别为 I 图的上行动限和下行动限；

$\overline{I}$ ——I_i 的平均值；

$\overline{MR}$ ——MR_i 的平均值。

指数加权移动平均值（$EWMA_i$）叠加值及其控制限的计算见式(19)～式(22)。

$$EWMA_1 = I_1 \quad \cdots\cdots(19)$$

$$EWMA_i = (1-\lambda)EWMA_{i-1} + \lambda I_i \quad \cdots\cdots(20)$$

$$UCL_\lambda = \overline{x} + 3s_{R'}\sqrt{\frac{\lambda}{2-\lambda}} \quad \cdots\cdots(21)$$

$$LCL_\lambda = \overline{x} - 3s_{R'}\sqrt{\frac{\lambda}{2-\lambda}} \quad \cdots\cdots(22)$$

式中：

$EWMA_i$ ——指数加权移动平均值；

λ ——权值，取 0.4；

UCL_λ和 LCL_λ ——分别为 $EWMA$ 的上行动限和下行动限。

6.4.2 *MR* 图

MR 图的控制限见式(23)：

$$UCL_{MR}=3.27\overline{MR} \qquad (23)$$

式中：

UCL_{MR}——MR 图的上行动限；

$\overline{MR}$ ——MR_i 的平均值。

6.5 失控准则与 t 检验

6.5.1 超出 UCL 或 LCL 的数据表明系统失控，需调查原因并予以纠正。此外，当出现以下现象之一时，表明测量系统可能发生改变：

a) 连续 3 点中有 2 点落在中心线同一侧的 $2s_{R'}$ 以外；

b) 连续 5 点落在中心线同一侧的 $s_{R'}$ 以外；

c) 连续 9 点或更多点落在中心线同一侧；

d) 连续 7 点递增或递减；

e) $EWMA$ 超出其控制限。

6.5.2 t 检验用于检查来自总体的样品均值 $\overline{I}$ 是否与 μ_0 存在差异，计算见式(24)：

$$t=\frac{\sqrt{n}\,|\overline{I}-\mu_0|}{s_{I_i}} \qquad (24)$$

式中：

n ——测量次数；

$\overline{I}$ ——I_i 的平均值；

μ_0——均值为零的假定值；

s_{I_i}——I_i 的标准差。

6.5.3 在包含概率 95%下，将 t 值与表 B.3 中自由度为$(n-1)$的 $t_{临界}$ 相比较。若所计算的 $t\leqslant t_{临界}$，则 μ_0 与分布的均值未有差异，表明测量中未发现统计上的偏倚。若所计算的 $t>t_{临界}$，或在作图中识别出明显的图形趋势，需调查根本原因，采取纠正措施。

6.6 不确定度评定与应用示例

6.6.1 由于变量间存在的协方差，则交互效应很难估计，而偏倚受控下的 $s_{R'}$ 能合并所有效应。

6.6.2 实验室 l 给出的 $s_{R'}$ 应处于 $s_r<s_{R'}<s_R$ 之间。如果 $s_{R'}>s_R$，需调查根本原因，并作为实验室持续改进计划的关键要素进行定期审核，若必要可采取相应的措施。

6.6.3 U 是建立在 GB/T 27412 的实验室无偏操作假定下，这种假定应通过 CS 样品予以确认。

6.6.4 实验室 l 可根据自身的实际情况，视 $2s_{R'}$ 为 U。

6.6.5 本法的应用示例参见附录 B。

7 线性拟合法

7.1 概要

通过不同水平的标准物质建立模型，确定此拟合过程的偏倚受控。在期间精密度条件下建立控制图，确保数据排列呈随机状态。测量系统给出的 $2s_{R'}$ 即为实验室 l 获得的 U。

7.2 模型参数与变异估计

7.2.1 常数模型

7.2.1.1 常数模型拟合见式(25)：

$$y_{nk}=\hat{\beta}_0+\hat{\beta}_1 RQV_n \quad\cdots\cdots(25)$$

式中：

y_{nk} ——第 n 个水平的第 k 次测量值（$k=1,\cdots\cdots,K$）；

$\hat{\beta}_0$ ——截距估计值；

$\hat{\beta}_1$ ——斜率估计值；

RQV_n ——第 n 个水平的参考量值。

7.2.1.2 测量系统的精密度估计见式(26)：

$$\hat{\sigma}=\sqrt{\frac{SSE}{(NK-2)}} \quad\cdots\cdots(26)$$

式中：

$\hat{\sigma}$ ——测量系统的精密度估计值；

SSE —— $\sum_{n=1}^{N}\sum_{k=1}^{K}(e_{nk})^2$，$e_{nk}=y_{nk}-\hat{y}_n$，其中，$e_{nk}$ 为残差值，$\hat{y}_n$ 为 y_{nk} 的估计值；

$NK-2$ ——自由度，其中，N 为标准物质数，K 为每个标准物质的重复测量数。

7.2.1.3 将 e_{nk} 对应于 $\hat{y}_n$ 作图。若图中显示非以 0 点为中心的随机分布，或 e_{nk} 与 $\hat{y}_n$ 之间呈现某种系统图形，表明常数模型的假定不成立，可采用比例模型的拟合。

7.2.2 比例模型

7.2.2.1 比例模型拟合见式(27)：

$$z_{nk}=\hat{\gamma}_1+\hat{\gamma}_0 w_n \quad\cdots\cdots(27)$$

式中：

z_{nk} —— $\frac{y_{nk}}{RQV_n}$，第 n 个水平的第 k 次变换值（$k=1,\cdots\cdots,K$）；

w_n —— $\frac{1}{RQV_n}$，第 n 个水平的权值；

$\hat{\gamma}_1$ ——斜率估计值；

$\hat{\gamma}_0$ ——截距估计值。

7.2.2.2 测量系统的精密度估计见式(28)：

$$\hat{\tau}=\sqrt{\frac{WSSE}{(NK-2)}} \quad\cdots\cdots(28)$$

式中：

$\hat{\tau}$ ——测量系统的精密度估计值；

$WSSE$ —— $\sum_{n=1}^{N}\sum_{k=1}^{K}(u_{nk})^2$ ，$u_{nk}=z_{nk}-\hat{z}_n$，其中，u_{nk} 为加权残差值，$\hat{z}_n$ 为 z_{nk} 的估计值；

$NK-2$ ——同式(26)。

7.3 模型的偏倚受控

7.3.1 常数模型

7.3.1.1 失拟误差的均方计算见式(29)：

$$\sigma_1^2=\frac{SSE-SSP}{N-2} \quad\cdots\cdots(29)$$

式中：

σ_1^2 ——失拟误差均方；

SSE ——见式(26)；

SSP —— $\sum_{n=1}^{N}\sum_{k=1}^{K}(y_{nk}-y_{n\cdot})^2$ ，其中，$y_{n\cdot}$ 为第 n 个水平的结果平均值；

$N-2$——自由度，其中 N 为标准物质数。

7.3.1.2 实验误差的均方计算见式(30)：

$$\sigma_p^2=\frac{SSP}{NK-N} \tag{30}$$

式中：

σ_p^2 ——实验误差均方；

SSP ——同式(29)；

$NK-N$ ——自由度，其中 N 为标准物质数，K 为每个标准物质的重复测量数。

7.3.2 比例模型

7.3.2.1 失拟误差的均方计算见式(31)：

$$\tau_1^2=\frac{WSSE-WSSP}{N-2} \tag{31}$$

式中：

τ_1^2 ——失拟误差均方；

$WSSE$——同式(28)；

$WSSP$—— $\sum_{n=1}^{N}\sum_{k=1}^{K}(z_{nk}-z_{n\cdot})^2$ ，其中，$z_{n\cdot}$ 为第 n 个水平的变换结果平均值。

7.3.2.2 实验误差的均方计算见式(32)：

$$\tau_p^2=\frac{WSSP}{NK-N} \tag{32}$$

式中：

τ_p^2 ——实验误差均方；

$WSSP$ ——同式(31)；

$NK-N$ ——同式(30)。

7.3.3 *F* 比值检验

在包含概率95%下，F 比值与表C.5中的 $F_{临界}$ 比较，若 $\hat{\sigma}_1^2/\hat{\sigma}_p^2$ 或 $\hat{\tau}_1^2/\hat{\tau}_p^2$ 小于 $F_{1-\alpha}(N-2,NK-N)$，则表明模型拟合正确。

7.4 测量结果的变换与控制

7.4.1 常数模型

7.4.1.1 后续测量结果的变换值计算见式(33)：

$$x_0^*=\frac{\overline{y}_0-\hat{\beta}_0}{\hat{\beta}_1} \tag{33}$$

式中：

x_0^* ——变换值；

$\overline{y}_0$ ——未知量的重复测量平均值；

$\hat{\beta}_0$ ——截距估计值；

$\hat{\beta}_1$ ——斜率估计值。

7.4.1.2 后续测量结果的控制值计算见式(34)：

$$d_i = x_i^* - RQV_i \qquad (34)$$

式中：

d_i ——控制值；

x_i^* ——d_i 的变换值；

RQV_i ——第 i 个水平的参考量值。

7.4.1.3 后续测量结果的控制限计算见式(35)、式(36)：

$$UCL = 3\frac{\hat{\sigma}}{\hat{\beta}_1} \qquad (35)$$

$$LCL = -3\frac{\hat{\sigma}}{\hat{\beta}_1} \qquad (36)$$

式中：

UCL，LCL ——分别为上控制限和下控制限；

$\hat{\sigma}$ ——标准差的估计值；

$\hat{\beta}_1$ ——斜率估计值。

7.4.2 比例模型

7.4.2.1 后续测量结果的变换值计算见式(37)：

$$x_0^* = \frac{\bar{y}_0 - \hat{\gamma}_0}{\hat{\gamma}_1} \qquad (37)$$

式中：

x_0^* ——变换值；

$\bar{y}_0$ ——未知量的重复测量平均值；

$\hat{\gamma}_1$ ——斜率估计值；

$\hat{\gamma}_0$ ——截距估计值。

7.4.2.2 后续测量结果的控制值计算见式(38)：

$$c_i = \frac{x_i^* - RQV_i}{RQV_i} \qquad (38)$$

式中：

c_i ——控制值；

x_i^* ——第 i 个变换值；

RQV_i ——第 i 个水平的参考量值。

7.4.2.3 后续测量结果的控制限计算见式(39)、式(40)：

$$UCL = 3\frac{\hat{\tau}}{\hat{\gamma}_1} \qquad (39)$$

$$LCL = -3\frac{\hat{\tau}}{\hat{\gamma}_1} \qquad (40)$$

式中：

UCL，LCL ——分别为上控制限和下控制限；

$\hat{\tau}$ ——测量系统的精密度估计值；

$\hat{\gamma}_1$ ——截距估计值。

7.5 不确定度评定与应用示例

7.5.1 根据所选模型，选取方法区间内较低和较高水平的两个标准物质，按时间序列分别进行测量。在所建立的控制图中，标绘相应的控制值。如果控制值落在控制限内，表明工作曲线有效，即可按照以下给出的计算公式求得 U。

7.5.2 常数模型的 $s_{R'}$ 和 U 计算分别见式(41)、式(42)：

$$\hat{\sigma}_{cal}=\sqrt{\frac{\sum_{i=1}^{J}(d_{1j}^2+d_{mj}^2)}{2J}} \quad \cdots\cdots(41)$$

$$U=2\hat{\sigma}_{cal} \quad \cdots\cdots(42)$$

式中：

$\hat{\sigma}_{cal}$ ——常数模型求得的 $s_{R'}$；

d_{1j}，d_{mj} ——分别为较低和较高标准物质的 d_i 值，其中，j 为测量时间点；

J ——测量次数。

7.5.3 比例模型的 s_R 和 U 计算分别见式(43)、式(44)：

$$\hat{\tau}_{cal}=\sqrt{\frac{\sum_{j=1}^{J}(c_{1j}^2+c_{mj}^2)}{2J}} \quad \cdots\cdots(43)$$

$$U=2\hat{\tau}_{cal}x_0^* \quad \cdots\cdots(44)$$

式中：

$\hat{\tau}_{cal}$ ——比例模型求得的 s_R 相对值；

c_{1j}，c_{mj} ——分别为较低和较高标准物质的 c_i 值；

J ——测量次数；

x_0^* ——按比例模型求得的变换值。

7.5.4 本法的应用示例参见附录 C。

8 经验模型法

8.1 概要

实验室 l 可分别参照第 6 章和第 7 章，在确保偏倚和测量系统受控前提下，通过长期大量的数据积累，建立测量结果与标准差之间的函数关系。

若没有合适的变换类型、或无明显的函数关系，可按稳定性方差处理。如果标准差依赖于水平，则需加权最小二乘拟合。

实验室 l 需持续跟踪监控，不断调整和修正自己所建立的目标不确定度模型。

8.2 *h* 与 *k* 一致性统计

8.2.1 在期间精密度条件下，实验室 l 可利用 h 与 k 的一致性统计，对所汇集的系列数据(x_i)进行调查和处理。

注：在 GB/T 27412 的实验室无偏操作假定下进行 h 与 k 一致性统计。

8.2.2 h 与 k 的统计公式见式(45)、式(46)：

$$h=\frac{d}{s_{\bar{x}}} \quad \cdots\cdots (45)$$

式中：

h ——人员间一致性统计量，即样品水平下某人员的单元均值与其他人员间比较的度量；

d ——水平下的单元差值，$d=\bar{x}-\bar{\bar{x}}$，其中，$\bar{x}$ 为单元均值，$\bar{\bar{x}}$为水平均值；

$s_{\bar{x}}$——水平下的平均值标准差。

$$k=\frac{s}{s_r} \quad \cdots\cdots (46)$$

式中：

k ——人员内一致性统计量，即样品水平下某人员的变异与其他人员总合变异间比较的度量；

s ——水平下的单元标准差；

s_r——水平下的重复性标准差。

8.2.3 在相应的包含概率下，若所计算的 h 与 k 不超出表 D.2 中的临界值，即接受数据一致性的假定。

8.3 数据变换与统计检验

8.3.1 实验室 l 在所研究的水平区间，建立其与标准差之间的函数关系。

8.3.2 实验室 l 参照 6.3 和 7.3，完成正态性统计 A^{2*} 和模型拟合的偏倚检验。

8.3.3 对非稳定性方差，实验室 l 需通过对数将指数变成直线函数，且根据式(47)进行变换和拟合：

$$y=x^{1-b} \quad \cdots\cdots (47)$$

式中：

y ——数据的变换值；

x ——数据的原结果；

b ——斜率，$b\neq1$。

8.4 目标不确定度拟合与应用示例

8.4.1 实验室 l 经过统计检验和作图分析，基于式(48)给出目标不确定度 $S_{R'}$：

$$s_{R'}=am^b \quad \cdots\cdots (48)$$

式中：

$S_{R'}$——目标不确定度；

m ——测量结果的平均值；

a ——截距；

b ——斜率，$b\neq1$。

8.4.2 本法的应用示例参见附录 D。

附 录 A
（资料性附录）
肉含量测定的不确定度评定（精密度法）

A.1 简介

肉制品规定应确保肉含量的准确测定，该测定由蛋白质和脂肪两部分组成，见式（A.1）：

$$W_{meat} = W_{pro} + W_{fat} \quad \cdots\cdots(A.1)$$

式中：

W_{meat}——肉制品，%；

W_{pro}——蛋白质，%，$W_{pro}=100W_{mN}/f_N$，其中，W_{mN}为氮含量；f_N为氮因子；

W_{fat}——脂肪，%。

本示例给出了不同贡献项的不确定度合成原则，每个贡献项源于第5章中描述的s_R估计值。

本示例来自于GB/Z 22553。

A.2 偏倚和精密度控制

A.2.1 W_{mN}的控制

利用两个能力验证的信息，给出了检测方法s_R的不确定度估计值。该两个能力验证涵盖了较大范围的样品类型、且具有良好和代表性的胜任实验室参加。另有，s_R的贡献量依赖于W_{mN}（见5.4）。

两个能力验证给出了最佳的拟合结果：$s_R=0.021W_{mN}$，$s_r=0.018W_{mN}$，$s_L=0.011W_{mN}$。

根据5.3，因实验室1有：$S_1<S_r=0.018W_{mN}$，则表明室内的精密度与能力验证具有一致性。

因凯氏定氮法缺乏可信的标准物质，根据5.2.3，可与一个操作原理不同的燃烧法进行比较。

分别采用凯氏定氮法和燃烧法，对一系列不同样品进行分析，计算的结果：$|\Delta|=0.01W_{mN}$。

根据式(1)，因为$|\Delta|=0.01W_{mN}<2s_R=0.042W_{mN}$，表明测量系统的偏倚得到控制。

A.2.2 W_{fat}的控制

W_{fat}分析的能力验证给出：$s_R=0.02W_{fat}$。根据5.2.2和式(1)，标准物质确认时的偏倚估计值有：$|\Delta|<2s_R=0.04W_{fat}$，同样表明实验室1测量系统的偏倚得到控制。

针对W_{fat}的分析，实验室1的s_1估计值小于能力验证的s_r，表明实验室1的精密度处在控制范围。

A.3 不确定度分量的评定

A.3.1 不确定度的分量

不确定度的分量与上述每个量值都有关，最显著的量W_{pro}约占W_{meat}的90%之多。与W_{meat}有关的最大不确定度项来自于以下因素：

a) 对物料的有限了解而造成f_N的不确定度；

b) 批次间和长期操作而引起方法的复现性变异；

c) 方法偏倚的不确定度；

d) W_{fat}的不确定度。

A.3.2 f_N的不确定度

GB/T 22553 的文献 20 提供了牛肉中氮因子的大量研究结果，表明了不同来源和肉块间的明显变异。该文献还在更大范围的样品类型下，计算出了 f_N的标准偏差 0.052 和相对标准偏差 0.014。

A.3.3 W_{mN}的不确定度

方法规定了双试验，考虑到两个结果的均值效应，重复性项应做相应的调整。根据式(3)的计算，方法操作合理变异所引起的 W_{mN}不确定度最佳估计：

$$u(W_{mN})=W_{mN}\sqrt{s_L^2+\frac{s_r^2}{2}}=W_{mN}\sqrt{0.011^2+\frac{0.018^2}{2}}=0.017W_{mN}$$

A.3.4 W_{fat}的不确定度

因为 W_{fat}分析的能力验证给出了 s_R，取 $s_R=0.02W_{fat}$作为不确定度估计值。

A.4 不确定度的合成

A.4.1 前述研究已表明，实验室 1 的偏倚和精密度得到较好的控制，所用标准物质的不确定度可做忽略，且所参加能力验证等以外的操作不会产生影响因素。

A.4.2 表 A.1 汇总了上述各项得到的单个量值及其相应不确定度。由此得到肉含量的 $U=4.0\%$，即 $W_{meat}=(95.6\pm4.0)\%(k=2,95\%$包含概率)。

表 A.1 肉含量不确定度一览表

量　值	x_i值/%	$u(x_i)$	$u(x_i)/x_i$
脂肪含量，W_{fat}	5.50	0.110	0.020
氮含量，W_{mN}	3.29	0.056	0.017
氮因子，f_N	3.65	0.052	0.014
蛋白含量，W_{pro}	90.1	$90.1\times0.022=1.98$	$\sqrt{0.017^2+0.014^2}=0.022$
肉含量，W_{meat}	95.6	$\sqrt{1.98^2+0.110^2}=1.98$	0.021

附 录 B
（资料性附录）
汽油研究法辛烷值测定的不确定度评定（控制图法）

B.1 简介

实验室1根据GB/T 5487，利用汽油CS样品，在期间精密度测量条件下，对汽油检测中的辛烷值进行了不确定度评定。

本示例的统计原理基于GB/T 27407。

B.2 CS样品系列结果正态性、独立性与分辨力的检验

B.2.1 已知在复现性测量条件下，CS样品的系列测量结果经正态性检验有 $A^{2*}=0.7727$，CS样品的辛烷值赋值有 $RQV=92.2$，$s_{RQV}=0.25/\sqrt{30}=0.046$。

B.2.2 实验室1基于GB/T 5487，由熟悉该测量系统的不同人员在不同时间里，在期间精密度测量条件下，按时间序列对该CS样品进行了随机测量。

B.2.3 已知精密度不随水平变化，利用式(12)给出系列预处理结果 I_i，按测量时间序列汇总在表B.1中。

B.2.4 根据式(19)～式(20)，计算 $EWMA_i$ 系列叠加值；根据式(14)，计算 MR_i 值和 w_i 值，见表B.1。

B.2.5 利用表B.2，将 w_i 值换算成 p_i 值；表B.1中的 A^{2*} 统计量来自式(15)～式(16)。

表B.1 期间精密度条件下CS样品测量结果的 A^{2*} 统计

单位：辛烷值

时序	Y_i	I_i	$EWMA_i$	$\|MR_i\|$	I_i 升序	w_i	p_i	A 第 i 项	w_i	p_i	A 第 i 项
1	92.3	0.1	0.1		−0.4	−1.93	0.027	−7.3	−1.47	0.071	−5.4
2	92.0	−0.2	0.0	0.30	−0.3	−1.37	0.085	−15.0	−1.05	0.147	−11.7
3	92.2	0.0	0.0	0.20	−0.3	−1.37	0.085	−25.0	−1.05	0.147	−19.4
4	92.5	0.3	0.1	0.30	−0.3	−1.37	0.085	−35.0	−1.05	0.147	−27.2
5	91.9	−0.3	−0.1	0.60	−0.2	−0.82	0.206	−28.8	−0.62	0.268	−24.1
6	92.0	−0.2	−0.1	0.10	−0.2	−0.82	0.206	−35.2	−0.62	0.268	−29.4
7	92.3	0.1	0.0	0.30	−0.2	−0.82	0.206	−41.6	−0.62	0.268	−34.8
8	91.8	−0.4	−0.2	0.50	−0.2	−0.82	0.206	−48.0	−0.62	0.268	−40.1
9	92.3	0.1	−0.1	0.50	−0.2	−0.82	0.206	−54.4	−0.62	0.268	−45.5
10	92.0	−0.2	−0.1	0.30	−0.2	−0.82	0.206	−60.8	−0.62	0.268	−50.8
11	92.1	−0.1	−0.1	0.10	−0.2	−0.82	0.206	−53.4	−0.62	0.268	−46.5
12	92.3	0.1	0.0	0.20	−0.1	−0.26	0.397	−43.4	−0.20	0.421	−40.5
13	92.0	−0.2	−0.1	0.30	−0.1	−0.26	0.397	−47.1	−0.20	0.421	−44.0
14	92.2	0.0	−0.1	0.20	−0.1	−0.26	0.397	−50.9	−0.20	0.421	−47.5
15	92.1	−0.1	−0.1	0.10	−0.1	−0.26	0.397	−54.7	−0.20	0.421	−51.0
16	92.0	−0.2	−0.1	0.10	0	0.30	0.618	−30.6	0.23	0.591	−33.2
17	92.2	0.0	−0.1	0.20	0	0.30	0.618	−32.6	0.23	0.591	−35.4
18	92.3	0.1	0.0	0.10	0	0.30	0.618	−34.6	0.23	0.591	−37.5
19	91.9	−0.3	−0.1	0.40	0	0.30	0.618	−36.6	0.23	0.591	−39.7

表 B.1（续）　　　　单位:辛烷值

时序	Y_i	I_i	$EWMA_i$	$\|MR_i\|$	I_i 升序	w_i	p_i	A 第 i 项	w_i	p_i	A 第 i 项
20	92.2	0.0	−0.1	0.30	0	0.30	0.618	−27.8	0.23	0.591	−32.7
21	92.4	0.2	0.0	0.20	0.1	0.85	0.802	−18.5	0.65	0.742	−25.0
22	92.0	−0.2	−0.1	0.40	0.1	0.85	0.802	−19.4	0.65	0.742	−26.2
23	92.1	−0.1	−0.1	0.10	0.1	0.85	0.802	−20.3	0.65	0.742	−27.4
24	92.2	0.0	0.0	0.10	0.1	0.85	0.802	−21.2	0.65	0.742	−28.6
25	92.4	0.2	0.1	0.20	0.1	0.85	0.802	−22.1	0.65	0.742	−29.9
26	92.0	−0.2	0.0	0.40	0.1	0.85	0.802	−23.0	0.65	0.742	−31.1
27	92.3	0.1	0.0	0.30	0.2	1.41	0.921	−9.1	1.08	0.860	−16.4
28	91.9	−0.3	−0.1	0.40	0.2	1.41	0.921	−9.4	1.08	0.860	−17.0
29	92.1	−0.1	−0.1	0.20	0.2	1.41	0.921	−9.8	1.08	0.860	−17.7
30	92.4	0.2	0.0	0.30	0.3	1.97	0.976	−3.1	1.50	0.933	−8.4
平均值		−0.05		0.266			$A_s^{2*}=$	0.635 0		$A_{MR}^{2*}=$	0.818 4
标准差		0.180		0.235							

注：A 第 i 项等于 $(2i-1)[\ln(p_i)+\ln(1-p_{n+1-i})]$。

B.2.6 表 B.1 中的 s 式计算有 $A_s^{2*}=0.635\ 0$，MR 式计算有 $A_{MR}^{2*}=0.818\ 4$，两者均小于 1.0，接受表中系列测量结果的正态性、独立性和分辨力适应性的假定。

B.3 控制图的建立与分析

B.3.1 基于表 B.1 中的统计结果，利用式(17)～式(18)，建立了 I 图(见图 B.1)。为了有助于提高 $\overline{I}$ 检测的灵敏性，根据式(19)～式(22)，在 I 图中叠加了系列 $EWMA_i$ 值及其控制限。利用式(23)，建立了 MR 图(见图 B.2)。

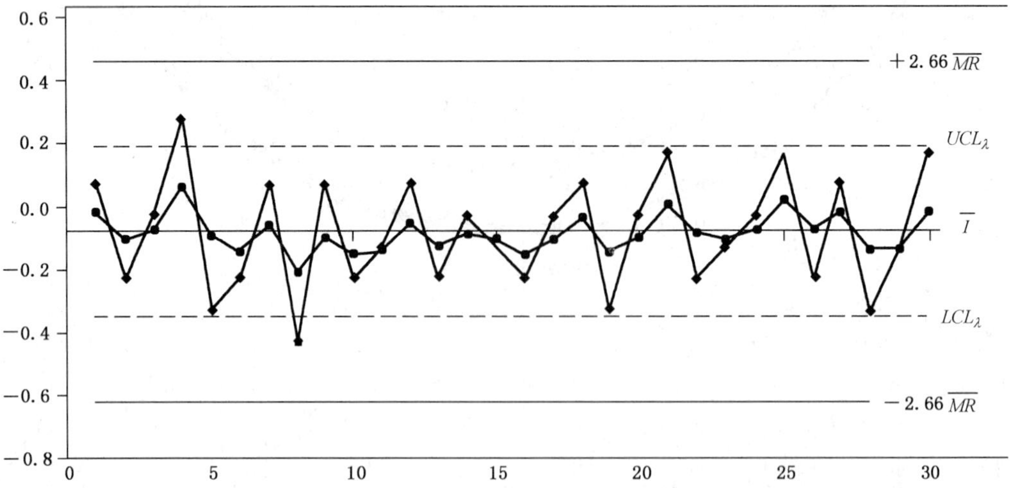

图 B.1 CS 样品系列测量结果的 I 图

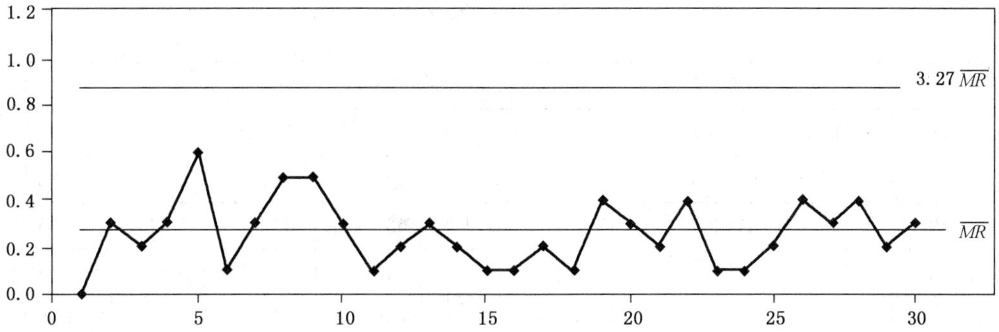

图 B.2　CS 样品系列测量结果的 *MR* 图

B.3.2　根据 6.5 的失控准则，上述图中的测量结果均未超出 *UCL* 或 *LCL*，也没有出现可能发生变化的几种情况。表明测量系统仅受随机误差影响的数据假定成立。

B.3.3　基于式(24)的检验结果有：$\overline{I}=-0.05$，$s_{I_i}=0.180$，查表 B.3 有：$t=1.521\,4<t_{0.975}(29)=2.045\,2$，表明$\overline{I}$与零不存在统计上的差异。

B.4　不确定度评定

B.4.1　因式(14)给出$\overline{MR}=1.128s_{R'}$，表 B.1 和图 B.2 的$\overline{MR}=0.266$，故在偏倚受控的期间精密度测量条件下，实验室 l 采用 GB/T 5487 的不确定度评定为：$U=2s_{R'}=2\times0.266/1.128\approx0.5$ 辛烷值。

B.4.2　根据 6.6 的描述，因 GB/T 5487 的 $R=0.7$，而 $s_{R'}=0.236<s_R=0.253$，表明不确定度的评定合理。

表 B.2　p_i 数值表

w_i	−0.09	−0.08	−0.07	−0.06	−0.05	−0.04	−0.03	−0.02	−0.01	0.00
−3.5	0.000 2	0.000 2	0.000 2	0.000 2	0.000 2	0.000 2	0.000 2	0.000 2	0.000 2	0.000 2
−3.4	0.000 2	0.000 3	0.000 3	0.000 3	0.000 3	0.000 3	0.000 3	0.000 3	0.000 3	0.000 3
−3.3	0.000 3	0.000 4	0.000 4	0.000 4	0.000 4	0.000 4	0.000 4	0.000 5	0.000 5	0.000 5
−3.2	0.000 5	0.000 5	0.000 5	0.000 6	0.000 6	0.000 6	0.000 6	0.000 6	0.000 7	0.000 7
−3.1	0.000 7	0.000 7	0.000 8	0.000 8	0.000 8	0.000 8	0.000 9	0.000 9	0.000 9	0.001 0
−3.0	0.001 0	0.001 0	0.001 1	0.001 1	0.001 1	0.001 2	0.001 2	0.001 3	0.001 3	0.001 3
−2.9	0.001 4	0.001 4	0.001 5	0.001 5	0.001 6	0.001 6	0.001 7	0.001 8	0.001 8	0.001 9
−2.8	0.001 9	0.002 0	0.002 1	0.002 1	0.002 2	0.002 3	0.002 3	0.002 4	0.002 5	0.002 6
−2.7	0.002 6	0.002 7	0.002 8	0.002 9	0.003 0	0.003 1	0.003 2	0.003 3	0.003 4	0.003 5
−2.6	0.003 6	0.003 7	0.003 8	0.003 9	0.004 0	0.004 1	0.004 3	0.004 4	0.004 5	0.004 7
−2.5	0.004 8	0.004 9	0.005 1	0.005 2	0.005 4	0.005 5	0.005 7	0.005 9	0.006 0	0.006 2
−2.4	0.006 4	0.006 6	0.006 8	0.006 9	0.007 1	0.007 3	0.007 5	0.007 8	0.008 0	0.008 2
−2.3	0.008 4	0.008 7	0.008 9	0.009 1	0.009 4	0.009 6	0.009 9	0.010 2	0.010 4	0.010 7
−2.2	0.011 0	0.011 3	0.011 6	0.011 9	0.012 2	0.012 5	0.012 9	0.013 2	0.013 6	0.013 9
−2.1	0.014 3	0.014 6	0.015 0	0.015 4	0.015 8	0.016 2	0.016 6	0.017 0	0.017 4	0.017 9

表 B.2（续）

w_i	−0.09	−0.08	−0.07	−0.06	−0.05	−0.04	−0.03	−0.02	−0.01	0.00
−2.0	0.018 3	0.018 8	0.019 2	0.019 7	0.020 2	0.020 7	0.021 2	0.021 7	0.022 2	0.022 8
−1.9	0.023 3	0.023 9	0.024 4	0.025 0	0.025 6	0.026 2	0.026 8	0.027 4	0.028 1	0.028 7
−1.8	0.029 4	0.030 1	0.030 7	0.031 4	0.032 2	0.032 9	0.033 6	0.034 4	0.035 1	0.035 9
−1.7	0.036 7	0.037 5	0.038 4	0.039 2	0.040 1	0.040 9	0.041 8	0.042 7	0.043 6	0.044 6
−1.6	0.045 5	0.046 5	0.047 5	0.048 5	0.049 5	0.050 5	0.051 6	0.052 6	0.053 7	0.054 8
−1.5	0.055 9	0.057 1	0.058 2	0.059 4	0.060 6	0.061 8	0.063 0	0.064 3	0.065 5	0.066 8
−1.4	0.068 1	0.069 4	0.070 8	0.072 1	0.073 5	0.074 9	0.076 4	0.077 8	0.079 3	0.080 8
−1.3	0.082 3	0.083 8	0.085 3	0.086 9	0.088 5	0.090 1	0.091 8	0.093 4	0.095 1	0.096 8
−1.2	0.098 5	0.100 3	0.102 0	0.103 8	0.105 6	0.107 5	0.109 3	0.111 2	0.113 1	0.115 1
−1.1	0.117 0	0.119 0	0.121 0	0.123 0	0.125 1	0.127 1	0.129 2	0.131 4	0.133 5	0.135 7
−1.0	0.137 9	0.140 1	0.142 3	0.144 6	0.146 9	0.149 2	0.151 5	0.153 9	0.156 2	0.158 7
−0.9	0.161 1	0.163 5	0.166 0	0.168 5	0.171 1	0.173 6	0.176 2	0.178 8	0.181 4	0.184 1
−0.8	0.186 7	0.189 4	0.192 2	0.194 9	0.197 7	0.200 5	0.203 3	0.206 1	0.209 0	0.211 9
−0.7	0.214 8	0.217 7	0.220 6	0.223 6	0.226 6	0.229 6	0.232 7	0.235 8	0.238 9	0.242 0
−0.6	0.245 1	0.248 3	0.251 4	0.254 6	0.257 8	0.261 1	0.264 3	0.267 6	0.270 9	0.274 3
−0.5	0.277 6	0.281 0	0.284 3	0.287 7	0.291 2	0.294 6	0.298 1	0.301 5	0.305 0	0.308 5
−0.4	0.312 1	0.315 6	0.319 2	0.322 8	0.326 4	0.330 0	0.333 6	0.337 2	0.340 9	0.344 6
−0.3	0.348 3	0.352 0	0.355 7	0.359 4	0.363 2	0.366 9	0.370 7	0.374 5	0.378 3	0.382 1
−0.2	0.385 9	0.389 7	0.393 6	0.397 4	0.401 3	0.405 2	0.409 0	0.412 9	0.416 8	0.420 7
−0.1	0.424 7	0.428 6	0.432 5	0.436 4	0.440 4	0.444 3	0.448 3	0.452 2	0.456 2	0.460 2
0.0	0.464 1	0.468 1	0.472 1	0.476 1	0.480 1	0.484 0	0.488 0	0.492 0	0.496 0	0.500 0

w_i	0.00	0.01	0.02	0.03	0.04	0.05	0.06	0.07	0.08	0.09
0.0	0.500 0	0.504 0	0.508 0	0.512 0	0.516 0	0.519 9	0.523 9	0.527 9	0.531 9	0.535 9
0.1	0.539 8	0.543 8	0.547 8	0.551 7	0.555 7	0.559 6	0.563 6	0.567 5	0.571 4	0.575 3
0.2	0.579 3	0.583 2	0.587 1	0.591 0	0.594 8	0.598 7	0.602 6	0.606 4	0.610 3	0.614 1
0.3	0.617 9	0.621 7	0.625 5	0.629 3	0.633 1	0.636 8	0.640 6	0.644 3	0.648 0	0.651 7
0.4	0.655 4	0.659 1	0.662 8	0.666 4	0.670 0	0.673 6	0.677 2	0.680 8	0.684 4	0.687 9
0.5	0.691 5	0.695 0	0.698 5	0.701 9	0.705 4	0.708 8	0.712 3	0.715 7	0.719 0	0.722 4
0.6	0.725 7	0.729 1	0.732 4	0.735 7	0.738 9	0.742 2	0.745 4	0.748 6	0.751 7	0.754 9
0.7	0.758 0	0.761 1	0.764 2	0.767 3	0.770 4	0.773 4	0.776 4	0.779 4	0.782 3	0.785 2
0.8	0.788 1	0.791 0	0.793 9	0.796 7	0.799 5	0.802 3	0.805 1	0.807 8	0.810 6	0.813 3
0.9	0.815 9	0.818 6	0.821 2	0.823 8	0.826 4	0.828 9	0.831 5	0.834 0	0.836 5	0.838 9
1.0	0.841 3	0.843 8	0.846 1	0.848 5	0.850 8	0.853 1	0.855 4	0.857 7	0.859 9	0.862 1
1.1	0.864 3	0.866 5	0.868 6	0.870 8	0.872 9	0.874 9	0.877 0	0.879 0	0.881 0	0.883 0
1.2	0.884 9	0.886 9	0.888 8	0.890 7	0.892 5	0.894 4	0.896 2	0.898 0	0.899 7	0.901 5

表 B.2（续）

w_i	0.00	0.01	0.02	0.03	0.04	0.05	0.06	0.07	0.08	0.09
1.3	0.903 2	0.904 9	0.906 6	0.908 2	0.909 9	0.911 5	0.913 1	0.914 7	0.916 2	0.917 7
1.4	0.919 2	0.920 7	0.922 2	0.923 6	0.925 1	0.926 5	0.927 9	0.929 2	0.930 6	0.931 9
1.5	0.933 2	0.934 5	0.935 7	0.937 0	0.938 2	0.939 4	0.940 6	0.941 8	0.942 9	0.944 1
1.6	0.945 2	0.946 3	0.947 4	0.948 4	0.949 5	0.950 5	0.951 5	0.952 5	0.953 5	0.954 5
1.7	0.955 4	0.956 4	0.957 3	0.958 2	0.959 1	0.959 9	0.960 8	0.961 6	0.962 5	0.963 3
1.8	0.964 1	0.964 9	0.965 6	0.966 4	0.967 1	0.967 8	0.968 6	0.969 3	0.969 9	0.970 6
1.9	0.971 3	0.971 9	0.972 6	0.973 2	0.973 8	0.974 4	0.975 0	0.975 6	0.976 1	0.976 7
2.0	0.977 2	0.977 8	0.978 3	0.978 8	0.979 3	0.979 8	0.980 3	0.980 8	0.981 2	0.981 7
2.1	0.982 1	0.982 6	0.983 0	0.983 4	0.983 8	0.984 2	0.984 6	0.985 0	0.985 4	0.985 7
2.2	0.986 1	0.986 4	0.986 8	0.987 1	0.987 5	0.987 8	0.988 1	0.988 4	0.988 7	0.989 0
2.3	0.989 3	0.989 6	0.989 8	0.990 1	0.990 4	0.990 6	0.990 9	0.991 1	0.991 3	0.991 6
2.4	0.991 8	0.992 0	0.992 2	0.992 5	0.992 7	0.992 9	0.993 1	0.993 2	0.993 4	0.993 6
2.5	0.993 8	0.994 0	0.994 1	0.994 3	0.994 5	0.994 6	0.994 8	0.994 9	0.995 1	0.995 2
2.6	0.995 3	0.995 5	0.995 6	0.995 7	0.995 9	0.996 0	0.996 1	0.996 2	0.996 3	0.996 4
2.7	0.996 5	0.996 6	0.996 7	0.996 8	0.996 9	0.997 0	0.997 1	0.997 2	0.997 3	0.997 4
2.8	0.997 4	0.997 5	0.997 6	0.997 7	0.997 7	0.997 8	0.997 9	0.997 9	0.998 0	0.998 1
2.9	0.998 1	0.998 2	0.998 2	0.998 3	0.998 4	0.998 4	0.998 5	0.998 5	0.998 6	0.998 6
3.0	0.998 7	0.998 7	0.998 7	0.998 8	0.998 8	0.998 9	0.998 9	0.998 9	0.999 0	0.999 0
3.1	0.999 0	0.999 1	0.999 1	0.999 1	0.999 2	0.999 2	0.999 2	0.999 2	0.999 3	0.999 3
3.2	0.999 3	0.999 3	0.999 4	0.999 4	0.999 4	0.999 4	0.999 4	0.999 5	0.999 5	0.999 5
3.3	0.999 5	0.999 5	0.999 5	0.999 6	0.999 6	0.999 6	0.999 6	0.999 6	0.999 6	0.999 7
3.4	0.999 7	0.999 7	0.999 7	0.999 7	0.999 7	0.999 7	0.999 7	0.999 7	0.9997	0.999 8
3.5	0.999 8	0.999 8	0.999 8	0.999 8	0.999 8	0.999 8	0.999 8	0.999 8	0.9998	0.999 8

注：w_i 为左列和顶行数字的和。

表 B.3　*t* 分布双侧情形分位数表

n	$t_{0.975}$
1	12.706 2
2	4.302 7
3	3.182 4
4	2.776 4
5	2.570 6
6	2.446 9

表 B.3（续）

n	$t_{0.975}$
7	2.364 6
8	2.306 0
9	2.262 2
10	2.228 1
11	2.201 0
12	2.178 8
13	2.160 4
14	2.144 8
15	2.131 4
16	2.119 9
17	2.109 8
18	2.100 9
19	2.093 0
20	2.086 0
21	2.079 6
22	2.073 9
23	2.068 7
24	2.063 9
25	2.059 5
26	2.055 5
27	2.051 8
28	2.048 4
29	2.045 2
30	2.042 3
31	2.039 5
32	2.036 9
33	2.034 5
34	2.032 2
35	2.030 1
36	2.028 1
37	2.026 2
38	2.024 4
39	2.022 7
40	2.021 1

表 B.3（续）

n	$t_{0.975}$
41	2.019 5
42	2.018 1
43	2.016 7
44	2.015 4
45	2.014 1
46	2.012 9
47	2.011 7
48	2.010 6
49	2.009 6
50	2.008 6
55	2.004 0
60	2.000 3
65	1.997 1
70	1.994 4
75	1.992 1
80	1.990 06
85	1.988 27
90	1.986 67
95	1.985 25
100	1.983 97

附　录　C
（资料性附录）
集成线路光掩模线距的不确定度评定(线性拟合法)

C.1　简介

实验室1对所建立的比例模型进行方差分析,确保拟合的失拟误差小于重复测量的实验误差。

使用第6章的控制图法来监控后续测量结果的变换值,以检查模型拟合的有效性,并识别和消除测量系统中出现的异常变化。

选取两个水平的标准物质,对后续测量结果的控制值进行监控,利用合并方差来进行不确定度评定。

本示例来自于GB/T 22554。

C.2　背景和数据

根据光学成像系统,实验室1利用 $n=10$ 的系列标准物质,对集成线路光掩模的线距进行测量。每个标准物质的测量次数 $k=4$,时间间隔至少为两周,以保证测量的独立性。数据见表C.1。

表C.1　线距的校准实验

单位:μm

RQV_n	y_{n_1}	y_{n_2}	y_{n_3}	y_{n_4}
6.19	6.31	6.27	6.31	6.28
9.17	9.27	9.21	9.34	9.23
1.99	2.21	2.19	2.22	2.20
7.77	8.00	7.81	7.95	7.84
4.00	4.27	4.15	4.15	4.15
10.77	10.93	10.73	10.92	10.89
4.78	4.95	4.87	5.00	5.00
2.99	3.24	3.17	3.21	3.21
6.98	7.14	7.07	7.18	7.20
9.98	10.23	10.02	10.07	10.17

C.3　常数模型的拟合分析

实验室1利用式(25)给出了模型拟合:$\hat{y}_n=0.235\,8+0.987RQV_n$。

系列残差值 e_{nk} 由式(26)求得,并对应于 $\hat{y}_n$ 作图。作图表明常数模型的拟合假定不成立,需用比例模型的拟合。

C.4　比例模型的拟合分析

C.4.1　实验室1利用式(27),给出比例模型的拟合:$\hat{y}_n=0.246\,9+0.985\,1RQV_n$,即等价于 $\hat{z}_n=0.985\,1+$

0.246 9/RQV_n。

C.4.2 实验室1利用式(28)，求得系列加权残差值 u_{nk}。表C.2中给出了$\hat{y}_n$、$\hat{z}_n$和 u_{nk} 的汇总。

表 C.2 $\hat{z}_n$=0.985 1+0.246 9/RQV_n的 u_{nk}

单位：μm

RQV_n	$\hat{y}_n$	$\hat{z}_n$	u_{n1}	u_{n2}	u_{n3}	u_{n4}
6.19	6.344 9	1.025 0	−0.005 6	−0.012 1	−0.005 6	−0.010 5
9.17	9.280 7	1.012 1	−0.001 2	−0.007 7	0.006 5	−0.005 5
1.99	2.207 4	1.109 2	0.001 3	−0.008 7	0.006 4	0.003 7
7.77	7.901 5	1.016 9	0.012 7	−0.011 8	0.006 2	−0.007 9
4.00	4.187 5	1.046 9	0.020 6	−0.009 4	−0.009 4	−0.009 4
10.77	10.856 9	1.008 1	0.006 8	−0.011 8	0.005 9	0.003 1
4.78	4.955 9	1.036 8	−0.001 2	−0.018 0	0.009 2	0.009 2
2.99	3.192 5	1.067 7	0.015 9	−0.007 5	0.005 9	0.005 9
6.98	7.123 2	1.020 5	0.002 4	−0.007 6	0.008 1	0.011 0
9.98	10.078 6	1.009 9	0.015 2	−0.005 9	−0.000 9	0.009 2

C.4.3 图C.1表明 u_{nk} 值呈随机分布，故有理由接受比例模型的假定。

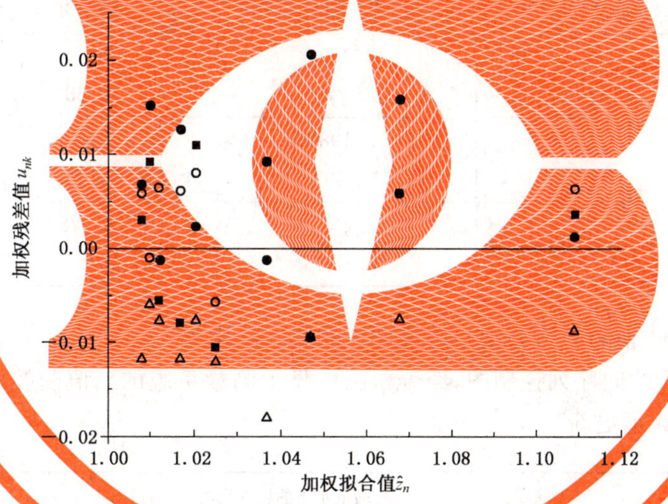

图 C.1 线距加权拟合值的 u_{nk} 作图

C.4.4 表C.3给出了拟合不足项的检验分析。在包含概率95%下，利用式(31)～式(32)和表C.5，求得 $F=0.73<F_{0.95}(8,30)=2.27$，表明比例模型拟合有效。

表 C.3 $\hat{z}_n$=0.985 1+0.246 9/RQV_n的失拟误差与实验误差之间比较

来源	自由度	平方和	均方	F 比值
残差	38	$WSSE=0.003\ 4$	$\hat{\tau}^2=0.89\times10^{-4}$	$\dfrac{\hat{\tau}_1^2}{\hat{\tau}_p^2}=0.73$
失拟误差	8	$WSSE-WSSP=0.000\ 55$	$\hat{\tau}_1^2=0.69\times10^{-4}$	
实验误差	30	$WSSP=0.002\ 8$	$\hat{\tau}_p^2=0.94\times10^{-4}$	

注1：*WSSE* 的计算见式(28)。

注2：*WSSP* 的计算见式(31)。

C.5 作图监控

C.5.1 已知$\hat{\tau}^2=0.89\times10^{-4}$；$\hat{\gamma}_1=0.985\ 1$，根据式(39)～式(40)，求得$UCL=0.028\ 7$；$LCL=-0.028\ 7$。

C.5.2 分别选择一个较小和较大的线距，线距的间隔尽可能覆盖正常操作条件下的测量值。每天对这2个线距分别进行一次测量，共汇集了7天的测量值，统计结果见表C.4。

表 C.4 控制值系列数据

天数	RQV_n	y_i/μm	x_i^*/μm	c_i
1	2.99	3.154	2.951	−0.013
	10.77	10.760	10.673	−0.009
2	2.99	3.215	3.031	0.008
	10.77	10.909	10.823	0.005
3	2.99	3.165	2.962	−0.009
	10.77	10.740	10.652	−0.011
4	2.99	3.213	3.011	0.007
	10.77	10.892	10.806	0.003
5	2.99	3.179	2.976	−0.005
	10.77	10.772	10.685	−0.008
6	2.99	3.198	2.996	0.002
	10.77	10.807	10.720	−0.005
7	2.99	3.230	3.028	0.013
	10.77	10.897	10.811	0.004

C.5.3 表C.4中的x_0^*值和c_i值分别利用式(37)和式(38)求得。

C.5.4 图C.2给出了时间序列控制图，经分析图中显示测量系统的c_i值受控状态，表明实验室1拟合的工作曲线在7天里无须更新。

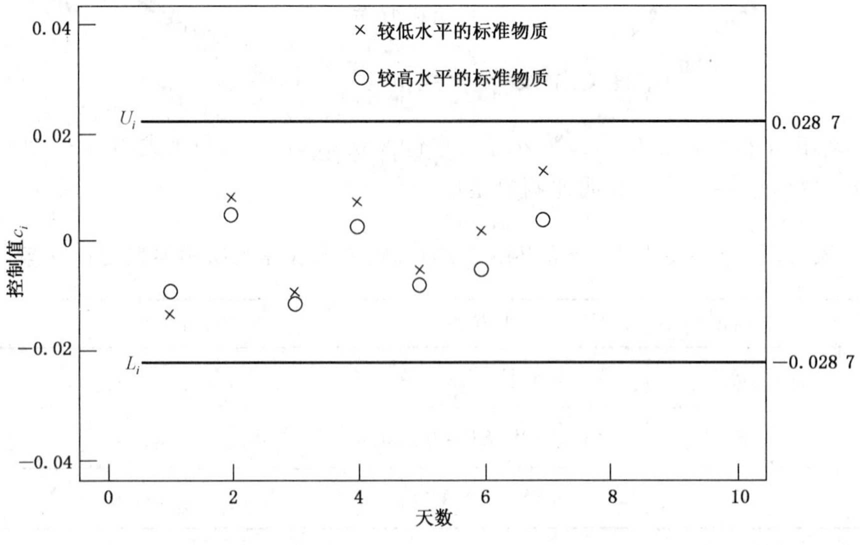

图 C.2 线距拟合$\hat{z}_n=0.985\ 1+0.246\ 9/RQV_n$的监控图

C.6 不确定度评定

C.6.1 根据式(43),图 C.2 中 2 个标准物质的所有 c_i 估计值有 0.007 9,自由度 14。

C.6.2 根据式(44),在包含概率 95%下,$U=\pm 2\hat{\tau}x_0^*=\pm 0.018\ 9x_0^*$。

表 C.5 F 分布分位数表($F_{0.95}$)

n_2	n_1															
	2	3	4	5	6	7	8	9	10	12	14	16	18	20	25	30	60
4	6.94	6.59	6.39	6.26	6.16	6.09	6.04	6.00	5.96	5.91	5.87	5.84	5.82	5.80	5.77	5.75	5.69
5	5.79	5.41	5.19	5.05	4.95	4.88	4.82	4.77	4.74	4.68	4.64	4.60	4.58	4.56	4.52	4.50	4.43
6	5.14	4.76	4.53	4.39	4.28	4.21	4.15	4.10	4.06	4.00	3.96	3.92	3.90	3.87	3.83	3.81	3.74
7	4.74	4.35	4.12	3.97	3.87	3.79	3.73	3.68	3.64	3.57	3.53	3.49	3.47	3.44	3.40	3.38	3.30
8	4.46	4.07	3.84	3.69	3.58	3.50	3.44	3.39	3.35	3.28	3.24	3.20	3.17	3.15	3.11	3.08	3.01
9	4.26	3.86	3.63	3.48	3.37	3.29	3.23	3.18	3.14	3.07	3.03	2.99	2.96	2.94	2.89	2.86	2.79
10	4.10	3.71	3.48	3.33	3.22	3.14	3.07	3.02	2.98	2.91	2.86	2.83	2.80	2.77	2.73	2.70	2.62
12	3.89	3.49	3.26	3.11	3.00	2.91	2.85	2.80	2.75	2.69	2.64	2.60	2.57	2.54	2.50	2.47	2.38
14	3.74	3.34	3.11	2.96	2.85	2.76	2.70	2.65	2.60	2.53	2.48	2.44	2.41	2.39	2.34	2.31	2.22
16	3.63	3.24	3.01	2.85	2.74	2.66	2.59	2.54	2.49	2.42	2.37	2.33	2.30	2.28	2.23	2.19	2.11
18	3.55	3.16	2.93	2.77	2.66	2.58	2.51	2.46	2.41	2.34	2.29	2.25	2.22	2.19	2.14	2.11	2.02
20	3.49	3.10	2.87	2.71	2.60	2.51	2.45	2.39	2.35	2.28	2.22	2.18	2.15	2.12	2.07	2.04	1.95
25	3.39	2.99	2.76	2.60	2.49	2.40	2.34	2.28	2.24	2.16	2.11	2.07	2.04	2.01	1.96	1.92	1.82
30	3.32	2.92	2.69	2.53	2.42	2.33	2.27	2.21	2.16	2.09	2.04	1.99	1.96	1.93	1.88	1.84	1.74
60	3.15	2.76	2.53	2.37	2.25	2.17	2.10	2.04	1.99	1.92	1.86	1.82	1.78	1.75	1.69	1.65	1.53
120	3.07	2.68	2.45	2.29	2.18	2.09	2.02	1.96	1.91	1.83	1.78	1.73	1.69	1.66	1.60	1.55	1.43

附　录　D
（资料性附录）
环境空气质量自动监测二氧化硫的不确定度评定（经验模型法）

D.1　简介

实验室 l 针对气态污染物二氧化硫的质量水平进行了连续监测和研究。

经统计表明数据需变换。变换后的系列结果通过 A^{2*} 的正态性检验（见第 6 章），进一步的残差作图分析证实数据呈随机发散。

实验室 l 针对所研究的方法水平区间，建立了其与精密度之间的线性关系，并确保模型拟合的偏倚受控（见第 7 章）。

在此基础上给出的函数拟合估计，可作为实验室 l 质量水平的目标不确定度。

本示例的统计原理基于 GB/T 27408。

D.2　h 与 k 一致性统计及变换拟合

D.2.1　在期间精密度条件下，实验室 l 使用二氧化硫监测仪，选择 $T=6$ 的系列标准气体浓度样品，由 5 个参加人员实施了水平下的双试验（x_1，x_2），即每个水平下给出了 10 次重复测量结果（x_i），数据见表 D.1。

表 D.1　期间精密度条件下参加人员的水平系列 x_i 结果　　μg/m^3

T	人员 1		人员 2		人员 3		人员 4		人员 5		均值	标准差	log(m)	log(s)
	x_1	x_2	x_1	x_2	x_1	x_2	x_1	x_2	x_1	x_2	m	s		
2	2.2	2.6	2.8	3.1	1.9	1.5	1.7	1.4	1.6	1.5	2.03	0.611	0.307	−0.214
3	2.5	2.9	3.2	3.3	4.1	3.8	4.2	4.0	4.3	4.6	3.69	0.681	0.567	−0.167
6	5.8	5.1	7.5	7.3	7.9	7.7	6.6	6.2	5.6	5.9	6.56	0.985	0.817	−0.007
17	17.9	17.6	18.2	18.5	19.9	19.5	18.1	18.4	18.9	19.3	18.6	0.747	1.27	−0.127
30	28.6	28.9	32.3	31.9	32.2	32.6	29.1	29.4	32.7	32.5	31.0	1.763	1.492	0.246
50	51.3	51.7	51.2	51.9	53.3	53.6	49.9	49.5	48.2	48.6	50.9	1.840	1.707	0.265

D.2.2　利用式(45)和式(46)进行 h 与 k 一致性分析。h 值或 k 值较大（接近或超出临界值），有可能表明环境因素（包括仪器设备和人员、试剂和溶液等）未得到有效的控制；而异常小的 k 值（尤其为 0）表明仪器响应的灵敏度不够、选用了非灵敏区域的读数、或数据修约的不当等问题的出现。

D.2.3　表 D.2 中给出了水平下参加人员的 h 与 k 计算值（h 与 k 的临界值见表 D.3）。从中看出，参加人员给出的系列数据结果总体趋势呈一致性。对于人员 2 显示的偏倚或校准斜率效应，经调查实验室 l 未找到明确证据表明该人员方法操作上的失误，在不违背 6.6.2 的原则下，认为属于随机原因的正常变异。

表 D.2　参加人员水平系列 x_i 结果的 h 与 k 一致性统计

T	人员 1		人员 2		人员 3		人员 4		人员 5	
	h	k	h	k	h	k	h	k	h	k
2	0.59	1.25	1.48	0.94	−0.5	1.25	−0.8	0.94	−0.8	0.31
3	−1.4	1.43	−0.6	0.36	0.37	1.07	0.58	0.72	1.08	1.07
6	−1.1	1.73	0.82	0.49	1.22	0.49	−0.2	0.99	−0.8	0.74
17	−0.9	0.74	−0.3	0.74	1.05	0.99	−0.4	0.74	0.46	0.99
30	−1.2	0.91	0.58	1.22	0.74	1.22	−1.0	0.91	0.85	0.61
50	0.31	1.22	0.34	2.13	1.36	0.91	−0.7	1.22	−1.4	1.22
注：下划线数据接近 95%概率下的临界值；阴影数据超出 99% 概率下的临界值。										

表 D.3　95%和 99%概率下的 h 与 k 临界值

参加人员数	95% 概率				99% 概率			
	h 临界值	k 临界值，重复测量次数			h 临界值	k 临界值，重复测量次数		
		2	3	4		2	3	4
3	1.15	1.65	1.53	1.47	1.15	1.71	1.64	1.58
4	1.43	1.76	1.59	1.50	1.49	1.91	1.77	1.67
5	1.57	1.81	1.62	1.53	1.72	2.05	1.85	1.73
6	1.66	1.85	1.64	1.54	1.87	2.14	1.90	1.77
7	1.71	1.87	1.66	1.55	1.98	2.20	1.94	1.79
8	1.75	1.88	1.67	1.56	2.06	2.25	1.97	1.81
9	1.78	1.90	1.68	1.57	2.13	2.29	1.99	1.82
10	1.80	1.90	1.68	1.57	2.18	2.32	2.00	1.84
11	1.82	1.91	1.69	1.58	2.22	2.34	2.01	1.85
12	1.83	1.91	1.69	1.58	2.25	2.36	2.02	1.85
13	1.84	1.92	1.69	1.58	2.27	2.38	2.03	18.6
14	1.85	1.92	1.70	1.59	2.30	2.39	2.04	1.87
15	1.86	1.93	1.70	1.59	2.32	2.41	2.05	1.87

D.2.4　表 D.1 的拟合有 $s=0.615+0.026m$，经检验，$p<0.01$，表明斜率与 0 存在显著性的差异（见图 D.1）。取对数拟合给出 $\log(s)=0.328\log(m)-0.338$，$p>0.01$，表明斜率与 0 不存在显著性的差异（见图 D.2）。

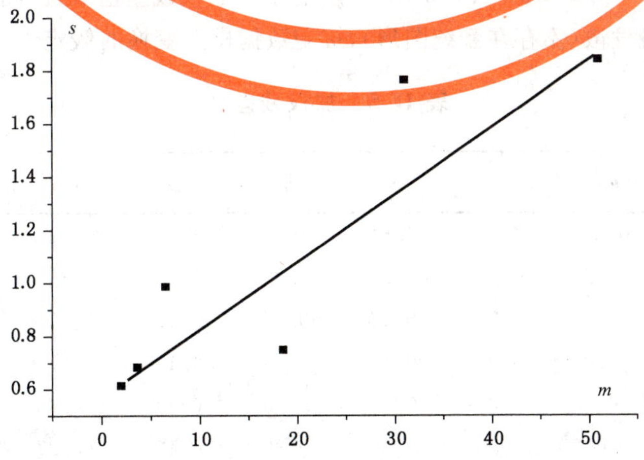

图 D.1　精密度依赖于水平变异

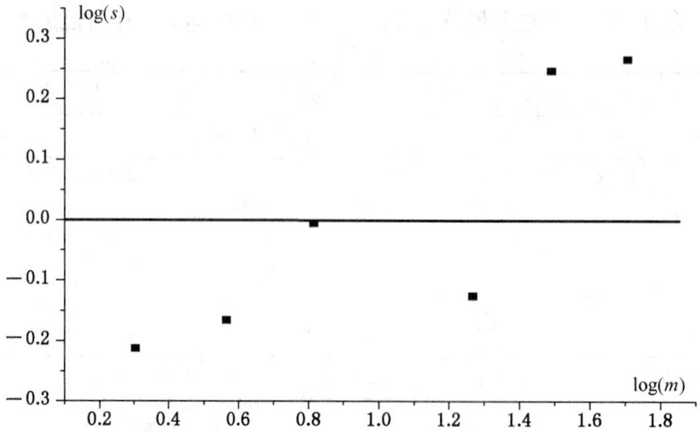

图 D.2 水平下精密度趋于稳定

D.2.5 根据式(47),允许数据 $y=f(x)$ 的指数变换,并给出水平下参加人员的差分值($e_i=y_2-y_1$),见表 D.4。表中的系列 e_i 值 经式(14)~式(16)统计分析有:$A_s^{2*}=0.794\ 8$,接受系列结果的正态性假设。

表 D.4 参加人员水平下系列 y_i 与 e_i 结果

T 变换	人员 1			人员 2			人员 3			人员 4			人员 5		
	y_1	y_2	e_i	y_1	y_2	e_i	y_1	y_2	e_i	y_1	y_2	e_i	y_1	y_2	e_i
1.59	1.70	1.90	0.20	2.00	2.14	0.14	1.54	1.31	−0.23	1.43	1.25	−0.17	1.37	1.31	−0.06
2.09	1.85	2.05	0.19	2.19	2.23	0.05	2.58	2.45	−0.13	2.62	2.54	−0.08	2.66	2.79	0.12
3.33	3.26	2.99	−0.27	3.87	3.80	−0.07	4.01	3.94	−0.07	3.55	3.41	−0.15	3.18	3.30	0.11
6.71	6.95	6.87	−0.08	7.03	7.10	0.08	7.46	7.36	−0.10	7.00	7.08	0.08	7.21	7.31	0.10
9.83	9.52	9.59	0.07	10.33	10.25	−0.09	10.31	10.40	0.09	9.63	9.70	0.07	10.42	10.37	−0.04
13.86	14.10	14.17	0.07	14.08	14.21	0.13	14.47	14.52	0.05	13.84	13.76	−0.07	13.52	13.60	0.08

D.3 拟合不足项的检验

D.3.1 表 D.5 给出了 $y=0.196\ 6+1.003\ 7\times T_{变换}$ 的系列加权残差值 u_{nk}。图 D.3 显示了权量赋予大小的结果变化,u_{nk} 呈随机发散(不存在系统图形),接受数据模型变换的假定。

表 D.5 加权残差值

拟合值	u_{n1}	u_{n2}	u_{n3}	u_{n4}	u_{n5}	u_{n6}	u_{n7}	u_{n8}	u_{n9}	u_{n10}
1.796	−0.10	0.10	0.20	0.34	−0.26	−0.48	−0.37	−0.54	−0.42	−0.48
2.297	−0.45	−0.25	−0.11	−0.07	0.28	0.16	0.33	0.24	0.37	0.49
3.543	−0.28	−0.55	0.33	0.26	0.47	0.40	0.01	−0.13	−0.36	−0.25
6.934	0.02	−0.06	0.09	0.17	0.53	0.43	0.07	0.15	0.27	0.38
10.06	−0.54	−0.48	0.27	0.18	0.25	0.33	−0.43	−0.37	0.35	0.31
14.11	−0.01	0.07	−0.03	0.10	0.36	0.42	−0.27	−0.34	−0.59	−0.51

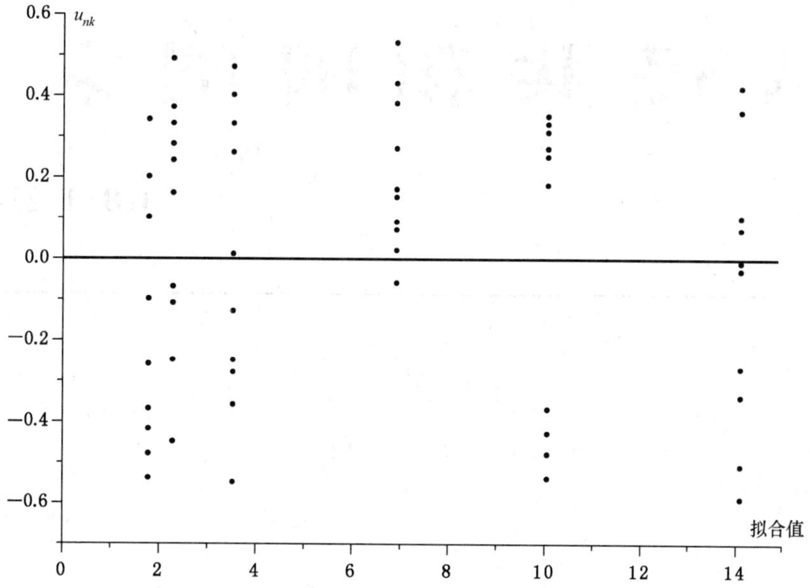

图 D.3 加权残差图

D.3.2 平均回归模型建立后,需要评定其失拟项的合理性,以确保:拟合的统计量是否显著,即 $p<0.05$;失拟项是否不显著,即 $p>0.05$;以及残差作图是否没有系统性弯曲(例如二次或指数类型特征)。根据式(31)和式(32),在包含概率95%下,利用表C.5中的 F 分位数表,求得 $F=2.35<F_{0.95}(4,53)=2.57$,表明数据变换的函数拟合正确。数据详见表D.6。

表 D.6 失拟误差与实验误差之间的比较

来源	自由度	平方和	均方	F 比值
残差	58	$WSSE=6.589$	$\hat{\tau}^2=0.114$	$\frac{\hat{\tau}_1^2}{\hat{\tau}_p^2}=2.35$
失拟误差	4	$WSSE-WSSP=0.979$	$\hat{\tau}_1^2=0.245$	
实验误差	54	$WSSP=5.611$	$\hat{\tau}_p^2=0.104$	

D.4 不确定度评定与后续监控

D.4.1 已知 $\log(s)=0.328\log(m)-0.338$,$a=0.459$,根据式(48),则有:$s_{R'}=0.459m^{0.328}$。

D.4.2 实验室l对气态污染物二氧化硫的环境空气阶段性监控中,给出了 $U=0.92m^{0.33}$ 的估计,作为质量水平的目标不确定度。

D.4.3 实验室l应持续跟踪监控,不断调整和修正 $U=0.92m^{0.33}$ 的模型拟合。

ICS 19.02
B 04

中华人民共和国国家标准

GB/T 27412—2012

基于核查样品单次测量结果的实验室偏倚检出

Detection of laboratory bias using single test result from check standard

2012-12-31 发布 2013-07-01 实施

中华人民共和国国家质量监督检验检疫总局
中国国家标准化管理委员会 发布

前　言

本标准按照 GB/T 1.1—2009 给出的规则起草。

本标准由全国认证认可标准化技术委员会(SAC/TC 261)提出并归口。

本标准起草单位:中华人民共和国辽宁出入境检验检疫局、中华人民共和国山东出入境检验检疫局、北京工业大学、中国合格评定国家认可中心、中国计量科学研究院、中华人民共和国广东出入境检验检疫局、中华人民共和国深圳出入境检验检疫局、德宏州质量技术监督综合检测中心、国家电气安全质量监督检验中心。

本标准主要起草人:王斗文、王东、曹实、谢田法、施昌彦、翟培军、孙海容、钟志光、董夫银、邓云、陈世山、王霓。

引　言

由于检测方法中所固有的不确定性，使得实验室使用核查样品（CS样品）测量时难以获到准确的参考量值（*RQV*）。合理接近 *RQV* 的结果表明实验室操作检测方法无偏，或偏倚可忽略。但是，结果与 *RQV* 之差超出规定量，实验室就应采取纠正措施。准确可靠的实验室偏倚检出方法是实验室持续改进的基础。

按本标准提供的操作步骤进行分析，可以检测出测量系统的偏倚。与其他传统的统计方法不同，本标准提供的方法为兼顾客户利益，同时对 β 水平（第Ⅱ类错误概率）进行了控制，给出了相应的不确定度估计值。

鉴于仅依据一个测量结果，所以不可能同时降低两类风险（即犯两类错误的概率），因此需要基于商业或操作上的考量等权衡可容许的最大偏倚及两类风险。明智做法是与客户进行协商，在承认风险的前提下，根据要求尽可能将其控制在所需要的限度内。

本标准给出的正态统计量 A^{2*} 值技术，有助于实验室间比对和能力验证活动中，数据集正态性的判定，避免由于操作不当造成最终结论的误判。

基于核查样品单次测量结果的实验室偏倚检出

1 范围

本标准规定了实验室检测方法假定无偏倚时，核查样品(CS样品)单次测量结果与参考量值(RQV)之差的包含区间计算。

注：该计算来自于规定的第Ⅰ类错误率、检测方法使用的期间精密度标准差($s_{R'}$)、RQV的标准差(s_{RQV})、实验室使用检测方法无偏的原假设、以及单次测量结果可能落在包含区间外概率的估计方法。

本标准适用于统计控制状态下测量系统产生连续数值结果的正态模型描述和预测。

2 规范性引用文件

下列文件对于本文件的应用是必不可少的。凡是注日期的引用文件，仅注日期的版本适用于本文件。凡是不注日期的引用文件，其最新版本(包括所有的修改单)适用于本文件。

GB/T 5487 汽油辛烷值测定法(研究法)

GB/T 27407 实验室质量控制 利用统计质量保证和控制图技术评价分析测量系统的性能

JJF 1001 通用计量术语及定义

3 术语和定义

GB/T 27407和JJF 1001中界定的以及下列术语和定义适用于本文件。

3.1

核查样品 check standard sample

CS样品

质量控制测量中附有参考量值的物料。

注：该物料为标准物质、或实验室间比对赋予参考量值的物料，用来确定测量系统的准确度。

[GB/T 27407—2010，定义3.8]

3.2

测量准确度 measurement accuracy，accuracy of measurement

准确度 accuracy

被测量的测得值与其真值间的一致程度。

注1：概念“测量准确度”不是一个量，不给出有数字的量值。当测量提供较小的测量误差时就说该测量是较准确的。

注2：测量准确度有时被理解为赋予被测量的测得值之间的一致程度。

[JJF 1001—2011，定义5.8]

3.3

测量偏倚 measurement bias

偏倚 bias

系统测量误差的估计值。

[JJF 1001—2011,定义 5.5]

3.4

参考量值 reference quantity value

参考值 reference value

RQV

用作与同类量的值进行比较的基础的量值。

注 1：*RQV* 可以是被测量的真值,这种情况下它是未知的;也可以是约定量值,这种情况下它是已知的。

注 2：带有测量不确定度的 *RQV* 通常由 CS 样品提供。

[JJF 1001—2011,定义 8.19]

3.5

测量不确定度 measurement uncertainty,uncertainty of measurement

不确定度 uncertainty

根据所用到的信息,表征赋予被测量量值分散性的非负参数。

注 1：此参数可以是诸如称为标准测量不确定度的标准差(或其特定倍数),或是说明了包含概率的区间半宽度。

注 2：通常,对于一组给定的信息,测量不确定度是相应于所赋予被测量的值。

[JJF 1001—2011,定义 5.18]

3.6

实验标准偏差 experimental standard deviation

标准差 standard deviation

s

对同一被测量进行 n 次测量,表征测量结果分散性的量。

注 1：n 次测量中某单个测得值 x_k 的标准差 $s(x_k)$ 可按贝塞尔公式计算：

$$s(x_k)=\sqrt{\frac{\sum_{i=1}^{n}(x_i-\overline{x})^2}{n-1}}$$

式中：

x_i——第 i 次测量的测得值；

n ——测量次数；

$\overline{x}$ ——n 次测量所得一组测得值的算术平均值。

注 2：n 次测量的算术平均值 $\overline{x}$ 的实验标准偏差 $s(\overline{x})$ 为：

$$s(\overline{x})=s(x_k)/\sqrt{n}$$

[JJF 1001—2011,定义 5.17]

3.7

RQV* 的标准差 standard deviation of *RQV

s_{RQV}

一个表征参考量值的不确定度量。

注：CS 样品的 s_{RQV} 界定有 $s/\sqrt{n}$,其中,n 为复现性测量条件下所汇集的非离群结果总数。

3.8

复现性测量条件 measurement reproducibility condition of measurement

复现性条件 reproducibility condition

不同地点、不同操作者、不同测量系统,对同一或相类似被测对象重复测量的一组测量条件。

注：复现性标准差的符合为 s_R；复现性限的符号为 R。

[JJF 1001—2011，定义 5.15]

3.9

期间测量精密度测量条件　intermediate precision condition of measurement

期间精密度条件　intermediate precision condition

除了相同测量程序、相同地点，以及在一个较长时间内对同一或相类似的被测对象重复测量的一组测量条件外，还可包括涉及改变的其他条件。

注1：改变可包括新的校准、测量标准器、操作者和测量系统。

注2：对条件的说明应包括改变和未变的条件以及实际改变到什么程度。

注3：在化学中，术语"序列间精密度测量条件"有时用于指“期间精密度测量条件”。

注4：期间精密度标准差的符合为 $s_{R'}$；期间精密度限的符号为 R'。

[JJF 1001—2011，定义 5.11]

3.10

质量控制样品　quality control sample

QC 样品

存储完整、用量充足的稳定和均质化物料，其物理或化学特性近似于测量系统的常规样品。

注：用于期间精密度条件下测量系统的精密度和稳定性确定和监控。

[GB/T 27407—2010，定义 3.7]

3.11

第Ⅰ类错误概率　type Ⅰ error

α

检测方法无偏操作的原假设被拒绝（事实上假设为真），从而造成决策失误的长期理论概率。

注：在传统的统计假设检验中，第Ⅰ类错误概率通常被称为 α 误差，是指根据相关数据的统计量所做出的错误拒绝原假设的概率。本标准的原假设表示为：检测方法操作无偏，也可表示为 H_0：偏倚=0。

3.12

偏倚检出功效　power of bias detection

$1-\beta$

在给定原假设下得到包含区间的基础上，对使用者指定的 Δ，使用者正确检出至少 Δ 偏倚量的长期概率。

注：在经典的统计假设检验中，“$1-\beta$”通常称为检验的功效，指备择假设为真而正确拒绝原假设的概率。在本标准中，该术语是指偏倚至少为 Δ 时的检出概率。

3.13

包含概率　coverage probability

在规定的包含区间内包含被测量的一组值的概率。

注：包含概率替代了曾经使用过的“置信水准”。

[JJF 1001—2011，定义 5.29]

3.14

包含区间　coverage interval

基于可获得的信息确定的包含被测量一组值的区间，被测量值以一定概率落在该区间内。

注：包含区间不一定以所选的测得值为中心。

[JJF 1001—2011，定义 5.28]

3.15

合成标准不确定度　combined standard uncertainty

合成标准测量不确定度　combined standard measurement uncertainty

u_C

由在一个测量模型中各输入量的标准测量不确定度获得的输出量的标准测量不确定度。

[JJF 1001—2011,定义 5.22]

3.16

包含因子　coverage factor

k

为获得扩展不确定度,对合成标准不确定度所乘的大于 1 的数。

[JJF 1001—2011,定义 5.30]

3.17

最小偏倚量　minimum magnitude of bias

Δ

由使用者规定的无符号量值,作为实际考虑的最低偏倚量(正偏或负偏)。其标准化 Δ 是以 u_C 为单位表示的 Δ,有 $\triangle s=\Delta/u_C$。

4　总则

4.1　实验室 l 根据合成标准不确定度(u_C)和所需第Ⅰ类错误概率(α),通过 CS 样品的测量结果来建立包含区间,以确认检测方法的操作是否无偏。

4.2　基于包含区间来正确估计偏倚检出功效($1-\beta$)的不同量,以获知偏倚检出的真实能力界限,有助于特定业务需求下 α 和 $1-\beta$ 之间的权衡。

4.3　CS 样品的测量不能取代 GB/T 27407 的性能统计监控。

4.4　CS 样品应赋予参考值(RQV)和 RQV 的标准差(s_{RQV})。在给定的 $1-\beta$ 下,偏倚检出量直接与 $u_C=\sqrt{s_{R'}^2+s_{RQV}^2}$ 成比例。

4.5　应使用组分或特性接近 CS 样品的 QC 样品来估计期间精密度标准差($s_{R'}$),且保持 $s_{R'}$ 与 CS 样品标准差的一致性。

4.6　预先规定所需的 α 和有实际意义的最小偏倚量(Δ)。

4.7　检测方法呈统计受控,但允许有偏。通常来说,$S_{R'}<0.25R$(R 为复现性限)时,即认为检测方法操作中随机变异得到了较好的控制。

5　程序

5.1　通过 $\frac{s_{RQV}}{s_{R'}}$ 值来判断所用 CS 样品的有效性,计算 $u_C=\sqrt{s_{R'}^2+s_{RQV}^2}$。

注:$\frac{s_{RQV}}{s_{R'}}\leqslant 0.5$ 视为有效。

5.2　以 $\alpha=0.05$ 为起点。设定所需的 Δ 量(基于商业风险或操作实际而非统计上的考虑)。

5.3　计算 $\triangle s=\Delta/u_C$,从表 1 找到与之最接近的 $\triangle s$ 值。表中 $\triangle s$ 及其对应 α 的两者交叉点,即为 $1-\beta$。

表 1　不同 Δs 下的 α 与 $1-\beta$

α	k	$1-\beta$												
		Δs												
		0.50	0.75	1.00	1.25	1.50	1.75	2.00	2.25	2.50	2.75	3.00	3.50	4.00
0.05	1.96	0.07	0.11	0.17	0.24	0.32	0.42	0.52	0.61	0.71	0.79	0.85	0.94	0.98
0.10	1.64	0.13	0.19	0.26	0.35	0.44	0.54	0.64	0.73	0.80	0.87	0.91	0.97	0.99
0.15	1.44	0.17	0.25	0.33	0.42	0.52	0.62	0.71	0.79	0.86	0.90	0.94	0.98	0.99
0.20	1.28	0.22	0.30	0.39	0.49	0.59	0.68	0.76	0.83	0.89	0.93	0.96	0.99	1.00
0.25	1.15	0.26	0.34	0.44	0.54	0.64	0.73	0.80	0.86	0.91	0.95	0.97	0.99	1.00
0.30	1.04	0.30	0.39	0.49	0.58	0.68	0.76	0.83	0.89	0.93	0.96	0.98	0.99	1.00
0.35	0.93	0.33	0.43	0.53	0.62	0.71	0.79	0.86	0.91	0.94	0.97	0.98	0.99	1.00
0.40	0.84	0.37	0.46	0.56	0.66	0.74	0.82	0.88	0.92	0.95	0.97	0.98	1.00	1.00
0.45	0.76	0.40	0.50	0.60	0.69	0.77	0.84	0.89	0.93	0.96	0.98	0.99	1.00	1.00
0.50	0.67	0.43	0.53	0.63	0.72	0.80	0.86	0.91	0.94	0.97	0.98	0.99	1.00	1.00
0.55	0.60	0.46	0.56	0.66	0.74	0.82	0.88	0.92	0.95	0.97	0.98	0.99	1.00	1.00
0.60	0.52	0.49	0.59	0.68	0.77	0.84	0.89	0.93	0.96	0.98	0.99	0.99	1.00	1.00
0.65	0.45	0.52	0.62	0.71	0.79	0.85	0.90	0.94	0.96	0.98	0.99	0.99	1.00	1.00
0.70	0.39	0.55	0.64	0.73	0.81	0.87	0.91	0.95	0.97	0.98	0.99	1.00	1.00	1.00
0.75	0.32	0.57	0.67	0.75	0.82	0.88	0.92	0.95	0.97	0.99	0.99	1.00	1.00	1.00
0.80	0.25	0.60	0.69	0.77	0.84	0.89	0.93	0.96	0.98	0.99	0.99	1.00	1.00	1.00
0.85	0.19	0.62	0.71	0.79	0.86	0.91	0.94	0.96	0.98	0.99	0.99	1.00	1.00	1.00
0.90	0.13	0.65	0.73	0.81	0.87	0.92	0.95	0.97	0.98	0.99	1.00	1.00	1.00	1.00

5.4　若认为 $1\text{-}\beta$ 不可接受时，可依次改动 α、Δ 和 $1\text{-}\beta$ 中的某项或全部参数，直至符合所有需求。其中，$1\text{-}\beta$ 来自于所规定 Δ、u_C 和所选 α，其随着 α 的增加或 Δ 的加大而提高。

5.5　根据设定的 α 和 $1\text{-}\beta$，选择表 1 中相应的包含因子(k)值，计算包含区间 $0\pm ku_C$。获得 CS 样品的单次测量结果(x)，计算($x-RQV$)量。

5.6　如果($x-RQV$)落在包含区间以内，接受实验室操作检测方法无偏的原假设。

5.7　如果($x-RQV$)落在包含区间正偏或负偏一边，拒绝实验室操作检测方法无偏的原假设，表明实验室操作检测方法至少存在 Δ 正偏量或 Δ 负偏量。

5.8　应用示例参见附录 A。

附 录 A
（资料性附录）
应 用 示 例

A.1 目的

实验室 l 拟通过一个汽油 CS 样品来评价 GB/T 5487 的操作是否有偏。

A.2 CS 样品数据的正态性检验与赋值

A.2.1 在复现性条件下由 30 个实验室参加，每个实验室仅提供 1 次测量结果（x_i）。正态性统计见表 A.1。

表 A.1 复现性条件下 CS 样品数据的正态性统计 单位:辛烷值

编号	x_i	原编号	x_i升序	w_i	p_i	A 的第 i 项
1	91.8	1	91.8	−1.47	0.071	−5.090 9
2	92.4	19	91.8	−1.47	0.071	−15.272 7
3	92.2	21	91.8	−1.47	0.071	−25.454 5
4	92.0	25	91.8	−1.47	0.071	−35.636 3
5	92.2	8	91.9	−1.07	0.142	−39.535 3
6	92.5	10	91.9	−1.07	0.142	−48.321 0
7	92.3	13	91.9	−1.07	0.142	−48.498 3
8	91.9	27	91.9	−1.07	0.142	−55.959 6
9	92.3	4	92.0	−0.66	0.255	−44.230 7
10	91.9	26	92.0	−0.66	0.255	−49.434 3
11	92.5	30	92.0	−0.66	0.255	−54.637 9
12	92.3	15	92.1	−0.26	0.397	−49.600 8
13	91.9	23	92.1	−0.26	0.397	−43.572 1
14	92.5	29	92.1	−0.26	0.397	−47.057 9
15	92.1	3	92.2	0.15	0.56	−40.617 5
16	92.5	5	92.2	0.15	0.56	−43.418 8
17	92.2	17	92.2	0.15	0.56	−35.872 1
18	92.3	24	92.2	0.15	0.56	−38.046 2
19	91.8	7	92.3	0.55	0.709	−31.475 3
20	92.4	9	92.3	0.55	0.709	−24.882 6
21	91.8	12	92.3	0.55	0.709	−26.158 7
22	92.5	18	92.3	0.55	0.709	−27.434 7
23	92.1	2	92.4	0.96	0.832	−15.211 1
24	92.2	20	92.4	0.96	0.832	−15.887 2
25	91.8	6	92.5	1.36	0.913	−11.976 1
26	92.0	11	92.5	1.36	0.913	−12.464 9
27	91.9	14	92.5	1.36	0.913	−8.710 1
28	92.5	16	92.5	1.36	0.913	−9.038 8
29	92.1	22	92.5	1.36	0.913	−9.367 4
30	92.0	28	92.5	1.36	0.913	−9.696 1
平均值	92.2					$A^{2*}=0.772\ 7$
标准差	0.25					

注：A 的第 i 项为$(2i-1)[\ln(p_i)+\ln(1-p_{n+1-i})]$。

A.2.2 将表 A.1 中 x_i 排序成 $x_1 \leqslant x_2 \leqslant \cdots\cdots \leqslant x_n$，其标准单位值计算见式(A.1)：

$$w_i = \frac{x_i - \overline{x}}{s} \quad \cdots\cdots\cdots\cdots (A.1)$$

式中：

w_i——标准化值，$i=1,2,\cdots,n$；

x_i——测量结果，$i=1,2,\cdots,n$；

$\overline{x}$——x_i的平均值；

s——x_i的标准差。

A.2.3 通过附录 B 的表 B.1，将 w_i值换算成概率 p_i值。正态统计量 A^2 值和 A^{2*} 值的计算见式(A.2)和式(A.3)：

$$A^2 = -\frac{\sum_{i=1}^{n}(2i-1)[\ln(p_i)+\ln(1-p_{n+1-i})]}{n} - n \quad \cdots\cdots\cdots\cdots (A.2)$$

$$A^{2*} = A^2\left(1+\frac{0.75}{n}+\frac{2.25}{n^2}\right) \quad \cdots\cdots\cdots\cdots (A.3)$$

式中：

A^2——正态统计量；

A^{2*}——正态统计量，A^2 的修正值；

p_i——正态概率值；

n——测量次数。

A.2.4 表中的计算结果有 $A^{2*}=0.7727$。根据 GB/T 27407，$A^{2*}<1.0$，表明 CS 样品系列测量结果呈正态性的假定成立。

A.2.5 由此，表 A.1 中给出 CS 样品的辛烷值赋值 92.2 及标准差 0.25 具有其合理性。

A.3 QC 样品的 $s_{R'}$ 估计

A.3.1 在期间精密度条件下，实验室 1 采用 GB/T 27407，对辛烷值 91.1 的 QC 样品系列结果进行正态统计量的 A^2 值和 A^{2*} 值分析。

A.3.2 正态性统计的分析结果有 $A^{2*}<1.0$，接受 QC 样品测量数据的正态性假定，并赋予期间精密度标准差 $s_{R'}=0.100$。

A.4 CS 样品有效性判断与 u_C 的计算

A.4.1 已知 CS 样品辛烷值的标准差为 0.25，则 $s_{RQV}=0.25/\sqrt{30}=0.046$。

A.4.2 因 $\frac{s_{RQV}}{s_{R'}}=0.046/0.100=0.46<0.5$，表明所用的 CS 样品有效。

A.4.3 则有：$u_C=\sqrt{0.100^2+0.046^2}=0.11\approx0.1$。

A.5 $\triangle s$ 的设定、$1-\beta$ 的确定与 k 值的选择

A.5.1 实验室基于商业需求，将 Δ 量的辛烷值设定在 $\Delta 2u_C=0.2$。

A.5.2 因 $\Delta s=\Delta/u_C$，$\Delta s=\Delta/u_C=2$，自表 1 中找到 Δs 对应的 2。

A.5.3 当 $\Delta s=2$，事先设定 $\alpha=0.05$ 时有其对应 $1-\beta=0.52$。

A.5.4 实验室认为，$\Delta=2u_C=0.2$ 时的 $1-\beta$ 太低，决定对 α、Δ 和 $1-\beta$ 各项进行调整。

A.5.5 最终实验室认为，$\alpha=0.2$ 下的 $1-\beta=0.76$ 较合适，从表 1 中查得到相应的 $k=1.28$。

A.6 包含区间的建立与偏倚量的检出

A.6.1 因包含因子 $k=1.28$，包含区间则为：$0\pm1.28\times0.1=\pm0.128\approx\pm0.1$。

A.6.2 假定 CS 样品的单次结果给出辛烷值为 $x_i=92.5$，则偏倚计算有：$(x_i-RQV)=92.5-92.2=0.3$。

A.6.3 因 $0.3>0.1$，落在包含区间以外，实验室操作检测方法无偏的原假设不成立。

A.6.4 有证据表明实验室操作检测方法的辛烷值 Δ 正偏量至少达 0.3。

附　录　B
（资料性附录）
p_i 数值表

表 B.1　p_i值

w_i	−0.09	−0.08	−0.07	−0.06	−0.05	−0.04	−0.03	−0.02	−0.01	0.00
−3.5	0.000 2	0.000 2	0.000 2	0.000 2	0.000 2	0.000 2	0.000 2	0.000 2	0.000 2	0.000 2
−3.4	0.000 2	0.000 3	0.000 3	0.000 3	0.000 3	0.000 3	0.000 3	0.000 3	0.000 3	0.000 3
−3.3	0.000 3	0.000 4	0.000 4	0.000 4	0.000 4	0.000 4	0.000 4	0.000 5	0.000 5	0.000 5
−3.2	0.000 5	0.000 5	0.000 5	0.000 6	0.000 6	0.000 6	0.000 6	0.000 6	0.000 7	0.000 7
−3.1	0.000 7	0.000 7	0.000 8	0.000 8	0.000 8	0.000 8	0.000 9	0.000 9	0.000 9	0.001 0
−3.0	0.001 0	0.001 0	0.001 1	0.001 1	0.001 1	0.001 2	0.001 2	0.001 3	0.001 3	0.001 3
−2.9	0.001 4	0.001 4	0.001 5	0.001 5	0.001 6	0.001 6	0.001 7	0.001 8	0.001 8	0.001 9
−2.8	0.001 9	0.002 0	0.002 1	0.002 1	0.002 2	0.002 3	0.002 3	0.002 4	0.002 5	0.002 6
−2.7	0.002 6	0.002 7	0.002 8	0.002 9	0.003 0	0.003 1	0.003 2	0.003 3	0.003 4	0.003 5
−2.6	0.003 6	0.003 7	0.003 8	0.003 9	0.004 0	0.004 1	0.004 3	0.004 4	0.004 5	0.004 7
−2.5	0.004 8	0.004 9	0.005 1	0.005 2	0.005 4	0.005 5	0.005 7	0.005 9	0.006 0	0.006 2
−2.4	0.006 4	0.006 6	0.006 8	0.006 9	0.007 1	0.007 3	0.007 5	0.007 8	0.008 0	0.008 2
−2.3	0.008 4	0.008 7	0.008 9	0.009 1	0.009 4	0.009 6	0.009 9	0.010 2	0.010 4	0.010 7
−2.2	0.011 0	0.011 3	0.011 6	0.011 9	0.012 2	0.012 5	0.012 9	0.013 2	0.013 6	0.013 9
−2.1	0.014 3	0.014 6	0.015 0	0.015 4	0.015 8	0.016 2	0.016 6	0.017 0	0.017 4	0.017 9
−2.0	0.018 3	0.018 8	0.019 2	0.019 7	0.020 2	0.020 7	0.021 2	0.021 7	0.022 2	0.022 8
−1.9	0.023 3	0.023 9	0.024 4	0.025 0	0.025 6	0.026 2	0.026 8	0.027 4	0.028 1	0.028 7
−1.8	0.029 4	0.030 1	0.030 7	0.031 4	0.032 2	0.032 9	0.033 6	0.034 4	0.035 1	0.035 9
−1.7	0.036 7	0.037 5	0.038 4	0.039 2	0.040 1	0.040 9	0.041 8	0.042 7	0.043 6	0.044 6
−1.6	0.045 5	0.046 5	0.047 5	0.048 5	0.049 5	0.050 5	0.051 6	0.052 6	0.053 7	0.054 8
−1.5	0.055 9	0.057 1	0.058 2	0.059 4	0.060 6	0.061 8	0.063 0	0.064 3	0.065 5	0.066 8
−1.4	0.068 1	0.069 4	0.070 8	0.072 1	0.073 5	0.074 9	0.076 4	0.077 8	0.079 3	0.080 8
−1.3	0.082 3	0.083 8	0.085 3	0.086 9	0.088 5	0.090 1	0.091 8	0.093 4	0.095 1	0.096 8
−1.2	0.098 5	0.100 3	0.102 0	0.103 8	0.105 6	0.107 5	0.109 3	0.111 2	0.113 1	0.115 1
−1.1	0.117 0	0.119 0	0.121 0	0.123 0	0.125 1	0.127 1	0.129 2	0.131 4	0.133 5	0.135 7
−1.0	0.137 9	0.140 1	0.142 3	0.144 6	0.146 9	0.149 2	0.151 5	0.153 9	0.156 2	0.158 7
−0.9	0.161 1	0.163 5	0.166 0	0.168 5	0.171 1	0.173 6	0.176 2	0.178 8	0.181 4	0.184 1
−0.8	0.186 7	0.189 4	0.192 2	0.194 9	0.197 7	0.200 5	0.203 3	0.206 1	0.209 0	0.211 9
−0.7	0.214 8	0.217 7	0.220 6	0.223 6	0.226 6	0.229 6	0.232 7	0.235 8	0.238 9	0.242 0
−0.6	0.245 1	0.248 3	0.251 4	0.254 6	0.257 8	0.261 1	0.264 3	0.267 6	0.270 9	0.274 3
−0.5	0.277 6	0.281 0	0.284 3	0.287 7	0.291 2	0.294 6	0.298 1	0.301 5	0.305 0	0.308 5
−0.4	0.312 1	0.315 6	0.319 2	0.322 8	0.326 4	0.330 0	0.333 6	0.337 2	0.340 9	0.344 6
−0.3	0.348 3	0.352 0	0.355 7	0.359 4	0.363 2	0.366 9	0.370 7	0.374 5	0.378 3	0.382 1
−0.2	0.385 9	0.389 7	0.393 6	0.397 4	0.401 3	0.405 2	0.409 0	0.412 9	0.416 8	0.420 7
−0.1	0.424 7	0.428 6	0.432 5	0.436 4	0.440 4	0.444 3	0.448 3	0.452 2	0.456 2	0.460 2
0.0	0.464 1	0.468 1	0.472 1	0.476 1	0.480 1	0.484 0	0.488 0	0.492 0	0.496 0	0.500 0

注：w_i为左列和顶行数字的和。

表 B.1（续）

w_i	0.00	0.01	0.02	0.03	0.04	0.05	0.06	0.07	0.08	0.09
0.0	0.500 0	0.504 0	0.508 0	0.512 0	0.516 0	0.519 9	0.523 9	0.527 9	0.531 9	0.535 9
0.1	0.539 8	0.543 8	0.547 8	0.551 7	0.555 7	0.559 6	0.563 6	0.567 5	0.571 4	0.575 3
0.2	0.579 3	0.583 2	0.587 1	0.591 0	0.594 8	0.598 7	0.602 6	0.606 4	0.610 3	0.614 1
0.3	0.617 9	0.621 7	0.625 5	0.629 3	0.633 1	0.636 8	0.640 6	0.644 3	0.648 0	0.651 7
0.4	0.655 4	0.659 1	0.662 8	0.666 4	0.670 0	0.673 6	0.677 2	0.680 8	0.684 4	0.687 9
0.5	0.691 5	0.695 0	0.698 5	0.701 9	0.705 4	0.708 8	0.712 3	0.715 7	0.719 0	0.722 4
0.6	0.725 7	0.729 1	0.732 4	0.735 7	0.738 9	0.742 2	0.745 4	0.748 6	0.751 7	0.754 9
0.7	0.758 0	0.761 1	0.764 2	0.767 3	0.770 4	0.773 4	0.776 4	0.779 4	0.782 3	0.785 2
0.8	0.788 1	0.791 0	0.793 9	0.796 7	0.799 5	0.802 3	0.805 1	0.807 8	0.810 6	0.813 3
0.9	0.815 9	0.818 6	0.821 2	0.823 8	0.826 4	0.828 9	0.831 5	0.834 0	0.836 5	0.838 9
1.0	0.841 3	0.843 8	0.846 1	0.848 5	0.850 8	0.853 1	0.855 4	0.857 7	0.859 9	0.862 1
1.1	0.864 3	0.866 5	0.868 6	0.870 8	0.872 9	0.874 9	0.877 0	0.879 0	0.881 0	0.883 0
1.2	0.884 9	0.886 9	0.888 8	0.890 7	0.892 5	0.894 4	0.896 2	0.898 0	0.899 7	0.901 5
1.3	0.903 2	0.904 9	0.906 6	0.908 2	0.909 9	0.911 5	0.913 1	0.914 7	0.916 2	0.917 7
1.4	0.919 2	0.920 7	0.922 2	0.923 6	0.925 1	0.926 5	0.927 9	0.929 2	0.930 6	0.931 9
1.5	0.933 2	0.934 5	0.935 7	0.937 0	0.938 2	0.939 4	0.940 6	0.941 8	0.942 9	0.944 1
1.6	0.945 2	0.946 3	0.947 4	0.948 4	0.949 5	0.950 5	0.951 5	0.952 5	0.953 5	0.954 5
1.7	0.955 4	0.956 4	0.957 3	0.958 2	0.959 1	0.959 9	0.960 8	0.961 6	0.962 5	0.963 3
1.8	0.964 1	0.964 9	0.965 6	0.966 4	0.967 1	0.967 8	0.968 6	0.969 3	0.969 9	0.970 6
1.9	0.971 3	0.971 9	0.972 6	0.973 2	0.973 8	0.974 4	0.975 0	0.975 6	0.976 1	0.976 7
2.0	0.977 2	0.977 8	0.978 3	0.978 8	0.979 3	0.979 8	0.980 3	0.980 8	0.981 2	0.981 7
2.1	0.982 1	0.982 6	0.983 0	0.983 4	0.983 8	0.984 2	0.984 6	0.985 0	0.985 4	0.985 7
2.2	0.986 1	0.986 4	0.986 8	0.987 1	0.987 5	0.987 8	0.988 1	0.988 4	0.988 7	0.989 0
2.3	0.989 3	0.989 6	0.989 8	0.990 1	0.990 4	0.990 6	0.990 9	0.991 1	0.991 3	0.991 6
2.4	0.991 8	0.992 0	0.992 2	0.992 5	0.992 7	0.992 9	0.993 1	0.993 2	0.993 4	0.993 6
2.5	0.993 8	0.994 0	0.994 1	0.994 3	0.994 5	0.994 6	0.994 8	0.994 9	0.995 1	0.995 2
2.6	0.995 3	0.995 5	0.995 6	0.995 7	0.995 9	0.996 0	0.996 1	0.996 2	0.996 3	0.996 4
2.7	0.996 5	0.996 6	0.996 7	0.996 8	0.996 9	0.997 0	0.997 1	0.997 2	0.997 3	0.997 4
2.8	0.997 4	0.997 5	0.997 6	0.997 7	0.997 7	0.997 8	0.997 9	0.997 9	0.998 0	0.998 1
2.9	0.998 1	0.998 2	0.998 2	0.998 3	0.998 4	0.998 4	0.998 5	0.998 5	0.998 6	0.998 6
3.0	0.998 7	0.998 7	0.998 7	0.998 8	0.998 8	0.998 9	0.998 9	0.998 9	0.999 0	0.999 0

注：w_i为左列和顶行数字的和。

表 B.1（续）

w_i	0.00	0.01	0.02	0.03	0.04	0.05	0.06	0.07	0.08	0.09
3.1	0.999 0	0.999 1	0.999 1	0.999 1	0.999 2	0.999 2	0.999 2	0.999 2	0.999 3	0.999 3
3.2	0.999 3	0.999 3	0.999 4	0.999 4	0.999 4	0.999 4	0.999 4	0.999 5	0.999 5	0.999 5
3.3	0.999 5	0.999 5	0.999 5	0.999 6	0.999 6	0.999 6	0.999 6	0.999 6	0.999 6	0.999 7
3.4	0.999 7	0.999 7	0.999 7	0.999 7	0.999 7	0.999 7	0.999 7	0.999 7	0.999 7	0.999 8
3.5	0.999 8	0.999 8	0.999 8	0.999 8	0.999 8	0.999 8	0.999 8	0.999 8	0.999 8	0.999 8

注：w_i为左列和顶行数字的和。

ICS 19.020
B 04

中华人民共和国国家标准

GB/T 27413—2012

石油产品检测实验室质量控制与质量评估

Quality control and quality estimation in petroleum products testing laboratory

2012-12-31 发布　　2013-07-01 实施

中华人民共和国国家质量监督检验检疫总局
中国国家标准化管理委员会　发布

前　言

本标准按照 GB/T 1.1—2009 给出的规则起草。

本标准由全国认证认可标准化技术委员会(SAC/TC 261)提出并归口。

本标准起草单位:中华人民共和国辽宁出入境检验检疫局、中国合格评定国家认可中心、中国石油化工股份有限公司、中国计量科学研究院、中华人民共和国烟台出入境检验检疫局、德宏州质量技术监督综合检测中心、北京工业大学、大连西太平洋石油化工有限公司、云南省产品质量监督检验研究院、大连燃气集团有限公司、绵阳市产品质量监督检验所。

本标准主要起草人:王斗文、孙海容、牛兴荣、杨铭、尹彤华、施昌彦、黄小怡、昃向君、邓云、谢田法、潘志强、张学忠、王捷、笪海玲。

石油产品检测实验室质量控制与质量评估

1 范围

本标准规定了石油产品检测实验室建立和保持质量管理体系的要点。

本标准适用于石油产品检测实验室的质量控制和质量评估。

2 规范性引用文件

下列文件对于本文件的应用是必不可少的。凡是注日期的引用文件,仅注日期的版本适用于本文件。凡是不注日期的引用文件,其最新版本(包括所有的修改单)适用于本文件。

GB/T 27407 实验室质量控制 利用统计质量保证和控制图技术评价分析测量系统的性能

GB/T 27411 检测实验室中常用不确定度评定方法与表示

GB/T 27412 基于核查样品单次检测结果的实验室偏倚检出

JJF 1001 通用计量术语及定义

3 术语和定义

GB/T 27407 和 JJF 1001 界定的下列术语和定义适用于本文件。

3.1

参考物质 reference material

标准物质

具有足够均匀和稳定的特定特性的物质,其特性被证实适用于测量中或标称特性检查中的预期用途。

注 1:赋值或未赋值的标准物质都可用于测量精密度控制,只有赋值的标准物质才可用于校准或测量正确度控制。

注 2:在某个特定测量中,所给定的标准物质只能用于校准或质量保证两者中的一种用途。

[JJF 1001—2011,定义 8.14]

3.2

有证标准物质 certified reference material,CRM

附有由权威机构发布的文件,提供使用有效程序获得的具有不确定度和溯源性的一个或多个特性量值的标准物质。

[JJF 1001—2011,定义 8.15]

3.3

质量控制样品 quality control sample

QC 样品

存储完整、用量充足的稳定和均质化物料,其物理或化学特性近似于测量系统的常规样品。

注:用于期间精密度条件下测量系统的精密度和稳定性确定和监控。

[GB/T 27407—2010,定义 3.7]

3.4

核查样品　check standard sample

CS 样品

质量控制测量中附有参考量值的物料。

注：该物料为标准物质、或实验室间比对赋予参考量值的物料，用来确定测量系统的准确度。

[GB/T 27407—2010，定义 3.8]

3.5

参考量值　reference quantity value

参考值　reference value

RQV

用作与同类量的值进行比较的基础的量值。

注 1：*RQV* 可以是被测量的真值，这种情况下它是未知的；也可以是约定量值，这种情况下它是已知的。

注 2：带有测量不确定度的 *RQV* 通常由 CS 样品提供。

[JJF 1001—2011，定义 8.19]

3.6

系统测量误差　systematic measurement error，systematic error of measurement

系统误差　systematic error

在重复测量中保持不变或按可预见方式变化的测量误差的分量。

注 1：系统测量误差的参考量值是真值，或是约定真值。

注 2：系统测量误差及其来源可以是已知或未知的。对于已知的系统测量误差可采用修正补偿。

注 3：系统测量误差等于测量误差减随机测量误差。

[JJF 1001—2011，定义 5.4]

3.7

测量偏倚　measurement bias

偏倚　bias

系统测量误差的估计值。

[JJF 1001—2011，定义 5.5]

3.8

实验标准偏差　experimental standard deviation

标准差　standard deviation

s

对同一被测量进行 n 次测量，表征测量结果分散性的量。

注 1：n 次测量中某单个测得值 x_k 的实验标准差 $s(x_k)$ 可按贝塞尔公式计算：

$$s(x_k)=\sqrt{\frac{\sum_{i=1}^{n}(x_i-\overline{x})^2}{n-1}}$$

式中：

x_i ——第 i 次测量的测得值；

n ——测量次数；

$\overline{x}$ ——n 次测量所得一组测得值的算术平均值。

注 2：n 次测量的算术平均值 $\overline{x}$ 的实验标准差 $s(\overline{x})$ 为：

$$s(\overline{x})=s(x_k)/\sqrt{n}$$

[JJF 1001—2011，定义 5.17]

3.9

重复性测量条件 measurement repeatability condition of measurement

重复性条件 repeatability condition

相同测量程序、相同操作者、相同测量系统、相同操作条件和相同地点，并在短时间内对同一或相类似被测对象重复测量的一组测量条件。

注 1：在化学中，术语“序列内精密度测量条件”有时用于指“重复性测量条件”。

注 2：重复性标准差的符合为 s_r；重复性限的符号为 r。

[JJF 1001—2011，定义 5.14]

3.10

期间测量精密度测量条件 intermediate precision condition of measurement

期间精密度条件 intermediate precision condition

除了相同测量程序、相同地点，以及在一个较长时间内对同一或相类似的被测对象重复测量的一组测量条件外，还可包括涉及改变的其他条件。

注 1：改变可包括新的校准、测量标准器、操作者和测量系统。

注 2：对条件的说明应包括改变和未变的条件以及实际改变到什么程度。

注 3：在化学中，术语“序列间精密度测量条件”有时用于指“期间精密度测量条件”。

注 4：期间精密度标准差的符合为 $s_{R'}$；期间精密度限的符号为 R'。

[JJF 1001—2011，定义 5.11]

3.11

复现性测量条件 measurement reproducibility condition of measurement

复现性条件 reproducibility condition

不同地点、不同操作者、不同测量系统，对同一或相类似被测对象重复测量的一组测量条件。

注：复现性标准差的符合为 s_R；复现性限的符号为 R。

[JJF 1001—2011，定义 5.15]

3.12

能力验证 proficiency testing

利用实验室间比对确定实验室的检测能力。

[JJF 1001—2011，定义 9.48]

4 总则

4.1 石油产品检测实验室应建立和保持质量管理体系，以确保能提供准确和可靠的数据。

4.2 建立和保持质量管理体系应在以下方面有明确的目标：方法确认、仪器设备的校准和保养、质量控制计划、持续改进和满足客户要求。

4.3 最高管理者应指定一名代表，实施和维护实验室的质量管理体系。

4.4 实验室最高管理者应至少每年对质量管理体系的适宜性、有效性以及与规定的质量目标的符合性进行评审，并进行必要的变更或改进。

4.5 质量管理体系的文件化程序有：

a) 样品管理(见第 5 章)；

b) 数据和记录管理(见第 6 章)；

c) 质量控制(见第 7 章)；

d) 性能评价(见第 8 章)；

e) 内部审核与能力验证(见第 9 章)；

f) 纠正措施与预防措施(见第10章);
g) 确保所获服务与材料满足合同要求;
h) 确保员工得到适当培训并对培训效果予以评价。

5 样品管理

5.1 样品传递应有唯一性标识。
5.2 样品接收应有准则。
5.3 样品处理应有程序。
5.4 样品存储与保留应有程序,内容包括:
a) 规定产品的稳定期限,以满足各级法律法规对保存期和时间检测的需求;
b) 样品保存所需的容器类型;
c) 限制接触存储样品,以保护其有效性和原始完整性;
d) 储藏条件;
e) 所需的安全措施;
f) 客户的要求;
g) 样品废弃处理应有程序,并应满足法规要求。

注:样品废弃处理可通过单独的化学卫生方法或污水处理装置进行。

6 数据和记录管理

6.1 检测报告

6.1.1 实验室出具的证书或报告应准确无误地对检测结果和其他所有相关信息进行描述。

注:这种报告为实验室信息管理(LIMS)系统或等同系统的一个条目。

6.1.2 报告应包含以下内容:
a) 检测实验室名称和地址;
b) 在报告的每一页上注明唯一性标识(如序列号);
c) 客户名称和地址;
d) 客户委托检测的合同号;
e) 检测样品的描述与标识;
f) 适当时,检测样品接收日期和性能检测日期;
g) 检测规范、方法和程序;
h) 必要时,抽样程序的说明;
i) 对指定检测要求的任何偏离、增添或删节、以及其他相关信息;
j) 对所使用的非标准检测方法或程序的说明;
k) 适当时,给出表格、图表、绘图和摄影证实的测量、检查和推导结果,以及所发现的任何错误;
l) 适用时,产品的最小和最大规格限;
m) 测量不确定度的表述(若有必要或客户需求);
n) 客户可能需求的其他任何信息;
o) 对检测报告承担技术责任的人员签名和工作职务,以及签发日期;
p) 关于复制检测报告的实验室政策的声明。

6.1.3 实验室最高管理者指定、或与客户协商、或两者来确定实验室报告中所包含的实际项目。
6.1.4 应制定检测报告出具后修改或增补的程序。

6.2 数据的报告与取舍

6.2.1 数据的报告应符合检测方法或程序的规定(除非客户或现行法规另有要求)。

6.2.2 除非方法或程序中另有说明,否则数据的取舍应符合规定。

6.3 校准和维护记录

6.3.1 应建立仪器校准记录的管理程序,这些记录通常包括被校准仪器名称、校准方法或程序、前次和下次的校准日期、实施校准的人员、校准数值、以及校准标准(已被赋值)的特征和可溯源性(若可行)。记录可以是电子版本的。

6.3.2 应建立仪器维护记录的管理程序,这些记录通常应包括被维护仪器名称、前次和下次的维护日期、以及维护的人员(校准和维护记录可以合并)。记录可以是电子版本的。

6.4 QC 样品记录

6.4.1 实验室应制定文件化的程序,用于 QC 样品分析记录的建立和维护。该记录应包括样品名称和来源、拟实施的检测、赋值及其不确定度(可行时)、以及分析值;还应记录样品接受和用于质量控制的日期、以及有效期(可行时)。

6.4.2 应建立保持控制图完整性的记录,并建议该记录应给出控制图的改动日期及其原因。

6.5 记录保存

6.5.1 记录保存应适合实验室的特定环境、符合现行规则和客户要求。

6.5.2 实验室及各相关方所要求的数据均应予以保留。

6.5.3 建立记录保存程序并规定保存时限,所保存的记录应包括所有原始观测资料、数据的计算和推导、校准记录、以及最终检测报告。每个检测记录应涵盖足够的信息,便于复现满意的检测和结果的重新计算。

6.5.4 记录应保存在安全、可靠的地方,并便于查阅。

7 质量控制

7.1 检测方法控制

7.1.1 实验室应确保获得检测方法和程序的最新有效版本,并方便实验室人员获取。样品分析应采用产品规范规定的或与客户协商的检测方法。

7.1.2 当与检测方法要求出现偏离或者选用替代方法时,实验室应有相应的批准、文件化和报告的程序。

7.2 检测设备控制

7.2.1 应建立程序,以确保检测和测量设备的适当校准、维护和处于统计受控状态。程序应考虑以下内容:

a) 校准和维护记录(见 6.3)。

b) 校准和维护时间表。

注:校准次数随仪器的类型和使用次数而不同,有的需要在每组分析前校准,还有的需要在较短周期内校准、或根据质量控制图的统计失控情况来做调整。

c) 溯源至国家或国际标准。

注:若测量无法溯源至国家或国际标准时,检测实验室应提供检测结果准确度满意的证据(如能力验证)。

d) 检测方法或程序的需求。

e) 客户需求。

f) 纠正措施和预防措施(见第10章)。

7.2.2 如果仪器设备的校准不由实验室负责(如仪器设备供应商提前校准过),实验室在使用前应具备有效的、形成文件的技术程序对仪器设备的性能进行验证。

7.2.3 当发现仪器偏离了校准范围,且这种情况不能立即解决时,应予以标识并停用,直至完成纠正措施(见第10章)。

7.3 标准物质控制

7.3.1 若可能,所制备的标准物质应溯源至有证标准物质。

7.3.2 假如未发现结果存在明显偏倚或异常分布,则能力验证中所分析的物料可以用作标准物质,其公议值极接近于该物料的真值,但所赋予物料平均值的不确定度要随精密度和参加实验室数而定。

7.3.3 实验室应建立标准物质的存储程序,以确保其安全、完整和不被污染(见5.4)。

7.4 样品控制

7.4.1 QC样品应均匀、稳定,其物理和化学特性应与实际检测样品近似。这种物料应特性明确、用量充足、并且浓度值处于检测方法的校准范围内。该样品测量来自于GB/T 27407下获取的期间精密度数据,用于检测方法稳定性和精密度的监控。

注:不建议使用同一或相同化学批号的样品既做校准物又做QC样品。

7.4.2 应采用CS样品进行测量,以评价检测方法的偏倚估计值(见GB/T 27411)。

注:由于成本或其他实际考虑,也可考虑标准添加(加标)或调和的样品。

7.4.3 若发现QC物料的物理或化学特性降级或改变,应立即着手调查,必要时进行调换。

注:涉及到质量纠纷时,可向客户展示QC物料的测量结果,以证明实验室的检测能力。

7.5 质量控制图

7.5.1 QC样品或CS样品的测量数据应尽快绘制在控制图上进行评价,以确认所获结果是否处于方法规范和实验室确立的控制限内。对任何失控现象(见第10章)都应采取纠正措施并加以文件化。

注1:控制图的绘制按照GB/T 27407。

注2:质量控制数据评价后且确认测量过程处于统计受控时,方可对检测样品进行分析或报告结果。

7.5.2 分析人员应进行适当的培训,以便能绘制和解释控制图。

7.5.3 控制图应布置在工作现场附近显眼的地方,便于所有人员的观看,有助于分析改进。

7.5.4 组织者和技术人员应定期审查质量控制图。

7.5.5 实验室应编制书面程序,给出质量控制图的恰当解释、以及观察到统计失控时应做的反馈。

注:一旦发现统计失控时,采取补救措施,只有确信获得满意的质量控制结果后,方可检测未知的样品。

注:原因调查或措施改进的核查步骤,参见附录A。

7.5.6 当使用留存QC样品和受控设备,发现了数据点的统计失控警示时,应在上次受控数据点和此次失控点的周期之间,重新对所分析的样品进行检测。

7.5.7 当出现以下情况时,应按照GB/T 27407对控制图进行修改:

a) 获得新的信息;

b) 过程改进;

c) 新启用QC物料的平均值不同于前期使用的QC物料;

d) 检测程序发生重大变更。

7.6 定量限控制

7.6.1 在期间精密度条件下，对方法区间的最低水平进行控制。

7.6.2 自区间的高水平至低水平，选择覆盖的系列样品，给出每个样品的测量平均值和标准差。

7.6.3 按平均值的升序排列标准差。平均值/标准差的比值等于10的对应水平即为定量限。

7.6.4 定量限控制的应用示例参见附录B。

7.7 过程控制

7.7.1 参加日常系统操作的所有人员，均应按常规样品的处理，参与QC样品的随机或盲样测量。

注：避免对QC样品进行特殊处理来获取“理想结果”，因为特殊处理会严重地削弱精密度和偏倚评估的完整性。

7.7.2 按照GB/T 27407来确定检测方法的精密度、偏倚和长期稳定性的统计受控状态，除非另有规定，否则应给予书面解释并说明理由。

7.7.3 若未给出期间精密度限(R')，则建议每检测10个样品就要测量一个QC样品、或每天测量一个QC样品。

7.7.4 若给出R'，并能获取稳定数据，则质量控制的最低次数可根据表1调整，TPI和PR的计算见式(1)和式(2)：

$$TPI=\frac{R}{R'} \qquad \cdots\cdots(1)$$

式中：

TPI——检测性能指数，$\frac{R}{R'}$；

R——复现性限；

R'——期间精密度限。

$$PR=\frac{R}{r} \qquad \cdots\cdots(2)$$

式中：

PR——精密度比；

R——复现性限；

r——重复性限。

7.7.5 许多情况下，考虑到结果使用的重要性，需遵循图1的流程图来确定是否使用较多次数的质量控制。

注1：测量次数的因素取决于：系统的使用次数、被测参数的重要性及样品的成本、系统以往的稳定性和精密度性能、法规的要求、合同的规定、以及检测方法的需求。

注2：质量控制测量次数、QC样品及其测量结果应予以记录。

表1 *TPI*的行动规则与质量控制最低次数

$PR<4$时的TPI	$PR\geqslant4$时的TPI	检测方法操作的性能评价和建议	每n个检测样品使用1个QC样品
未测定	未测定	实施TPI	$n=10$
<0.8	<1.6	性能不好，应采取纠正措施	$n=10$
0.8-1.2	1.6-2.4	性能勉强合格，但需要改进	$n=20$
1.2-2.0	2.4-4.0	性能较满意	$n=35$
>2.0	>4.0	性能很满意	$n=40$

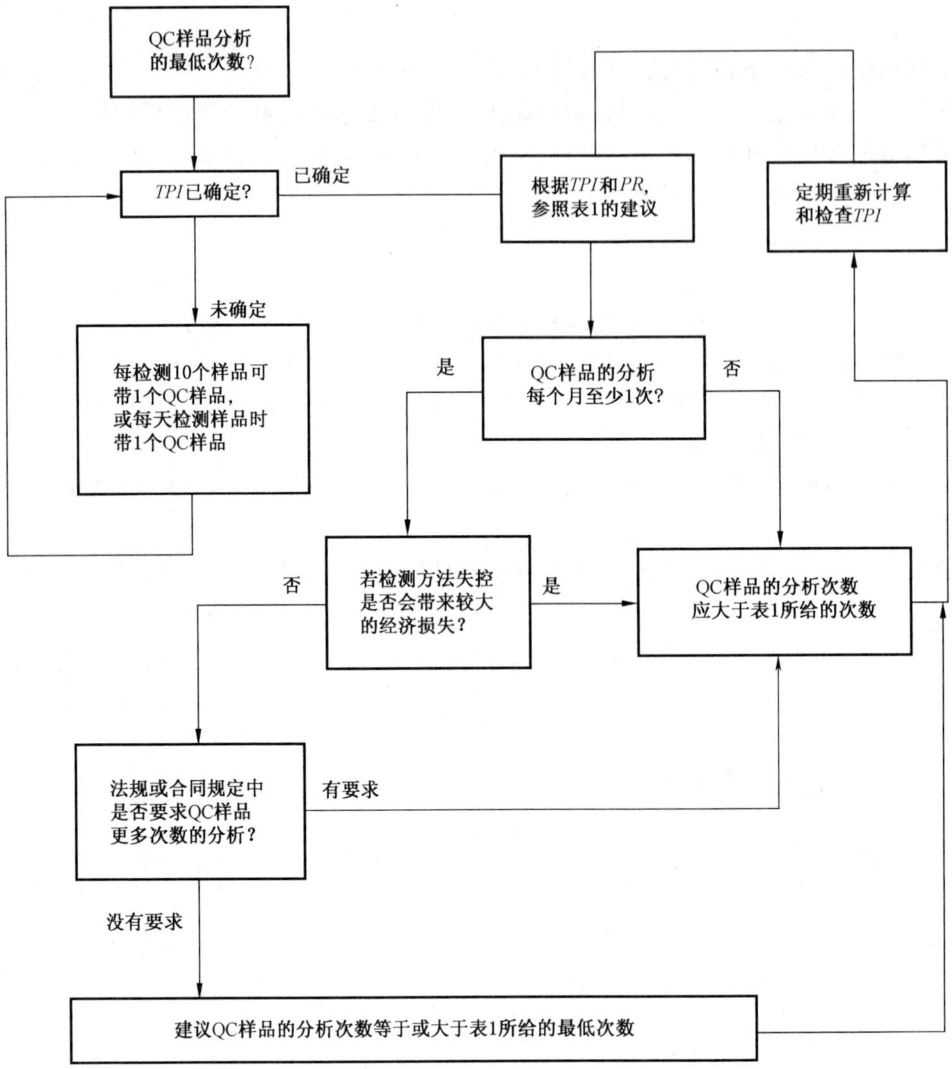

图 1　质量控制次数的流程图

8　性能评定

8.1　*h* 与 *k* 一致性及 A^{2*} 正态性统计

8.1.1　实验室可利用 h 与 k 的一致性统计，调查和处理所汇集的系列数据(x_i)。h 与 k 的统计见式(3)和式(4)：

$$h=\frac{d}{s_{\bar{x}}} \qquad \cdots\cdots(3)$$

式中：

h——人员间一致性统计量，即样品水平下某人员的单元均值与其他人员间比较的度量；

d——水平下的单元差值，$d=\bar{x}-\bar{\bar{x}}$，其中，$\bar{x}$为单元均值，$\bar{\bar{x}}$为水平均值；

$s_{\bar{x}}$——水平下的平均值标准差。

$$k=\frac{s}{s_r} \qquad \cdots\cdots(4)$$

式中：

k ——人员内一致性统计量，即样品水平下某人员的变异与其他人员总合变异间比较的度量；

s ——水平下的单元标准差；

s_r——水平下的重复性标准差。

8.1.2 在相应的包含概率下，若所计算的 h 与 k 不超出表 C.2 中相应的临界值，则接受数据的一致性假定。

8.1.3 按照 GB/T 27407，检查系列数据(x_i)的正态性，统计公式见式(5)～式(7)：

$$w_i = \frac{x_i - \overline{x}}{s_{x_i}} \quad \cdots\cdots(5)$$

式中：

w_i ——x_i 的标准化值；

$\overline{x}$ ——x_i 的平均值；

s_{x_i} ——x_i 的标准差。

$$A^2 = -\frac{\sum_{i=1}^{n}(2i-1)[\ln(p_i)+\ln(1-p_{n+1-i})]}{n} - n \quad \cdots\cdots(6)$$

$$A^{2*} = A^2\left(1+\frac{0.75}{n}+\frac{2.25}{n^2}\right) \quad \cdots\cdots(7)$$

式中：

A^2 ——正态统计量；

A^{2*}——正态统计量，A 的修正值；

p_i ——正态概率值，利用表 C.4，将 w_i 值换算成 p_i 值；

n ——测量次数。

8.1.4 在包含概率 99%下，若 $A^{2*}<1.0$，则接受数据的正态性假定。

8.1.5 h 与 k 一致性及 A^{2*} 正态性统计的应用示例参见附录 C。

8.2 期间精密度评定

8.2.1 $s_{R'}$ 需与 s_R 或 s_r 进行比较，以表明实验室操作检测方法的程度。

8.2.2 $s_{R'}$ 不应大于 $PR<4$ 时的 s_R、或接近于 $PR>4$ 时的 s_r。如果 $s_{R'}>s_R$，应调查根本原因，并作为实验室持续改进计划的关键要素进行定期审核，若必要可采取相应的措施。

8.3 不确定度评定

8.3.1 GB/T 27411 为实施 GB/T 27025 的检测实验室提供了适用的四种不确定度评估方法，即：控制图法、精密度法、线性拟合法和经验模型法。

8.3.2 本标准的不确定度评定来自于控制图法(见 GB/T 27407)。由于变量间存在的协方差，则交互效应很难估计，而控制图法给出的 $s_{R'}$ 能合并所有效应。

8.3.3 使用 $s_{R'}$ 来估计不确定度，是建立在 GB/T 27412 的实验室无偏操作假定下，这种假定应通过 CS 样品予以确认。

8.3.4 检测实验室可根据自身的实际情况，酌情视 $2s_{R'}$ 为不确定度的估计值。

9 内部审核与能力验证

9.1 内部审核

9.1.1 实验室应根据预定的日程表和程序，定期对其活动进行内部审核，以验证其持续符合所制定的质量体系文件。即便实验室须获得外部认可(例如,接受认可组织的评审),其内部审核也很重要。因为较之外部评审员来说,内部评审员会更熟悉实验室的要求。

9.1.2 内部审核应包括对检测方法的审核,应对照检测方法文本观察并核查整个检测过程。建议对检测方法的审核应每年进行一次。

注:对检测方法的审核可以与质量体系审核合并进行,也可单独进行。

9.1.3 审核组应尽快形成书面的审核结果,并向相关责任部门予以通报。

9.1.4 内部审核所发现的问题和提出的建议应经实验室管理者审查,并经其批准后对差错或不符合项采取纠正措施。

9.1.5 应对纠正措施的有效性予以跟踪验证,结果应形成书面文件。

9.2 能力验证

9.2.1 若可行,应定期参加实验室的能力验证。这项活动应纳入实验室的质量控制计划中,以确定实验室的检测能力。

注:不参加能力验证时应出具书面理由。

9.2.2 实验室应制定参加能力验证的准则,该准则考虑的因素包括:检测方法使用的频次、客户使用数据的重要性,以及法规的考虑等。能力验证的参加等同于标准物质的检测,都是一种质量控制方式。

9.2.3 参加者可在控制图上标绘出其与能力验证的公议值之差,以确认测量过程是否无偏。实验室也可利用能力验证给出的精密度,来比较QC样品测量所确立的精密度,以评价两者间的一致性(见GB/T 27407)。

9.2.4 参加能力验证不能替代实验室内的质量控制,反之亦然。

10 纠正措施和预防措施

10.1 内容

有关内容如下:

a) 设备超出校准范围;
b) QC样品或CS样品结果失控;
c) 实验室操作的性能与检测方法规定的性能(例如,精密度、偏倚等)不符;
d) 产品、物料或过程数据超出规格;
e) 能力验证中出现离群值或不可接受的趋势;
f) 外部或内部审核中发现的不符合项;
g) 实验室数据或记录审核中发现的不符合项;
h) 客户投诉。

10.2 根本原因调查

有关调查内容如下:

a) 确定所用设备检测时的上次受控时间;
b) 识别受到严重影响的结果;
c) 如何处理已报给客户的受影响结果;
d) 若根本原因无法确定时应如何处置;
e) 若认为原始数据正确时应如何处置。

10.3 其他措施

其他相关措施的内容如下：

a） 培训员工；
b） 评审客户需求；
c） 评审检测方法和程序；
d） 新制定或修订程序；
e） 维修仪器；
f） 重新制备试剂和标准物质；
g） 设备再校准；
h） 重新分析样品；
i） QC 样品的原因分析；
j） 尽快形成纠正和预防措施文件；
k） 经管理者审查和批准，确认所采取纠正和预防措施的有效性。

10.4 质量控制图

质量控制图（按照 GB/T 27407）是预防措施的一种方法，应定期进行评价，以免出现可能的统计失控现象。

11 客户投诉

实验室应具备客户投诉或不符合项的跟踪程序，且调查结果应尽快通知客户。

12 培训

12.1 实验室管理者应确保所有实施测量或处理数据、或两者的人员均得到适宜的培训。
12.2 实验室的培训至少包括：安全、检测方法、实验室政策和程序，且根据本标准的规定来进行培训。
12.3 培训记录应保存。

附 录 A
（资料性附录）
数据异常原因调查与改进措施

为了能发现实验室数据的统计离群或对精密度进行改进，建议采取以下措施。

A.1 检查结果打印、计算和誊抄错误。

A.2 再次分析样品以比较 $s_{R'}$，若不可行时，与 s_r 比较。

A.3 检查样品的均匀性或污染性、以及所分析样品是否具有代表性。

A.4 确保检测方法最新版本的使用，与分析人员核对程序的每个环节。

A.5 检查仪器的校准。

A.6 检查统计质量控制图中是否出现早期可能失控征兆。

A.7 检查所用试剂和标准物质的质量，确认其是否超期或污染。

A.8 按供应商的操作手册，检查设备操作是否正确。

A.9 按供应商的操作指南，对设备进行维护或修理。

A.10 问题解决后，如果存在有证标准物质时可进行分析，或进行实验室的 QC 样品分析，并确认分析操作是否受控。

A.11 培训新雇员，若必要可对老雇员进行重新培训。

A.12 制定偶发事件的文件，用于类似问题的处理。

附 录 B
（资料性附录）
定量限的控制

B.1 实验室1认为，通常很难区别分析响应和背景噪声，即低于定量限的数值使用没有实际意义。

B.2 实验室1决定采用相对标准差的倒数，来评定方法操作区间的最低水平。

B.3 在期间精密度测量条件下，实验室1利用相应的检测方法，根据7.4，分别基于初始样品（样品A）和第2个样品（样品B），对石油产品中的氯含量进行了 $n=7$ 的重复测量，结果见表B.1。

注：选择的初始空白样品，假定预期能与第2个样品之间覆盖住定量限的估计值。

表 B.1 石油产品中氯含量的定量限测定

mg/kg

重复测量次数	样品A			样品B		
	实测值	空白值	实测值-空白值	实测值	空白值	实测值－空白值
1	800	10	790	1 050	20	1 030
2	900	5	895	1 250	20	1 230
3	900	10	890	1 250	5	1 245
4	800	0	800	1 300	0	1 300
5	750	0	750	1 200	5	1 195
6	950	20	930	1 100	10	1 090
7	1 000	5	995	1 150	5	1 145
平均值			864.3			1 176.4
标准差			87.29			94.06
平均值/标准差			9.9			12.5

B.4 在本示例中，样品A有：平均值/标准差＝9.9≈10，假定其随后的测定基本保持不变。

B.5 鉴于平均值/标准差＝10下的对应水平即为定量限，则本示例氯含量的定量限为870 mg/kg。

注1：建议至少再增加一个较低水平的样品，以确保求得值非属于异常值。

注2：特殊情况会有两个样品的比值都在定量限以上或以下，所以，应在期间精密度条件下重复进行测量。

注3：更精确的计算需建立在回归分析。

B.6 实验室1应持续跟踪监控，不断调整和修正定量限的测定。

附 录 C
(资料性附录)
h 与 k 一致性及 A^{2*} 正态性统计

C.1 实验与统计

在期间精密度条件下,实验室1利用石油产品硫含量的3个不同QC样品,由6名熟悉该系统的人员使用同一检测方法,分别提交了水平下3次独立测量结果。根据式(3)和式(4),给出水平单元内 h 与 k 的统计量,数据详见表C.1。

注:本示例是建立在GB/T 27412的实验室无偏操作假定下。

表C.1 不同硫含量水平下QC样品测量结果的 h 与 k 及 A^{2*} 正态性统计

QC样品	参加人员	测量结果(x_i)			$\overline{x}$	s	d	h	k
		x_1	x_2	x_3					
样品A $A^{2*}=0.7942$	1	0.11	0.13	0.11	0.117	0.012	−0.01	−0.60	1.31
	2	0.13	0.14	0.14	0.137	0.006	0.01	0.75	0.65
	3	0.12	0.14	0.13	0.130	0.010	0.00	0.30	1.13
	4	0.10	0.10	0.10	0.100	0.000	−0.03	−1.72	0.00
	5	0.15	0.14	0.13	0.140	0.010	0.01	0.97	1.13
	6	0.12	0.13	0.14	0.130	0.010	0.00	0.30	1.13
					$\overline{\overline{x}}=0.126$	$s_r=0.009$	$s_{\overline{x}}=0.015$	$s_{R'}=0.017$	
样品B $A^{2*}=0.5262$	1	0.47	0.47	0.46	0.467	0.006	−0.01	−0.68	0.58
	2	0.47	0.48	0.46	0.470	0.010	−0.01	−0.51	1.00
	3	0.50	0.51	0.49	0.500	0.010	0.02	1.02	1.00
	4	0.44	0.46	0.47	0.457	0.015	−0.02	−1.19	1.53
	5	0.49	0.48	0.47	0.480	0.010	0.00	0.00	1.00
	6	0.51	0.51	0.50	0.507	0.006	0.03	1.36	0.58
					$\overline{\overline{x}}=0.480$	$s_r=0.010$	$s_{\overline{x}}=0.020$	$s_{R'}=0.022$	
样品C $A^{2*}=1.8837$	1	0.98	0.99	0.97	0.980	0.010	−0.01	−0.19	1.22
	2	0.93	0.94	0.95	0.940	0.010	−0.05	−0.80	1.22
	3	0.99	1.0	1.0	0.987	0.006	−0.01	−0.09	0.71
	4	1.13	1.11	1.12	1.120	0.010	0.13	1.97	1.22
	5	0.98	0.97	0.97	0.973	0.006	−0.02	−0.29	0.71
	6	0.96	0.95	0.95	0.953	0.006	−0.04	−0.60	0.71
					$\overline{\overline{x}}=0.992$	$s_r=0.008$	$s_{\overline{x}}=0.065$	$s_{R'}=0.065$	

注1:下划线数值表示为接近临界值或灵敏性差;阴影数值表示为超出临界值;当 h 为负值时,应取 $|h|$ 与表C.2中的 h 临界值相比较。

注2:表中正态性统计量 A^{2*} 的计算来自于式(5)~式(7)和表C.4。

C.2 分析和调查

C.2.1 h 值或 k 值较大(接近或超出临界值),表明环境因素(包括仪器设备和人员、试剂和溶液等)未得到有效控制；而异常小的 k 值（尤其为 0）则表明仪器响应的灵敏度、以及数据修约等方面出现了问题。

C.2.2 基于表 C.2，表 C.1 中人员 4 的 h 值有 2 个超出临界值，一个是样品 A 的－1.72（95%概率下的临界值为 1.66）；另一个是样品 C 的 1.97（99%概率下的临界值为 1.87）。

C.2.3 基于表 C.2，表中人员 4 的 k 值同样存在问题，一个是样品 B 的 1.53（接近 95%概率下的临界值 1.64）；另一个是样品 A 的 0（表明检测的灵敏性差）。

C.2.4 对人员 4 的结果调查表明，其在样品 A 下的 3 个数据都是 0.10；而在样品 C 下的 3 个数据分别有 1.13、1.11 和 1.12。尽管这些数据处于检测方法规定的允差内，但较之其他参加人员的总体趋势，人员 4 非具一致性。

C.2.5 调查怀疑，造成样品 A 数据集的非呈正态（95%概率）以及样品 C 数据集的非呈正态（99%概率）的原因，是由于人员 4 给出的结果所为。

表 C.2　95%和 99%概率下的 h 与 k 临界值

参加人员数	95% 概率				99% 概率			
	h 临界值	k 临界值，重复测量次数			h 临界值	k 临界值，重复测量次数		
		2	3	4		2	3	4
3	1.15	1.65	1.53	1.47	1.15	1.71	1.64	1.58
4	1.43	1.76	1.59	1.50	1.49	1.91	1.77	1.67
5	1.57	1.81	1.62	1.53	1.72	2.05	1.85	1.73
6	1.66	1.85	1.64	1.54	1.87	2.14	1.90	1.77
7	1.71	1.87	1.66	1.55	1.98	2.20	1.94	1.79
8	1.75	1.88	1.67	1.56	2.06	2.25	1.97	1.81
9	1.78	1.90	1.68	1.57	2.13	2.29	1.99	1.82
10	1.80	1.90	1.68	1.57	2.18	2.32	2.00	1.84
11	1.82	1.91	1.69	1.58	2.22	2.34	2.01	1.85
12	1.83	1.91	1.69	1.58	2.25	2.36	2.02	1.85
13	1.84	1.92	1.69	1.58	2.27	2.38	2.03	18.6
14	1.85	1.92	1.70	1.59	2.30	2.39	2.04	1.87
15	1.86	1.93	1.70	1.59	2.32	2.41	2.05	1.87

C.3 持续改进与跟踪监控

C.3.1 对于表 C.1 中人员 4 显示的偏倚或校准斜率效应，经调查，实验室 l 未找到明确证据表明该人员在方法操作上的失误，故认为是属于随机原因的正常变异。考虑到 QC 样品数据集的有限，实验室 l 在不违背 8.2 的原则下，建议该人员重新提交 QC 样品的测量结果。

C.3.2 人员 4 重新提交了样品 A 和样品 C 的数据后，表 C.3 给出了新的 h 与 k 一致性以及 A^{2*} 正态性统计量。

C.3.3 表 C.3 中 h 与 k 及 A^{2*} 统计表明，水平下的 s_r 和 $s_{R'}$ 两者间具有合理的一致性，接受 x_i 系列结果的正态性假定。

C.3.4 实验室 l 根据 7.7，建议合并阶段性涵盖已知或可能变异源的 $s_{R'}$ 估计值，用于室内 TPI 的评判。

C.3.5 实验室 l 应不断加强对 $s_{R'}$ 的评估和检查，有助于产品质量水平的改进和提高。

表 C.3 调整后的 QC 样品测量结果的 *h* 与 *k* 及 A^{2*} 正态性统计

QC 样品	参加人员	测量结果，x_i 1	2	3	$\bar{x}$	s	d	h	k
样品 A A^{2*}=0.663 2	1	0.11	0.13	0.11	0.117	0.012	−0.01	−1.19	1.26
	2	0.13	0.14	0.14	0.137	0.006	0.01	0.85	0.63
	3	0.12	0.14	0.13	0.130	0.010	0.00	0.17	1.10
	4	0.11	0.12	0.12	0.117	0.006	−0.03	−1.19	0.63
	5	0.15	0.14	0.13	0.140	0.010	0.01	1.19	1.10
	6	0.12	0.13	0.14	0.130	0.010	0.00	0.17	1.10
					$\bar{\bar{x}}$=0.128	s_r=0.009	$s_{\bar{x}}$=0.010	$s_{R'}$=0.013	
样品 B A^{2*}=0.526 2	1	0.47	0.47	0.46	0.467	0.006	−0.01	−0.68	0.58
	2	0.47	0.48	0.46	0.470	0.010	−0.01	−0.51	1.00
	3	0.50	0.51	0.49	0.500	0.010	0.02	1.02	1.00
	4	0.44	0.46	0.47	0.457	0.015	−0.02	−1.19	<u>1.53</u>
	5	0.49	0.48	0.47	0.480	0.010	0.00	0.00	1.00
	6	0.51	0.51	0.50	0.507	0.006	0.03	1.36	0.58
					$\bar{\bar{x}}$=0.480	s_r=0.010	$s_{\bar{x}}$=0.020	$s_{R'}$=0.022	
样品 C A^{2*}=0.381 5	1	0.98	0.99	0.97	0.980	0.010	−0.01	0.65	1.18
	2	0.93	0.94	0.95	0.940	0.010	−0.05	−1.59	1.18
	3	0.99	1.0	1.0	0.987	0.006	−0.01	1.03	0.68
	4	0.97	0.99	0.97	0.977	0.012	0.13	0.47	1.36
	5	0.98	0.97	0.97	0.973	0.006	−0.02	0.28	0.68
	6	0.96	0.95	0.95	0.953	0.006	−0.04	−0.84	0.68
					$\bar{\bar{x}}$=0.968	s_r=0.008	$s_{\bar{x}}$=0.018	$s_{R'}$=0.019	

注：阴影数值表示重新提交结果及其 *h* 值的变化；下划线数值表示灵敏性差。

表 C.4 p_i 值

w_i	−0.09	−0.08	−0.07	−0.06	−0.05	−0.04	−0.03	−0.02	−0.01	0.00
−3.5	0.000 2	0.000 2	0.000 2	0.000 2	0.000 2	0.000 2	0.000 2	0.000 2	0.000 2	0.000 2
−3.4	0.000 2	0.000 3	0.000 3	0.000 3	0.000 3	0.000 3	0.000 3	0.000 3	0.000 3	0.000 3
−3.3	0.000 3	0.000 4	0.000 4	0.000 4	0.000 4	0.000 4	0.000 4	0.000 5	0.000 5	0.000 5
−3.2	0.000 5	0.000 5	0.000 5	0.000 6	0.000 6	0.000 6	0.000 6	0.000 6	0.000 7	0.000 7
−3.1	0.000 7	0.000 7	0.000 8	0.000 8	0.000 8	0.000 8	0.000 9	0.000 9	0.000 9	0.001 0
−3.0	0.001 0	0.001 0	0.001 1	0.001 1	0.001 1	0.001 2	0.001 2	0.001 3	0.001 3	0.001 3
−2.9	0.001 4	0.001 4	0.001 5	0.001 5	0.001 6	0.001 6	0.001 7	0.001 8	0.001 8	0.001 9
−2.8	0.001 9	0.002 0	0.002 1	0.002 1	0.002 2	0.002 3	0.002 3	0.002 4	0.002 5	0.002 6
−2.7	0.002 6	0.002 7	0.002 8	0.002 9	0.003 0	0.003 1	0.003 2	0.003 3	0.003 4	0.003 5
−2.6	0.003 6	0.003 7	0.003 8	0.003 9	0.004 0	0.004 1	0.004 3	0.004 4	0.004 5	0.004 7
−2.5	0.004 8	0.004 9	0.005 1	0.005 2	0.005 4	0.005 5	0.005 7	0.005 9	0.006 0	0.006 2

表 C.4（续）

w_i	−0.09	−0.08	−0.07	−0.06	−0.05	−0.04	−0.03	−0.02	−0.01	0.00
−2.4	0.006 4	0.006 6	0.006 8	0.006 9	0.007 1	0.007 3	0.007 5	0.007 8	0.008 0	0.008 2
−2.3	0.008 4	0.008 7	0.008 9	0.009 1	0.009 4	0.009 6	0.009 9	0.010 2	0.010 4	0.010 7
−2.2	0.011 0	0.011 3	0.011 6	0.011 9	0.012 2	0.012 5	0.012 9	0.013 2	0.013 6	0.013 9
−2.1	0.014 3	0.014 6	0.015 0	0.015 4	0.015 8	0.016 2	0.016 6	0.017 0	0.017 4	0.017 9
−2.0	0.018 3	0.018 8	0.019 2	0.019 7	0.020 2	0.020 7	0.021 2	0.021 7	0.022 2	0.022 8
−1.9	0.023 3	0.023 9	0.024 4	0.025 0	0.025 6	0.026 2	0.026 8	0.027 4	0.028 1	0.028 7
−1.8	0.029 4	0.030 1	0.030 7	0.031 4	0.032 2	0.032 9	0.033 6	0.034 4	0.035 1	0.035 9
−1.7	0.036 7	0.037 5	0.038 4	0.039 2	0.040 1	0.040 9	0.041 8	0.042 7	0.043 6	0.044 6
−1.6	0.045 5	0.046 5	0.047 5	0.048 5	0.049 5	0.050 5	0.051 6	0.052 6	0.053 7	0.054 8
−1.5	0.055 9	0.057 1	0.058 2	0.059 4	0.060 6	0.061 8	0.063 0	0.064 3	0.065 5	0.066 8
−1.4	0.068 1	0.069 4	0.070 8	0.072 1	0.073 5	0.074 9	0.076 4	0.077 8	0.079 3	0.080 8
−1.3	0.082 3	0.083 8	0.085 3	0.086 9	0.088 5	0.090 1	0.091 8	0.093 4	0.095 1	0.096 8
−1.2	0.098 5	0.100 3	0.102 0	0.103 8	0.105 6	0.107 5	0.109 3	0.111 2	0.113 1	0.115 1
−1.1	0.117 0	0.119 0	0.121 0	0.123 0	0.125 1	0.127 1	0.129 2	0.131 4	0.133 5	0.135 7
−1.0	0.137 9	0.140 1	0.142 3	0.144 6	0.146 9	0.149 2	0.151 5	0.153 9	0.156 2	0.158 7
−0.9	0.161 1	0.163 5	0.166 0	0.168 5	0.171 1	0.173 6	0.176 2	0.178 8	0.181 4	0.184 1
−0.8	0.186 7	0.189 4	0.192 2	0.194 9	0.197 7	0.200 5	0.203 3	0.206 1	0.209 0	0.211 9
−0.7	0.214 8	0.217 7	0.220 6	0.223 6	0.226 6	0.229 6	0.232 7	0.235 8	0.238 9	0.242 0
−0.6	0.245 1	0.248 3	0.251 4	0.254 6	0.257 8	0.261 1	0.264 3	0.267 6	0.270 9	0.274 3
−0.5	0.277 6	0.281 0	0.284 3	0.287 7	0.291 2	0.294 6	0.298 1	0.301 5	0.305 0	0.308 5
−0.4	0.312 1	0.315 6	0.319 2	0.322 8	0.326 4	0.330 0	0.333 6	0.337 2	0.340 9	0.344 6
−0.3	0.348 3	0.352 0	0.355 7	0.359 4	0.363 2	0.366 9	0.370 7	0.374 5	0.378 3	0.382 1
−0.2	0.385 9	0.389 7	0.393 6	0.397 4	0.401 3	0.405 2	0.409 0	0.412 9	0.416 8	0.420 7
−0.1	0.424 7	0.428 6	0.432 5	0.436 4	0.440 4	0.444 3	0.448 3	0.452 2	0.456 2	0.460 2
0.0	0.464 1	0.468 1	0.472 1	0.476 1	0.480 1	0.484 0	0.488 0	0.492 0	0.496 0	0.500 0

w_i	0.00	0.01	0.02	0.03	0.04	0.05	0.06	0.07	0.08	0.09
0.0	0.500 0	0.504 0	0.508 0	0.512 0	0.516 0	0.519 9	0.523 9	0.527 9	0.531 9	0.535 9
0.1	0.539 8	0.543 8	0.547 8	0.551 7	0.555 7	0.559 6	0.563 6	0.567 5	0.571 4	0.575 3
0.2	0.579 3	0.583 2	0.587 1	0.591 0	0.594 8	0.598 7	0.602 6	0.606 4	0.610 3	0.614 1
0.3	0.617 9	0.621 7	0.625 5	0.629 3	0.633 1	0.636 8	0.640 6	0.644 3	0.648 0	0.651 7
0.4	0.655 4	0.659 1	0.662 8	0.666 4	0.670 0	0.673 6	0.677 2	0.680 8	0.684 4	0.687 9
0.5	0.691 5	0.695 0	0.698 5	0.701 9	0.705 4	0.708 8	0.712 3	0.715 7	0.719 0	0.722 4
0.6	0.725 7	0.729 1	0.732 4	0.735 7	0.738 9	0.742 2	0.745 4	0.748 6	0.751 7	0.754 9
0.7	0.758 0	0.761 1	0.764 2	0.767 3	0.770 4	0.773 4	0.776 4	0.779 4	0.782 3	0.785 2

表 C.4（续）

w_i	0.00	0.01	0.02	0.03	0.04	0.05	0.06	0.07	0.08	0.09
0.8	0.788 1	0.791 0	0.793 9	0.796 7	0.799 5	0.802 3	0.805 1	0.807 8	0.810 6	0.813 3
0.9	0.815 9	0.818 6	0.821 2	0.823 8	0.826 4	0.828 9	0.831 5	0.834 0	0.836 5	0.838 9
1.0	0.841 3	0.843 8	0.846 1	0.848 5	0.850 8	0.853 1	0.855 4	0.857 7	0.859 9	0.862 1
1.1	0.864 3	0.866 5	0.868 6	0.870 8	0.872 9	0.874 9	0.877 0	0.879 0	0.881 0	0.883 0
1.2	0.884 9	0.886 9	0.888 8	0.890 7	0.892 5	0.894 4	0.896 2	0.898 0	0.899 7	0.901 5
1.3	0.903 2	0.904 9	0.906 6	0.908 2	0.909 9	0.911 5	0.913 1	0.914 7	0.916 2	0.917 7
1.4	0.919 2	0.920 7	0.922 2	0.923 6	0.925 1	0.926 5	0.927 9	0.929 2	0.930 6	0.931 9
1.5	0.933 2	0.934 5	0.935 7	0.937 0	0.938 2	0.939 4	0.940 6	0.941 8	0.942 9	0.944 1
1.6	0.945 2	0.946 3	0.947 4	0.948 4	0.949 5	0.950 5	0.951 5	0.952 5	0.953 5	0.954 5
1.7	0.955 4	0.956 4	0.957 3	0.958 2	0.959 1	0.959 9	0.960 8	0.961 6	0.962 5	0.963 3
1.8	0.964 1	0.964 9	0.965 6	0.966 4	0.967 1	0.967 8	0.968 6	0.969 3	0.969 9	0.970 6
1.9	0.971 3	0.971 9	0.972 6	0.973 2	0.973 8	0.974 4	0.975 0	0.975 6	0.976 1	0.976 7
2.0	0.977 2	0.977 8	0.978 3	0.978 8	0.979 3	0.979 8	0.980 3	0.980 8	0.981 2	0.981 7
2.1	0.982 1	0.982 6	0.983 0	0.983 4	0.983 8	0.984 2	0.984 6	0.985 0	0.985 4	0.985 7
2.2	0.986 1	0.986 4	0.986 8	0.987 1	0.987 5	0.987 8	0.988 1	0.988 4	0.988 7	0.989 0
2.3	0.989 3	0.989 6	0.989 8	0.990 1	0.990 4	0.990 6	0.990 9	0.991 1	0.991 3	0.991 6
2.4	0.991 8	0.992 0	0.992 2	0.992 5	0.992 7	0.992 9	0.993 1	0.993 2	0.993 4	0.993 6
2.5	0.993 8	0.994 0	0.994 1	0.994 3	0.994 5	0.994 6	0.994 8	0.994 9	0.995 1	0.995 2
2.6	0.995 3	0.995 5	0.995 6	0.995 7	0.995 9	0.996 0	0.996 1	0.996 2	0.996 3	0.996 4
2.7	0.996 5	0.996 6	0.996 7	0.996 8	0.996 9	0.997 0	0.997 1	0.997 2	0.997 3	0.997 4
2.8	0.997 4	0.997 5	0.997 6	0.997 7	0.997 7	0.997 8	0.997 9	0.997 9	0.998 0	0.998 1
2.9	0.998 1	0.998 2	0.998 2	0.998 3	0.998 4	0.998 4	0.998 5	0.998 5	0.998 6	0.998 6
3.0	0.998 7	0.998 7	0.998 7	0.998 8	0.998 8	0.998 9	0.998 9	0.998 9	0.999 0	0.999 0
3.1	0.999 0	0.999 1	0.999 1	0.999 1	0.999 2	0.999 2	0.999 2	0.999 2	0.999 3	0.999 3
3.2	0.999 3	0.999 3	0.999 4	0.999 4	0.999 4	0.999 4	0.999 4	0.999 5	0.999 5	0.999 5
3.3	0.999 5	0.999 5	0.999 5	0.999 6	0.999 6	0.999 6	0.999 6	0.999 6	0.999 6	0.999 7
3.4	0.999 7	0.999 7	0.999 7	0.999 7	0.999 7	0.999 7	0.999 7	0.999 7	0.999 7	0.999 8
3.5	0.999 8	0.999 8	0.999 8	0.999 8	0.999 8	0.999 8	0.999 8	0.999 8	0.999 8	0.999 8

注：w_i 为左列和顶行数字的和。

ICS 35.240
A 00

中华人民共和国国家标准化指导性技术文件

GB/Z 27414—2012

检测资源信息共享体系建设指南

Construction guide of testing resource information sharing system

2012-12-31 发布 2013-07-01 实施

中华人民共和国国家质量监督检验检疫总局
中国国家标准化管理委员会 发布

前　言

本指导性技术文件遵循 GB/T 1.1—2009 给出的规则起草。

本指导性技术文件由国家认证认可监督管理委员会认证认可技术研究所提出。

本指导性技术文件由全国认证认可标准化技术委员会(SAC/TC 261)归口。

本指导性技术文件起草单位:国家认证认可监督管理委员会认证认可技术研究所、中国科学院计算机网络信息中心、国家认证认可监督管理委员会信息中心。

本指导性技术文件主要起草人:乔东、黎建辉、肖良、胡良霖、王海、尹传儒、谢澄、陶雨风、谭晓东、苏志明、金国建、刘曦、郑懿龙。

引　言

检测是国家科技工作和科研创新活动的重要组成部分，是关系到国计民生的重要工作。检测资源信息是保证科研结果准确性和科研结论可靠性的基础保障，同时也是提高产品质量、维护公众利益和构建公平社会及政府施政管理的重要技术基础，是检测工作有效开展的支持和保障。为使数量庞大、分布分散的检测资源信息得到最大程度的利用，可利用先进的计算机、互联网等信息技术构建检测资源信息共享体系，从而实现检测资源信息共享这一重要措施。

近年来，国内外信息化建设和资源信息共享工程的经验表明，标准规范是资源信息共享实现的重要基础。标准规范是基于领域相关各方的智慧完成的，是对领域工作内容、方法、目标等的集体共识。其实施能够统一执行，提高工作效率和建设质量，降低资源信息整合、集成、服务的成本。因此，规范化的检测资源信息共享建设是检测资源信息共享体系顺利建成并发挥作用的关键所在。

检测资源信息共享体系建设各相关部门和单位可以在本标准的指导下实施检测资源信息共享体系建设。

检测资源信息共享体系建设指南

1 范围

本标准规定了检测资源信息共享体系建设的基本原则、建设内容、共享方式、服务对象、总体框架、工作流程和技术要求。

本标准适用于所有检测资源信息共享体系的建设。

2 规范性引用文件

下列文件对于本文件的应用是必不可少的。凡是注日期的引用文件,仅注日期的版本适用于本文件。凡是不注日期的引用文件,其最新版本(包括所有的修改单)适用于本文件。

GB 2312 信息交换用汉字编码字符集 基本集

GB 18030 信息技术 信息交换用汉字编码字符集基本集的扩充

GB/T 18391—2009(所有部分) 信息技术 元数据注册系统(MDR)

ISO/IEC TR 14252 信息技术 POSIX 开放系统环境(OSE)导则[Information technology—Guide to the POSIX Open System Environment(OSE)]

3 术语和定义

下列术语和定义适用于本文件。

3.1

检测 testing

利用各种物理、化学效应,选择合适的方法与装置,对特定对象进行定性或定量分析的过程。

3.2

资源 resource

具有身份标识的对象。例如文档、服务、人力或机构等。

注:本文件中,数据资源与数据对象同义。

3.3

检测资源 testing resource

检测机构、检测机构资质、检测能力、检测人员、检测设备、检测材料、检测方法和标准、检测结果等的总和。

3.4

分类 classifying

按照选定的属性(或特征)区分分类对象,将具有某种共同属性(或特征)的集合在一起的过程。

3.5

检测资源分类 testing resource classification

依照确定的属性(或特性)实现检测资源的聚类。

3.6

分类表 classification scheme

用于将某一主题领域或资源集合中的对象进行分类的类目系统。

3.7

数据对象　data object

可以被人或计算机定位和操作的任何离散的数据实体。

3.8

基元数据对象　primitive data object

不包含其他具有单独描述和操作价值的数据对象的数据对象。

3.9

数字对象　digital object

以计算机可识别的二进制位流编码和存储的对象。

3.10

复合数字对象　compound digital object

由多个基元数据对象(子对象)按照一定结构或规则组合而成、并能够对各子对象进行操作的数字对象。

注1：复合数字对象中子对象可以是文本、图像、音频、视频、二进制程序等基元数字对象以及由它们组成的复合数字对象。

注2：复合数字对象可以是将有关子对象物理地组织在一起、封装在一个文件之中的实际对象，也可以是通过链接参照机制将分布在不同位置的多个底层对象组织在一起的虚拟对象，还可以是可调整封装或链接对象的动态对象。

3.11

服务　service

通过实体间的接口为用户实体提供的功能性的能力。

[ISO/IEC TR 14252]

3.12

集合　collection

由同类数据对象组成的群体。

注1：集合意味着将它本身可以作为一个群体来描述，同时它的组成部分可以被分别描述和操作。

注2：复合数字对象与集合的一个重要区别在于：组成集合的数据对象是同类的，而组成复合数字对象的子对象不一定同类。

3.13

接口　interface

被命名的操作的集合，它们表示一个元素行为的特性。

3.14

门户　portal

用户访问互联网信息和服务的入口性web站点。

3.15

数据共享　data sharing

个人或机构将其所拥有的数据自愿提供给他人或其他机构，以供他人或其他机构进行合法的使用。

3.16

数据交换格式　data exchange format

预定义的和结构化的、在功能上相互关联的聚合数据元素或数据元素的集合，旨在双边或多边的数据交换中确保各方对所交换数据的无歧义理解和自动处理。

3.17

数据元素/数据元　data element

用一组属性描述定义、标识、数据类型和允许值等的数据单元。

3.18

Web 服务　web service

设计来支持计算机之间通过网络进行可互操作的交互的软件程序。

注：web 服务的接口需要以某种机器可处理的格式(如 WSDL)描述，其他系统与 web 服务之间通过基于互联网的协议(如 SOAP)使用基于 XML 的消息以 web 服务描述规定的方式进行交互。

3.19

元数据　metadata

关于数据的数据。

3.20

元数据标准　metadata schema；metadata standard；metadata specification

描述某类数据对象时所有规则的集合，一般包括完整描述一个具体数据对象所需的数据元素集合、对各数据元素有关属性的定义、计算机应用时的语法规定以及其他有关规定等。

3.21

元数据元素　metadata element

元数据的基本单元。

注：元数据元素是一种数据元素。

3.22

元数据应用专规　metadata application profile

为特定应用制定的元数据元素、规则和指南的一个集合，这些元数据元素来自一个或多个已有的元数据标准，还可以包括本地定义的元数据元素。

4　缩略语

下列缩略语适用于本文件。

AES	高级加密标准(Advanced Encryption Standard)
COM	对象构建模型(Component Object Model)
DCOM	分布式组建对象模型(Distributed Component Object Model)
DES	数据加密标准(Data Encryption Standard)
DNS	域名系统(Domain Name System)
DSS	数字签名标准(Digital Signature Standard)
FTP	文件传输协议(File Transfer Protocol)
HTML	超文本置标语言(Hypertext Markup Language)
HTTP	超文本传输协议(HyperText Transfer Protocol)
IDEA	国际数据加密算法(International Data Encryption Algorithm)
IP	互联网协议(Internet Protocol)
ISO	国际标准化组织(International Standard Organization)
JDBC	Java 数据库连接(Java DataBase Connectivity)
MD5	信息摘要算法(Message Digest 5)
MIME	多用途 Internet 邮件扩充协议(Multipurpose Internet Mail Extension)
OAI-PMH	OAI 元数据收割协议(Open Archives Initiative Protocol for Metadata Harvesting)
ODBC	开放数据库连接(Open DataBase Connection)

OSI	开放系统互联(Open System Interconnection)
PKCS	公钥加密标准(Public Key Cryptography Standards)
POP3	邮局协议第3版(Post Office Protocol Version 3)
RSA	RSA算法(Rivest-Shamir-Adleman Algorithm)
SHA	安全散列算法(Security Hash Algorithm)
SMTP	简单邮件传输协议(Simple Mail Transfer Protocol)
TCP	传输控制协议(Transmission Control Protocol)
UML	统一建模语言(Unified Modeling Language)
UTF	统一字符编码标准转换格式(Unicode Transformation Format)
XML	可扩展置标语言(Extensible Markup Language)
SSL	安全套接层(Secure Sockets Layer)
TLS	其继任者传输层安全(Transport Layer Security)
DES	数据加密算法(Delivered Ex Ship)
AES	高级加密标准(Advanced Encryption Standard)
RSA	公钥加密算法(Ron Rivest Adi Shamir Leonard Adleman)
IETF	安全领域的公钥基础实施(Internet Engineering Task Force)
PKCS	公钥密码学标准(The Public-Key Cryptography Standards)
KMS	密钥管理服务(Key Management Service)
DSS	决策支持系统(decision support system)

5 检测资源信息共享体系建设基本原则

检测资源信息共享体系建设应是以检测资源信息共享为基础，并应有相关标准规范，它应有相关的标准规范作为基础和保证。在检测资源信息建设内容、共享、服务及信息安全的每一个方面都需要遵循一定的标准规范，这些标准规范可以是直接采用已有的标准，也可以是为了本检测资源信息共享体系的建设制定的标准。

6 检测资源信息共享体系建设内容、共享方式和服务对象

6.1 建设内容

检测资源信息共享体系建设的主要内容：

a) 检测机构基本信息；

b) 检测机构资质信息；

c) 检测能力信息；

d) 检测人员信息；

e) 检测的仪器设备信息；

f) 检测材料信息；

g) 检测科研信息；

h) 检测方法和标准；

i) 检测结果信息。

6.2 共享方式

检测资源信息共享体系的共享方式：

a) 公益性共享

资源持有方提供的资源来源于国家财政投入，资源使用方获得该资源后，用于科研、教育及科普等公益事业的非营利性共享活动。资源持有方可以收取相关成本费用，但不包括公共投入形成的成本费用；

b) 合作研究共享

资源持有方和资源使用方利用各自检测资源中的人才、检测能力、仪器设备、研究基础或资金方面的优势，开展合作研究的共享活动。双方共同享有合作研究产生的成果及效益；

c) 资源纯交易性共享

资源持有方将拥有的没有公共投入、没有保密安全的资源，与资源使用方进行合法交易的共享活动。此种共享方式应遵循市场规律进行；

d) 资源交换性共享

资源持有方以对等的原则，互相从对方获得各自所需资源的共享活动；

e) 行政许可性共享

对通过国家行政许可的检测机构的部分资源，资源使用方应得到行政许可后才能获得资源的共享活动。

6.3 服务对象

检测资源信息共享体系的服务对象：

a) 政府机关；

b) 检测机构；

c) 科研院所；

d) 企业；

e) 社会公众。

7 检测资源信息共享体系建设总体框架

检测资源信息共享体系建设总体框架包括资源信息整合、数据存储、资源信息管理、信息安全及共享服务五个方面。

检测资源信息共享体系建设总体框架如图 1 所示。

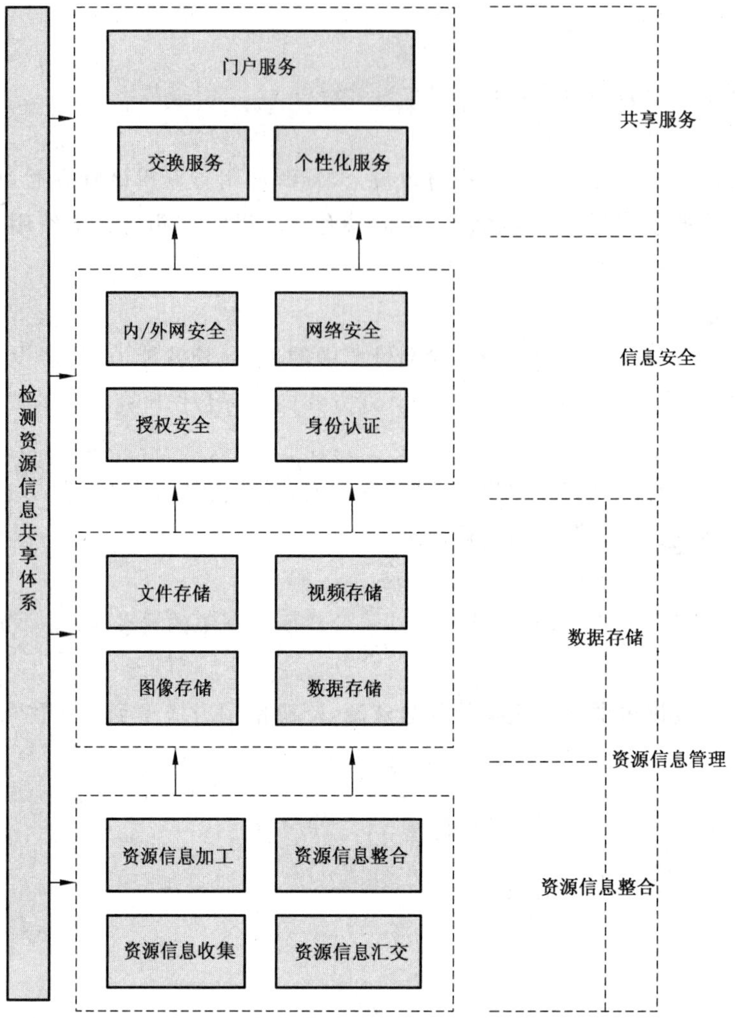

图1 检测资源信息共享体系建设总体框架示意图

8 检测资源信息共享体系建设工作流程和技术要求

8.1 资源信息整合

8.1.1 资源信息整合标准

资源信息整合是将分布于各行业、地区的检测资源信息，按照统一的标准，以规范化形式进行收集、整理、加工和汇交的过程。

资源整合所需遵循的要求有：

a) 检测资源信息共享资源分类表；

b) 数字文档结构编码标准：XML Schema；

c) 文件格式：HTM、DOC、PDF、JPEG、TIFF、GIF、AVI、RM、ASF、WAV、XML；

d) 数据建模与描述语言：UML；

e) 标记语言：HTML、XML；

f) 数据库技术相关标准：ODBC、JDBC。

8.1.2 资源信息创建与加工

资源信息创建与加工首先是对检测资源信息进行标准化，即根据检测资源信息的特点和需求，制定统一、通用的检测资源信息元数据标准、数据元标准、分类代码标准；然后再按照这些标准对检测资源信息进行整理、加工。

资源信息创建与加工过程有：

a） 对纸质文件、图像和视频等进行收集和整理后，再通过客户端或在线上报将其转成资源电子化；

b） 通过已有系统进行指定数据的采集，并进行数据汇交，实现资源电子化；

c） 通过各类数据资源的打包与上报后，再通过在线数据上报进行数据的逐一转成资源电子化。

8.1.3 数据库建设

资源信息数据库建设包括以下内容：

a） 资源基础库建设；

b） 资源专业库建设；

c） 资源分类库建设；

d） 资源能力库建设；

e） 资源共享库建设；

f） 资源服务库建设。

8.2 数据存储

8.2.1 数据存储标准

数据存储是将资源信息整合过程中产生的文件和资源信息整合完成后的数据信息按一种或多种方式存贮于物理的介质中。

数据存储需选用适合数据资源特点的存储格式、载体实现数据资源的长期保存，并需在后续阶段的继续使用提供支持。

数据存储所需遵循的要求有：

a） 字符编码标准：GB 2312、GB 18030、GB/T 18391—2009、UTF-8、ISO/IEC TR 14252；

b） 文件格式：HTM、DOC、PDF、JPEG、TIFF、GIF、AVI、RM、ASF、WAV；

c） 数据库系统：Oracle、DB2、SQL Service、MySQL 等；

d） 数据库技术相关标准：ODBC、JDBC。

8.2.2 文件存储

文件存储包括以下内容：

a） 原始文件存储；

b） 压缩文件存储；

c） 加工后文件存储；

d） 服务文件存储。

8.2.3 图像存储

图像存储包括以下内容：

a） 原始图像存储；

b） 压缩图像存储；

c） 服务图像存储。

8.2.4 视频存储

视频存储应包括以下内容：

a） 原始视频存储；

b） 压缩视频存储；

c） 服务视频存储。

8.2.5 数据存储

数据存储包括以下内容：

a） 原始数据存储；

b） 共享数据存储；

c） 服务数据存储。

8.3 资源信息管理

资源信息管理方式如下：

a） 多级资源信息审核；

b） 资源信息全过程监管；

c） 资源信息应用验证。

8.4 共享服务

检测资源信息共享服务分为检测数据共享服务、检测数据延伸共享服务及非检测数据的共享服务。资源共享服务对象有政府机关、检测机构、科研院所、企业和社会公众5类。

8.4.1 资源交换服务

资源交换服务包括以下内容：

a） 分类资源信息整理，同等资源信息交换服务；

b） 上级部门资源信息免费交换服务；

c） 资源信息有偿交换服务。

8.4.2 资源信息个性化服务

资源信息个性化服务包括以下内容：

a） 资源信息授权特定服务；

b） 资源信息部门自定义资源信息服务；

c） 每一服务对象个性资源信息服务。

8.4.3 资源信息门户服务

资源信息门户服务是通过Internet网络为5类服务对象提供全方位的交换服务、资源信息个性化服务和开放式的服务。

8.5 信息安全

为了保障数据安全，在检测资源信息共享体系的建设中，应进行资源信息内/外网分离，并遵循信息安全相关标准，包括网络层安全、传输层安全、加密技术、数字签名技术、身份认证技术、XML 相关安全、隐私政策以及信息安全管理等方面的标准。这些标准有：

a) 网络层安全方面的 IP-SEC(IP Security)标准；
b) 传输层安全方面的 SSL、TSL 标准；
c) 加密技术方面的 DES、AES、RSA、IDEA 安全等级制度；
d) 身份认证技术方面的 RSA 标准；
e) XML 相关安全方面的 XMLEnc、XMLSig、XKMS 标准；
f) 数字签名技术方面的 DSS、数字签名 RSA、SHA-1、MD5、PKCS#7(RFC 2315)标准；
g) 隐私政策方面的 P3P 标准；
h) 平台或系统的安全框架方面的 ISO 10181《信息技术 开发系统互联 开放系统安全框架》(Information technology—Open Systems Interconnection—Security frameworks for open systems)。

参 考 文 献

[1] 国家技术监督局国家标准管理办法.1990 年 8 月 24 日
[2] GB/T 13745—2009 学科分类与代码
[3] RFC 2279 UTF-8,A Transformation Format of ISO 10646
[4] GB/T 7027—2002 信息分类和编码的基本原则与方法
[5] GB/T 18327 信息技术 开放系统互联通用高层安全

ICS 65.060.35
B 91

中华人民共和国国家标准

GB/T 27612.1—2012/ISO 15886-1:2004

农业灌溉设备 喷头
第1部分:术语和分类

Agricultural irrigation equipment—Sprinklers—Part 1:Definition of terms and classification

(ISO 15886-1:2004,IDT)

2012-12-31 发布 2013-07-01 实施

中华人民共和国国家质量监督检验检疫总局
中国国家标准化管理委员会 发布

前　言

GB/T 27612《农业灌溉设备　喷头》分为如下部分：

——第1部分:术语和分类

——第2部分:设计和运行技术要求

——第3部分:水量分布特性和试验方法

——第4部分:耐久性试验方法

本部分为GB/T 27612的第1部分。

本部分按照GB/T 1.1—2009给出的规则起草。

本部分使用翻译法等同采用ISO 15886-1:2004《农业灌溉设备　喷头　第1部分:术语和分类》。

本部分由中国机械工业联合会提出。

本部分由全国农业机械标准化技术委员会(SAC/TC 201)归口。

本部分起草单位:中国农业机械化科学研究院、江苏大学流体机械工程技术研究中心、浙江大农实业有限公司。

本部分主要起草人:赵丽伟、王洋、王洪仁、张金凤、刘春鸽、赵庆亮、朱兴叶。

农业灌溉设备　喷头
第1部分:术语和分类

1　范围

本部分规定了农业灌溉用喷头的术语,并按喷头的物理参数、喷洒特性、水量分布、运行机理、密封型式、应用场合以及喷头的附加功能进行分类。

本部分适用于覆盖所有结构、性能和可选用途的喷头。

2　术语和定义

下列术语和定义适用于本文件。

2.1

储液器　accumulator

压力和缓冲波作用下用来储存液体的水力设备。

2.2

防排水阀　anti-drain valve

系统压力不超过预设值时保持关闭状态,当压力高于预设值时自动开启的阀。

2.3

化学物灌溉　chemigation

通过灌溉系统喷洒化学物质的应用。

2.4

压盘式喷嘴　compression-disk nozzle

在压力作用下使弹性圆盘产生变形,从而改变水力特性的喷嘴。

2.5

阻拦栅　cross vane

喷嘴处用于阻拦水中悬浮物的水流调节叶片。

2.6

恒定加速喷嘴　constant-acceleration nozzle

形状均匀渐变,且能在流道中产生恒定加速度的喷嘴。

2.7

在固定的操作条件下恒定　constant with fixed operating conditions

在固定的操作条件下,喷嘴内部结构不发生变化,从而保持恒定的水力特性。

2.8

收缩流道喷嘴　constricting-passage nozzle

配有弹性衬套,且能在工作压力改变时改变水力特性的喷嘴。

2.9

连续移动系统　continuous-move system

喷头在某一方向上固定安装,可随运动方向连续变化的灌溉系统。

例如:中心支轴、线性移动系统、步进式。

2.10

可控加速度喷嘴　controlled-acceleration nozzle

可通过均匀渐变的喷嘴形状调控流道内加速度的特定比率的喷嘴。

2.11

特制喷嘴　customized nozzle

为达到与加速度、湍动和分离等有关的预先规定的水力标准,对结构进行改进的喷嘴。

2.12

与水流方向平行的元件　element parallel to water flow

中心线与喷嘴中心线平行,位于喷嘴上游的流量调节元件。

2.13

与水流方向不平行的元件　element not parallel to water flow

中心线与喷嘴中心线形成一个夹角,位于喷嘴上游的流量调节元件。

2.14

喷射高度　elevation of spray

喷头喷出的水束相对于喷嘴水平面的高度。

2.15

指状喷洒　finger spray

喷射出的水流均为单股水流柱,或为连贯的喷射,或为在某一方向上连续滴落。

2.16

挠性孔喷嘴　flexing-orifice nozzle

由弹性材料制成,能在压力作用下产生变形,从而改变水力特性的喷嘴。

2.17

流量变化　flow-rate-change

喷头自动实现一种水力特性变化的功能。

2.18

射流设备　fluidic device

利用射流原理获得目标水力特性的喷嘴,例如向某一弯曲的挡水板喷射。

2.19

渐变加速度喷嘴　gradual-acceleration nozzle

可通过均匀渐变的喷嘴形状,调控流道内产生渐变(通常为线性的)加速度的喷嘴。

2.20

沿流道开槽或拉线　groove or rifling along flow passages

喷嘴的流量调节元件,通过增加流道湍动而改变喷嘴的水力特性。

2.21

摇臂式旋转喷头　impact-arm rotating sprinkler

由绕铅垂轴线旋转的摇臂驱动的喷头。

注:摇臂间断性瞬时移动至射流部分,敲击喷管提供喷头旋转的动力。

2.22

脉冲式摇臂旋转喷头　impulse-arm rotating sprinkler

由绕水平轴线旋转的摇臂驱动的喷头。

注:摇臂间断性瞬时移动至射流部分,敲击喷管提供喷头旋转的动力。

2.23

喷射　jet spray

在压力作用下,从孔中喷出水流柱。

2.24

最大喷射高度位置　location of maximum trajectory height

达到喷头最大喷射高度时到喷头中心轴的径向距离。

2.25

最大喷射高度　maximum trajectory height

在试验压力下，喷头喷出的水束相对于喷头的最大高度。

2.26

可移动式固定管网系统　moveable fixed-grid system

将喷头固定在供水管路、消防水栓、耕地地头或其他基础设施内的农业灌溉系统。

例如：人工移动、轮式移动、牵引管路、连续移动。

2.27

移动幕　moving sheet

移动或旋转形成的喷洒幕。

2.28

运行中没有变化　no variation during operation

在固定的机械控制下运行，进行可重复循环喷洒的喷头特性。

2.29

运行中无统计变化　no statistical variation during operation

在无固定机械控制下运行，形成统计地可重复结果的喷头特性。

2.30

名义尺寸　nominal size

用来说明元件近似规格的参考尺寸。

2.31

喷嘴　nozzle

喷头上的喷水孔或喷射管。

注：一个喷头可以配一个或多个圆柱体形或其他形状的喷嘴。该定义既可表示单喷嘴，也可表示多喷嘴喷头中的一组喷嘴。

2.32

偏心喷嘴　off-axis-bore nozzle

喷嘴孔中心线与喷嘴的中心线不重合的喷嘴。

2.33

开栅　open vane

喷嘴中用来拦隔水中污物的流动调节栅。

2.34

对置（平衡）旋转喷头（反作用力驱动）　opposed [balanced] rotating sprinkler [reaction force drive]

由不止一个射流反作用力驱动的喷头设备。

注：平稳的旋转转矩提供速度控制和旋转的可靠性。

2.35

突升　pop up

系统加压时，喷头内部的机构动作，使喷嘴自动上升至一定高度进行作物清洗。

2.36

突降　pop down

系统失压时，喷头内部的机构动作，使喷嘴自动下降至原始位置。

2.37

环(盘)孔 ring [disk] orifice

垂直于流动方向的环或盘上所开的孔。

注：喷头的环或盘可以弹性变形，从而改变喷头的水力特性。

2.38

旋转式喷头 rotating sprinkler

绕自身铅垂轴线旋转并将水洒布在圆形或扇形面积上的装置。

2.39

幕状喷洒 sheet spray

在撞击反射板后，喷洒水形成平面状喷洒。

2.40

“充满空间”云状喷洒 space-filling fog spray

从相对较小的孔中喷洒出高压水，在空中形成云雾状、超细密的液滴(液滴尺寸可以预先给定。)

注：该操作的目的在于冷却农作物而不是满足灌溉要求。

2.41

“充满空间”微喷洒 space-filling mist spray

从孔中喷洒出的水，在空中形成云雾状、较为细密的液滴(液滴尺寸可以预先给定)。

2.42

“充满空间”雨滴喷洒 space-filling rain spray

从孔中喷洒出的水，在空中形成像雨滴一样、较为粗大的液滴(液滴尺寸可以预先给定)。

2.43

“充满空间”喷洒 space-filling spray

从孔中喷洒出的水，在空中形成较细的液滴(液滴尺寸可以预先给定)。

2.44

“充满空间”组合喷洒 space-filling mist spray combination

由一定数量的“充满空间”喷灌形式组成的喷洒设备。

2.45

变旋转速度喷头 speed-of-rotation-changes sprinkler

能通过机械调节控制旋转速度的喷头。

2.46

喷灌换向机构 splash re-direct mechanism

安装在摇臂式喷头上的管或偏转装置，可实现喷射过程中小射流的重新定向，使其与主射流平行。

2.47

喷头 sprinkler

任何尺寸或型式的水分配设备。

例如：摇臂式喷头，固定喷嘴的喷头，灌溉水枪。

2.48

喷洒 spray

从喷头中释放水的过程。

2.49

固定式管网系统 stationary fixed-grid system

喷头位置被永久固定或者半固定在某侧边管路上的灌溉系统。

2.50

直孔喷嘴　straight-bore nozzle

出水孔为圆柱形的喷嘴。

注：通常这种设计没有附壁效应。

2.51

流束变化　stream breakup change

通过预先设定的一系列重复循环模式，喷洒装置在机械控制下产生的流束变化。

2.52

锥形孔喷嘴　taper-bore nozzle

出水孔为圆锥形的喷嘴。

2.53

喷射角　trajectory angle

在试验压力下运行时，喷嘴喷出的水束与水平面之间的夹角。

2.54

喷射角变化　trajectory angle change

喷头运行过程中，喷射角自动（例如旋转轴的调整）或在机械控制下产生的变化。

2.55

喷头前阀　valve in-head

安装在喷头上的阀门，用于流量控制，该阀门不受喷头工作的影响。

2.56

喷洒循环间的变化　variation between cycles

在固定的机械控制下，喷头按次序作重复循环运行。

注：一组循环展现一种水力特性，紧接着另一种循环展现另一种水力特性，形成次序。

2.57

变形喷嘴　variable-geometry nozzle

为实现流量调节所需压力或射流破碎等特殊目的，将喷嘴制作成不规则的形状。

2.58

内部变形喷嘴　variable-internal-geometry nozzle

性能受上游管路元件影响、内部形状可变的喷嘴。

2.59

在固定操作条件下变化的喷嘴　variable-with-fixed-operating-conditions nozzle

在固定操作条件下，内部结构可重复性变化而改变水力特性的喷嘴。

2.60

摇摆式喷洒　wobbling spray

俯垂喷洒　nutating spray

由偏心旋转的喷头形成的喷洒。

3　分类

3.1　概述

按3.2～3.7中给出的喷头特性进行如下分类。

a)　物理参数，例如：尺寸、材料或操作压力；

b)　喷洒特性，例如：喷洒类型、喷洒区域；

c) 水量分布和运行机理,例如:喷洒方法和喷头的驱动方法;
d) 密封型式(轴承、垫圈和O型圈等);
e) 应用场合(包括农业、草皮、花园、苗圃、温室、粉霜控制、污水冷却和再利用);
f) 喷头的附加功能,例如:压力、流量调节或突升。

3.2 按物理参数分类

3.2.1 喷嘴尺寸

3.2.2 流量

3.2.3 工作压力

3.2.3.1 最小工作压力。
3.2.3.2 最大工作压力。
3.2.3.3 工作压力的变化范围。

3.2.4 进口接头的名义尺寸

3.2.4.1 接头的形式

3.2.4.1.1 进口处(见ISO 13460)

3.2.4.1.1.1 管道螺纹(见ISO 7-1):
——外螺纹;
——内螺纹。
3.2.4.1.1.2 “灌溉软管”螺纹(见ANSI B2.4):
——外螺纹;
——内螺纹。
3.2.4.1.1.3 销钉或快速接头。
3.2.4.1.1.4 法兰(见ISO 7005-1和ISO 7005-2)。
3.2.4.1.1.5 插入倒钩(同微型喷雾器)。
3.2.4.1.1.6 其他。
3.2.4.1.1.7 多样的(选择垂直或者水平的进口)。
3.2.4.1.1.8 挠性件(弯角处的结合部件)。

3.2.4.1.2 喷嘴处

3.2.4.1.2.1 锥形螺纹。
3.2.4.1.2.2 非锥形螺纹:
——对头封接;
——O型圈密封;
——其他。
3.2.4.1.2.3 销钉或快速接头。
3.2.4.1.2.4 卡扣连接。
3.2.4.1.2.5 永久连接。
3.2.4.1.2.6 其他。

3.2.4.2 连接后的喷射方向(流过喷头的水流方向)

3.2.4.2.1 向上(进口位于喷嘴或出口下方)。

3.2.4.2.2 向下(进口位于喷嘴或出口上方)。

3.2.4.3 **推荐的典型提升管或压力管**

3.2.4.3.1 高度或长度。

3.2.4.3.2 喷嘴/出口高出灌溉表面的高度。

3.2.4.3.3 材料的刚性。

a) 刚性(金属);

b) 半刚性(例如轻质量的 PVC);

c) 挠性(可弯 PVC 或其他弹性件)。

3.2.5 **维修/置换**

3.2.5.1 **根据可以维修和/或置换的程度**

——不可维修(当不可维修时,直接丢掉);

——喷嘴和相关元件,例如整流器;

——轴承/垫圈;

——主要驱动部件(摇臂弹簧、涡流片、涡轮组件);

——全部(全部拆卸置换/维修);

——预定使用寿命。

3.2.5.2 **根据操作时间**

3.2.5.3 **根据操作循环数和启动次数**

a) 突升/突降;

b) 正向/反向;

c) 开/关。

3.2.6 **结构材料**

3.2.6.1 常用金属。

3.2.6.2 常用塑料。

3.2.6.3 其他。

3.3 **按喷洒特性分类**

3.3.1 **喷洒类型**

3.3.1.1 **幕状喷洒**

3.3.1.1.1 固定的幕状喷洒。

3.3.1.1.2 移动的幕状喷洒。

3.3.1.2 **指状喷洒**

3.3.1.2.1 固定的指状喷洒。

3.3.1.2.2 可移动的指状喷洒。

3.3.1.3 喷射

3.3.1.4 “充满空间”喷洒

a) “充满空间”雨滴喷洒；

b) “充满空间”微喷洒；

c) “充满空间”云状喷洒；

d) “充满空间”组合喷洒。

3.3.2 喷洒轨道

3.3.2.1 喷射角。

3.3.2.2 最大喷射高度。

3.3.2.3 最大喷射高度位置。

3.3.3 喷洒区域

3.3.3.1 圆形喷洒

3.3.3.1.1 全圆喷洒。

3.3.3.1.2 扇形喷洒。

a) 固定扇形；

b) 可调扇形：

——不连续可调；

——或在多次设置下可调。

3.3.3.2 其他形状喷洒

3.3.4 喷嘴型式

3.3.4.1 圆形喷嘴

3.3.4.1.1 环(盘)孔。

3.3.4.1.2 锥形孔喷嘴。

3.3.4.1.3 直孔喷嘴。

3.3.4.1.4 可控加速度喷嘴。

3.3.4.1.4.1 恒定加速喷嘴。

3.3.4.1.4.2 逐渐加速喷嘴。

3.3.4.1.4.3 特制喷嘴：

——偏心喷嘴；

——其他。

3.3.4.2 具有其他特征的圆形喷嘴

对具有侧边缝、切槽等特征的圆形喷嘴进行分类。

3.3.4.3 非圆形喷嘴

3.3.4.3.1 多边形(三角形、正方形、长方形、六边形)。

3.3.4.3.2 放射形(星状)。

3.3.4.3.3 非圆形(椭圆形或其他)。

3.3.4.3.4 同一喷嘴腔内有多个连通口。

3.3.4.3.5 其他。

3.3.4.4 变形喷嘴

3.3.4.4.1 出口变形喷嘴

3.3.4.4.1.1 挠性孔喷嘴。

3.3.4.4.1.2 压盘式喷嘴。

3.3.4.4.1.3 收缩流道喷嘴。

3.3.4.4.1.4 射流设备。

3.3.4.4.1.5 其他。

3.3.4.4.2 内部变形喷嘴

3.3.4.4.2.1 在固定的操作条件下恒定。

3.3.4.4.2.2 在固定的操作条件下可变。

3.3.4.5 含有水流控制元件的喷嘴

3.3.4.5.1 与水流方向平行的元件

3.3.4.5.1.1 开栅。

3.3.4.5.1.2 阻拦栅。

3.3.4.5.1.3 沿流道开槽或拉线。

3.3.4.5.1.4 其他。

3.3.4.5.2 与水流方向不平行的元件

3.3.4.5.2.1 开栅。

3.3.4.5.2.2 阻拦栅。

3.3.4.5.2.3 沿流道开槽或拉线。

3.3.4.5.2.4 其他。

3.3.4.5.3 其他

含有其他水流控制元件的喷嘴分类。

3.3.5 运行过程中应用可变性

3.3.5.1 运行中没有变化

——运行中没有实际变化;

——运行中无统计变化。

3.3.5.2 在单个循环中的变化

——旋转速度的变化;

——流量变化;

——流束变化;

——喷射角变化。

3.3.5.3 喷洒循环间的变化

——流束变化;
——其他变化。

3.3.5.4 其他变化

3.4 按水量分布和运行机理分类

3.4.1 固定式喷洒

3.4.1.1 直接喷洒。
3.4.1.2 喷洒盘或偏转盘。

3.4.2 摇摆式/俯垂喷洒

3.4.2.1 固定在摇摆式/俯垂式偏转盘上的喷嘴。
3.4.2.2 挠性拍击。

3.4.3 旋转式喷头——垂直旋转轴

3.4.3.1 摇臂驱动

3.4.3.1.1 摇臂驱动型式

3.4.3.1.1.1 脉冲式摇臂。
3.4.3.1.1.2 冲击式摇臂。

3.4.3.1.2 储能/阻尼机理或原理

3.4.3.1.2.1 弹簧,按下述进行分类:
——阻尼线圈;
——簧片;
——阻尼转矩;
——弹性体;
——其他形式。
3.4.3.1.2.2 重量/重力。
3.4.3.1.2.3 弹簧和重量/重力相结合。
3.4.3.1.2.4 其他原理。

3.4.3.1.3 摇臂与水接合部分的结构

3.4.3.1.3.1 吊斗和叶片:
a) 敞开式吊斗;
b) 封闭式吊斗。
3.4.3.1.3.2 楔形或V型驱动。
3.4.3.1.3.3 平衡重量楔形或V型驱动。
3.4.3.1.3.4 喷灌换向机构:
a) 有喷灌换向机构;

b) 无喷灌换向机构。

3.4.3.1.3.5 其他。

3.4.3.1.4 摇臂支撑

3.4.3.1.4.1 仅靠支轴销。

3.4.3.1.4.2 单桥。

3.4.3.1.4.3 双桥。

3.4.3.1.4.4 桥/体的组合。

3.4.3.1.4.5 其他。

3.4.3.2 电动驱动(内部或外部)

3.4.3.2.1 涡轮——调速或减速机构或原理。

——齿轮;

——粘性阻尼;

——无控制系统;

——其他。

3.4.3.2.2 冲击。

——球驱动;

——旋转凸轮;

——旋转轮;

——其他。

3.4.3.3 反作用力驱动

3.4.3.3.1 无对置——旋转器。

3.4.3.3.2 有对置或平衡。

3.4.4 旋转式喷头——水平旋转轴

3.4.4.1 驱动电机机理

3.4.4.1.1 涡轮——调速或减速机构或原理。

——齿轮;

——粘性阻尼;

——其他。

3.4.4.1.2 冲击。

——球驱动;

——旋转凸轮;

——其他。

3.4.4.1.3 活塞。

3.4.4.1.4 外部电机。

3.4.4.1.5 其他。

3.4.4.2 其他

按除驱动电机机理外的特性分类。

3.5 按密封型式分类

3.5.1 轴承/垫圈

3.5.1.1 开式。

3.5.1.2 保护的、封闭的或内部的。

——O 型圈；

——端面密封；

——其他。

3.6 按应用场合分类

3.6.1 农业灌溉

3.6.1.1 灌溉系统的型式

3.6.1.1.1 可移动式固定管网系统。

3.6.1.1.2 固定式管网系统。

3.6.1.1.3 连续移动系统。

3.6.1.2 作物类型

3.6.1.2.1 作物的株型，占地空间和根系延伸程度。

——树木；

——矮乔木；

——藤；

——灌木丛；

——中耕作物；

——全程覆盖的作物。

3.6.1.2.2 作物价值。

a) 单位面积高经济回收的作物；

b) 单位面积中等经济回收的作物；

c) 单位面积低经济回收的作物。

3.6.1.2.3 作物对供水压力的敏感程度。

a) 高度敏感；

b) 中度敏感；

c) 低度敏感。

3.6.2 草皮/绿地

3.6.2.1 住宅和小型企业。

3.6.2.2 商业区(公园、大型工业区、学校、高速公路绿化带)。

3.6.2.3 高尔夫球场。

3.6.2.4 其他体育用场地(足球场、网球场、板球和橄榄球等)。

3.6.2.5 其他。

3.6.3 庭院花园

在应用场合分类目录下的——庭院花园。

3.6.4 苗圃/温室

在应用场合分类目录下的——苗圃/温室。

3.6.5 使用环境

3.6.5.1 防霜冻。

3.6.5.2 蒸发冷却。

a) 避免热应力;

b) 避免日度的积累以延长休眠期。

3.6.5.3 抑尘。

3.6.5.4 灌溉和/或排放废水的处理。

3.6.6 化学物灌溉

包括化肥和其他农用化学品。

3.6.7 应用水源的质量

例如含杂质水。

3.7 按喷头的附加功能分类

3.7.1 突升/突降

3.7.2 压力调节

3.3.4.4 中所述喷头具有压力或流量调节功能的喷嘴,下列喷头的压力调节机构不在喷嘴上,按其用途分类:

a) 对压力敏感的弹性部件;或

b) 通过改变内部开口调节压力的喷嘴,可以受:

——弹簧控制;

——重量/重力控制;

——振动膜;

——其他。

3.7.3 流量控制

3.3.4.4 中所述喷头具有压力或流量调节功能的喷嘴,下列喷头的流量调节机构不在喷嘴上,按其用途分类:

a) 对速度或压力损失敏感的弹性部件;或

b) 通过改变内部开口调节压力的喷嘴,可以受:

——弹簧控制;

——重量/重力控制;

——振动膜;

——其他。

3.7.4 喷头前阀(见 ISO 9635,ISO 9952 和 ISO 10552)

3.7.4.1 防排水阀。

3.7.4.2 开/关阀。

3.7.4.3 复合阀(开/关和其他功能)。

3.7.5 压力储液器

按喷头是否含有压力储液器进行分类。

3.7.6 容积储液器

按喷头是否含有容积(水)储液器进行分类。

3.7.7 其他

按喷头可能含有的其他附加功能进行分类。

参 考 文 献

[1] ISO 7-1:1994, Pipe threads where pressure-tight joints are made on the threads—Part 1: Dimensions, tolerances and designation

[2] ISO 7005-1:1992, Metallic flanges—Part 1: Steel flanges

[3] ISO 7005-2:1988, Metallic flanges—Part 2: Cast iron flanges

[4] ISO 7749-1:1995, Agricultural irrigation equipment—Rotating sprinklers—Part 1: Design and operational requirements

[5] ISO 8026, Agricultural irrigation equipment—Sprayers—General requirements and test methods

[6] ISO 9635, Irrigation equipment—Hydraulically operated irrigation valves

[7] ISO 9911:1993, Agricultural irrigation equipment—Manually operated small plastics valves

[8] ISO 9952, Agricultural irrigation equipment—Check valves

[9] ISO 10522, Agricultural irrigation equipment—Direct-acting pressure-regulating valves

[10] ISO 13460, Agricultural irrigation equipment—Plastics saddles for polyethylene pressure pipes

[11] ANSI B2.4, Hose coupling screw threads

ICS 19.100
N 77

中华人民共和国国家标准

GB/T 27664.3—2012

无损检测　超声检测设备的性能与检验
第3部分:组合设备

Non-destructive testing—Characterization and verification of ultrasonic test equipment—Part 3:Combined equipment

2012-07-31 发布　　2012-11-01 实施

中华人民共和国国家质量监督检验检疫总局
中国国家标准化管理委员会　发布

前　言

GB/T 27664《无损检测　超声检测设备的性能与检验》分为以下三个部分：

——第1部分：仪器；

——第2部分：探头；

——第3部分：组合设备。

本部分为GB/T 27664的第3部分。

本部分按照GB/T 1.1—2009给出的规则起草。

本部分使用重新起草法修改采用欧洲标准EN 12668-3:2000《无损检测　超声检测设备的性能与检验　第3部分：组合设备》(英文版)，包括其1号修改单EN 12668-3:2000/Ame1:2004。

本部分的文本结构和技术内容与EN 12668-3:2000一致。

本部分与EN 12668-3:2000的技术性差异及其原因如下：

——删除了EN前言，并重新编写了前言；

——用“本部分”一词代替了“本欧洲标准”；

——修改了第2章“规范性引用文件”中的引导语；

——第2章规范性引用文件清单中所引用的欧洲标准已转化为我国标准的，则本部分直接引用了与之相对应的我国标准。

请注意本文件的某些内容可能涉及专利。本文件的发布机构不承担识别这些专利的责任。

本部分由中国机械工业联合会提出。

本部分由全国试验机标准化技术委员会(SAC/TC 122)归口。

本部分起草单位：长春机械科学研究院有限公司、爱德森(厦门)电子有限公司。

本部分主要起草人：刘智力、林俊明。

无损检测　超声检测设备的性能与检验
第3部分：组合设备

1　范围

本部分规定了使用合适的标准校准试块，检测超声检测组合设备(亦称超声检测系统)性能的检验方法和验收标准。

本部分适用于在现场或车间条件下使用的超声检测组合设备。本部分描述的方法仅适用于A型扫描显示、带有增益控制器或步进不大于2 dB的经过校准的衰减器，且主要采用接触法检测的脉冲回波超声检测组合设备。这些方法专门用于手动检测设备。对于自动检测设备还需要采用不同的检测方法才能确保满足其工作性能。

本部分不适用于专用的组合超声测厚仪。

2　规范性引用文件

下列文件对于本文件的应用是必不可少的。凡是注日期的引用文件，仅注日期的版本适用于本文件。凡是不注日期的引用文件，其最新版本(包括所有的修改单)适用于本文件。

GB/T 19799.2　无损检测　超声检测 2号校准试块(GB/T 19799.2—2005,ISO 7963:1985,IDT)

GB/T 27664.1　无损检测　超声检测设备的性能与检验　第1部分：仪器(GB/T 27664.1—2011)

GB/T 27664.2　无损检测　超声检测设备的性能与检验　第2部分：探头(GB/T 27664.2—2011)

EN 12223　无损检测　超声检测 1号校准试块规范(Non-destructive testing—Ultrasonic examination—Specification for calibration block NO.1)

3　检测项目和方法

3.1　概述

表1列出了本部分规定的检测方法中所述的检测项目和检查周期。

组合设备符合性检验的结果应记录在超声检验报告中。

表1　组合设备的检测项目和检查周期

条编号	检测项目	检查周期
3.2.1	时基线性	每周[a]
3.2.2	增益线性	每周[a]
3.3.1	探头入射点	每日
3.3.2	声束角	每日
3.4.2	物理状态与外观	每日
3.4.3	灵敏度和信噪比	每周[a]
3.4.4	脉冲宽度	每周[a]

[a] 为了简化每周的检验记录，使用者每次检测其所用的设备可能更方便。

3.2 超声检测仪的检查

3.2.1 时基线性

3.2.1.1 概述

使用GB/T 19799.2或EN 12223规定的标准校准试块和纵波直射探头或横波斜射探头进行本项检测。应在不小于随后设备在检测时所使用的范围检查线性。适当时,要能预先考虑到在钢中纵波的91 mm范围仅相当于横波的50 mm范围这一实际情况。

3.2.1.2 检测方法

把探头放在校准试块上,其位置应使最后一个背面回波或弧面回波的范围不小于所要检查的时基线性范围。调整时基线,使第一个和第六个背面回波分别与标尺的第一个和最后一个刻线对齐。用另外四个回波检查线性。

依次将背面回波调至近似相同幅度,例如:全屏幅度的80%。每个回波脉冲的前沿宜与各自相应的刻线对齐。当第一个和第六个回波定位后,并以相同的幅度测量时,检查每一个回波与其理想位置的偏差均应在规定的允差范围内。

3.2.1.3 允差

线性偏差的最大允许值为全屏宽度的±2%。

3.2.1.4 检查周期

每周应对本周使用的超声检测仪至少进行1次检查。

3.2.2 设备增益的线性

3.2.2.1 概述

本项检查是监测影响设备增益线性的两个特性(即:放大器线性和经过校准的增益控制器的准确度)的综合效果。检测时能够使用任何类型的标准校准试块,最好配上随后检测时将要使用的探头。

检查线性时应把超声检测仪的频率、范围、脉冲能量等控制器设置在随后检测时使用的位置,可调抑制控制器和扫描增益控制器均应置于“关”的位置。

3.2.2.2 检测方法

在校准试块上定位探头,以从一个小的反射体(例如:GB/T 19799.2规定的试块上的5 mm孔)中获得一个反射信号。

调整增益,使该信号达到全屏幅度的80%,并记录经过校准的增益控制器的数值,单位为分贝(dB)。然后把增益增加2 dB,确认信号幅度上升到大于全屏幅度的101%。将增益恢复到其初始值,然后进一步把增益降低6 dB,确认信号幅度下降到全屏幅度的40%左右。以6 dB步进量依次降低信号幅度3次,确认3次的信号幅度分别下降到全屏幅度的20%、10%和5%。

3.2.2.3 允差

若信号幅度在表2规定的限值内应确定为合格。

表2 增益线性的合格限值

增益 dB	预定的全屏幅度 %	限 值
+2	101	≥95%
0	80	基准线
−6	40	37%~43%
−12	20	17%~23%
−18	10	8%~12%
−24	5	<8%,可见

3.2.2.4 **对数放大器**

如果超声检测仪使用对数放大器,则3.2.2.1~3.2.2.3的检测项目应根据制造者的技术规范检测超声检测仪总的输入或输出幅度的准确度。上述检测项目在任意20 dB的量程其累积误差的最大允许值为±1 dB;在任意60 dB的量程其累积误差的最大允许值为±2 dB。

3.2.2.5 **检查周期**

每周应对本周所使用的超声检测仪至少进行1次检查。

3.3 **探头的检查**

3.3.1 **入射点**

3.3.1.1 **概述**

本项检查仅适用于斜射探头。使用GB/T 19799.2或EN 12223规定的每种都带有1/4圆柱形反射体的标准校准试块能够检测探头的入射点。

检查声束角之前应先检查入射点。

3.3.1.2 **检测方法**

把探头放在校准试块的合适的侧面上,从扇形体上得到回波。来回移动探头找到回波信号的最大幅度。注意与校准试块的侧面平行移动探头。

当幅度为最大值时,真实的入射点要对准试块上标记扇形体几何中心的刻线。宜重复测量入射点使其准确到±1 mm以内。如果测定的位置与所标记刻线位置的偏差大于1 mm,则新的位置应标记在探头侧面,并做记录,而且应在随后的探头的检测和缺陷定位时使用这个新位置。

3.3.1.3 **允差**

允差将取决于实际的应用。但是对于缺陷定位,建议探头入射点位置允差的最大允许值为±1 mm。

3.3.1.4 **检查周期**

本项检查的周期要根据由使用率和检测表面的粗糙度引起的探头磨损速率而定。当探头连续使用时,至少每隔二、三个小时就应进行一次检查。此外,每天还应对当天使用的探头进行检查。

3.3.2 声束角

3.3.2.1 概述

GB/T 19799.2 和 EN 12223 规定的参考试块提供了一种快速检测声束角的方法。如果需要较高的准确度，则应使用 GB/T 27664.2 规定的方法之一测量声束角。

3.3.2.2 方法

把探头放在校准试块上，得到一个来自选定孔的回波。来回移动探头以找到该孔的最大回波信号。在信号达到最大幅度时，声束角能够从校准试块标尺上在测得的探头入射点的正下方的某一点上读出。应记录声束角的测量值与标称值的偏差。

3.3.2.3 允差

使用前面所述的方法测定的声束角大约能准确到±1.5°。除非知道探头的历史工况，否则原先标定的探头声束角就不认为是准确的，尤其是70°或更大角度的斜射探头，或磨损的探头。在随后的探头检测和(或)缺陷定位操作时，建议将新测定的角度标记在探头上并做记录供以后参考。

允差要根据实际应用而定。但是对于某些规程，建议声束角允差的最大允许值为±2°。

3.3.2.4 检查周期

检查的周期要根据由使用率和检测表面的粗糙度引起的探头磨损速率而定。当探头连续使用时，至少每隔二、三个小时就应进行一次检查。此外，每天还应对当天使用的探头进行检查。

3.3.3 同时测量入射点和声束角

本方法要求使用至少带有3个，最好是4个或更多个不同深度的横孔的参考试块。

依次找出每个孔最大的直接回波，并测量每种情况下从每个孔中心到探头前端面缩短了的投影距离 a'。在参考试块剖面的比例图上，标绘出横坐标为距离 a'，纵坐标为横孔深度 t 的各点，通过这些点画一条直线，此方法能够同时测定探头的入射点和声束角，见图1。

单位为毫米

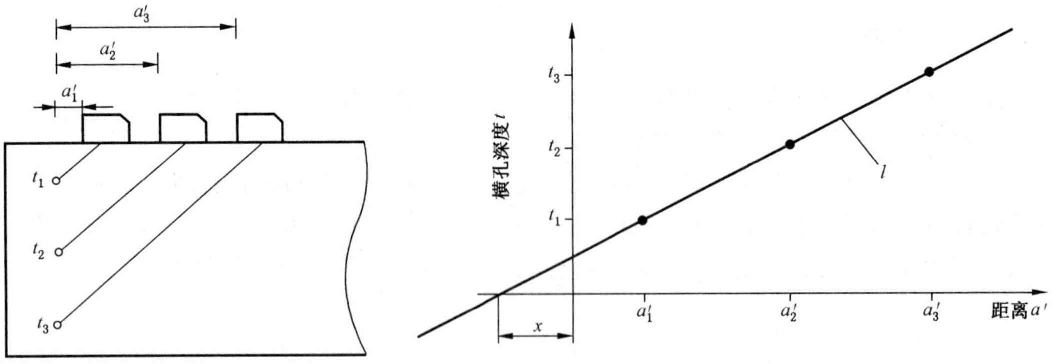

说明：

l——斜率(等于声束角)；

x——探头入射点。

图1 同时测定探头入射点和声束角的图示法

3.4 探头、电缆和超声检测仪组合设备的系统检查

3.4.1 基本数据的测量

应使用3.4.2和3.4.3规定的方法，对应信噪比和脉冲宽度确定初始的基本数据。这些数据应通过测量随后试验所用的实际探头和超声检测仪获得，或者通过测量所用各种类型探头和各种类型超声检测仪的不同组合获得。当进行这些初始基本数据测量时，超声检测仪相应的控制器，例如：频率、脉冲能量、脉冲抑制和脉冲重复频率的控制器的设定值，应与随后检测所用的那些设定值相同。对于那些初始基本数据测量所用的试块型号、探头电缆型号和长度，也应与随后检测所用的试块和电缆相同。对于测量这些基本数据所用的超声检测仪和探头应符合GB/T 27664.1和GB/T 27664.2的规定。这些基本数据将用于把基本数值与相对应的测量值进行比较。

3.4.2 物理状态与外观

3.4.2.1 检测方法

目测检查超声检测仪、探头、探头电缆和校准试块的外观，看其是否存在可能影响系统目前工作或以后可靠性的物理损坏或磨损。尤其要检查探头表面的物理损坏或磨损情况。如果探头是由分立部件装配的，则要检查部件组装的正确性和电气接点的可靠性。

3.4.2.2 检查周期

每天应对当天要使用的组合设备检查1次。

3.4.3 灵敏度和信噪比

3.4.3.1 概述

本项检测的目的是为操作者提供一种能够鉴别组合设备性能劣化的简单方法。这些检测方法仅适合用来监测以前证明运行良好的固定组合设备性能的稳定性。

测得的信噪比要与使用者针对该型号的超声检测仪和探头确定的基本数值进行比较。虽然给出了一种检测灵敏度的简单方法，但目的不是规定检测灵敏度的方法，灵敏度的检测方法宜根据检验要求和所用的检验标准予以规定。

本项检测使用EN 12223校准试块的小直径孔或使用GB/T 19799.2试块的5 mm直径孔是适合的。

检查灵敏度时，超声检测仪的相应控制器，例如：频率、脉冲能量、脉冲抑制和脉冲重复频率的控制器范围设定值应设置到进行基本测量时所使用的位置。

未校准的增益控制器应设置到最大值或设置在以前已设定过的位置。

所用的探头电缆的型号和长度应与基本测量时所用的型号和长度相同。对随后的检测，超声检测仪也应使用相同的设定值。

3.4.3.2 检验方法

把探头放置在所选用的校准试块上，并调整探头位置以找到来自作为灵敏度检查的横通孔信号的最大值。调整以分贝值校准过的控制器，将该信号设置到全屏幅度的20%，并记录增益控制器此时的设定值。从试块上移下探头，擦干探头表面的耦合剂。然后把探头放置在试块的侧面。使用经过校准的增益控制器，增加增益，直到总的系统噪声幅度与目标孔一样达到全屏幅度的20%为止，记录增益控制器新的设定值。

记录的第一个增益测量值用于检测探头和超声检测仪的灵敏度，而第一个和第二个测量值(单位为分贝)的差值给出了信噪比。在每种情况下，要对应基本测量时所选用的特定范围来检查这些参数。

3.4.3.3 允差

对于所检型号的探头和超声检测仪，测定的灵敏度和信噪比应在其基本测量值的 6 dB 以内。

3.4.3.4 检查周期

每周应对本周所使用的探头至少检查 1 次。

3.4.4 脉冲宽度

3.4.4.1 概述

本项是对超声检测仪和探头组合设备的检查，检查方法类似于 GB/T 27664.2 所述的此项检测方法：即测定脉冲形状、匹配、放大器带宽、设置的抑制和滤波电路对显示信号的影响。测定的脉冲宽度要与使用者针对所检型号的超声检测仪和探头所建立起来的基本数值进行比较。

脉冲宽度检查仪要求在经过校准的时基线上显示来自 GB/T 19799.2 或 EN 12223 规定的校准试块的横波斜射探头的弧面反射信号或直射探头的背面回波。

进行检查时宜将超声检测仪的相应控制器，例如：频率、脉冲能量、抑制、脉冲重复频率和幅度的设定值均设置到基本测量时所使用的位置。使用的探头电缆的型号和长度应与基本测量所使用的型号和长度相同。在随后对超声检测仪进行实际检测时宜使用相同的设定值和探头电缆。

3.4.4.2 检测方法

把经过校准的时基线调整到合适的位置以便测量脉冲宽度，将反射信号的幅度调整到全屏幅度的 100%。测量该反射信号在全屏幅度 10%位置所对应的脉冲宽度，单位为毫米。

必要时，能够把以毫米为单位的测量值转换成以微秒为单位的测量值。

3.4.4.3 允差

对于所测型号的超声检测仪和探头，脉冲宽度应不大于使用者以相同的仪器设定值测出的基本测量值的 1.5 倍。

3.4.4.4 检查周期

每周应对本周所使用的探头至少检查 1 次，对于横波斜射探头，此项检测能够与探头入射点检测(见 3.3.1)同时进行。

ICS 75.060
E 24

中华人民共和国国家标准

GB/T 27894.4—2012/ISO 6974-4:2000

天然气　在一定不确定度下用气相色谱法测定组成　第4部分:实验室和在线测量系统中用两根色谱柱测定氮、二氧化碳和C_1至C_5及C_6^+的烃类

Natural gas—Determination of composition with defined uncertainty by gas chromatography—Part 4:Determination of nitrogen,carbon dioxide and C_1 to C_5 and C_6^+ hydrocarbons for a laboratory and on-line measuring system using two columns

(ISO 6974-4:2000,IDT)

2012-11-05 发布　　　　2013-03-01 实施

中华人民共和国国家质量监督检验检疫总局
中国国家标准化管理委员会　发布

前　言

GB/T 27894《天然气　在一定不确定度下用气相色谱法测定组成》分为六个部分：

——第 1 部分：分析导则；

——第 2 部分：测量系统的特性和数理统计；

——第 3 部分：用两根填充柱测定氢、氦、氧、氮、二氧化碳和直至 C_8 的烃类；

——第 4 部分：实验室和在线测量系统中用两根色谱柱测定氮、二氧化碳和 C_1 至 C_5 及 C_6^+ 的烃类；

——第 5 部分：实验室和在线工艺系统中用三根色谱柱测定氮、二氧化碳和 C_1 至 C_5 及 C_6^+ 的烃类；

——第 6 部分：用三根毛细管色谱柱测定氢、氦、氧、氮、二氧化碳和 C_1 至 C_8 的烃类。

本部分为 GB/T 27894 的第 4 部分。

本部分按照 GB/T 1.1—2009 给出的规则起草。

本部分使用翻译法等同采用 ISO 6974-4:2000《天然气　在一定不确定度下用气相色谱法测定组成　第 4 部分：实验室和在线测量系统中用两根色谱柱测定氮、二氧化碳和 C_1 至 C_5 及 C_6^+ 的烃类》。

与本标准中规范性引用的国际文件有一致对应关系的我国文件如下：

——GB/T 5274—2008　气体分析　校准用混合气体的制备　称量法(ISO 6142:2001,IDT)；

——GB/T 10628—2008　气体分析　校准混合气组成的测定和校验　比较法(ISO 6143:2001,IDT)；

——GB/T 27894.2—2011　天然气　在一定不确定度下用气相色谱法测定组成　第 2 部分：测量系统的特性和数理统计(ISO 6974-2:2001,IDT)。

本部分由全国天然气标准化技术委员会(SAC/TC 244)归口。

本部分起草单位：中国石油大庆油田工程有限公司、中国石油西南油气田公司天然气研究院。

本部分主要起草人：朴健淑、谭为群、李楠、黄黎明、常宏岗。

天然气　在一定不确定度下用气相色谱法测定组成　第4部分:实验室和在线测量系统中用两根色谱柱测定氮、二氧化碳和 C_1 至 C_5 及 C_6^+ 的烃类

1　范围

GB/T 27894 的本部分给出了应用两柱系统定量测定天然气组成的气相色谱法。该方法适用于实验室内和在线测量系统的检测,分析表1给出的摩尔分数范围内的气体组分含量。这些范围不表示检测限,而表示在此范围内使用方法能达到规定的精密度。尽管样品中可能有一种或更多组分无法检出,但方法仍能适用。

本部分与 GB/T 27894 的第1部分和第2部分结合使用。

表1　适用范围

组　分	摩尔分数范围/%
氮气	0.001～15.0
二氧化碳	0.001～10
甲烷	75～100
乙烷	0.001～10.0
丙烷	0.001～3.0
异丁烷(2-甲基丙烷)	0.001～1.0
正丁烷	0.001～1.0
新戊烷(2,2-二甲基丙烷)	0.001～0.5
异戊烷(2-甲基丁烷)	0.001～0.5
正戊烷	0.001～0.5
己烷$^+$(所有 C_6 和更高烃类的累计)	0.001～0.2

注1:氧气不是天然气中的正常组分。在线仪器所取气体样品中一般不含有氧气,如果由于含有空气致使氧气存在,氧气会随氮气一起被测定。由于检测器对氧气和氮气的响应有微小的差异,所得(氧气+氮气)结果有一个较小程度的误差。尽管如此,天然气/空气混合物的结果仍然相当精确,因为氧气、氮气两组分均对热值无贡献。

注2:氦气和氩气含量被假设为可忽略且无变化的,因此氦气和氩气不需要测定。

2　规范性引用文件

下列文件对于本文件的应用是必不可少的。凡是注日期的引用文件,仅注日期的版本适用于本文件。凡是不注日期的引用文件,其最新版本(包括所有的修改单)适用于本文件。

GB/T 14850—2008　气体分析词汇(ISO 7504:2001,IDT)

GB/T 27894.1—2011　天然气　在一定不确定度下用气相色谱法测定组成　第1部分:分析导则(ISO 6974.1:2000,IDT)

ISO 6142 气体分析 校准用混合气体的制备 称量法(Preparation of calibration gas mixtures—Gravimetric method)

ISO 6143 气体分析 校准混合气组成的测定和校验 比较法(Comparison methods for determining and cheecking the composition of calibration gas mixtures)

ISO 6974-2 天然气 在一定不确定度下用气相色谱法测定组成 第2部分:测量系统的特性和数理统计(Natural gas—Determination of composition with defined uncertainty by gas chromatogramphy—Part 2:Measuring-system characteristics and statistics for prcessing of data)

3 原理

用两根在 Chromosorb PAW(酸洗红色硅藻土载体)上涂渍了 DC-200(甲基硅油)的色谱柱(一根短柱和一根长柱),通过反吹方式,用气相色谱法测定氮气、二氧化碳、甲烷、乙烷、丙烷、丁烷和戊烷。短柱保留比正戊烷重的烃类,这些组分在反吹后以 C_6^+ 累加峰流出。长柱用于测定氮气、二氧化碳、甲烷至正戊烷,检测通过热导检测器(TCD)来完成,氧气、氩气、氢气和氦气不能用本方法测出。

4 材料

4.1 载气

氦气:纯度高于 99.99%。

4.2 工作参比气体混合物(WRM)

WRM 的组成要与分析样品接近。使用符合以 ISO 6142 重量法制备的并经过 ISO 6143 验证和确认的工作参比气体混合物。该工作参比气体混合物至少应包含氮气、二氧化碳、甲烷、乙烷、丙烷、正丁烷、异丁烷,尽量包含新戊烷、异戊烷和正戊烷。

5 仪器

5.1 气相色谱仪

能够恒温操作,配备如下:

a) 柱箱:维持在 70 ℃~150 ℃温度范围,柱箱温度变化在±0.1 ℃以内;

b) 阀箱:维持在 70 ℃~150 ℃温度范围,或者将阀安装在柱箱内;

c) 流量调节器:能调节载气流量。

5.2 进样装置

包括一个十通进样阀 V_1,此阀也用于反吹 C_6^+ 组分(用 2 个六通阀也可达到同样目的)。

5.3 金属填充柱

在 Chromosorb PAW 上涂渍 28%DC-200,满足 6.2 给出的性能要求,并且由下列给出的填充材料和柱径构成,适用于常规的预先准备好的进样阀和 TCD。柱子宜满足下列要求:

a) 金属管

——柱 1:长 0.45 m、内径 4.75 mm,外径 6.3 mm (1/4 in);

——柱 2:长 9 m、内径 4.75 mm,外径 6.3 mm (1/4 in)。

b) 填充物

——固定相:28%DC-200(黏度:350×10^{-6} m^2/s);

——载体:Chromosorb PAW 325 μm～250 μm(45 目～60 目)。

c) 填充方法

任何能保证填充物均匀并且填充效果和性能符合 6.2 要求。如果作为系统的一部分单独购买或独立填充,它们的性能指标应符合要求。独立填充时宜采用注中给出的方法。

注:下列的填充方法是适用的:

用烧结片或玻璃纤维将柱子出口塞住,将装有填料的容器连接柱子入口,容器里填料量应多于填满柱子所需的填料量,用氮气对此容器加压到 0.4 MPa,振动有助于填料进入柱子内。当柱子填满后,将压力缓慢降低,然后将容器拆下。

d) 老化

新制备的柱子,在高于使用温度 50℃条件下,通载气老化过夜,可获得更加稳定的基线。如果必须老化色谱柱而在柱子要用到的气相色谱仪中不容易做到,那么可以将这些色谱柱安装在另一台色谱仪中老化。

5.4 热导检测器(TCD)

时间常数不大于 0.1 s,内部体积与所用柱子尺寸和流速匹配。

5.5 控制器/峰-测量系统

灵敏度范围宽(0 V～1 V),能够测量倾斜基线上的峰,能按照操作者选择的序列自动控制阀的操作。

5.6 辅助设备

包括阀、管和其他配件,用来控制进入色谱仪样品气的流量并在进样前确定的时间段内关闭样品气流量。

6 步骤

6.1 气相色谱操作条件

设置仪器(5.1)的操作条件如下:

a) 柱温:70 ℃～150 ℃,保持在±0.1 ℃以内。

b) 载气流速:载气流按由柱 1 向柱 2 的顺序通过柱子[图 1b),状态 2],设置流速使 N_2 的平均线速(总柱长除以滞留时间)在 5 cm/s～10 cm/s 之间(相应的流速为 30 mL/min～60 mL/min)。

c) 阀:如果阀没有安装在柱箱内,设置温度在 70 ℃～150 ℃范围内(不低于柱子温度),恒温并稳定在±2 ℃之间。

d) 检测器:TCD。温度设置在 120 ℃～200 ℃之间;根据仪器说明书设置桥电流。

e) 控制器/峰-测量系统:根据仪器说明书设置。

示例:如图 1 所示配置为例,测量系统包括十通进样/反吹阀,在状态 1[图 1a)]中,样品定量管充满样品气体,当阀转变为状态 2[图 1 b)]时,进样完成。在所有正戊烷离开柱 1 而在最低的 C_6 的同分异构体离开柱 1 进入柱 2 之前,阀恢复状态 1。

典型色谱图参见图 2 所示。色谱条件列于表 2 中。设定阀切换时间和阻尼器调节的步骤参见附录 A 和 B。

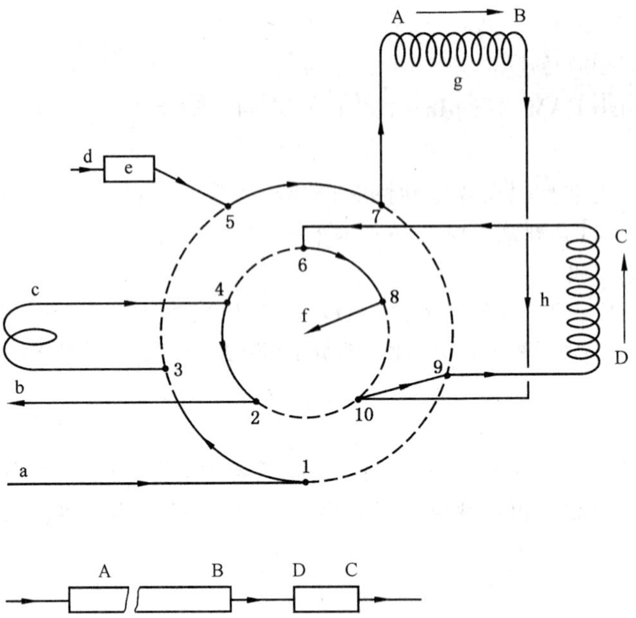

a) 状态 1

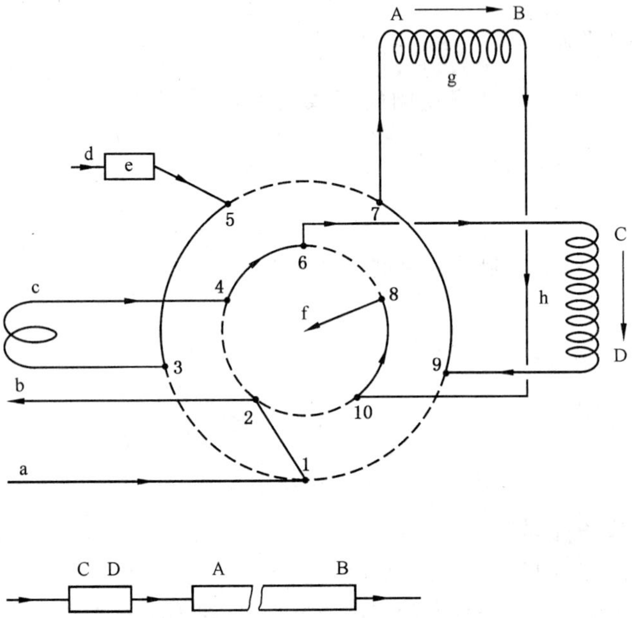

b) 状态 2

a——气体样品；

b——放空；

c——样品定量管(1 mL)；

d——载气；

e——热导检测器(参考池)；

f——热导检测器(分析池)；

g——柱 2(长度:9 m)；

h——柱 1(长度:0.45 m)。

图 1 色谱仪配置示例

表 2　气相色谱条件

柱子	1	2
固定相	DC-200	DC-200
填充量	28%	28%
担体	Chromosorb PAW	Chromosorb PAW
长度	0.45 m	9 m
内径	4.75 mm	4.75 mm
目数	325 μm～250 μm(45 目～60 目)	325 μm～250 μm(45 目～60 目)
柱管材料	不锈钢或铜	不锈钢或铜
载气		
类型	氦气	
流量	40 mL/min	
气相色谱仪		
检测器	TCD	
积分仪	外接	
进样器	进样和反吹阀	
温度设置		
柱箱	110 ℃	
检测器	150 ℃	
样品定量管	柱箱温度	
传导线	室温	
样品	室温	
样品体积	1 mL	
分析时间	20 min	

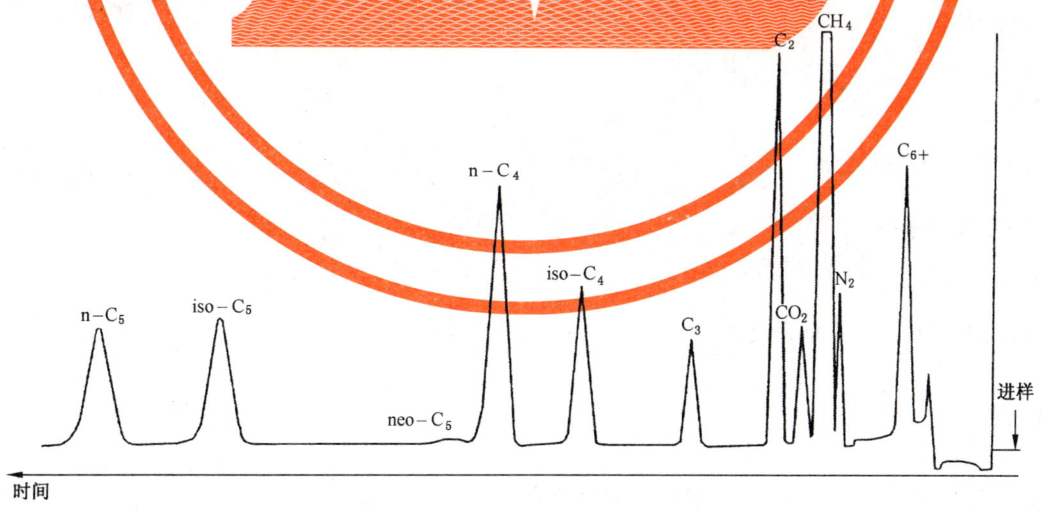

图 2　典型的色谱图示例

6.2　性能要求峰分离度

重要的是在检测所有的组分时应尽量减少各峰间的相互干扰。依据 GB/T 14850—2008 中分离度词条，通过测量峰的分离度，能够确定可能的干扰。尽管所有峰的完全分离是重要的，但不特指某些特定的峰组，然而，一对峰有可接受的分离度就表示其他对峰的分离度也可接受。

另外，要求的分离度可能随着组分不确定而变化，尽管对于特殊应用这是可以被接受的。如果按照正确的步骤进行操作，可以获得表3中列出的可接受的分离度值。获得更高的分离度需要改变柱子的直径、温度和流速以及更长的分析时间。

测试每个分离度的值应作为正常分析环节的一部分，而不是仅被设定成可选步骤而测量这些参数。

表3 可接受的峰分离度

组分1	组分2	可接受的分离度
异丁烷	正丁烷	2.2
氮气	甲烷	0.7
二氧化碳	乙烷	1.6

6.3 测定分析概要

分析概要如下：

a) 按照GB/T 27894.1—2011中第11章分析工作参比气体混合物及样品，典型的气相色谱图参见图2。
b) 通过得到的响应值曲线直接测定氮气、二氧化碳、甲烷、乙烷、丙烷、丁烷和戊烷含量。
c) 氧气、氩气、氢气、氦气不用该分析方法测定。
d) 不需进行分组测定。
e) 用反吹的方法将重烃作为一个组分峰(C_6^+)，重烃的校准方法也是如此。
f) 当工作参比气体混合物中不含戊烷时，用相对响应值来确定戊烷的含量，在这种情况下，用异丁烷或正丁烷(丙烷也是可用的)作为参比组分。

7 结果表示

7.1 计算

参考GB/T 27894.1。

7.2 精密度和准确度

参考ISO 6974-2。

参见附录C中典型的精密度值。

8 测试报告

按GB/T 27894.1—2011第14章编写测试报告。

附 录 A
（资料性附录）
设置阀切换时间和阻尼器调节的步骤

A.1 应用一个含有 nC_5 和 2,2-二甲基丁烷的但无其他 C_6 或更重组分存在的混合气，反吹操作使正戊烷（nC_5）先流出被检测，所有的最轻的 C_6（2,2-二甲基丁烷）被反吹。

A.2 设置进样后初始时间为 1.5 min（或用厂家推荐的时间）阀 V1 返回到状态 1（参见图 1）。进混合气样并记录生成的色谱图。在阀 V1 返回到状态 1 后，2,2-二甲基丁烷很快地将作为一个反吹组分（C_6^+）出峰，nC_5 作为一个正常流出峰出现。如果没有 C_6^+ 峰出现，则减小初始时间的设定值并重复这一操作。

A.3 继续进混合气样，以每次 0.05 min 逐渐增加反吹时间（阀转到状态 1）直至反吹峰 C_6^+ 的峰面积（实际为 2,2-二甲基丁烷）开始减小。

A.4 继续进混合气样，现在每次减少 0.05 min 反吹时间设定值，记录 C_6^+ 峰面积刚开始变得恒定的时间（表示为 $t_{反吹,高}$）。

A.5 继续进样，较大幅度的减少反吹时间，直至正戊烷峰面积开始减小，而 C_6^+ 峰面积相应增大，记录两峰面积不再改变的最终反吹时间，（表示为 $t_{反吹,低}$）。

A.6 阀的 $t_{反吹}$ 值用下列公式来确定：

$$t_{反吹}=(t_{反吹,低}+t_{反吹,高})/2$$

附 录 B
（资料性附录）
最终设定时间

按表B.1完成方法(参见表B.1)。

表 B.1 阀状态时间

时间/min	动 作	阀 状 态
0.01	进样	状态2
$t_{反吹}$	反吹	状态1

附　录　C
（资料性附录）
典型的精密度值

典型的重复性和再现性值由表 C.1 给出。

表 C.1　测量结果的重复性和再现性

摩尔分数 χ/%	重复性		再现性	
	绝对摩尔分数/%	相对偏差/%	绝对摩尔分数/%	相对偏差/%
χ<0.1	0.001	4.6	0.002	9.2
0.1<χ<1	—	0.5	—	1
1<χ<50	—	0.12	—	0.24
50<χ<100	—	0.006	—	0.012

注：这些值由实践经验获得，表明了方法的水平。它们不能与 GB/T 27894 其他部分的资料性附录中的精密度值比较，因为它们的结果来源于校准气的等级和实验室操作技能。

参 考 文 献

[1] GB/T 11062—1998 天然气发热量、密度、相对密度和沃泊指数的计算方法
[2] ISO 10723:2012 Natural gas—Performance evaluation for on-line analytical systems

ICS 75.060
E 24

中华人民共和国国家标准

GB/T 27894.5—2012/ISO 6974-5:2000

天然气　在一定不确定度下用气相色谱法测定组成　第5部分：实验室和在线工艺系统中用三根色谱柱测定氮、二氧化碳和C_1至C_5及C_6^+的烃类

Natural gas—Determination of composition with defined uncertainty by gas chromatography—Part 5: Determination of nitrogen, carbon dioxideand C_1 to C_5 and C_6^+ hydrocarbons for a laboratory and on-line process application using three columns

(ISO 6974-5:2000, IDT)

2012-11-05 发布　　2013-03-01 实施

中华人民共和国国家质量监督检验检疫总局
中国国家标准化管理委员会　发布

前言

GB/T 27894《天然气　在一定不确定度下用气相色谱法测定组成》分为六个部分：

——第1部分：分析导则；

——第2部分：测量系统的特性和数理统计；

——第3部分：用两根填充柱测定氢、氦、氧、氮、二氧化碳和直至 C_8 的烃类；

——第4部分：实验室和在线测量系统中用两根色谱柱测定氮、二氧化碳和 C_1 至 C_5 及 C_6^+ 的烃类；

——第5部分：实验室和在线工艺系统中用三根色谱柱测定氮、二氧化碳和 C_1 至 C_5 及 C_6^+ 的烃类；

——第6部分：用三根毛细管色谱柱测定氢、氦、氧、氮、二氧化碳和 C_1 至 C_8 的烃类。

本部分为 GB/T 27894 的第5部分。

本部分按照 GB/T 1.1—2009 给出的规则编写。

本部分使用翻译法等同采用 ISO 6974-5:2000《天然气　在一定不确定度下用气相色谱法测定组成　第5部分：实验室和在线工艺系统中用三根色谱柱测定氮、二氧化碳和 C_1 至 C_5 及 C_6^+ 的烃类》。

与本标准中规范性引用的国际文件有一致对应关系的我国文件如下：

——GB/T 5274—2008　气体分析　校准用混合气体的制备　称量法(ISO 6142:2001,IDT)；

——GB/T 27894.2—2011　天然气　在一定不确定度下用气相色谱法测定组成　第2部分：测量系统的特性和数理统计(ISO 6974-2:2001,IDT)。

本部分由全国天然气标准化技术委员会(SAC/TC 244)归口。

本部分起草单位：中国石油大庆油田工程有限公司、中国石油西南油气田公司天然气研究院。

本部分主要起草人：谭为群、李楠、魏哲、罗勤、曾文平。

天然气　在一定不确定度下用气相色谱法测定组成　第5部分：实验室和在线工艺系统中用三根色谱柱测定氮、二氧化碳和 C_1 至 C_5 及 C_6^+ 的烃类

1　范围

GB/T 27894 的本部分给出了运用三根柱系统定量分析天然气组成的气相色谱法。本方法适用于一定范围的天然气，对不含任何烃类凝析液的/无水的常规气体样品进行在线自动校准。本方法适用于摩尔分数在表1规定范围内的气体组分。这些范围不表示检测限，而表示在此范围内使用本方法能达到规定的精密度。尽管样品中会有一种或更多组分无法检出，但本方法仍能适用。

本部分与 GB/T 27894 的第1部分和第2部分结合使用。

表1　适用范围

组分	摩尔分数范围/%
氮气	0.001～15.0
二氧化碳	0.001～8.5
甲烷	75～100
乙烷	0.001～10.0
丙烷	0.001～3.0
异丁烷(2-甲基丙烷)	0.001～1.0
正丁烷	0.001～1.0
新戊烷(2,2-二甲基丙烷)	0.001～0.5
异戊烷(2-甲基丁烷)	0.001～0.5
正戊烷	0.001～0.5
己烷$^+$(所有 C_6 及更高烃类)	0.001～1.0

注1：高于正戊烷的烃用"虚拟的组分"C_6^+ 表示，以这种形式作为一个组分峰被检测和校准。C_6^+ 组分的性质是通过延伸分析或通过历史数据对单体 C_6 及更高的烃类进行详细分析计算而得。

注2：氧气不是天然气中的正常组分，在线仪器所取气体样品中一般不含有氧气，如果由于含有空气致使氧气存在，氧气会随氮气一起被测定。由于检测器对氧气和氮气的响应有微小的差异，所得(氧气＋氮气)结果有一个较小程度的误差。尽管如此，天然气/空气混合物的结果仍然相当精确，因为氧气、氮气两组分均对热值无贡献。

注3：氦气和氩气含量被假设为可忽略且无变化的，因此氦气和氩气不需要测定。

2　规范性引用文件

下列文件对于本文件的应用是必不可少的。凡是注日期的引用文件，仅注日期的版本适用于本文件。凡是不注日期的引用文件，其最新版本(包括所有的修改单)适用于本文件。

GB/T 14850—2008 气体分析词汇(ISO 7504:2001,IDT)

GB/T 27894.1—2011 天然气 在一定不确定度下用气相色谱法测定组成 第1部分:分析导则(ISO 6974.1:2000,IDT)

ISO 6142 气体分析 校准用混合气体的制备 称量法(Preparation of calibration gas mixtures —Gravimetric method)

ISO 6974-2 天然气 在一定不确定度下用气相色谱法测定组成 第2部分:测量系统的特性和数理统计(Natural gas—Determination of composition with defined uncertainty by gas chromatogramphy—Part 2:Measuring-system characteristics and statistics for prcessing of data)

3 原理

通过气相色谱使用三根色谱柱切换/反吹的方法测定氮气、二氧化碳、C1～C_6^+,色谱仪配置如图1所示。三根色谱柱通过用于控制进样/反吹操作的两个六通阀(或用一个十通阀代替)连接在用于定量的热导检测器上(TCD)。

样品首先进入按沸点分离的长、短两根色谱柱。C_6 及更重的烃最初被保留在短柱部分,长柱部分保留 C_3 到 C_5 烃。更轻的组分(氮气、甲烷、二氧化碳和乙烷)迅速地并且不被吸收地通过沸点分离柱到达适于它们保留和分离的多孔高分子聚合物柱。接下来,对接近检测器的短柱进行快速的反吹,较重的 C_6^+ 组分(作为一个合并的"虚拟组分"被检测到而不是通过测定单个组分的累加。)最先流出,并作为一个独立的峰被定量。接着,C_3～C_5 烃在离检测器较远的长柱部分分离并由TCD定量。最后,通过改变载气方向到多孔聚合物柱,较轻的组分如氮气、甲烷、二氧化碳和乙烷被分离并被检测器定量。在检测 C_3～C_5 期间,另一个六通阀既可将该柱与载气相连接也可以旁通它。

色谱柱分离作用如下:

柱1 保留 C_6^+ 组分,作为一个组合峰被反吹。

柱2 分离丙烷、异丁烷、正丁烷、新戊烷、异戊烷、正戊烷,(当 C_6^+ 流出柱1后,这些组分才流出)。

柱3 保留并分离氮气、甲烷、二氧化碳和乙烷,(当正戊烷流出柱2后,这些组分才流出)。

4 材料

4.1 载气

氦气:纯度高于99.99%,不含氧气和水。

4.2 2,2-二甲基丁烷:用于检测 C_6^+ 的完全反吹,纯度95%。

4.3 工作参比气体混合物(WRM):选择组成含量与分析样品接近。

WRM的组成要与分析样品接近。使用符合以ISO 6142重量法制备的工作参比气体混合物,至少含有氮气、二氧化碳、甲烷、乙烷、丙烷、异丁烷、正丁烷并尽可能含有异戊烷、正戊烷、新戊烷和正己烷。

5 仪器

5.1 气相色谱仪

能够恒温操作,配备如下:

a) 柱箱:维持在70 ℃～105 ℃温度范围,柱箱温度变化在±0.1 ℃以内;

b) 阀箱:维持在70 ℃～105 ℃温度范围,或者将阀安装在柱箱内;

c) 流量调节器:能调节载气流量。

5.2 进样装置

包括一个十通进样阀 V_1,此阀也用于反吹 C_6^+ 组分(用两个六通阀应用相同的操作原理也可达到这个目的)。参见图 1。

5.3 柱隔离阀

六通阀 V_2,做为多孔高分子聚合物柱(柱 3)的旁通阀。参见图 1。

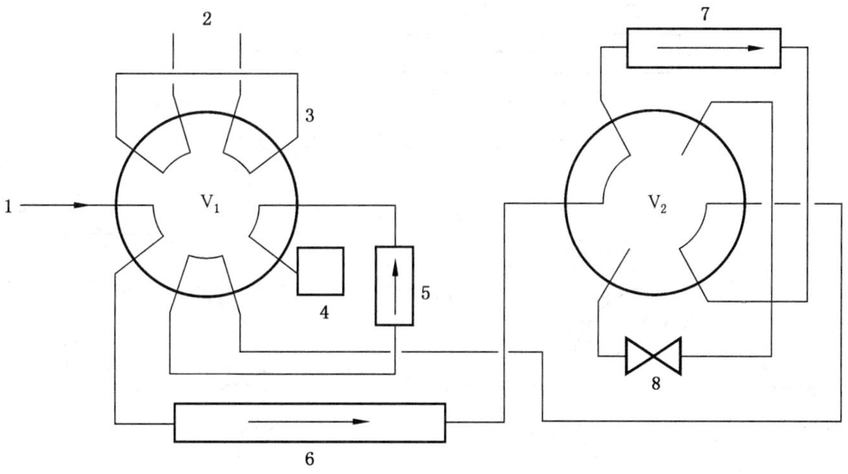

a) 阀 V_1 的状态 1 中及阀 V_2 的状态 1 中

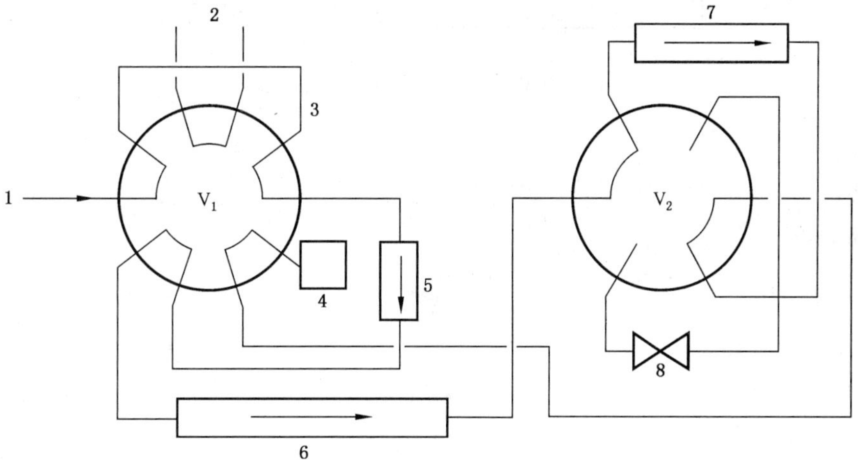

b) 阀 V_1 的状态 2 及阀 V_2 的状态 1

图 1 天然气分析仪阀状态

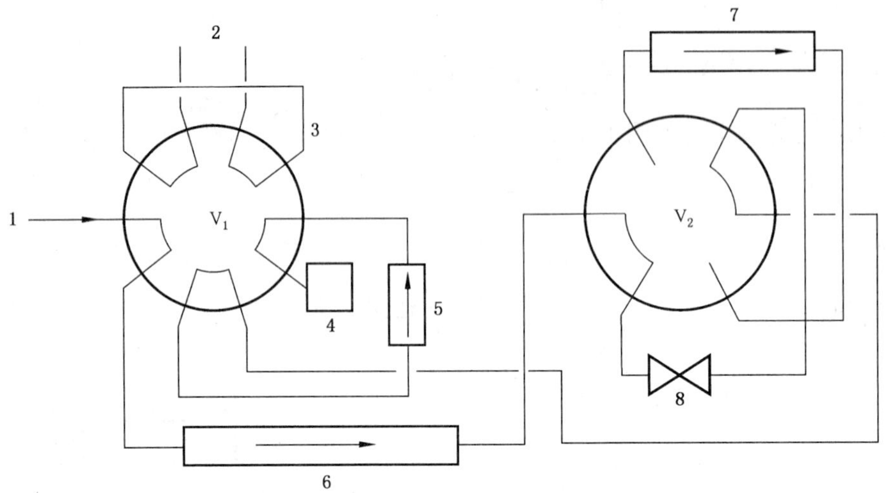

c) 阀 V_1 的状态 1 及阀 V_2 的状态 2

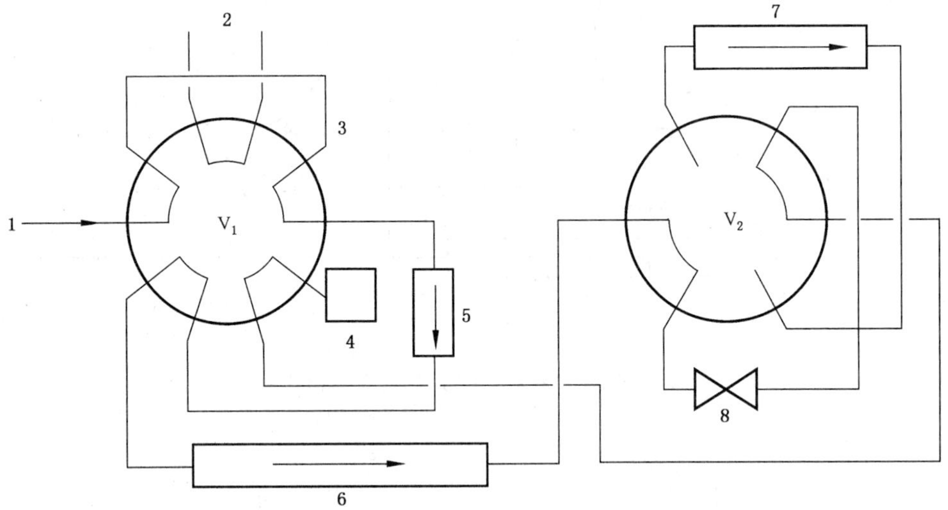

d) 阀 V_1 的状态 2 及阀 V_2 的状态 2

1——载气；
2——样品入口；
3——定量管；
4——TCD 检测器；
5——柱 1；
6——柱 2；
7——柱 3；
8——阻尼器 A。

图 1（续）

5.4 金属填充柱

在 Chromosorb PAW(酸洗红色硅藻土载体)上涂渍 28%DC-200/500 或者在 Porapak N(苯乙烯-二乙烯基苯极性单体聚合物)上涂渍 15%DC-200/500(甲基硅油)，满足 6.3 中给出的性能要求并且由下列所示的填料和柱径构成，适用于常规的预先准备好的进样阀和 TCD。任何能提供相似分离度并满足使用性能要求的有适合进样和检测器系统规格的色谱柱组合都可以应用。这种情况下色谱柱填充和涂层细节会有所不同。

色谱柱应满足下列要求：

a) 金属管

——柱1：长0.75 m(2.5 ft)，内径2 mm，外径3.17 mm(1/8 in)；

——柱2：长5.2 m(17 ft)，内径2 mm，外径3.17 mm(1/8 in)；

——柱3：长2.4 m(8 ft)，内径2 mm，外径3.17 mm(1/8 in)。

b) 填充物

——柱1：在Chromosorb PAW 325 μm～250 μm(45目～60目)上涂渍28%DC-200/500

——柱2：在Chromosorb PAW 325 μm～250 μm(45目～60目)上涂渍28%DC-200/500

——柱3：在Porapak N 270 μm～180 μm (50目～80目)上涂渍15%DC-200/500，用来分离氮气、甲烷、二氧化碳和乙烷

注：柱1和柱2是根据沸点的不同分离组分的色谱柱，用来分离丙烷、异丁烷、正丁烷、新戊烷、异戊烷、正戊烷。它们实际上是一根色谱柱，被分割成长和短两部分，用来将C_6^+组分快速返吹至检测器。

c) 填充方法

任何能保证填充物均匀并且填充效果和性能符合6.2要求。如果作为系统的一部分单独购买或独立填充，它们的性能指标应符合要求。独立填充时宜采用注中给出的方法。

注：下列的填充方法是适用的：

用烧结片或玻璃毛将柱子出口塞住，将装有填料的容器联接柱子入口，容器里填料量应多于填满柱子所需的填料量，用氮气对此容器加压到0.4 MPa，振动有助于填料流进入柱子内。当柱子填满后，将压力缓慢降低，然后再将容器拆下。

d) 老化

新制备的柱子，在高于使用温度50 ℃条件下，通载气老化过夜，可获得更加稳定的基线。如果必须老化色谱柱而在柱子要用到的气相色谱仪中不容易做到，那么可以将这些色谱柱安装在另一台色谱仪中老化。

5.5 热导检测器(TCD)

时间常数不大于0.1 s，内部体积与所用柱子尺寸和流速匹配。

5.6 控制器/峰-测量系统

灵敏度范围宽(0 V～1 V)，能够测量倾斜基线上的峰，能按照操作者选择的序列自动控制阀的操作。

5.7 辅助设备

包括阀、管和其他配件，用来控制进入色谱仪样品气的流量，并在进样前固定的时间段内关闭样品气流。

6 步骤

6.1 气相色谱操作条件

如果仪器已经用于前一次测定，那么应确定在进样品或校准混合气前仪器回到初始状态。

设置仪器的操作条件如下：

a) 柱温：70 ℃～105 ℃，保持在±0.1 ℃以内。

b) 载气流量：依据柱子直径而定。载气流按由柱1至柱2至柱3的顺序通过所有柱子[图1b)]设置流速使N_2平均线速(总柱长除以滞留时间)在10 cm/s～15 cm/s之间。

c) 阀:如果阀没有安装在柱箱内,温度设置在 70 ℃~105 ℃范围内(不低于柱子温度),恒温并稳定到±2 ℃。

d) 检测器:TCD 。温度设置在 70 ℃~105 ℃之间;根据仪器说明书设置桥电流。

e) 控制器/峰-测量系统:根据仪器说明书设置。

表 2 总结了运行本方法典型的色谱柱数据和操作条件。

表 2　典型的色谱条件

柱子特性	柱 1	柱 2	柱 3
固定相	Silicone DC-200/500	Silicone DC-200/500	Silicone DC-200/500
填充量	28%	28%	15%
载体	Chromosorb PAW	Chromosorb PAW	—
活性固体	—	—	Porapak N
目数	325 μm~250 μm (45 目~60 目)	325 μm~250 μm (45 目~60 目)	270 μm~180 μm (50 目~80 目)
柱长	0.75 m	5.2 m	2.4 m
柱内径	2 mm	2 mm	2 mm
材料	不锈钢		
气相色谱条件			
柱箱温度	100 ℃		
载气	氦气		
压力	400 kPa(4 bar)		
流量	28 mL/min		
检测器	TCD		
检测器温度	100 ℃		
进样装置	阀		
进样装置温度	100 ℃		
样品体积	1.0 mL		

6.2　校准

根据 GB/T 27894.1 和 ISO 6974-2 中描述的步骤对仪器进行校准。

应用单点校准方式时应符合组分的响应值过原点成线性,或者是一些已经定义好的其他函数。否则使用单点校准方式将导致误差。这一误差的线性可以用根据 ISO 6142 制备的宽范围的测试气,通过用 ISO 10723[2] 中给定的方法来测定,以此估算误差的大小。这种测试超出了本标准的范围。

6.3　性能要求

6.3.1　峰的分离度

重要的是在检测所有的组分时应尽量减少各峰间的相互干扰。依据 GB/T 14850—2008 ,通过测量峰的分离度,能够确定可能的干扰。尽管所有峰的完全分离是重要的,但不特指某些特定的峰组,然而,一对峰有可接受的分离度就表示其他对峰的分离度也可接受。

另外,要求的分离度可能随着组分不确定而变化,尽管对于特殊应用这是可以被接受的。如果按照正确的步骤进行操作,可以获得表3中列出的可接受的分离度值。获得更高的分离度需要改变柱子的直径、温度和流速以及更长的分析时间。

测试每个分离度的值应作为正常分析环节的一部分,而不是仅被设定成可选步骤而测量这些参数。

表3 峰分离度

组分1	组分2	应达到的分离度	高分离度
异丁烷	正丁烷	1.0	1.5
氮气	甲烷	0.75	1.5
二氧化碳	乙烷	2.0	2.3

6.3.2 色谱图

典型的色谱图参见图2。

对于每个单独的系统,组分流出的顺序不会改变,但要测定实际的保留时间。

用积分仪或数据系统测定来自检测器的各组分的峰面积或峰高(对所有的主要组分用峰面积,但发现一些较小的峰,如戊烷,峰小而且宽,用峰高可以获得更好的重复性)。设置积分参数以便正确的定位基线,这样就可以消除由阀切换对峰测量造成的干扰。

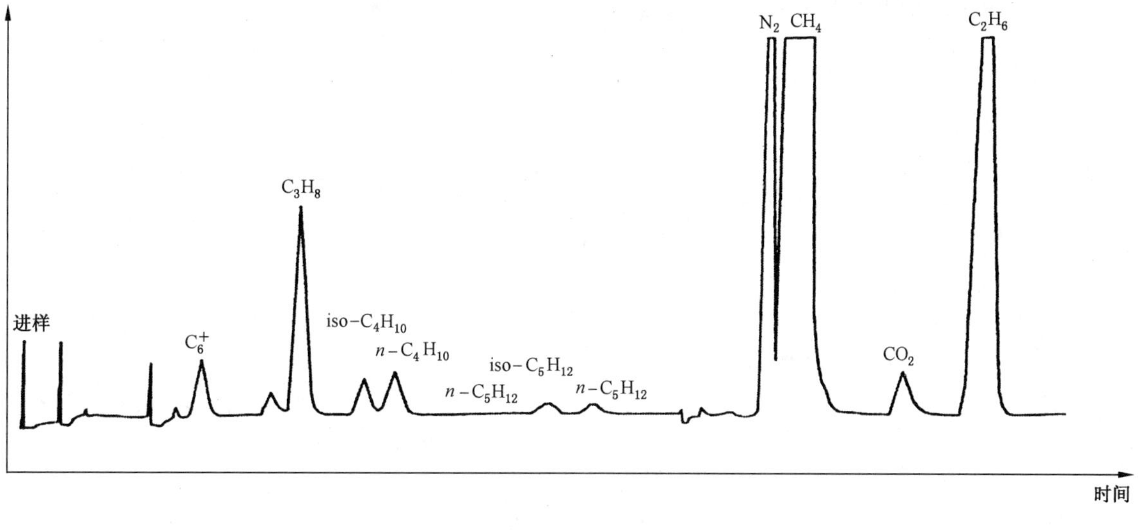

图2 典型色谱图示例

6.4 测定

6.4.1 样品阀清洗

用至少20倍于样品阀和连接管线体积的样品气清洗样品阀。

停止清洗确保气体达到阀的温度和环境压力,然后启动分析程序,进样并按要求进行阀的切换。

如果样品体积不足以清洗阀,那么空气或先前的样品造成的污染将干扰检测。如果两种污染都存在,那么用一个更大体积的样品清洗。

注:用气体样品清洗样品定量管应有限定的流速,精确的时间段,并且进样前样品要与环境压力平衡。缺少可以控制后者的配置时,应该在样品阀关闭和进样之间有一个限定时间。

6.4.2 分析

图 1 中显示的分析系统包含一个十通进样/反吹阀 V_1，和一个六通柱隔离阀 V_2。当柱 3 被隔离时，用阻尼器 A 维持系统的气流平衡。

附录 A 中给出了详细的设置步骤。(两个六通阀可以替代十通阀 V_1，一个控制进样，另一个用于反吹柱 1。如果这些操作是同时进行的，六通阀的时间事件可以设置成与单个的十通阀相同。)

阀切换时间操作的设置应能保证：

a) 在所有的正戊烷流出柱 1 到达柱 2 而最轻的 C_6 异构体流出柱 1 前，V_1 返回到反吹状态(状态 1)。

b) 所有的乙烷流出柱 2 进入柱 3 之后而丙烷流出柱 2 前，V_2 被切换到隔离柱 3 的状态(状态 2)。

c) 当所有的正戊烷经由柱 1 从柱 2 中流出被检测时，V_2 返回重新连接柱 3(状态 1)。

7 结果的表达

7.1 计算

参考 GB/T 27894.1—2011。

7.2 精密度和准确度

参考 ISO 6974-2。

典型的精密度值参见附录 B。

8 测试报告

按 GB/T 27894.1—2011 中第 14 章编写测试报告。

附 录 A
（资料性附录）
设置阀切换时间和阻尼器调节的步骤

A.1 设置所有的阀到状态 1[图 1a)]，载气从柱 2(长的沸点分离柱)流经柱 3(多孔层高分子聚合柱)到柱 1(短的沸点分离柱)到检测器。按生产商的推荐值设置柱温和 TCD 分析气流量。若无推荐值，对一个 2 mm 内径的色谱柱系统，使用 95 ℃和 28 mL/min。

A.2 将 V_2 切换到状态 2[图 1c)]使载气不经过柱 3，让载气流量稳定后调节阻尼器 A 使 TCD 分析气流速与 A.1 的测量值相同。

A.3 设置 TCD 参考流量到 A.1 的测量值。

A.4 阀 V_2 在状态 2 时，将 V_1 切换到状态 2[图 1d)]，进天然气样品。组分从柱 2 流出时记录色谱图。确保正戊烷的保留时间大约是预期的分析流程时间的三分之二。如果有明显的不同，正确的调节流量后，重复 A.1。然后重复 A.2 到 A.4。

A.5 如果厂家没有提供阀切换时间，测定从进样到乙烷和丙烷之间峰谷最小处的时间($t_{初始,切换}$)。这是用于在柱 3 上保留最轻组分的初始时间($t_{初始,切换}$)。

A.6 反吹

A.6.1 反吹操作是用一个含有 nC_5 和 2,2-二甲基丁烷的但无其他 C_6 或更重组分的混合气，让先流出的正戊烷组分(nC_5)被检测，而所有的最轻的 C_6(2,2-二甲基丁烷)被反吹。

A.6.2 设置进样后的初始时间为 1 min(或用厂家推荐的时间)阀 V_1 返回到状态 1，阀 V_2 到状态 2。进混合样品并记录色谱图。

在阀 V_1 返回到状态 1 后，2,2-二甲基丁烷将很快地以一个反吹组分(C_6^+)出现，nC_5 作为一个正常流出峰出现。如果没有 C_6^+ 峰出现，则减小初始时间并重复执行这一操作。

A.6.3 以每次 0.05 min 逐渐增加反吹时间(阀 V_1 切换到状态 1)继续进混合气样，直至被反吹的 C_6^+ 峰的面积(实际为 2,2-二甲基丁烷)开始减小。

A.6.4 每次减少 0.05 min 反吹时间，继续进混合气样，记录 C_6^+ 峰面积刚开始变得恒定的时间(表示为 $t_{反吹,高}$)。

A.6.5 继续进样，较大幅度的减少反吹时间，至正戊烷峰面积开始减小而 C_6^+ 峰面积相应增大时，记录两峰面积不再改变的最终反吹时间，(表示为 $t_{反吹,低}$)。

A.6.6 用以下的公式确定柱 1 反吹时间 $t_{反吹}$ 值(V_1→状态 1)

$$t_{反吹}=(t_{反吹,低}+t_{反吹,高})/2$$

A.7 阀 V_2 时间设置

A.7.1 当厂家未推荐的时间设置时，反吹时间 $t_{反吹}$(V_1→状态 1)和隔离柱 3 的时间 $t_{初始,切换}$。(V_2→状态 2)的设置。

切换两个阀的初始状态为状态 1，进天然气样品，待正戊烷流出后，切换阀 V_2 到状态 1，记录这一时间为 $t_{阀V_2,关}$，并用它作本条中随后给出的操作时间。测量由柱 2(流经柱 1)流出的丙烷峰面积以及由柱 3(也流经柱 1)流出的乙烷峰面积。

A.7.2 重复分析，以每次增加 0.05 min 的幅度减少 $t_{初始,切换}$ 直到从柱 3 中流出的乙烷峰面积减小。

A.7.3 继续重复分析，按每次增加 0.05 min 的幅度增加 $t_{初始,切换}$ 直到从柱 3 中流出的乙烷峰的面积恒定 。记录设置的最低时间值，该值为 $t_{初始,低}$。

A.7.4 继续重复分析，直到从柱 2 中流出的丙烷的峰面积开始减小。记录设置的时间值，该值为 $t_{初始,高}$。

A.7.5 确定 $t_{阀V_2,开}$ 的值，作为隔离柱 3 的初始时间。

$$t_{阀V_2,开}=(t_{初始,低}+t_{初始,高})/2$$

A.8 最终设定时间

用表 A.1 中所给的时间设置完成方法。

表 A.1 时间设置

时间	动作	阀位置	状态
0.01 min	进样	V_1-状态 2	图 1b)
$t_{反吹}$	反吹	V_1-状态 1	图 1a)
$t_{阀V_2,开}$	载气不经过柱 3	V_2-状态 2	图 1c)
$t_{阀V_2,关}$	载气经过柱 3	V_2-状态 1	图 1a)

附 录 B
（资料性附录）
典型的精密度值

B.1 归一化结果重复性的关系式见式(B.1)。

$$\ln\gamma = -4.5 + 0.25 \times \ln\chi \qquad \text{(B.1)}$$

式中：

γ——摩尔分数表示的重复性；

χ——组分摩尔分数。

B.2 典型的重复性和再现性值由表 B.1 给出。

表 B.1 测定结果的重复性和再现性

摩尔分数 χ/%	重复性摩尔分数/%	再现性摩尔分数/%
$\chi<0.1$	0.006	0.012
$0.1<\chi<1$	0.006～0.011	0.012～0.022
$1<\chi<50$	0.011～0.03	0.022～0.06
$50<\chi<100$	0.03～0.035	0.06～0.07
注：这些值由实践经验获得，表明了方法的水平。它们不能与 GB/T 27894 其他部分的资料性附录中的值比较，因为它们的结果来源于校准气质量和实验室操作技能。		

参 考 文 献

[1] GB/T 11062—1998 天然气发热量、密度、相对密度和沃泊指数的计算方法。
[2] ISO 10723:2012,Natural gas—Performance evaluation for on-line analytical systems。

ICS 75.060
E 24

GB

中华人民共和国国家标准

GB/T 27894.6—2012/ISO 6974-6:2002

天然气　在一定不确定度下用气相色谱法测定组成　第6部分:用三根毛细管色谱柱测定氢、氦、氧、氮、二氧化碳和 C_1 至 C_8 的烃类

Natural gas—Determination of composition with defined uncertainty by gas chromatography—Part 6: Determination of hydrogen helium oxygen nitrogen carbon dioxide and C_1 to C_8 hydrocarbons using three capillary columns

(ISO 6974-6:2002,IDT)

2012-12-31 发布　　2013-07-01 实施

中华人民共和国国家质量监督检验检疫总局
中国国家标准化管理委员会　发布

前 言

GB/T 27894《天然气　在一定不确定度下用气相色谱法测定组成》分为六个部分：

——第1部分：分析导则；

——第2部分：测量系统的特性和数理统计；

——第3部分：用两根填充柱测定氢、氦、氧、氮、二氧化碳和直至 C_8 的烃类；

——第4部分：实验室和在线测量系统中用两根色谱柱测定氮、二氧化碳和 C_1 至 C_5 及 C_{6+} 的烃类；

——第5部分：实验室和在线工艺系统中用三根色谱柱测定氮、二氧化碳和 C_1 至 C_5 及 C_{6+} 的烃类；

——第6部分：用三根毛细管色谱柱测定氢、氦、氧、氮、二氧化碳和 C_1 至 C_8 的烃类。

本部分为 GB/T 27894 的第6部分。

本部分按照 GB/T 1.1—2009 给出的规则起草。

本部分使用翻译法等同采用 ISO 6974-6:2002《天然气　在一定不确定度下用气相色谱法测定组成　第6部分：用三根毛细管色谱柱测定氢、氦、氧、氮、二氧化碳和 C_1 至 C_8 的烃类》。

与本标准中规范性引用的国际文件有一致对应关系的我国文件如下：

——GB/T 5274—2008　气体分析　校准用混合气体的制备 称量法(ISO 6142:2001,IDT)

——GB/T 10628—2008　气体分析　校准混合气组成的测定和校验　比较法(ISO 6143:2001,IDT)

——GB/T 14850—2008　气体分析词汇(ISO 7504:2001,IDT)

——GB/T 27894.2—2012　天然气　在一定不确定度下用气相色谱法测定组成　第2部分：测量系统的特性和数理统计(ISO 6974-2:2001,IDT)

本部分由全国天然气标准化技术委员会(SAC/TC 244)归口。

本部分起草单位：中国石油大庆油田工程有限公司、中国石油西南油气田公司天然气研究院。

本部分主要起草人：谭为群、李楠、朴健淑、唐蒙、迟永杰。

天然气 在一定不确定度下用气相色谱法测定组成 第6部分:用三根毛细管色谱柱测定氢、氦、氧、氮、二氧化碳和 C_1 至 C_8 的烃类

1 范围

GB/T 27894 的本部分给出了用三根毛细柱定量测定天然气中氢气、氦气、氧气、氮气、二氧化碳和 C_1 至 C_8 的烃类含量的一个气相色谱法。该方法适用于分析摩尔分数在表1给出的范围内的气体组分。这些范围不表示检测限,而表示在此范围内使用方法能达到规定的精密度。尽管样品中会有一种或更多组分无法检出,但这种方法仍能适用。

GB/T 27894 的本部分与 GB/T 27894 的第1部分和 GB/T 27894 的第2部分结合使用。

本方法也适用于代用天然气的分析。

表1 适用范围

组分	分子式	摩尔分数/%
氦气	He	0.002～0.5
氢气	H_2	0.001～0.5
氧气	O_2	0.007～5
氮气	N_2	0.007～40
甲烷	CH_4	40～100
一氧化碳[a]	CO	0.001～1
二氧化碳	CO_2	0.001～10
乙炔[a]	C_2H_2	0.001～0.5
乙烯[a]	C_2H_4	0.001～0.5
乙烷	C_2H_6	0.002～15
丙烯[a,b]	C_3H_6	0.001～0.5
丙烷[b]	C_3H_8	0.001～5
异丁烷	C_4H_{10}	0.000 1～1
正丁烷	C_4H_{10}	0.000 1～1
2,2-二甲基丙烷(新戊烷)	C_5H_{12}	0.000 1～0.5
2-甲基丁烷(异戊烷)	C_5H_{12}	0.000 1～0.5
正戊烷	C_5H_{12}	0.000 1～0.5

表 1(续)

组分	分子式	摩尔分数/%
环戊烷	C_5H_{12}	0.000 1～0.5
2,2-二甲基丁烷	C_6H_{14}	0.000 1～0.5
2,3-二甲基丁烷	C_6H_{14}	0.000 1～0.5
2-甲基戊烷	C_6H_{14}	0.000 1～0.5
3-甲基戊烷	C_6H_{14}	0.000 1～0.5
正己烷	C_6H_{14}	0.000 1～0.5
苯	C_6H_6	0.000 1～0.5
环己烷	C_6H_{12}	0.000 1～0.5
庚烷[c]	C_7H_{18}	0.000 1～0.5
甲基环己烷	C_7H_{14}	0.000 1～0.5
甲苯	C_7H_8	0.000 1～0.5
辛烷[d]	C_8H_{18}	0.000 1～0.5
二甲苯[e]	C_8H_{10}	0.000 1～0.5

注:在特定条件下(例如:样品体积较大),如果摩尔分数大于 1 μmol/mol,那么这个分析可延伸至比 C_8 更重的烃类。

[a] 这些组分通常不存在于天然气中,而存在于代用天然气中。

[b] 丙烷与丙烯的分离很关键。本分离系统中使用的色谱柱可能无法获得分离效果。

[c] 组分包括:正庚烷,2-甲基己烷,3-甲基己烷,3-乙基戊烷,2,2-二甲基戊烷,2,3-二甲基戊烷,2,4-二甲基戊烷,3,3-二甲基戊烷,2,2,3-三甲基丁烷。不是所有的同分异构体都能够互相分离。

[d] 组分包括:正辛烷,2-甲基庚烷,3-甲基庚烷,4-甲基庚烷,二甲基环己烷,2,2-二甲基己烷,2,3-二甲基己烷,2,4-二甲基己烷,2,5-二甲基己烷,3,3-二甲基己烷,3,4-二甲基己烷,2,2,3-三甲基戊烷,2,2,4-三甲基戊烷(异辛烷),2,3,3-三甲基戊烷,2,3,4 -三甲基戊烷,2,2,3,3-四甲基丁烷。不是所有的同分异构体都能互相分离。

[e] 组分包括:对二甲苯,间二甲苯,邻二甲苯。间二甲苯和邻二甲苯不能互相分离。

2 规范性引用文件

下列文件对于本文件的应用是必不可少的。凡是注日期的引用文件,仅注日期的版本适用于本文件。凡是不注日期的引用文件,其最新版本(包括所有的修改单)适用于本文件。

GB/T 27894.1—2012 天然气 在一定不确定度下用气相色谱法测定组成 第1部分:分析导则(ISO 6974.1:2000,IDT)

ISO 6142 气体分析 校准用混合气体的制备 称量法(Gas analysis—Preparation of calibration gas mixtures—Gravimetric method)

ISO 6143 气体分析 校准混合气组成的测定和校验 比较法(Gas analysis—Comparison methods for determining and cheecking the composition of calibration gas mixtures)

ISO 6974-2　天然气　在一定不确定度下用气相色谱法测定组成　第2部分:测量系统的特性和数理统计(Natural gas—Determination of composition with defined uncertainty by gas chromatogramphy—Part 2:Measuring-system characteristics and statistics for prcessing of data)

ISO 7504　气体分析词汇(Gas analysis—Vocabulary)

3　原理

3.1　天然气样品的分析

通过气相色谱法运用三根毛细柱测定氢气、氦气、氮气、二氧化碳和 C_1 至 C_8 的烃类。使用一根PLOT[1]预柱分离二氧化碳和乙烷。

用一根分子筛 PLOT[1]柱来分离氦气(He)、氢气(H_2)、氧气(O_2)、氮气(N_2)和甲烷(CH_4)这些永久性气体。

用一根涂有极性固定相的厚膜 WCOT[2]色谱柱分离 C_3 至 C_8(及更重的)烃类。

永久性气体氦气(He)、氢气(H_2)、氧气(O_2)、氮气(N_2)和甲烷(CH_4)通过热导检测器(TCD)来检测。C_2 至 C_8 的烃类用火焰离子化检测器(FID)来检测。

3.2　代用天然气的分析

一氧化碳(CO)和二氧化碳(CO_2)通过甲烷转化炉还原成甲烷后用FID检测。甲烷转化炉的使用,使检测摩尔分数大于0.001%的CO和CO_2成为可能。如果样品中不含CO或CO_2,或者如果CO和/或CO_2的摩尔分数超过0.02%时,那么就不需要甲烷转化炉。CO和CO_2可以选择用TCD检测。

当分析代用天然气时,3.1中描述的PLOT色谱柱也能用于分离乙炔(C_2H_2)和乙烯(C_2H_4),分子筛PLOT色谱柱也可以用于分析一氧化碳(CO)。

4　材料

4.1　载气

4.1.1　氩气(Ar):纯度高于99.999%,不含氧气及水。

4.1.2　氮气(N_2):纯度高于99.999%或氦气(He),纯度高于99.999%。

4.2　辅助气体

4.2.1　用于火焰离子化检测器

4.2.1.1　氮气(N_2)或氦气(He),纯度高于99.996%。

4.2.1.2　空气,不含烃类杂质,即烃类的摩尔分数小于 1×10^{-6}。

4.2.1.3　氢气(H_2),纯度高于99.999%,不含腐蚀性气体和有机化合物。

4.2.2　分析代用天然气时用甲烷转化炉(可选项)

4.2.2.1　氢气,纯度高于99.999%(也可用做尾吹气)。

---

1)　多孔层开口柱。

2)　涂壁开口柱。

4.2.2.2 压缩空气,用于驱动气动阀。

4.3 参比气

4.3.1 工作参比气体混合物(WRM)

工作参比气体混合物(WRM),其组成应与待分析样品的组成近似。

组分的摩尔分数相差不应超过表2所规定的相对偏差。使用符合以ISO 6142重量法制备的并经过ISO 6143验证和确认的工作参比气体混合物,至少应包含氮气、二氧化碳、甲烷、乙烷、丙烷、正丁烷、异丁烷。在间接测定情况下,工作参比气体混合物应当含有浓度与期望的浓度范围一致的参比组分,因此可能需要使用一个以上的工作参比气体混合物。

表2 样品和WRM的相对偏差

样品摩尔分数/%	WRM相对偏差/%
0.001～0.1	±100
0.1～1	±50
1～10	±10
10～50	±5
50～100	±3

4.3.2 性能测试气

4.3.2.1 用于甲烷转化炉的操作(可选的)分析代用天然气时使用,氦气基体中含有体积分数为0.001%～0.02%的CH_4、CO和CO_2。

4.3.2.2 含有苯和环己烷的气体,用来确定峰的分离度。

4.3.2.3 含有氢气和氦气的气体,用来确定峰的分离度。

5 仪器

5.1 气相色谱仪系统

5.1.1 两个色谱柱箱,有程序升温操作功能,能够按给定的线性阶梯升温(参见表3)。

色谱柱可以安装在双柱箱的气相色谱仪或两台不同的仪器中。分析者应当能够任意地控制两个柱箱的温度。

5.1.1.1 仪器1柱箱,装有PLOT预柱和分子筛柱(参见图1、图2和图3)。

仪器1可以选择安装一个柱箱,该柱箱可以在40 ℃～140 ℃的温度范围内恒温操作,并且柱箱内任意点的温度变化能够维持在±0.1 ℃之内。

5.1.1.2 仪器2柱箱,装有WCOT色谱柱。

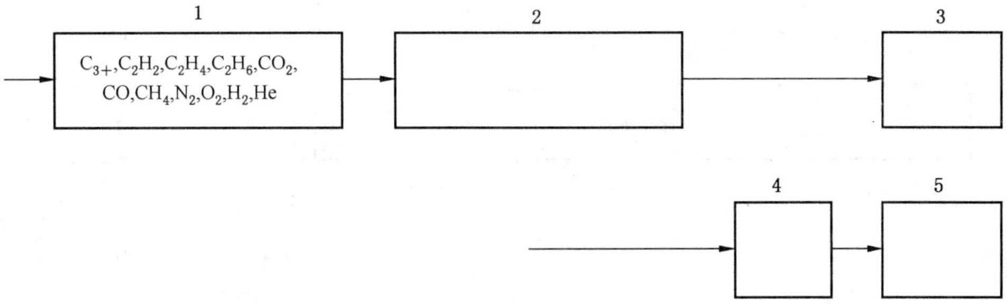

说明：
1——PLOT 预柱；
2——分子筛 PLOT 柱；
3——TCD；
4——甲烷转化炉；
5——FID。

图 1　样品进样时色谱柱配置框图

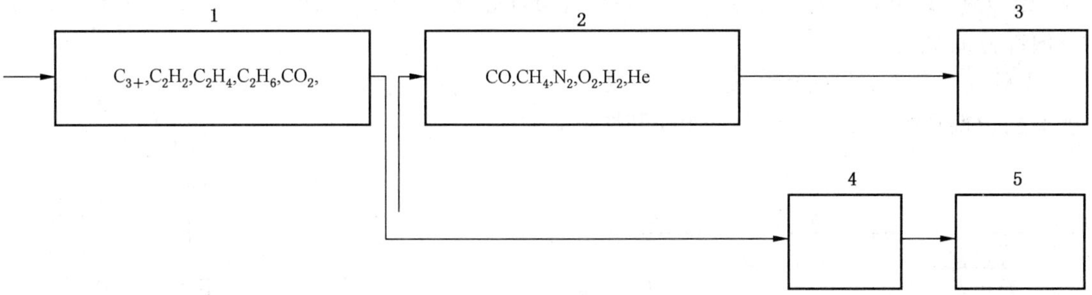

说明：
1——PLOT 预柱；
2——分子筛 PLOT 柱；
3——TCD；
4——甲烷转化炉；
5——FID。

图 2　CO_2 和 C_2 测定时色谱柱配置框图

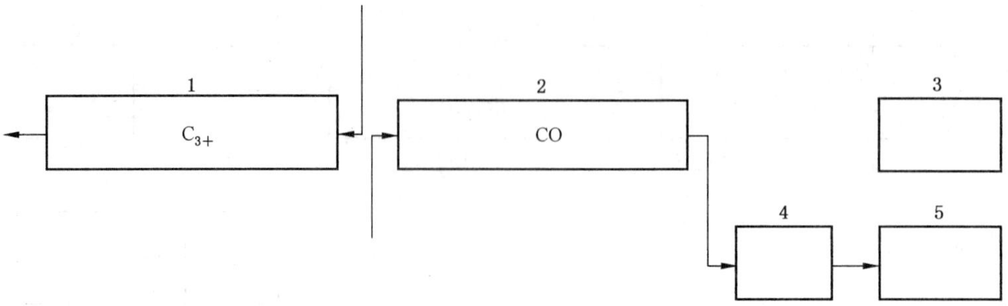

说明：
1——PLOT 预柱；
2——分子筛 PLOT 柱；
3——TCD；
4——甲烷转化炉；
5——FID。

图 3　CO 及 C_{3+} 烃类反吹测定时色谱柱配置框图

5.1.2　流量调节器，为毛细管色谱柱提供合适的流速。

5.1.3　气体进样阀(GSV)，保持温度恒定在±0.5 ℃之内。

体积约为 0.25 mL 的样品定量管可与毛细管分流装置配合使用。或者如果没有分流装置，可以使用配有内部样品池的微量阀。

5.1.4　无阀或微量阀、柱-切换系统，适合于反吹。

色谱柱切换系统的状态示例参见图 4 和图 5。

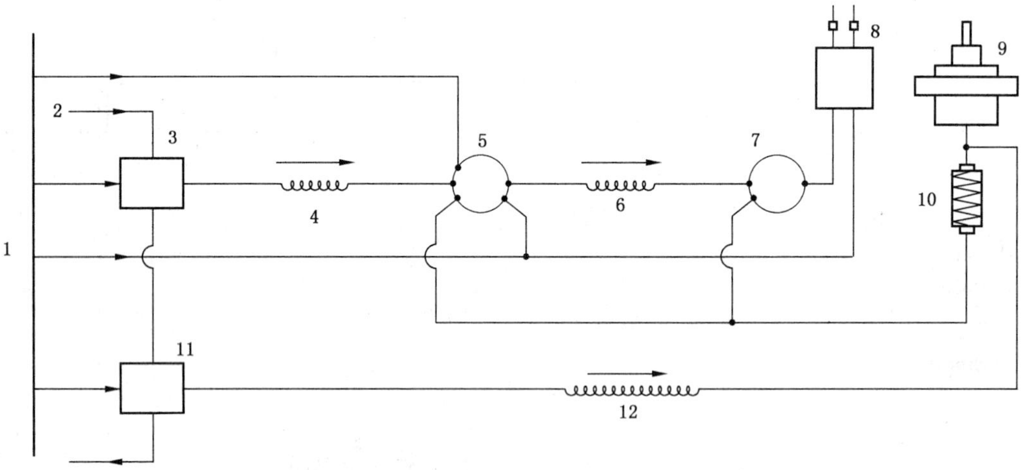

说明：
1——载气；
2——样品；
3——气体进样阀 1；
4——PLOT 预柱；
5——阀 1；
6——分子筛 PLOT 柱；
7——阀 2；
8——TCD；
9——FID；
10——甲烷转化炉；
11——气体进样阀 2；
12——WCOT 色谱柱。

图 4　用甲烷转化炉还原 CO 的气相色谱流程图

(用于在线切换系统的 8 孔微量阀及甲烷转化炉)

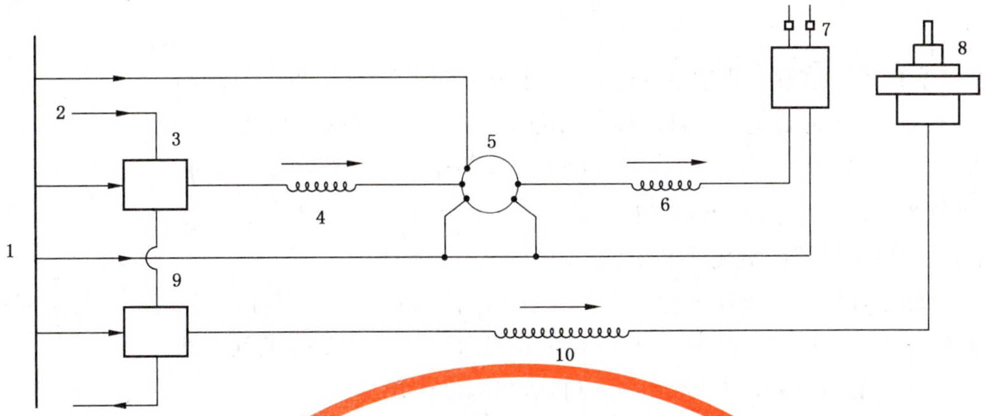

说明：

1——载气；
2——样品；
3——气体进样阀；
4——PLOT 预柱；
5——阀 1；
6——分子筛；
7——TCD；
8——FID；
9——气体进样阀 2；
10——WCOT 色谱柱。

图 5 无甲烷转化炉的气相色谱流程图

（在线切换系统的 8 孔微量阀）

5.1.5 热导检测器(TCD)和火焰离子化检测器(FID)，其时间常数和内部的体积与毛细柱匹配。为了在两台独立的气相色谱仪上完成分析，仪器应有如下配置。

5.1.5.1 仪器 1 检测器：TCD 和 FID。

5.1.5.2 仪器 2 检测器：另外的 FID。

5.1.6 数据采集系统，有合适的分辨率和时间常数，能够自动记录分析。

5.1.7 甲烷转化炉(可选用)，当分析代用天然气时，用来在线催化还原一氧化碳(CO)和二氧化碳(CO_2)生成甲烷。

接着这些组分就能够用 FID 灵敏地检测出来。如果样品中不含有 CO 则不需要甲烷转化炉。

如果没有安装甲烷转化炉，那么用 TCD 来检测 CO_2 和 C_2H_6(见图 5)，这样就会得到这些组分的倒(负)峰。其他所有的组分从预柱中被反吹。

通过注入一个测试样品来测定甲烷转化炉(镍催化剂)的转化效率，样品中包含已知量的(体积分数为 0.001%～0.02%)甲烷、一氧化碳和二氧化碳。如果需要，则调整催化剂温度到最佳转化效率并使峰对称性最好。也可调整 H_2 流量优化灵敏度。在最佳操作条件下，甲烷转化炉转化效率接近 100%。建议测定甲烷转化炉的稳定性。

少量的 H_2S 及其他可能的硫化合物进入甲烷转化炉会立即引起催化层的钝化作用。因此应该通过适当的柱子切除 H_2S。催化剂中毒是通过 CO 和 CO_2 出现拖尾峰来识别的。

建议定期试漏。试漏可以通过注入载气而不产生任何氮气或氧气峰进行确认。

5.2 毛细管柱

5.2.1 PLOT 熔融氧化硅毛细管预柱，用于分离空气、CO_2、C_2H_2、C_2H_4、C_2H_6 和 C_3H_8。

要求 CH_4 和 CO_2 之间有足够的分离度以实现柱子的切换。

推荐一根 25 m(长)×0.53 mm(内径),20 μm(膜厚),PoraPLOT U[3]色谱柱,因为它对这些组分能很好地分离。

5.2.2 分子筛 PLOT 熔融氧化硅毛细管柱,用于分离 He、H_2、O_2、N_2、CH_4 和 CO。

通过注入 H_2 摩尔分数为 4%、He 摩尔分数为 0.05%的测试样品来测试这根色谱柱的分离效率。分离效率应该足够用来定量测定组分,并符合 6.2.1 中给出的峰分离度的要求。

推荐使用 25 m(长)×0.53 mm(内径),50 μm(膜厚),5Å 分子筛色谱柱。

5.2.3 非极性 WCOT 熔融氧化硅毛细柱,用于分离 C_3 至 C_8 的烃类。

如果苯和环己烷的峰分离度符合 6.2.1 中给出的性能要求,这根色谱柱分离效率是足够的。

推荐使用 50 m(长)×0.32 mm(内径),5 μm(膜厚),甲基硅氧烷毛细管柱。

如果能达到类似的分离效率则可以使用其他分离柱代替。

6 步骤

6.1 操作条件

6.1.1 气相色谱

根据仪器厂家的推荐值设置气相色谱(柱子安装,载气和辅助气流速,柱箱程序升温,检测器和进样口温度,阀切换程序)。表 3 给出气相色谱的条件示例,这些条件只是资料性的,可能方便用于特定的应用。

表 3 气相色谱条件示例

气相色谱	仪器 1		仪器 2
柱子			
固定相	Pora PLOT U[a]	分子筛 5Å[a]	甲基硅油
柱长/m	25	50	50
内径/mm	0.53	0.53	0.32
膜厚/μm	20	50	5
最大温度/℃	190	300	320
载气(纯度)	Ar(99.99%)	Ar(99.99%)	N_2(99.99%)
流量/(mL/min)	4	—	0.6
柱温程序			
初始温度/℃	30		35
初始时间	31		12
升温速率/(℃/min)	12		8
最终温度	120		240
终温时间	10		6

3) 填充 Porapak U(二乙烯基苯-乙二醇-二甲基丙烯酸聚合物)的多孔层开口(PLOT)柱。Porapak U 是一个容易获得的合适的商品柱的例子。给出这一信息是为了方便本标准的使用者,并不表示对这一产品的认可。

表 3（续）

气相色谱	仪器 1		仪器 2
检测器			
检测器类型	TCD	FID	FID
温度/℃	140	240	280
尾吹流量/(mL/min)	1.5	0	30
到参比池	16	—	—
到甲烷转化器		35	—
进样器			
阀	0.25 mL	—	0.25 mL
分流/(mL/min)	0	—	40
甲烷转化器(可选择)	—	镍催化剂	—
温度/℃	—	375	—
[a] 由于老化温度不同，分子筛柱与 PLOT U 柱应该分别老化。			

6.1.2 柱条件

分子筛能较强的吸收痕量水，这将导致分离效果变差。因此，色谱柱制造商强烈建议如果在恒温模式下进行分离，应经常老化 PLOT 柱。如果柱箱具有梯度升温功能，建议在每次运行结束后进行一次梯度升温。梯度升温在分析代用天然气时能使 CO 峰更尖锐。

仪器 1 的最大操作温度由 Pora PLOT(有机多孔聚合物多孔层开口柱)预柱的生产厂家的说明书中限定。

6.1.3 样品导入

以规范和可再现的方法将样品导入两个气体样品阀(参见图 4)。保持样品阀和定量管恒定的温度，在这一温度下不会出现样品的凝析。

清洗体积不少于样品阀、定量管和连接管线体积的 20 倍。

样品阀和定量管清洗不彻底，将会由于前次进样引起记忆效应或样品被空气稀释。

进样前，使样品达到环境压力。

如果应用双柱箱气相色谱，按照气体进样阀 1 的切换时间延迟气体进样阀 2 的切换时间(参见图 4)，以便延迟从 PLOT 预柱流出的第一个峰(CH_4)。这将阻止 CH_4 被当作其他组分从 PLOT 柱中流出，例如 CO_2、C_2H_2、C_2H_4、C_2H_6。然而要保证这一延迟不会影响样品的完整(被空气稀释)。

在样品导入期间控制清洗时间和样品流速。

可以通过清洗后等待固定的时间或监测定量管内部压力来控制压力平衡。

6.2 性能要求

6.2.1 柱性能评价

测试峰的分离度作为常规分析步骤的一部分。每个组分被单独定量，相邻峰的分离度应超过 1.5。依据 ISO 7504 中的说明检测峰的分离度。如果达不到要求的分离度，这些特殊的组分就不能被独立地定量和报告。典型的峰分离度在表 4 中给出。

注：用数据处理器和积分仪处理分离不充分的峰。

表 4 典型的峰分离度

组分 1	组分 2	典型的分离度
甲烷(CH_4)	二氧化碳(CO_2)	18.8
氢气(H_2)	氦气(He)	5.5
苯(C_6H_6)	环己烷(C_6H_{12})	5.6
丙烯(C_3H_6)	丙烷(C_3H_8)	0.7

6.2.2 相对响应因子

按照 ISO 6974-2 的规定测定响应因子。

6.2.3 响应特性

按照 ISO 6974-2 中的规定测定响应特性,至少每年一次。

6.3 测定

6.3.1 组分 He、H_2、O_2、CO_2、CH_4、CO、CO_2、C_2H_2、C_2H_4、C_2H_6

参见图 1、图 2、图 3 仪器 1 中柱子在不同分析阶段的配置。将样品导入 PLOT 预柱,永久性气体 CO 和 CH_4 在该柱中保留能力差,因此与 C_2 及更重的烃组分分离,将较早流出的组分如:He、H_2、O_2、N_2、CH_4、CO 传输到分子筛柱进一步分离。用 TCD 检测永久性气体和 CH_4。切换柱状态到甲烷转化炉-FID 组合,测定最后从分子筛柱中流出的 CO 气体。

用 PLOT 预柱进一步地分离 CO_2 和烃类,而不是转移到分子筛柱中,然后用 FID 检测。在 C_2H_6 流出后,将 C_{3+} 反吹放空。典型的色谱图参见图 6 和图 7。恒温模式下,在分子筛柱和 PLOT 预柱上都能获得分离。

尽管正确地选择 TCD 的响应因子是公认熟知的问题,H_2 和 He 仍可被间接检测。通常,N_2 可被作为参考组分。

当用氩气做载气时,由于 TCD 对 CO 响应值小,建议在 CO 的摩尔分数小于 0.2%时用 FID 来检测,为了达到这个目的,CO 直接通过阀 2 进入到甲烷转化炉和 FID。

6.3.2 烃类及较重烃类

将 WCOT 甲基硅油柱直接连接到气体进样阀和 FID 上(参见图 5),用适当的程序升温进行分离(例如 35 ℃~240 ℃,8 ℃/min),用丁烷作为参比组分来测定戊烷和更高的组分。

调节程序温升的加热速度以达到将 CO 与 FID 谱图中的其他组分分离的目的。

6.3.3 检测器

6.3.3.1 TCD

检测 He、H_2、O_2、N_2 和 CH_4 时使用 TCD。

在 CO 的摩尔分数大于 0.2%及 CO_2 的摩尔分数大于 0.02%时 CO 可被检测。

6.3.3.2 FID

用合适的装置将两根柱连接到 FID 上。用 FID 检测从 U 型 PLOT 预柱中流出的 C_2H_2、C_2H_4、C_2H_6 和从 WCOT 甲基硅氧烷柱中流出的 C_3H_6 及更高的组分。

当分析代用天然气时，FID 也用于检测从 PoraPLOT U 预柱中流出的 CO_2（在甲烷转化炉中还原为 CH_4 后）、C_2H_2、C_2H_4 和 CO（在甲烷转化炉中还原为 CH_4 后）。

在 WCOT 柱中 CH_4、C_2H_2、C_2H_4、C_2H_6 只是部分分离，不能用于定量。

6.3.4 数据采集

在进样时同时启动两个检测器的数据采集系统。

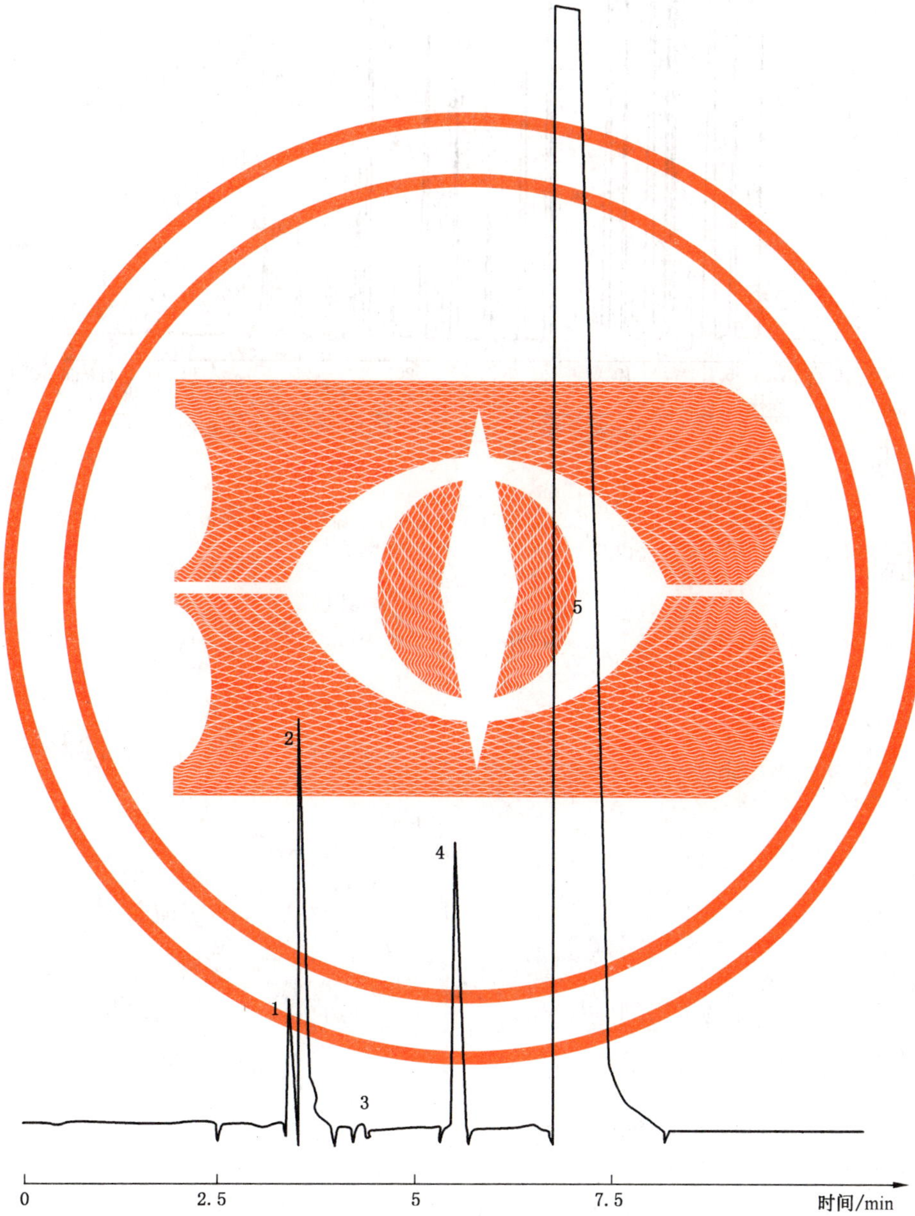

说明：

1——氦气；

2——氢气；

3——氧气；

4——氮气；

5——甲烷。

图 6　5Å 分子筛柱色谱图

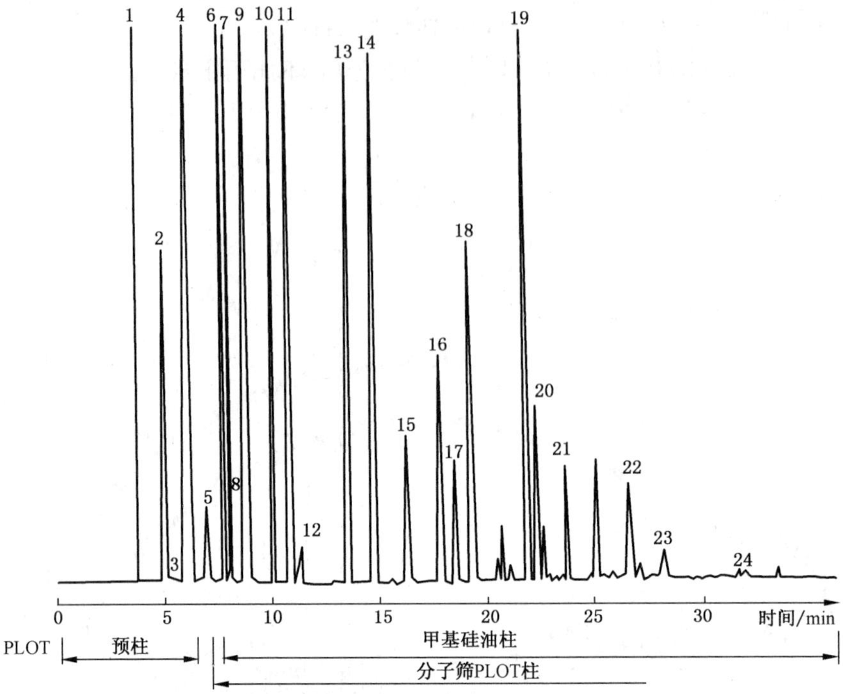

说明：

1——二氧化碳；

2——乙烯；

3——乙炔；

4——乙烷；

5——一氧化碳；

6——甲烷；

7——乙烷(乙烯,乙炔)；

8——丙烯；

9——丙烷；

10——异丁烷；

11——正丁烷；

12——季戊烷；

13——异戊烷；

14——正戊烷；

15——2,2-二甲基丁烷；

16——2-甲基戊烷　2,3-二甲基丁烷/环戊烷；

17——3-甲基戊烷；

18——正己烷；

19——苯；

20——环己烷；

21——正庚烷；

22——甲苯；

23——正辛烷；

24——二甲苯。

图7　用PLOT U,WCOT和分子筛柱分析 CO_2 和 C_1 至 C_8 组分色谱图

7 计算

根据 GB/T 27894.1 计算组分的摩尔分数。

8 精密度

本方法典型的精密度数据参见附录 A。

9 测试报告

按 GB/T 27894.1—2012 第 14 章编写测试报告。

附 录 A
（资料性附录）
典型的精密度值

典型的精密度数据在附录A中给出。这些值由实践经验获得，表明了方法的性能。它们不能与GB/T 27894其他部分的资料性附录中的精密度值比较，因为它们的结果来源于校准气的等级和实验室技能。

表 A.1 测试结果的重复性和再现性

%

样品浓度范围 摩尔分数 x	重复性		再现性	
	绝对值 摩尔分数	相对	绝对值 摩尔分数	相对
$x<0.1$	0.002	—	0.002	—
$0.1<x\leqslant 1$	—	2	—	4
$1<x\leqslant 50$	—	0.8	—	1.6
$50<x\leqslant 100$	—	0.08	—	0.16

参 考 文 献

[1] GB/T 27894.3 天然气 在一定不确定度下用气相色谱法测定组成 第3部分:用两根填充柱测定氢气、氧气、氮气、二氧化碳和直至 C_8 的烃

[2] GB/T 27894.4 天然气 在一定不确定度下用气相色谱法测定组成 第4部分:实验室和在线测量系统中用两根色谱柱测定氮气、二氧化碳、C_1 至 C_5 及 C_{6+} 的烃类

[4] GB/T 27894.5 天然气 在一定不确定度下用气相色谱法测定组成 第5部分:实验室和在线工艺系统中用三根色谱柱测定氮气、二氧化碳、C_1 至 C_5 及 C_{6+} 的烃类

[5] GB/T 11062—1998 天然气发热量、密度、相对密度和沃泊指数的计算方法

[6] GB/T 13609—1999 天然气取样导则

[7] ISO 10723 Natural gas—Performance evaluation for on-line analytical systems

ICS 07.040
A 77

中华人民共和国国家标准

GB/T 27920.2—2012

数字航空摄影规范 第2部分:推扫式数字航空摄影

Specifications for digital aerial photography—
Part 2: Push-broom digital aerial photography

2012-06-29 发布　　2012-10-01 实施

中华人民共和国国家质量监督检验检疫总局
中国国家标准化管理委员会　发布

前　言

GB/T 27920《数字航空摄影规范》分为两个部分：

——第1部分：框幅式数字航空摄影；

——第2部分：推扫式数字航空摄影。

本部分为GB/T 27920的第2部分。

本部分依据GB/T 1.1—2009给出的规则起草。

本部分由国家测绘地理信息局提出。

本部分由全国地理信息标准化技术委员会(SAC/TC 230)归口。

本部分起草单位：中测新图(北京)遥感技术有限责任公司、国家基础地理信息中心、中国测绘科学研究院。

本部分主要起草人：李英成、薛艳丽、滕长胜、曾云、朱祥娥、廖明、张丽娜、丁晓波、杨庚印、王瑞幺。

数字航空摄影规范
第2部分:推扫式数字航空摄影

1 范围

GB/T 27920的本部分规定了采用推扫式航摄仪进行航空摄影的技术要求、成果质量的检查方法及成果的整理验收要求。

本部分适用于测制1:500~1:50 000地形图和影像图的推扫式数字航空摄影工作。

2 规范性引用文件

下列文件对于本文件的应用是必不可少的。凡是注日期的引用文件,仅注日期的版本适用于本文件。凡是不注日期的引用文件,其最新版本(包括所有的修改单)适用于本文件。

GB/T 18314 全球定位系统(GPS)测量规范

3 术语和定义

下列术语和定义适用于本文件。

3.1

推扫式数字航空摄影 push-broom digital photography

采用基于相互平行的双线阵或多线阵成像探测器的数字航摄仪沿垂直于线阵方向推进扫描获取影像的竖直航空摄影。

3.2

推扫式数字航空摄影基线 push-broom digital photographic base line

航摄仪前视扫描线与后视扫描线所获取的影像构成立体时,这两个成像时刻航摄仪摄影中心之间的连线(参见附录A的A.1)。

3.3

GPS偏心分量 GPS lever arms

在以摄影中心为原点、摄影主光轴方向为Z轴(天顶方向为正)、航线方向为X轴(飞行方向为正)、垂直于XOZ方向为Y轴的右手坐标系中(参见图B.1),GPS天线相位中心的三维坐标(u_{GPS},v_{GPS},w_{GPS})。

3.4

地面GPS基站 GPS base station

在摄区内(或摄区附近)设立的,与机载GPS接收机同步并连续采集GPS观测数据的固定GPS观测站。

3.5

原始数据 raw data

推扫式数字航空摄影中,直接获取的影像、IMU、GPS和相关信息描述数据。

3.6

0级数据 level0 data

原始数据经过分离处理生成的0级影像数据、每条扫描线的位置姿态数据和相关信息描述数据。

3.7

粗纠正影像　roughly rectified image

利用直接获取的每条扫描线位置姿态数据，将0级影像纠正到摄影基准面生成带地理坐标的影像。

3.8

综合分解率　compositive resolution

推扫式数字航摄仪系统中，衡量镜头、分光系统和探测器对黑白相间宽度相等的线状目标影像分辨的能力。

3.9

传感器积分时间　sensor integrate time；IT

推扫式数字航空摄影中，获取每条扫描线影像的等效曝光时间长度。

3.10

传感器扫描周期　sensor cycle time；CT

推扫式数字航空摄影中，每条扫描线数据获取的时间长度，主要包括传感器积分时间、模数转换时间、传输时间和存储时间。

4　航摄计划与航摄设计

4.1　航摄计划的制定

根据测图需要制定航摄计划，航摄计划应包括以下内容：

a)　摄区范围；
b)　成图比例尺和摄影地面分辨率；
c)　航线敷设方法和旁向重叠度；
d)　航摄仪类型、技术参数和航摄附属仪器参数；
e)　需提供的航摄成果名称和数量；
f)　执行航摄任务的季节和期限；
g)　其他技术要求。

4.2　航摄设计

4.2.1　设计用基础地理数据的选择

设计用基础地理数据应选择摄区最新制作的地形图、影像图或数字高程模型，其比例尺一般应根据测图比例尺按表1规定选用。

表1　设计用基础地理数据

<table>
<tr><th>测图比例尺</th><th>数字高程模型</th><th>地形图</th></tr>
<tr><td>1∶500</td><td rowspan="5">≥1∶50 000</td><td rowspan="3">1∶10 000</td></tr>
<tr><td>1∶1 000</td></tr>
<tr><td>1∶2 000</td></tr>
<tr><td>1∶5 000</td><td rowspan="3">1∶50 000</td></tr>
<tr><td>1∶10 000</td></tr>
<tr><td>1∶25 000</td><td rowspan="2">≥1∶250 000</td></tr>
<tr><td>1∶50 000</td><td>1∶100 000</td></tr>
</table>

4.2.2 地面分辨率的选择

各摄影分区基准面的地面分辨率应根据不同比例尺航摄成图的要求,结合分区的地形条件、测图等高距及影像用途等,在确保成图精度的前提下,本着有利于缩短成图周期、降低成本、提高测绘综合效益的原则在表2的范围内选择。

表2 地面分辨率

测图比例尺	地面分辨率值/cm
1∶500	<8
1∶1 000	8～12
1∶2 000	15～25
1∶5 000	30～40
1∶10 000	40～50
1∶25 000	50～60
1∶50 000	60～100

4.2.3 航摄分区的划分

划分航摄分区应遵循以下原则:

a) 分区界线应与图廓线相一致;
b) 当地面分辨率大于25 cm时,分区内的地形高差不应大于四分之一摄影航高;否则,分区内的地形高差不应大于六分之一摄影航高;
c) 在地形高差符合b)条规定,且能够确保航线直线性的情况下,分区的跨度应尽量划大。分区的最小范围1∶5 000测图不得小于两个图幅,1∶10 000、1∶25 000和1∶50 000测图不得小于一个图幅;
d) 当地形高差突变,地形特征差别显著或有特殊要求时,可以破图廓划分航摄分区。

4.2.4 分区基准面高度的确定

依据分区地形起伏和飞行安全条件等确定分区基准面高度,具体计算公式参见附录A.2。

4.2.5 航线敷设方法

航线敷设应遵循以下原则:

a) 航线一般按东西向平行于图廓线直线飞行,特定条件下亦可作南北向飞行或沿线路、河流、海岸、境界等方向飞行;
b) 航线间隔应尽量采用数字高程模型依地形起伏确定;
c) 单条航线最长飞行时间一般不应超过25 min,最大不应超过30 min。

4.2.6 飞行地速的设计

依据传感器扫描周期和地面分辨率设计飞行地速,具体计算公式参见附录A的A.3。

4.2.7 航摄季节和航摄时间的选择

航摄季节和航摄时间的选择应遵循以下原则:

a) 航摄季节应选择摄区最有利的气象条件，应尽量避免或减少地表植被和其他覆盖物(如:积雪、洪水、扬沙等)对摄影和测图的不利影响，确保航摄影像能够真实地显现地面细部。
b) 航摄时，既要保证具有充足的光照度，又要避免过大的阴影。航摄时间一般应根据表3规定的摄区太阳高度角和阴影倍数确定。
c) 沙漠、戈壁、森林、草地、大面积的盐滩、盐碱地，当地正午前后各2 h内不应摄影。
d) 陡峭山区和高层建筑物密集的大城市应在当地正午前后各1 h内摄影，条件允许时，可实施云下摄影。

表3 摄区太阳高度角和阴影倍数

地形类别	太阳高度角/(°)	阴影倍数/倍
平地	>20	<3
丘陵地和一般城镇	>25	<2.1
山地和大、中城市	≥40	≤1.2

4.2.8 航摄地面标志的铺设

根据航摄需要，需铺设地面标志的摄区，应按照以下原则铺设:
a) 地面标志应在正式航空摄影前铺设完毕，且妥善保护;
b) 地面标志的数量应根据航摄需要确定;
c) 地面标志的形状、规格应确保标志在航摄影像上可准确辨认和量测;
d) 地面标志的颜色应根据摄区地面景物的光谱特性选定，要确保其与周围地面具有良好的反差。

4.2.9 航摄仪的选择与检定

4.2.9.1 航摄仪的选择

航摄仪的选择主要根据飞行平台、地面分辨率和测图精度等要求综合考虑确定。所选航摄仪的基本性能应满足以下要求:
a) 内方位元素可精确测定;
b) 综合分解率不应小于50 lp/mm;
c) 航摄仪的全色波段光谱响应范围应覆盖430 nm～660 nm，天然真彩色波段的光谱响应范围应覆盖470 nm～680 nm，多光谱的近红外波段光谱响应范围应覆盖840 nm～880 nm;
d) 各波段影像灰度记录的动态范围不应小于12 bit;
e) 数据存储设备应满足一个满架次数据存储要求;
f) 线阵探测器像元不得有暇点，同一条线阵探测器的像元应处于同一直线上，误差不得大于像元尺寸的三分之一。

4.2.9.2 航摄仪的检定

航摄仪出现下列情况之一时应进行检定:
a) 新购或距前次检定超过两年;
b) 经过大修或主要部件进行拆卸或更换后;
c) 使用或运输过程中产生剧烈震动后。
检定项目和检定方法按照数字航摄仪检定的相关标准执行。

4.2.10 航摄仪附件

航摄仪附件应齐全、性能良好，并满足以下要求：

a) 航摄仪的各种数据显示和记录装置齐全；

b) 置平设备能对航摄仪俯仰角、侧滚角和航偏角进行调整；

c) 控制设备能够按照航摄设计文件进行导航定位。

5 机载 IMU/GPS 系统及地面基站 GPS 的要求

5.1 机载 IMU/GPS 系统的要求

机载 IMU/GPS 系统应符合以下要求：

a) 机载 GPS 接收机应为动态测量型双频 GPS 接收机，采样间隔不应大于 0.5 s；

b) 机载 GPS 天线应采用航空型产品，具有动态双频数据接收能力，并有精确定义和稳定的相位中心，能在高空、高速飞行状态下正常工作；

c) IMU 数据记录频率不应小于 200 Hz；

d) IMU/GPS 联合解算测角中误差：侧滚角和俯仰角不应大于 0.005°，航偏角不应大于 0.01°。

5.2 地面基站 GPS 的要求

5.2.1 地面基站 GPS 要求

地面基站 GPS 应符合以下要求：

a) 基站 GPS 接收机应为测量型双频 GPS 接收机，最小采样间隔不应大于 0.5 s；

b) GPS 天线应带有抑径板或抑径圈，具有双频数据接收能力；

c) 应配有充足的电池或电源系统，能保证航摄作业中供电不间断；

d) 应配有能适应满架次作业所需地面观测数据存储要求的存储器。

5.2.2 地面 GPS 基站布设原则

5.2.2.1 当采用差分 GPS 定位技术时应布设地面基站。

5.2.2.2 根据航摄区域大小、航摄成图比例尺合理布设地面基站，摄区内任意位置与最近基站间的距离不应大于表 4 的规定。

表 4 摄区内任意位置与最近基站间距离要求表

成图比例尺	1∶50 000	1∶25 000	1∶10 000	1∶5 000	1∶2 000	1∶1 000	1∶500
摄区内任意位置与最近基站间距离/km	80				50		

5.2.2.3 当采用 GPS 精密单点定位技术时无需布设地面基站。

5.2.3 地面 GPS 基站选址

5.2.3.1 选址前准备

基站选址人员在实地选址前，应收集测区 1∶50 000 或更大比例尺地形图及已有控制资料等，充分了解和研究测区地形、交通、通讯、供电、气象等情况，设计摄区基站分布图，作为基站实地选址参考。

5.2.3.2 选址要求

基站选址应满足下列要求：

a) 基站周围应便于接收设备的安置和操作，视野开阔，视场内障碍物的高度角不宜超过 15 °；
b) 远离大功率无线电发射源（如电视台、电台、微波站等），其距离不应小于 200 m；远离高压输电线和微波无线电信号传送通道，其距离不应小于 50 m；
c) 附近不应有强烈反射卫星信号的物件（如大型建筑物等）；
d) 交通方便，并有利于其他测量手段扩展和联测；
e) 地面基础稳定，易于点的保存；
f) 应充分利用符合要求的已有控制点（要求 GPS C 级或 C 级以上）；
g) 尽可能使测站附近的小环境（地形、地貌、植被等）与周围的大环境保持一致，以减少气象元素的代表性误差；
h) 周围应具有可靠电源，以保障设备用电。

5.2.4 基站布设

5.2.4.1 基站位置选定后，应制作固定的中心标识，要求地基稳固、标识清晰、便于仪器架设和对中，同时应保证整个航摄期间内不移位、不丢失。

5.2.4.2 基站命名采用 4 个字符表示，且站名唯一。

5.2.4.3 基站布设完毕后应参照附录 C 填写点之记，并拍摄基站现场数码照片。照片分别采用远景和近景的全景拍摄，拍摄方向从南向北。当个别点位无法从南向北拍摄时，可选择其他方向拍摄，但应在照片上标注方向。照片文件名同基站站名，并以 JPEG 格式存储。

5.2.5 基站点位测量

采用已有控制点（要求 GPS C 级或 C 级以上）的地面基站不需进行点位测量，新选地面基站需按照 GPS C 级或 C 级以上的要求进行观测，具体要求见 GB/T 18314。

6 航空摄影飞行实施

6.1 机载 GPS 天线安装

机载 GPS 天线安装应满足以下要求：

a) 应稳定安装在飞机顶部外表面，靠近航摄仪主光轴位置；
b) 安装位置应便于偏心分量的测量；
c) 飞机机体对 GPS 信号造成的遮挡最小；
d) 天线在飞机平飞状态时应处于水平；
e) 应尽量避免飞机无线电信号的串扰。

6.2 偏心分量的测定

机载 GPS 天线和置平设备安装后（在安置航摄仪前），应测定 GPS 天线相位中心至航摄仪量测参考点的偏心分量，3 次测量误差一般不应大于 5 cm，测量成果记入偏心分量测定表（参见附录 B），再换算至摄影中心。

6.3 飞行准备

飞行前应进行设备检查，确保设备安装和参数设置正确，具体检查内容为：

a) 所有基站须在航摄飞行前完成电源、存储系统等检查，做好观测准备；

b) 基站 GPS 接收机开机应早于机载 GPS 接收机开机；

c) 检查系统中存储设备容量是否满足满架次航摄作业的要求；

d) 检查飞行计划是否完整，与当前摄区是否吻合；

e) 检查机载 GPS 偏心分量设置是否正确。

6.4 飞行要求

6.4.1 应待飞机上所有发动机启动并稳定向载荷供电后，方可打开航摄系统的电源开关。

6.4.2 飞机上升、下降速率不应大于 10 m/s，且飞行过程中转弯坡度不宜超过 20°。

6.4.3 每架次，在进入第一条航线前和出最后一条航线后或中断飞行前后都应进行 IMU/GPS 初始对准飞行(参见附录 D)。采用地面 GPS 基站时，当地面分辨率大于 25 cm，初始对准飞行的位置与其最近的基站之间的距离不应大于 50 km；否则，不应大于 20 km。

6.4.4 进入摄区航线时，应采用左转弯和右转弯交替方式飞行，且每次直线飞行时间一般不应超过 25 min，最大不超过 30 min。

6.4.5 在摄区航线飞行过程中，飞行地速与设计飞行地速之差不应大于设计值的 20%。

6.4.6 航摄飞行过程中应及时观察系统的工作情况，重点观察 GPS 信号失锁现象，根据实际情况及时处理。出现 GPS 信号失锁时，应立即中止摄影，并在信号恢复正常 5 min 后再进入航线进行摄影，若 GPS 信号始终无法恢复正常，应立即终止本架次飞行，并查明原因。

6.4.7 摄影过程中，飞机俯仰、侧滚和航偏角不应大于座架可调整角度的限定要求。

6.4.8 基站 GPS 接收机应在飞行过程中持续观测，基站 GPS 接收机应在机载 GPS 接收机关机后关机，并填写基站同步观测记录表(参见附录 E)。

6.4.9 每架次飞行结束后，应由摄影员填写航摄飞行记录表(参见附录 F)。

6.5 飞行质量和摄影质量要求

6.5.1 飞行质量

6.5.1.1 旁向重叠

6.5.1.1.1 旁向重叠度一般应为 20%～30%，个别最小不得小于 13%。

6.5.1.1.2 制作真正射影像时旁向重叠度一般不应小于 60%。

6.5.1.2 航线弯曲度

航线弯曲度一般不应大于 1%，当航线长度小于 5 km 时，航线弯曲度最大不应大于 3%。

6.5.1.3 航高保持

6.5.1.3.1 同一条航线上，最大航高与最小航高之差不应大于 50 m。

6.5.1.3.2 当相对航高小于或等于 1 000 m 时，航摄分区内实际航高与设计航高之差不应大于 50 m；当相对航高大于 1 000 m 时，其实际航高与设计航高之差不应大于设计航高的 5%。

6.5.1.4 飞行地速保持

进入航线飞行过程中，一般要求实际飞行地速与设计飞行地速之差不应大于设计值的 20%。

6.5.1.5 摄区、分区覆盖保证

摄区、分区边界覆盖保证：当地面分辨率大于25 cm时，航向覆盖超出边界线不应少于一条基线；否则，不应少于两条基线。旁向覆盖超出边界线一般不应少于扫描带宽的30%；在便于施测像片控制点且不影响空三加密时，不应少于扫描带宽的15%。

6.5.2 摄影质量

6.5.2.1 影像应清晰，层次丰富，反差适中，色调柔和；应能辨认出与地面分辨率相适应的细小地物影像，能够建立清晰的立体模型。

6.5.2.2 影像上不应有云、云影、烟、大面积反光、污点等缺陷；或虽存在少量缺陷，但不应影响空三加密和测图。

6.5.2.3 影像不应有裂缝。

6.5.3 补摄与重摄

补摄与重摄按以下要求进行：

a) 航摄中出现的相对漏洞和绝对漏洞均应及时补摄；
b) 机载GPS信号失锁或数据无记录造成扫描线外方位元素无法解算时，需对此区间进行补摄；整条航线机载GPS信号失锁或数据无记录时，需整条航线重摄；
c) 地面基站GPS信号失锁、中断或其他原因导致扫描线外方位元素无法解算时，可采用GPS精密单点定位技术进行解算；当解算精度不能满足要求时，应根据无法解算范围的大小，进行补摄或重摄；
d) 因IMU数据记录中断、初始对准飞行不充分等原因造成整架次数据无法正确解算时，需重摄；
e) 当地面分辨率小于或等于25 cm时，补摄航线两端不应少于两条基线；当地面分辨率大于25 cm时，补摄航线两端不应少于一条基线；
f) 补摄与重摄应按照原设计要求进行。

7 数据处理

7.1 原始数据下载

7.1.1 机载数据下载内容

机载数据下载内容包括：

a) 原始影像数据；
b) IMU/GPS观测数据；
c) 相关信息描述数据。

7.1.2 地面基站数据下载内容

地面基站数据下载内容为地面基站同步观测数据。

7.2 0级数据生成

7.2.1 原始数据分离

将原始数据分离为0级影像数据、IMU/GPS数据和信息描述数据。

7.2.2 **IMU/GPS 数据处理**

7.2.2.1 将机载 IMU/GPS 数据分离为 GPS 观测数据和 IMU 记录数据。

7.2.2.2 对每架次的 GPS 数据与 IMU 数据进行联合处理，生成每条扫描线的位置姿态数据。

7.2.2.3 当采用 GPS 差分定位时，IMU 和 GPS 数据联合解算的平面、高程和速度偏差不应超过表 5 的规定。

表 5 IMU 和 GPS 数据联合解算偏差限值

成图比例尺	平面偏差限值/m	高程偏差限值/m	速度偏差限值/(m/s)
1∶50 000	0.15	0.8	0.7
1∶25 000 1∶10 000	0.15	0.5	0.6
1∶5 000 1∶2 000	0.1	0.4	0.5
1∶1 000 1∶500	0.08	0.3	0.4

7.2.2.4 当采用 GPS 精密单点定位时，IMU 和 GPS 数据联合解算的平面位置偏差不应大于 0.15 m，高程偏差不应大于 0.5 m，速度偏差不应大于 0.6 m/s。

7.3 粗纠正影像制作

利用直接获取的每条扫描线位置姿态数据，将 0 级影像纠正到摄影基准面，生成带地理坐标的粗纠正影像。

8 成果质量检查

8.1 检查范围

检查范围包括飞行质量、影像质量、机载 IMU/GPS 数据质量和地面基站 GPS 数据质量。

8.2 检查项目和方法

8.2.1 飞行质量

8.2.1.1 旁向重叠度

利用粗纠正影像、浏览影像或影像输出片进行旁向重叠度的检查。

a) 利用粗纠正影像或浏览影像检查旁向重叠度是否超限。

b) 利用影像输出片进行检查时，将相邻输出片旁向重叠中心线附近 1 cm 范围内的地物重叠后，将重叠百分尺的末端置于第二张像片的边缘，读取第一张像片的边缘在重叠百分尺上分划值，此即为像片的旁向重叠度。如摄区为山地或高层建筑物密集的城市，则将相邻像片重叠部分中心线附近 1 cm 范围内的地物重叠后，再将一张像片的直线影像转绘到相邻像片上形成的曲线，用重叠百分尺量取像片边缘的最小分划值，即为最小旁向重叠度，按照 6.5.1.1 的要求检查旁向重叠度是否超限。

8.2.1.2 航线弯曲度

利用机载 GPS 记录的位置数据，参考附录 A.7 中的公式计算每一条航线的航线弯曲度，按照 6.5.1.2 的要求检查各航线弯曲度是否超限。

8.2.1.3 航高保持

8.2.1.3.1 对同一航线内的机载 GPS 记录的高程数据进行比较，按照 6.5.1.3.1 的要求检查该航线内航高是否超限。

8.2.1.3.2 利用机载 GPS 记录的高程数据与设计航高进行比较，按照 6.5.1.3.2 的要求检查各航线航高是否超限。

8.2.1.4 飞行地速保持

利用机载 GPS 记录的飞行地速与设计飞行地速进行比较，按照 6.5.1.4 的要求检查各航线飞行地速是否超限。

8.2.1.5 摄区、分区覆盖保证

采用影像输出片、浏览影像或 IMU/GPS 数据，按照 6.5.1.5 的要求检查摄区、分区的覆盖情况是否超限。

8.2.1.6 漏洞

8.2.1.6.1 按 8.2.1.1 规定的方法检查航摄相对漏洞。

8.2.1.6.2 按 8.2.1.1 和 8.2.1.5 规定的方法检查航摄绝对漏洞。

8.2.2 影像质量

利用浏览影像检查影像的清晰度、层次的丰富性、色彩反差、色调柔和情况，以及影像有无裂缝、云、云影、烟、大面积反光和污点等缺陷。

8.2.3 机载 IMU/GPS 数据质量

检查的主要内容有：

a) IMU 数据是否正常和连续；

b) GPS 偏心分量测定精度是否满足要求；

c) 机载 GPS 卫星信号有无失锁、缺失；

d) IMU/GPS 数据处理精度是否满足要求；

e) 将 a)、b)、c)的检查结果填入 IMU/GPS 数据检查结果分析表(参见附录 G)；将 d)的检查结果填入 IMU/GPS 数据处理检查手簿(参见附录 H)。

8.2.4 地面基站 GPS 数据质量

检查的主要内容有：

a) 地面基站 GPS 卫星信号有无失锁、缺失；

b) 地面基站点位的测量是否满足精度要求。

c) 将 a)、b)的检查结果填入 IMU/GPS 数据检查结果分析表(参见附录 G)。

注：当采用 GPS 精密单点定位技术时，无地面基站 GPS 数据相关检查内容。

9 成果整理和验收

9.1 成果整理

9.1.1 航空摄影数据整理

9.1.1.1 航空摄影数据指各波段0级数据,以航线为单元存储,每个0级数据目录下包括一张数据目录对照表,表的格式和航线数据文件命名参见附录I。

9.1.1.2 航线编号采用以航线为单位的流水编号,自左至右1～4位为摄区代号,5～6位为分区号,7～9位为航线号,具体表示方法参见附录I;当有补飞航线时,补飞航线的航线号在原航线编号后加补飞码,具体表示方法参见附录I。

9.1.1.3 0级影像数据采用通用非压缩图像格式存储。

9.1.1.4 航空摄影数据一般应采用硬盘存储,硬盘存放于硬质塑料包装盒内。

9.1.1.5 硬盘和其包装盒标签的注记内容包括:

a) 摄区名称;
b) 摄区代号;
c) 航摄仪类型及其编号;
d) 航摄仪主距;
e) 航摄时间;
f) 摄区面积;
g) 地面分辨率;
h) 航摄单位;
i) 盘号(分盘序号/总盘数);
j) 数据类型及级别;
k) 分区号;
l) 航线总数;
m) 航线号。

9.1.2 地面基站同步观测数据和地面基站测量数据整理

9.1.2.1 地面基站同步观测数据以架次为单元存储。

9.1.2.2 地面基站测量数据中包括GPS观测数据、点之记和GPS数据处理资料。

a) GPS观测数据包括原始数据格式和RINEX数据格式。RINEX数据命名见附录J。
b) 点之记包括基站的点之记电子文档和现场观测数码照片,文件名与基站名一致。
c) GPS数据处理资料包含地面控制网的GPS成果。

9.1.2.3 一般应采用硬盘存储,硬盘存放于硬质塑料包装盒内。

9.1.2.4 硬盘外注明摄区名称、摄区代号和数据内容。

9.1.2.5 硬盘包装盒标签的注记内容应包括:

a) 摄区名称;
b) 摄区代号;
c) 观测日期;
d) 观测单位;
e) 数据内容。

9.1.3 浏览影像整理

9.1.3.1 浏览影像制作要求：

a) 浏览影像以航线为单元，将粗纠正影像按照 10∶1(宽高比例不变)进行重采样，采样后影像以带坐标信息的通用图像格式存储；

b) 浏览影像文件名为在航线编号后加浏览影像标识号(“LL”)。

9.1.3.2 浏览影像一般用硬盘存储，硬盘存放于硬质塑料包装盒内。

9.1.3.3 硬盘外注明摄区名称、摄区代号和数据内容。

9.1.3.4 硬盘包装盒标签注记的内容包括：

a) 摄区名称；

b) 摄区代号；

c) 地面分辨率；

d) 航摄仪类型及编号；

e) 航摄时间；

f) 航摄面积；

g) 航摄单位；

h) 盘号(分盘序号/总盘数)；

i) 数据内容；

j) 分区号；

k) 航线号；

l) 航线总数。

9.1.4 影像输出片整理

9.1.4.1 影像输出片制作要求：

a) 以航线为单元，对粗纠正影像进行重采样，采样后扫描线宽为 1 900 个像素(宽高比例不变)；

b) 将重采样后的航带影像以 2 700 个像素宽由西到东(或由北到南)进行切割，相邻块之间保证 50 个像素的重叠区；

c) 输出片数据文件编号为在航线编号后加 3 位分块序列号；

d) 输出片编号标注：东西或南北方向飞行时应在输出像片西北角标注，字头统一朝北；其他方向飞行时，应在影像相对于实地近北或近东方向标注，输出片编号字体为等线体，字高 4 mm，编号左边距影像边缘 10 mm，上边距影像边缘 5 mm；

e) 输出片尺寸：高 20 cm，宽 28 cm，影像四周侧边距 5 mm，靠左侧放置；

f) 输出片用光面相纸输出，输出分辨率为 254 dpi。

9.1.4.2 采用与影像输出片幅面尺寸相适应规格的像片盒存放。

9.1.4.3 输出片应按摄区、分区或图幅分盒存放，面积较小或条带式的大比例尺摄影时可按摄区、航线分盒存放。

9.1.4.4 像片盒标签注记包括正面标签和侧面标签，要求如下：

a) 像片盒正面标签一式两份，一份放在像片盒中，一份粘贴在像片盒正面。标签注记内容包括：

1) 摄区名称；

2) 摄区代号；

3) 分区号；

4) 图幅号；

5) 航线号；

6） 输出片起止片号；
7） 输出片总数；
8） 航摄单位；
9） 航摄时间；
10） 像片盒编号(分盒序号/总盒数(单套的盒数))。

b） 像片盒侧面标签粘贴在像片盒侧面。标签注记内容包括：
1） 摄区名称；
2） 摄区代号；
3） 分区号；
4） 图幅号；
5） 套序号(套序号/总套数)。

9.1.5 文档资料整理

9.1.5.1 纸质文档资料的整理

纸质文档资料应按以下要求整理：

a） 所有文档应单独装订成册，存放在A4幅面的档案盒内；
b） 每份档案盒中应包含资料清单。

9.1.5.2 电子文档资料的整理

电子文档资料应按以下要求整理：

a） 电子文档的名称和内容应与纸质文档一致，无电子格式的纸质文档应扫描成电子文档；
b） 电子文档的存储介质为光盘。光盘存放于硬质塑料盒内，盒外注明摄区名称、摄区代号和资料名称。

9.2 验收与移交

9.2.1 验收程序

9.2.1.1 航摄执行单位按本规范和摄区合同的规定对全部航摄成果资料逐项进行认真检查，并详细填写检查记录手簿。

9.2.1.2 航摄执行单位根据航摄资料移交书和摄区合同规定，将全部成果资料整理齐全后，移交给航摄委托单位代表验收。

9.2.1.3 航摄委托单位代表依据本规范和摄区合同规定对全部成果资料验收合格后，双方在移交书上签字，并办理移交手续。

9.2.2 移交的资料

9.2.2.1 航空摄影纸质文档资料

航空摄影纸质文档资料包括：

a） 航空摄影技术设计书；
b） 航摄仪及附件技术参数检定报告；
c） 航摄飞行记录表；
d） 航线结合图；
e） 摄区完成情况图；
f） 航摄鉴定表；
g） 航空摄影资料移交书；

h) 航摄飞行 IMU/GPS 记录报告；
i) IMU/GPS 数据处理报告；
j) 其他相关资料。

9.2.2.2 地面基站测量相关纸质文档资料

地面基站测量相关纸质文档资料应包括：
a) 地面基站测量技术设计书；
b) 地面基站测量设备检定资料；
c) 地面基站点之记；
d) 地面基站 GPS 观测手簿；
e) 联测国家大地点的 GPS 观测手簿；
f) 地面基站点位测量报告；
g) 地面基站 GPS 成果，含联测网图；
h) 地面基站测量资料检查报告；
i) 地面基站测量技术总结报告；
j) 其他相关资料。

注：当采用 GPS 精密单点定位技术或地面基站采用已有控制点时，成果中不含地面基站测量相关内容。

9.2.2.3 影像输出片

按 9.1.4 要求整理的影像输出片。

9.2.2.4 数据资料

数据资料应包括：
a) 原始数据；
b) 各波段 0 级数据；
c) IMU/GPS 后处理解算数据；
d) 浏览影像数据；
e) 地面基站同步观测数据；
f) 地面基站测量数据；
g) 9.2.2.1 和 9.2.2.2 中除手簿和地面基站点之记外的所有文档的电子资料；
h) 其他相关资料。

注 1：当采用 GPS 精密单点定位技术时，成果中不含涉及基站相关内容；

注 2：当地面基站采用已有控制点时，成果中不含地面基站测量数据。

数据资料应按以下方式存储：
a) 一级文件夹以摄区名称加摄区代号命名，包含若干二级文件目录；
b) 二级文件目录分别为原始数据、0 级数据、浏览影像数据及其他数据四个文件目录。

9.2.3 验收报告

航摄委托单位代表完成验收后，应写出验收报告。报告的主要内容应包括：
a) 航摄依据——航摄合同和技术设计；
b) 完成的航摄图幅数和面积；
c) 对成果资料质量的基本评价；
d) 存在问题及处理意见。

附　录　A
（资料性附录）
航摄常用计算公式

A.1　推扫式航空摄影基线

航摄仪前视扫描线与后视扫描线所获取的影像构成立体时，这两个成像时刻航摄仪摄影中心之间的连线。

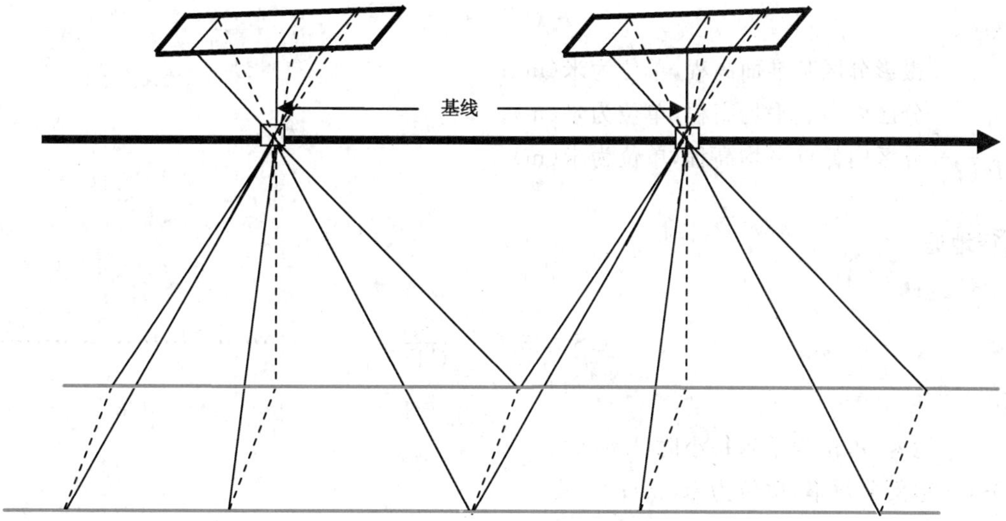

图 A.1　推扫式航空摄影基线示意图

A.2　摄影分区基准面高程

A.2.1　摄影分区基准面高程是将分区个别突出最高点与最低点舍去不计外，使分区内高点平均高程与低点平均高程面积各占一半的平均高程面。

A.2.2　采用 DEM 设计时，摄影分区基准面高程按式(A.1)计算：

$$h_{基}=\frac{\sum_{i=1}^{n}h_i}{n} \qquad \cdots\cdots(\text{A.1})$$

式中：

$h_{基}$——摄影分区基准面高程，单位为米(m)；

h_i ——分区内 DEM 格网点的高程值，单位为米(m)。

A.2.3　在地形图上选择高程点计算分区基准面高程公式

在平原和地形高差不大的平缓地区，用式(A.2)计算：

$$h_{基}=\frac{h_{最高}+h_{最低}}{2} \qquad \cdots\cdots(\text{A.2})$$

式中：

$h_{基}$ ——摄影分区基准面高程，单位为米(m)；

$h_{最高}$——分区内最高点高程,单位为米(m);

$h_{最低}$——分区内最低点高程,单位为米(m)。

A.2.4 在丘陵和地形起伏较大的地区,用式(A.3)~(A.5)计算:

$$h_{基}=\frac{h_{高平均}+h_{低平均}}{2} \qquad \cdots\cdots(A.3)$$

$$h_{高平均}=\frac{\sum_{i=1}^{n}h_{i高}}{n} \qquad \cdots\cdots(A.4)$$

$$h_{低平均}=\frac{\sum_{i=1}^{n}h_{i低}}{n} \qquad \cdots\cdots(A.5)$$

式中:

$h_{基}$ ——摄影分区基准面高程,单位为米(m);

$h_{高平均}$——分区内高点平均高程,单位为米(m);

$h_{低平均}$——分区内低点平均高程,单位为米(m)。

A.3 飞行地速

$$GS \leqslant 3.6 \times \frac{GSD}{CT} \qquad \cdots\cdots(A.6)$$

式中:

GS ——地速,单位为千米每小时(km/h);

GSD——地面分辨率,单位为米(m);

CT ——传感器扫描周期,单位为秒(s)。

A.4 航高

$$H=\frac{f \times GSD}{a} \qquad \cdots\cdots(A.7)$$

式中:

H ——摄影航高,单位为米(m);

f ——镜头焦距,单位为毫米(mm);

a ——像元尺寸,单位为毫米(mm);

GSD——地面分辨率,单位为米(m)。

A.5 旁向重叠度

$$q_Y=q'_Y+(1-q'_Y)\Delta h/H \qquad \cdots\cdots(A.8)$$

式中:

q_Y ——实际旁向重叠度,%;

q'_Y ——设计旁向重叠度,%;

Δh ——相对于摄影基准面的高差,单位为米(m);

H ——摄影航高,单位为米(m)。

A.6 航线间隔

$$d_Y = L_Y(1-q_Y) \qquad \cdots\cdots (A.9)$$

$$D_Y = d_Y \times \frac{H}{f} \qquad \cdots\cdots (A.10)$$

式中：

D_Y——物方航线间隔，单位为米(m)；

d_Y——像方航线间隔，单位为毫米(mm)；

L_Y——像方扫描带宽，单位为毫米(mm)；

q_Y——影像旁向重叠度，%；

f——焦距，单位为毫米(mm)；

H——摄影航高，单位为米(m)。

A.7 航线弯曲度

$$E = \frac{\Delta l}{L} \times 100\% \qquad \cdots\cdots (A.11)$$

式中：

E——航线弯曲度，%；

Δl——扫描线中心点偏离航线首末扫描线中心点连线的最大距离，单位为米(m)；

L——航线首末扫描线中心点连线的长度，单位为米(m)。

附 录 B
（资料性附录）
偏心分量测定表

<table>
<tr><td rowspan="4">基本信息</td><td colspan="2">摄区代号</td><td></td><td>摄区名称</td><td></td></tr>
<tr><td colspan="2">飞机型号</td><td></td><td>飞机编号</td><td></td></tr>
<tr><td colspan="2">航摄仪型号</td><td></td><td>航摄仪编号</td><td></td></tr>
<tr><td colspan="5">备注：</td></tr>
<tr><td rowspan="7">GPS偏心分量</td><td colspan="2">偏心分量</td><td>u/m</td><td>v/m</td><td>w/m</td></tr>
<tr><td rowspan="4">GPS天线相位中心至航摄仪量测参考点的坐标分量</td><td>1</td><td></td><td></td><td></td></tr>
<tr><td>2</td><td></td><td></td><td></td></tr>
<tr><td>3</td><td></td><td></td><td></td></tr>
<tr><td>平均值</td><td></td><td></td><td></td></tr>
<tr><td colspan="2">航摄仪量测参考点至摄影中心的坐标分量</td><td></td><td></td><td></td></tr>
<tr><td colspan="2">结果</td><td></td><td></td><td></td></tr>
<tr><td></td><td colspan="3">测量员：
日期：</td><td colspan="2">检查员：
日期：</td></tr>
</table>

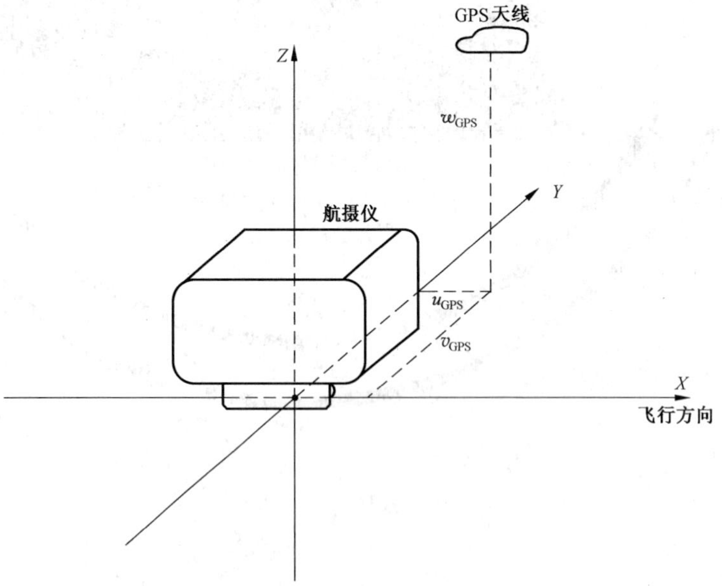

图 B.1 偏心分量示意图

附 录 C
(资料性附录)
点 之 记

<table>
<tr><td>点名</td><td></td><td>点号</td><td></td><td>所在图幅(1∶50 000)</td><td></td></tr>
<tr><td>概略纬度</td><td colspan="3"></td><td colspan="2" rowspan="8">交通路线图</td></tr>
<tr><td>概略经度</td><td colspan="3"></td></tr>
<tr><td>概略高程</td><td colspan="3"></td></tr>
<tr><td>站址所在地</td><td colspan="3"></td></tr>
<tr><td>最近水源</td><td colspan="3"></td></tr>
<tr><td>最近住所</td><td colspan="3"></td></tr>
<tr><td>供电系统</td><td colspan="3"></td></tr>
<tr><td>邮电通讯</td><td colspan="3"></td></tr>
<tr><td>点位描述</td><td colspan="3"></td><td>点位略图</td><td></td></tr>
<tr><td colspan="4">实地照片 1</td><td colspan="2">实地照片 2</td></tr>
<tr><td colspan="4">选点人：　　　单位：</td><td colspan="2">检查人：　　　单位：</td></tr>
<tr><td colspan="4">时　间：</td><td colspan="2">时　间：</td></tr>
<tr><td colspan="6">备　注：</td></tr>
</table>

附 录 D
（资料性附录）
IMU/GPS 初始对准飞行方案

飞机进入第一条航线前须进行至少 5 min 平飞后进行 S 形或 8 字形飞行，之后再进行最多 5 min 的平飞，离开最后一条航线也须进行最多 5 min 的平飞，然后进行 S 形或 8 字形飞行后再进行至少 5 min 平飞。根据航线布设方案的要求，可在下列七种初始对准飞行方案中选择合适的方案执行（离开最后一条航线的初始对准飞行按图示方向反向执行即可）。

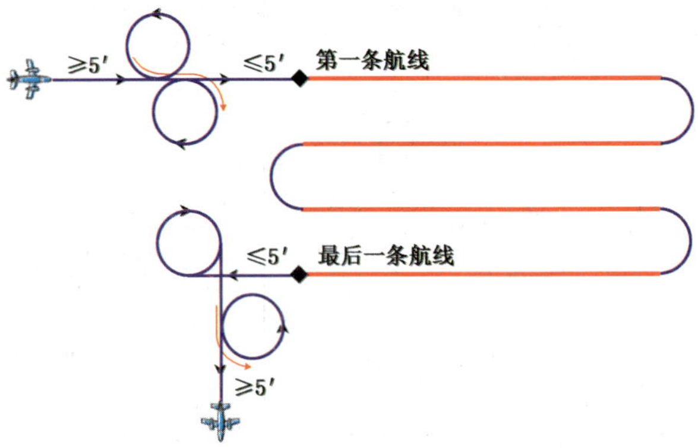

图 D.1　初始对准飞行示意图

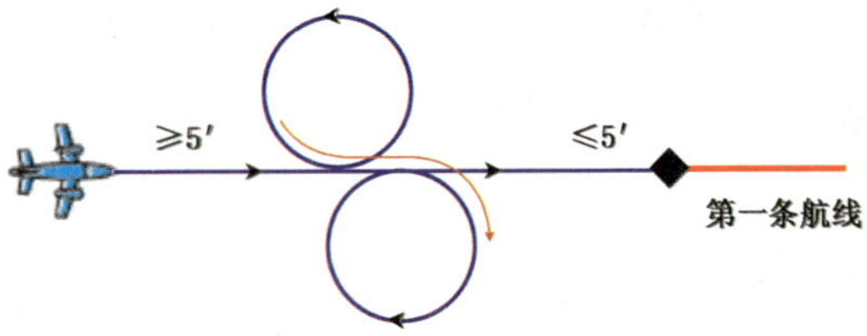

图 D.2　初始对准飞行方案

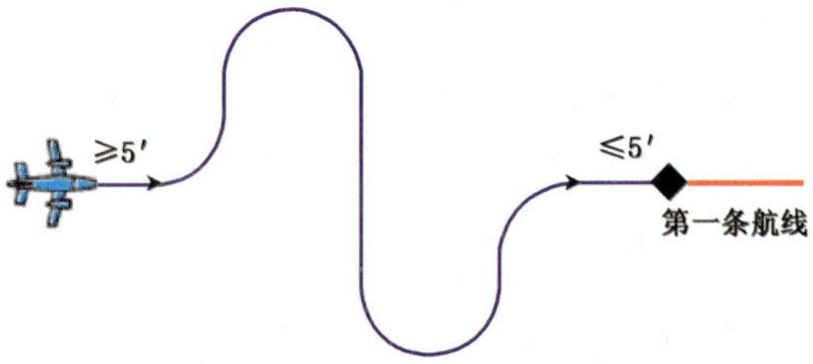

图 D.3　初始对准飞行方案

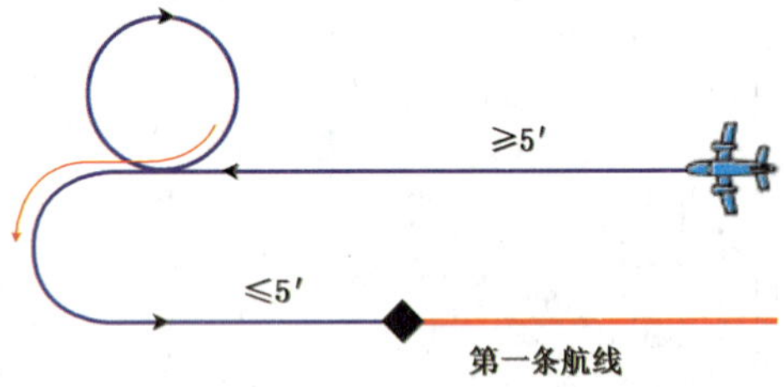

图 D.4　初始对准飞行方案

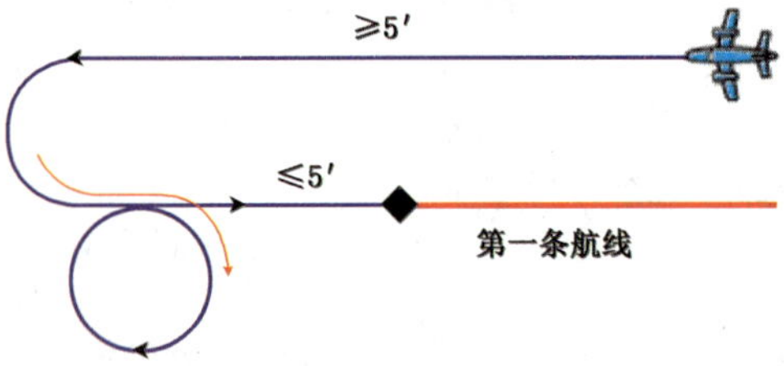

图 D.5　初始对准飞行方案

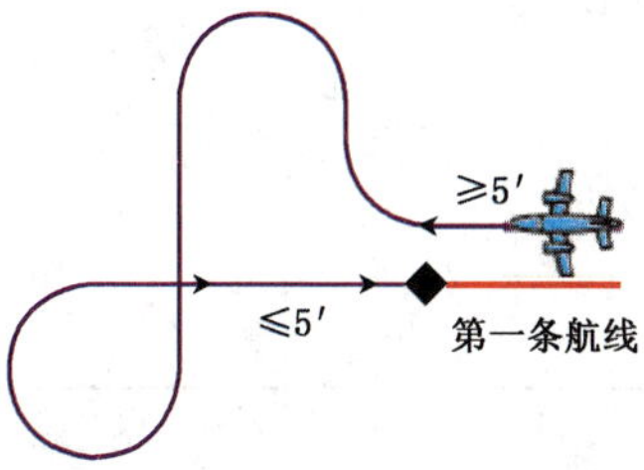

图 D.6　初始对准飞行方案

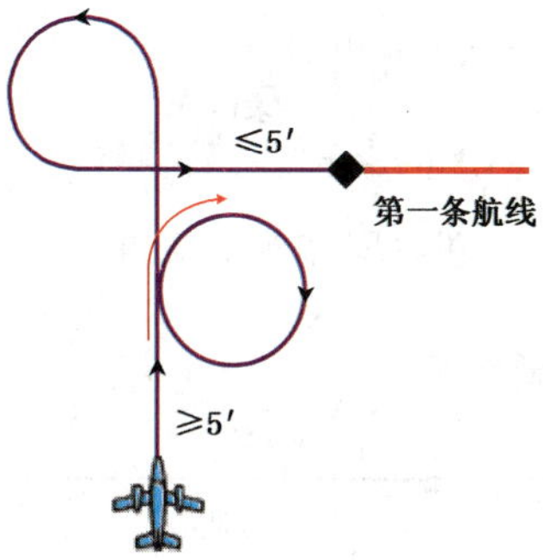

图 D.7　初始对准飞行方案

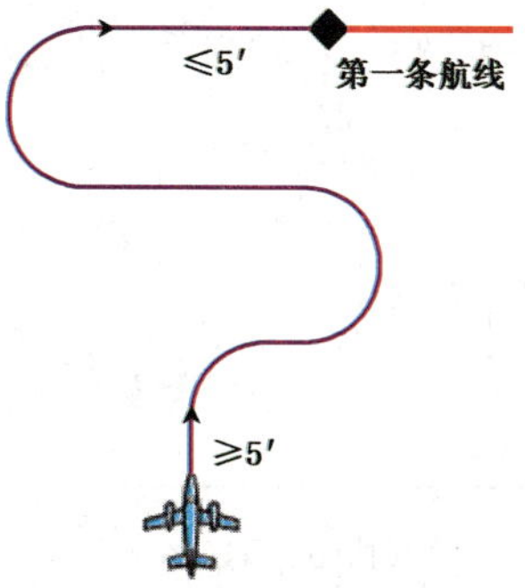

图 D.8　初始对准飞行方案

附 录 E
（资料性附录）
基站同步观测记录表

<table>
<tr><td>摄区代号/摄区名称</td><td colspan="4"></td></tr>
<tr><td>观测日期</td><td colspan="4"></td></tr>
<tr><td>天气情况</td><td colspan="4"></td></tr>
<tr><td>接收机型号</td><td colspan="4"></td></tr>
<tr><td>接收机编号</td><td colspan="4"></td></tr>
<tr><td>天线型号</td><td colspan="4"></td></tr>
<tr><td>天线编号</td><td colspan="4"></td></tr>
<tr><td>基站名</td><td colspan="4"></td></tr>
<tr><td>卫星高度截止角/°</td><td colspan="4"></td></tr>
<tr><td>采样间隔/s</td><td colspan="4"></td></tr>
<tr><td>基站开机时间</td><td></td><td>天线高/m</td><td></td><td rowspan="2">垂高□
斜高□</td></tr>
<tr><td>基站关机时间</td><td></td><td>天线高/m</td><td></td></tr>
<tr><td>数据目录名</td><td colspan="4"></td></tr>
<tr><td>数据文件名</td><td colspan="4"></td></tr>
<tr><td>数据量/MB</td><td colspan="4"></td></tr>
<tr><td>GPS观测时异常记录</td><td colspan="4"></td></tr>
</table>

记录员：　　　　　　　　　　　　　　检查员：

年　月　日　　　　　　　　　　　　　年　月　日

附 录 F
（资料性附录）
航摄飞行记录表

表 F.1 航摄飞行记录总表

机组＿＿＿＿＿＿日期＿＿＿＿＿＿从＿＿时＿＿分到＿＿时＿＿分

<table>
<tr><td>摄区名称</td><td></td><td>摄区代号</td><td></td><td>航摄分区</td><td></td><td>地面分辨率/m</td><td></td></tr>
<tr><td>绝对航高/m</td><td></td><td>摄影方向</td><td></td><td>航线条数</td><td></td><td>地形地貌</td><td></td></tr>
<tr><td>飞机型号</td><td></td><td>飞机编号</td><td></td><td>硬盘编号</td><td colspan="3"></td></tr>
<tr><td>航摄仪型号</td><td></td><td>航摄仪编号</td><td></td><td>焦距/mm</td><td></td><td>基站名</td><td></td></tr>
<tr><td>偏心分量</td><td colspan="2">u/m：</td><td colspan="2">v/m：</td><td colspan="3">w/m：</td></tr>
<tr><td>天气状况</td><td></td><td>水平能见度</td><td></td><td>垂直能见度</td><td colspan="3"></td></tr>
<tr><td>机　　长</td><td></td><td>飞 行 员</td><td></td><td>领 航 员</td><td></td><td>摄影员</td><td></td></tr>
<tr><td colspan="8">航 线 飞 行 示 意 图</td></tr>
<tr><td colspan="8">备注：</td></tr>
</table>

表 F.2 航摄飞行航线记录表

航摄 分区	航线 编号	开始 时间	结束 时间	航向 °	IT ms	GS kts	GS偏差 kts	GS偏差 位置 km	IT超限 位置 km	俯仰角 超限位置 km	侧滚角超限位置 km	备注

填表人：________ 提交人：________ 接收人：________

摄区代号：________ 机　组：________ 年　月　日

附　录　G
（资料性附录）
IMU/GPS 数据检查结果分析表

摄区代号：＿＿＿＿＿＿＿＿＿＿＿＿机组：＿＿＿＿＿＿＿＿＿＿＿＿年　　月　　日

<table>
<tr><td rowspan="6">基站数据检查</td><td>序号</td><td>基站名</td><td colspan="2">数据目录名</td><td>数据量/MB</td><td>有无异常</td></tr>
<tr><td>1</td><td></td><td colspan="2"></td><td></td><td></td></tr>
<tr><td>2</td><td></td><td colspan="2"></td><td></td><td></td></tr>
<tr><td>3</td><td></td><td colspan="2"></td><td></td><td></td></tr>
<tr><td>评价分析</td><td colspan="5">1. 无异常，可进行后续处理。□　2. 部分基站有异常，可进行后续处理。□
3. 所有数据有异常，不能进行后续处理。□　4. 其他：＿＿＿＿＿＿＿＿＿＿。□</td></tr>
<tr><td>备注</td><td colspan="5">采用 GPS 精密单点定位技术时可不填写本项内容。</td></tr>
<tr><td rowspan="7">机载数据检查</td><td rowspan="5">机载 GPS 数据</td><td rowspan="3">有无失锁发生</td><td rowspan="5">失锁区间</td><td></td><td>所在区间[a]</td><td>时间/s</td></tr>
<tr><td>1</td><td></td><td></td></tr>
<tr><td>2</td><td></td><td></td></tr>
<tr><td rowspan="2"></td><td>3</td><td></td><td></td></tr>
<tr><td>4</td><td></td><td></td></tr>
<tr><td>评价分析</td><td colspan="5">1. 无失锁，可进行后续处理。□
2. 失锁时间较短，且在非航摄区域，可进行后续处理。□
3. 在航线上失锁时间较短，可进行后续处理。□
4. 失锁时间长，部分区间无法后续处理，建议补摄＿＿＿＿＿＿＿＿＿＿。□
5. 其他：＿＿＿＿＿＿＿＿＿＿＿＿＿＿＿＿。□</td></tr>
<tr><td colspan="2">IMU 数据</td><td>有无异常</td><td colspan="3"></td></tr>
<tr><td>其他</td><td colspan="6"></td></tr>
<tr><td>分析结果</td><td colspan="6">1. 数据记录连续无失锁，或有失锁现象，但失锁时间较短，可进行后续处理。□
2. 数据记录部分失锁或中断，需对＿＿＿＿＿＿＿＿＿＿补摄。□
3. 其他＿＿＿＿＿＿＿＿＿＿＿＿＿＿＿＿。□</td></tr>
<tr><td colspan="7">[a] 可选如下区间：A-非摄区区间　B-航线上　C-航线转弯　D-＿＿＿＿（其他）</td></tr>
</table>

记录员：　　　　　　　　　　　　　　　　　　检查员：

年　月　日　　　　　　　　　　　　　　　　　年　月　日

附 录 H
（资料性附录）
IMU/GPS 数据处理检查手簿

摄区：____________________ 架次：____________________

H.1 机载 IMU/GPS 数据检查

检查项名称	异常情况	处理方案	√或×
GPS 数据			
IMU 数据			

H.2 IMU 和 GPS 数据联合解算

1） 解算精度

航线数/计算次数： □

精度指标	精度值	是否合格	√或×
位置偏差/m	北： 东： 高：		
速度偏差/(m/s)	北： 东： 高：		
情况说明			

2） 外方位元素输出

输出外方位元素成果名： □

3） 异常情况记录

异常情况	处理方案	√或×

H.3 检查意见

□解算成果全部合格，可采用 □部分合格，部分可采用 □成果质量全部不合格，不可用 □

注：处理员据实填写手簿，检查员经检查无误画√、否则画×。

处理员（签字）： 检查员（签字）：

年 月 日 年 月 日

附 录 I
（资料性附录）
航线数据文件命名规则

I.1 航线编号具体要求如下：

a) 摄区代号由两位年代号和两位序列号组成，序列号不足两位用0补齐，例如1009表示2010年第9号摄区；
b) 分区号由两位序列号组成，不足两位用0补齐，例如01表示1分区；
c) 航线号为流水编号，由三位数字组成，不足三位用0补齐，例如001表示第一条航线；
d) 补飞航线号为在原航线编号后增加补飞码，补飞码由1位英文字母表示，b表示第一次补飞，c表示第二次补飞，依次类推。

I.2 0级数据目录下应附一张数据目录对照表，格式如表I.1所示：

表I.1 数据目录对照表

航线编号	航线标识号
100901001	1002230831
…	…
100901008	1002230931

同一条航线上的0级数据应有相同的航线标识号。航线标识号的命名规则应附有说明信息，例如，1002230831表示2010年2月23日8点31分。

附　录　J
（规范性附录）
GPS观测数据文件命名规则

标准的RINEX数据文件名一般格式为：SSSSDDDA.YYT。其中：

a) SSSS表示测站(测点)名称，4个字符，点名应唯一；

b) DDD表示年积日，3个字符；

c) A表示时段号，1个字符；

d) YY表示年份，2个字符；

e) T表示文件类型，1个字符，为O或N。其中，O代表观测数据，N代表星历数据。

附　录　K
（资料性附录）
航摄鉴定表

K.1　航摄鉴定表一般以航线覆盖的一个或多个相邻图幅为单元整理，图幅的最小分幅单元为 1∶10 000（当成图比例尺大于或等于 1∶10 000 时）或 1∶50 000（当成图比例尺小于 1∶10 000 大于 1∶50 000 时）标准图幅。

K.2　航摄鉴定表示例：

航 摄 鉴 定 表

摄区 1009　　　　摄影比例尺＿＿＿＿　　　　绝对航高＿＿＿＿

分区 01　　　　图幅名称（编号）H50E044001、H50E044002、H50E044003

图幅在测区（分区）的位置示意图

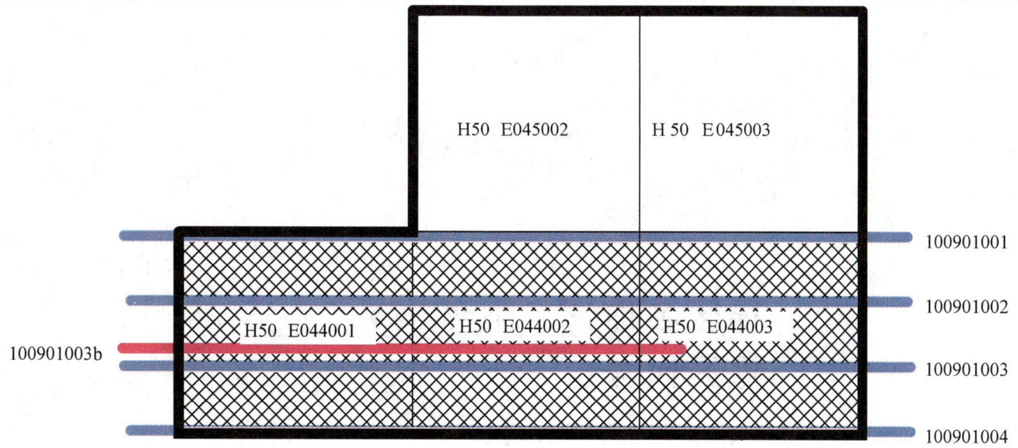

航线编号	航摄日期	航摄仪类型/编号	两端输出片序列号	片数
100901001	2010.10.08	ADS80/130	001～030	30
100901002	2010.10.08	ADS80/130	001～030	30
100901003	2010.10.08	ADS80/130	001～030	30
100901003b	2010.10.10	ADS80/1304	001～020	20
100901004	2010.10.08	ADS80/130	001～030	30
航线条数		5	输出片总张数	140

1	航摄仪类型	ADS80	航摄仪编号	130
2	航摄仪类型	ADS80	航摄仪编号	1304
3	航摄仪类型		航摄仪编号	

说明：具体参数见航摄仪技术参数文件

检查说明：

检查意见：

检查者：　　　　日期：

验收意见：

验收代表：　　　　验收日期：

K.3 航摄鉴定表以摄区或分区为单元装订成册，封面设计如下：

航 摄 鉴 定 表

摄区名称：____________________

摄区代号：____________________

航摄单位：____________________

航摄日期：　　　年　　　月

附　录　L
（资料性附录）
IMU/GPS 相关资料编写要求

L.1　航摄飞行 IMU/GPS 记录报告

航摄飞行 IMU/GPS 记录报告应包括：

a)　偏心分量测定表；

b)　基站同步观测记录表；

c)　航摄飞行记录表。

注：每个架次应包括 b)、c)两项。

L.2　IMU/GPS 数据处理报告

IMU/GPS 数据处理报告应包括：

a)　IMU/GPS 数据检查结果分析表；

b)　IMU/GPS 数据处理检查手簿。

L.3　地面基站点位测量报告

地面基站点位测量报告应包括：

a)　基站点位测量说明及精度报告；

b)　坐标成果。

注：采用 GPS 精密单点定位技术时，地面无基站相关内容。

附 录 M
（资料性附录）
航摄资料移交书

航摄资料移交书应包括航摄任务说明、航摄面积统计表和航摄资料统计表。具体格式和内容如下：

根据　　年　　月　　日　　　合同执行　　　　　　　摄区航空摄影任务，完成航摄面积及移交资料如下表：

表 M.1 航摄面积统计

地区类别	完成航摄面积 km^2	地面分辨率 cm	摄影种类	旁向重叠	备注

表 M.2 航摄资料统计表

项　　目	规格	单位	份数	数量	备注
原始数据		套			
各波段 0 级数据		套			
IMU/GPS 后处理解算数据		套			
影像输出片		套			像片
浏览影像		套			
航摄飞行记录表		张			附电子文档
航摄鉴定表		张			附电子文档
航摄仪及附件技术参数检定报告		张			附电子文档
摄区完成情况图		张			附电子文档
航线结合图		张			附电子文档
航摄技术设计书		本			附电子文档
航摄资料移交书		本			附电子文档
航摄飞行 IMU/GPS 记录报告		本			附电子文档
IMU/GPS 数据处理报告		本			
其他					

表 M.3 地面基站测量资料统计表

项 目	规格	单位	份数	数量	备注
地面基站同步观测数据		套			
地面基站测量数据		套			
地面基站测量技术设计书		本			附电子文档
地面基站测量设备检定资料		本			附电子文档
地面基站点之记		本			附电子文档
地面基站 GPS 观测手簿		本			附电子文档
联测国家大地点的 GPS 观测手簿		本			附电子文档
地面基站点位测量报告		本			附电子文档
地面基站 GPS 成果，含联测网图		张			附电子文档
地面基站测量资料检查报告		本			附电子文档
地面基站测量技术总结报告		本			附电子文档
其他					

以上经甲、乙双方代表确认，并核实清点无误。

接收单位(章)：　　　　　　　　　　　　交出单位(章)：
验收代表：　　　　　　　　　　　　　　交出代表：
接收代表：　　　　　　　　　　　　　　负责人：

年　　月　　日　　　　　　　　　　　　年　　月　　日

附 录 N
（资料性附录）
航线结合图

N.1 航线结合图制作要求

N.1.1 制图单元

以摄区或分区为单元制作航线结合图。

N.1.2 图面内容

图面内容主要包括：

a) 摄区范围线：连接摄区多边形拐点，标绘摄区范围线，标注拐点经纬度坐标；
b) 分区范围线：当摄区内有多个分区时，标绘分区范围线，并在分区内显著位置标注分区顺序号；若摄区只有一个分区时，可不予标注；
c) 最小图幅单元结合表：在摄区外接矩形范围内，一般以 1∶10 000（当成图比例尺大于或等于 1∶10 000 时）或 1∶50 000（当成图比例尺小于 1∶10 000 大于 1∶50 000 时）标准图幅为单元，绘制图幅结合表；
d) 标注图幅单元：以 1∶50 000（当成图比例尺大于或等于 1∶10 000 时）或 1∶100 000（当成图比例尺小于 1∶10 000 大于 1∶50 000 时）标准分幅作为标注图幅单元，以不同线型表示该图幅边界，并标注图幅号；
e) 航线：以最小单元图幅结合表为参考，绘制航线，并在各航线与摄区边界相交的一侧或两侧标注航线号，补飞航线以不同颜色区分，不同航摄仪飞行的航线用不同的线型加以区分；
f) 航线号标注：在航线与标注图幅单元相交处标注航线号；补飞航线号与正常飞航线号用不同颜色表示。

N.1.3 图外整饰

图外整饰内容主要包括：

a) 图形顶端居中处注图名：“××摄区××分区航线结合图”；
b) 图形底部注记内容包括：
   1) 摄区名称；
   2) 摄区代号；
   3) 地面分辨率；
   4) 航摄仪类型；
   5) 航摄仪焦距；
   6) 航摄日期；
   7) 航摄单位；
   8) 制作者；
   9) 检查者。

N.1.4 图件输出

以 A4 纸幅面、300 dpi～500 dpi 输出。

N.2 航线结合图示例

航线结合图见图 N.1。

××摄区××分区航线结合图

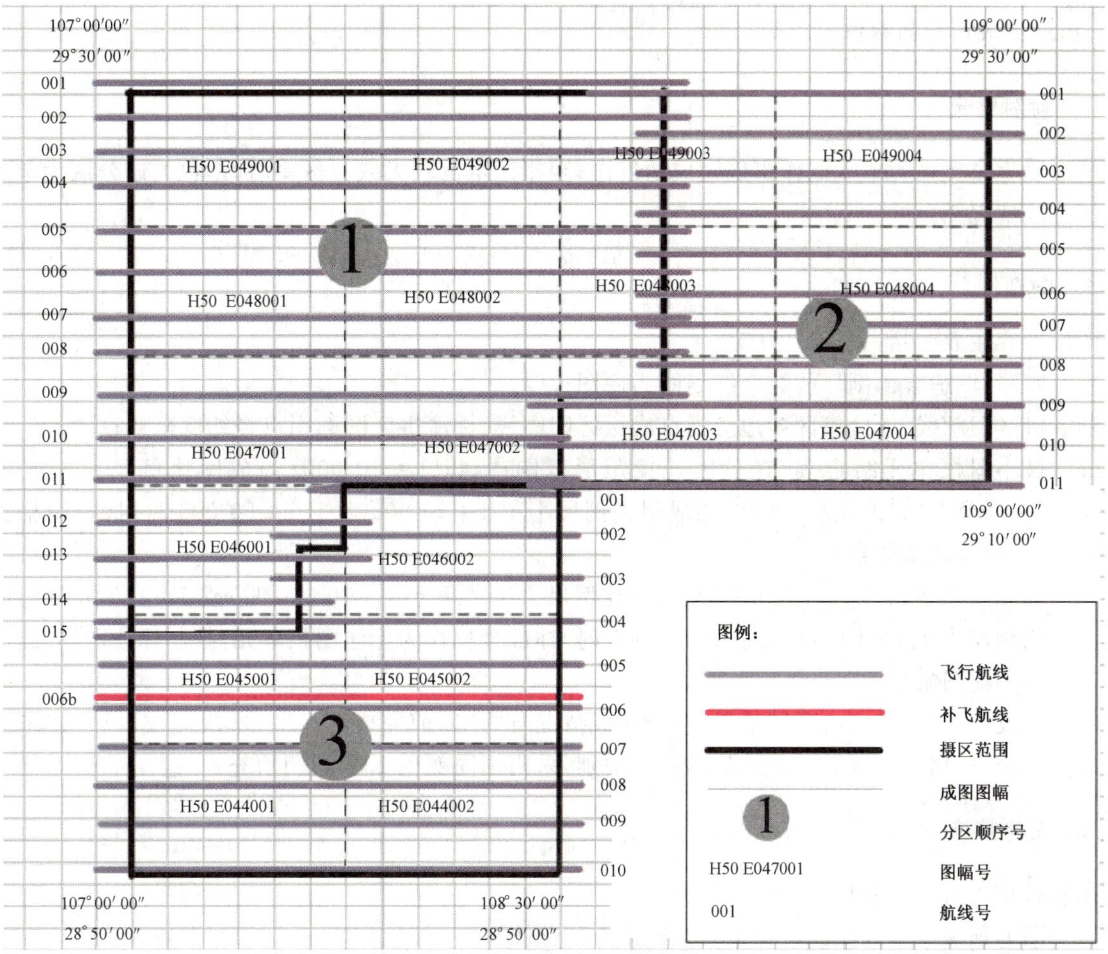

摄区名称：　　　　摄区代号：　　　　地面分辨率：　　　　航摄仪型号及编号：

航摄时间：　　年　月—　　年　月　　航摄单位：

制作者：　　　　检查者：

图 N.1　航线结合图

附 录 O
（资料性附录）
摄区完成情况图

O.1 摄区完成情况图制作要求

O.1.1 制图单元

一般以完整摄区为单元制作摄区完成情况图；当摄区范围较大或分区零散时，也可以分区为单元制作摄区完成情况图。

O.1.2 图面内容

图面内容主要包括：

a) 底图：以适合比例尺的数字线划图为底图；

b) 摄区图廓线：连接摄区多边形拐点成摄区图廓线，标注摄区图廓拐点经纬度坐标；

c) 最小图幅单元结合表：在摄区外接矩形范围内，以 1∶10 000（当成图比例尺大于或等于 1∶10 000 时）或 1∶50 000（当成图比例尺小于 1∶10 000 大于 1∶50 000 时）标准图幅为单元，绘制图幅结合表；

d) 标注图幅单元：以 1∶50 000（当成图比例尺大于或等于 1∶10 000 时）或 1∶100 000（当成图比例尺小于 1∶10 000 大于 1∶50 000 时）标准分幅作为标注图幅单元，绘制标注图幅结合表，并标注图幅号；

e) 完成情况：绘制完成区域边界，按照完成情况分为“以前完成区域”、“本次完成区域”、“未完成区域”、“需补飞区域”、“禁飞区域”等类别，采用不同颜色 50％透明填充。

O.1.3 图外整饰

图外整饰内容主要包括：

a) 图形顶端居中处注图名：“××摄区完成情况图”。

b) 图形底部注记内容包括：

  1) 摄区名称；
  2) 摄区代号；
  3) 地面分辨率；
  4) 航摄仪型号及编号；
  5) 航摄仪焦距；
  6) 摄区面积；
  7) 本次完成面积；
  8) 以前完成面积；
  9) 未完成面积；
  10) 需补飞面积；
  11) 禁飞面积；
  12) 航摄日期；
  13) 航摄单位；

14） 制作者；

15） 检查者。

O.1.4 图件输出

以 A4 纸幅面、300 dpi～500 dpi 输出。

O.2 摄区完成情况图示例

××摄区完成情况图

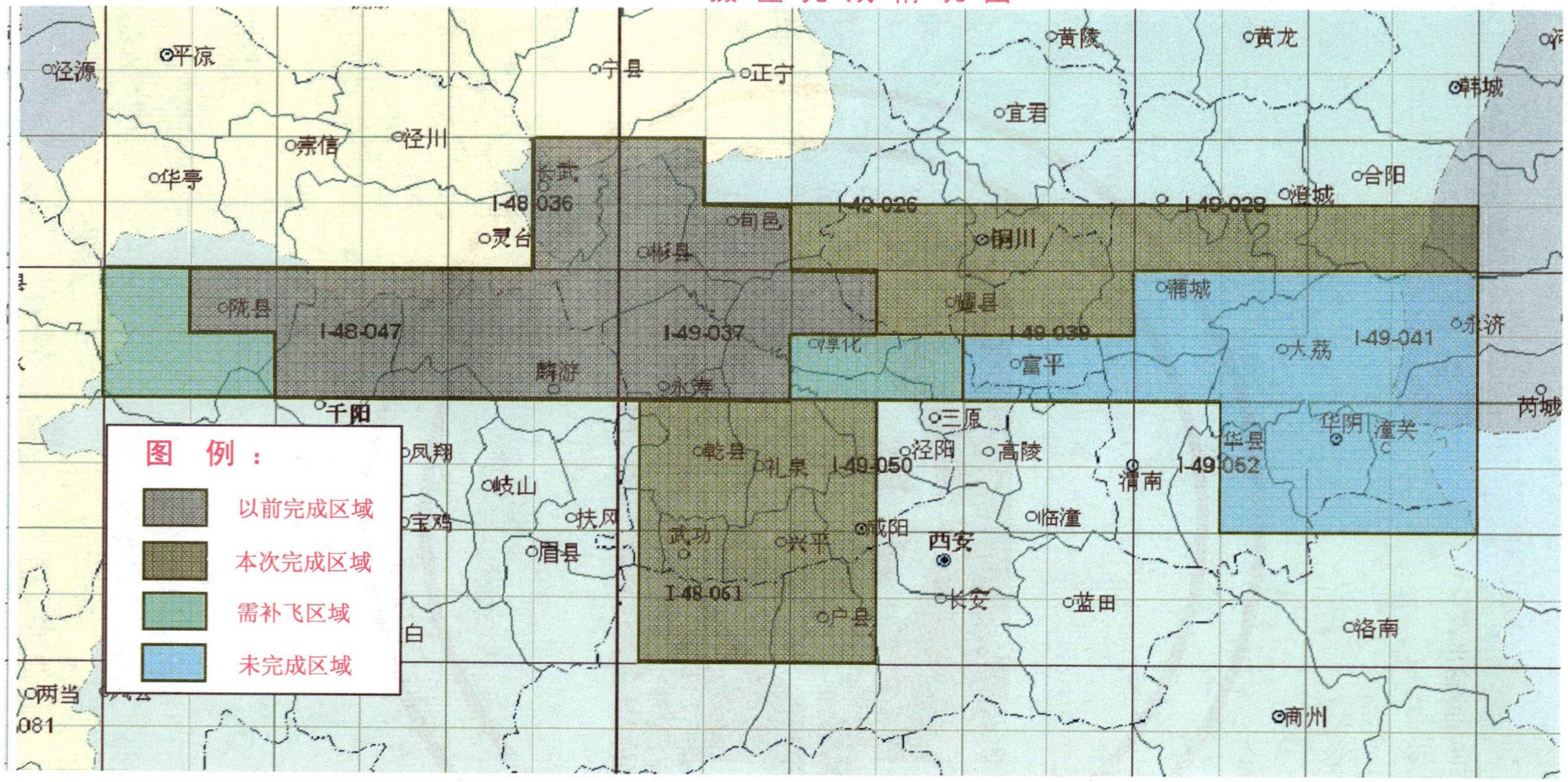

摄区名称：　　摄区代号：　　地面分辨率：　　航摄仪型号及编号：

合同面积：　　本次航摄面积：　　未完成面积：　　以前完成面积：　　需补飞面积：

禁飞面积：　　航摄时间：　年　月—　年　月　　航摄单位：

制 作 者：　　检 查 者：

图 O.1　摄区完成情况图

ICS 35.240.15
L 64

中华人民共和国国家标准

GB/T 28177.3—2012

识别卡　柔性薄卡
第3部分：测试方法

Identification cards—Thin flexible cards—
Part 3: Test methods

(ISO/IEC 15457-3:2008, MOD)

2012-12-31 发布　　2013-06-01 实施

中华人民共和国国家质量监督检验检疫总局
中国国家标准化管理委员会　发布

前　言

GB/T 28177《识别卡　柔性薄卡》分为3个部分：

——第1部分：物理特性；

——第2部分：磁记录技术；

——第3部分：测试方法。

本部分为GB/T 28177的第3部分。

本部分按照GB/T 1.1—2009给出的规则起草。

本部分使用重新起草法修改采用ISO/IEC 15457-3:2008《识别卡 柔性薄卡 第3部分：测试方法》。

本部分与ISO/IEC 15457-3:2008相比，存在如下少量技术性差异：

a) 原国际标准引用的ISO 4287-1已被ISO 4287代替，本部分用GB/T 3505—2009(ISO 4287:1997,IDT)予以代替；

b) 原国际标准引用的ISO 5-2:1991，本部分用GB/T 11500—2008(ISO 5-2:2001,IDT)予以代替；

c) 原国际标准对于施胶度的测试依据法国标准，采用GB/T 460—2008予以代替；

d) 由于原国际标准第3部分引用了其2001版第1部分的条款，而本标准的第1部分修改采用的是原国际标准的2008版，为了与国家标准一致统一，将本部分4.4.1引用的第1部分条款修订为6.2.4；4.5.1引用的第1部分条款修订为6.3；

e) 原国际标准第3部分4.1.3.3引用第1部分5.3.2错误，原国际标准第1部分无5.3.2，本部分修改为引用第1部分4.7.2；

f) 本部分删除了原国际标准第3部分4.17.2注的内容；

g) 原国际标准第3部分4.17.7引用该部分4.18.5错误，该部分无4.18.5，本部分修改为引用4.17.5。

请注意本文件的某些内容可能涉及专利。本文件的发布机构不承担识别这些专利的责任。

本部分由全国信息技术标准化技术委员会(SAC/TC 28)提出并归口。

本部分起草单位：中国电子技术标准化研究所、深圳市特种证件研究制作中心、东信和平智能卡股份有限公司、深圳市百得利电子有限公司。

本部分主要起草人：冯敬、刘文莉、严金波、赵子渊、高林、金倩、赵继红、阎学众、夏蒂娜、乔申杰。

引　言

柔性薄卡(TFC)通常用于获取商品或服务的自动控制领域，如公众交通、收费系统、停车场、凭证、储值等。

在这些应用中，通过设备使用磁条、光学字符识别(OCR)、条形码等多种记录技术读写数据。

本部分的接收准则依据 GB/T 28177.1—2011 和 GB/T 28177.2—2011。

识别卡 柔性薄卡
第3部分:测试方法

1 范围

GB/T 28177 的本部分规定了测试柔性薄卡的方法和规程。

本部分提供的许多基础材料物理特性的测试方法适用于从连续材料或者大张样本中抽取的样品;除非有其他明确的声明,否则所有给出的测试方法都适用于成品卡。

本部分规定的测试方法在独立样本上执行。除非有明确的说明,任何一个单独的卡只需通过一种检测规程。

2 规范性引用文件

下列文件对于本文件的应用是必不可少的。凡是注日期的引用文件,仅注日期的版本适用于本文件。凡是不注日期的引用文件,其最新版本(包括所有的修改单)适用于本文件。

GB/T 450 纸和纸板 试样的采取及试样纵横向、正反面的测定(GB/T 450—2008,ISO 186:2002,MOD)

GB/T 451.3 纸和纸板厚度的测定(GB/T 451.3—2002, ISO 534:1988,IDT)

GB/T 454 纸耐破度的测定(GB/T 454—2002, ISO 2758:2001,IDT)

GB/T 456 纸和纸板平滑度的测定(别克法)(GB/T 456—2002,ISO 5627:1995,IDT)

GB/T 457 纸和纸板耐折度的测定(GB/T 457—2008,ISO 5626:1993,MOD)

GB/T 458 纸和纸板透气度的测定(GB/T 458—2008,ISO 5636-2:1984,ISO 5636-3:1992,ISO 5636-5:2003,MOD)

GB/T 460—2008 纸 施胶度的测定

GB/T 742 造纸原料、纸浆、纸和纸板灰分的测定(GB/T 742—2008,ISO 2144:1997,MOD)

GB/T 1543 纸和纸板 不透明度(纸背衬)的测定(漫反射法)(GB/T 1543—2005, ISO 2471:1998,MOD)

GB/T 2918 塑料试样状态调节和试验的标准环境(GB/T 2918—1998 ,idt ISO 291:1997)

GB/T 3505 产品几何技术规范(GPS)表面结构 轮廓法 术语、定义及表面结构参数(GB/T 3505—2009,ISO 4287:1997,IDT)

GB/T 6062 产品几何技术规范(GPS)表面结构 轮廓法 接触(触针)式仪器的标称特性(GB/T 6062—2009,ISO 3274:1996,IDT)

GB/T 9286 色漆和清漆 漆膜的划格试验(GB/T 9286—1998,eqv ISO 2409:1992)

GB/T 10006 塑料薄膜和薄片摩擦系数测定方法(GB/T 10006—1988,idt ISO 8295:1986)

GB/T 10739 纸、纸板和纸浆试样处理和试验的标准大气条件(GB/T 10739—2002,eqv ISO 187:1990)

GB/T 11500—2008 摄影 密度测量 第2部分:透视密度的几何条件(ISO 5-2:2001,IDT)

GB/T 15120.2 识别卡 记录技术 第2部分:磁条(GB/T 15120.2—1994,idt ISO 7811-2:1985)

GB/T 16578.2 塑料 薄膜和薄片 耐撕裂性能的测定 第2部分:埃莱门多夫(Elmendor)法(GB/T 16578.2—2009,ISO 6383-2:1983,IDT)

GB/T 17554.1 识别卡 测试方法 第1部分:一般特性(GB/T 17554.1—2006,ISO/IEC 10373-1:1998,MOD)

GB/T 22364 纸和纸板弯曲挺度的测定(GB/T 22364—2008,ISO 2493:1992,ISO 5629:1983,MOD)

GB/T 28177.1—2011 识别卡 柔性薄卡 第1部分:物理特性(ISO/IEC 15457-1:2008, MOD)

GB/T 28177.2—2011 识别卡 柔性薄卡 第2部分:磁记录技术(ISO/IEC 15457-2:2007,MOD)

ISO 1681 信息处理 未穿孔纸卡片 规范(Information processing—Unpunched paper cards—Specification)

ISO 1831 光学识别字符的打印规范(Printing specifications for optical character recognition)

ISO 4094 纸、纸板和纸浆 试验仪器的国际间校准 标准化和授权实验室的验收和任命(Paper, board and pulps—International calibration of testing apparatus—Nomination and acceptance of standardizing and authorized laboratories)

ISO/IEC 7811-6:2008 识别卡 记录技术 第6部分:磁条 高矫顽磁性(Identification cards—Recording technique—Part 6:Magnetic stripe-High coercivity)

ISO 8570 塑料 薄膜和薄板 冷裂温度测定(Plastics—Film and sheeting—Determination of cold-crack temperature)

ISO/IEC 10373-2:1998 识别卡 测试方法 第2部分:带磁条的卡(Identification cards—Test methods—Part 2:Cards with magnetic stripes)

IEC 60454-2 电工用压敏粘带 第2部分:试验方法(Specifications for pressure-sensitive adhesive tapes for electrical purposes—Part 2: Methods of test)

3 术语和定义

GB/T 28177.1—2011 和 GB/T 28177.2—2011 界定的以及下列术语和定义适用于本文件。

3.1

基材 substrate

用于制作 TFC 卡不包含任何记录介质的材料。

3.2

复合材质 composite

至少由两层不同材料组成,其中至少一层为纸质。

3.3

基准信号幅度 reference signal amplitude

U_R

源标准读出信号幅度,即基准卡校正到源标准后得到的平均信号幅度的最大值。

3.4

基准写电流 reference write current

I_R

源标准写电流,通过测试二级基准卡得到。

3.5

基准磁通 reference flux

F_R

在写电流为 I_R 时测试写头的磁通。

3.6

试样　test piece

样品的一部分或测试时抽样的一部分。

3.7

测量的不确定度　uncertainty of measurement

评估测量时测量变量与真实值的偏差范围。

3.8

<光>透射率　<optical> transmittance factor

T

测量样品透射的(光学)通量与样品移出测量装置后采样孔所测(光学)通量之比。

$$T = \Phi_\tau / \Phi_j$$

式中：

T ——透射率；

Φ_τ ——透射(光学)通量；

Φ_j ——采样孔(光学)通量。

注：改写 GB/T 11500—2008，定义 3.1。

3.9

阻光度　opacity

D_T

透射率的倒数再取 10 为底的对数。

$$D_T = \log_{10} 1/T = \log_{10} \Phi_\tau / \Phi_j$$

注：改写 GB/T 11500—2008，定义 3.2。

4　物理特性测试方法

4.1　概述

4.1.1　引用

GB/T 28177.1—2011。

4.1.2　仪器

为了获得一致的和具有重复性的结果，在适用的情况下，用于测试的仪器和测试设备应符合 ISO 4094 的要求。

4.1.3　取样、样品的准备和保存

4.1.3.1　取样

取样应符合表 1。在某些情况下，只要能证明样品的测试特性在后续的处理过程中不会产生大的变化，样品可以在制作卡的基材中抽取。

4.1.3.2 准备

测试样品应是成品卡或者是进行过处理的成品卡，其条件应符合4.1.4的要求。如果需要，试样应按照测试仪器使用的特定样品形式准备。

4.1.3.3 保存

所有测试样品或保留待用的试样保存应符合GB/T 28177.1—2011中4.7.2规定的环境条件；应避免潮湿、光照、物理扭曲、塑化和其他污染引起试样性能的退化。

所有样品都应与测试报告和任何有关的补充文件清楚地相互对应。

4.1.4 条件和测试环境

除另有规定外，本部分规定的样品条件和测试环境应符合表1的要求。

表1 取样，条件和测试环境参数

卡材料	取样	条件和测试环境标准	条件和测试环境的大气环境[a]
纸	GB/T 450	GB/T 10739	23 ℃/50 ℃一般公差
复合材料	GB/T 450	GB/T 10739	23 ℃/50 ℃一般公差
塑料	GB/T 450	GB/T 2918	标准大气压23 ℃/50 ℃
[a] "一般公差"和"标准大气压"在引用标准中明确规定。			

4.1.5 报告

测试报告应精确和清晰，并确保全面的追溯性。

4.2 尺寸

4.2.1 引用

GB/T 28177.1—2011中第5章；

GB/T 28177.1—2011中第7章。

4.2.2 原理

采用直接的线性测量方法，尺寸测量的准确度应满足GB/T 28177.1—2011中特性的相应误差。

4.2.3 规程

测量TFC尺寸使用的方法和仪器应确保总测量不确定度应等于或者小于待测尺寸的误差绝对值的25%。

示例：值$=d$ mm±0.2 mm；总不确定度≤0.05 mm。

在测量操作时，确保在测量期间作用于卡边界的任何机械力不超过6 N/10 mm。

注：可以使用光学方法。

4.3 厚度

4.3.1 引用

GB/T 28177.1—2011中附录A或附录B。

4.3.2 仪器

厚度仪。

4.3.3 规程

按照 GB/T 451.3 的规定，使用 100 kPa 的压力在数据记录区域外测定纸或者合成 TFC 的厚度，在同一卡片上 3 个不同的位置进行三次测量，厚度值应是三次不同测量的平均值。

4.4 分离力

4.4.1 引用

GB/T 28177.1—2011 中 6.2.4。
GB/T 28177.1—2011 中 6.1.4。

4.4.2 原理

测量沿样品宽度的方向，将一张卡片的两个部分或者两张卡之间的穿孔线连接处分开的力。

4.4.3 仪器

可伸缩测试仪。包含一个能在 100 mm/min 的速度下施加至少 500 N 力的测力计。图 1 显示仪器中试样的布局。

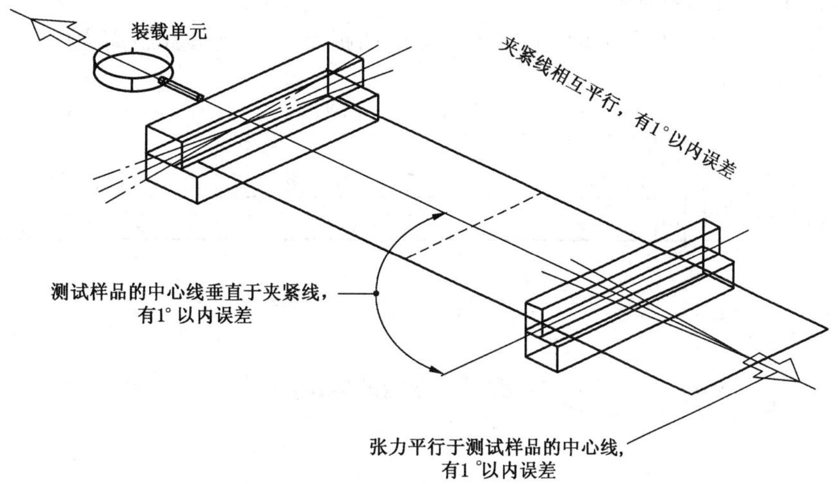

图 1 分离力测试布局

4.4.4 规程

准备足够的样品从中取用 10 个含有穿孔线的待测试样，并确保测量在展直的卡片上实施。

小心地打开折叠的试样，保持 5 个试样未折叠，其他 5 个试样以 180°角折叠 5 次(例如，从充分打开到充分折叠的状态)。用 100 mm/min 的速度测试每一个试样的分离力。

4.4.5 结果表述

针对每次测试，折叠前或者折叠后，取每次的平均值作为结果。

4.5 卷绕

4.5.1 引用

GB/T 28177.1—2011 中 6.3。

4.5.2 仪器

仪器应具有以下特性：

a) 一个平坦的水平表面；

b) 两个有色金属的条具，尺寸如下：

——宽 9 mm ± 1 mm；

——高 15 mm ± 0.1 mm；

——长至少 150 mm；

c) 合适的工具，比如直尺，校准的量规或者千分尺，它们的精度要高于 0.2 mm。

4.5.3 规程

放置一卷完整纸轴的卡(最大直径 300 mm)在两个条具上，如图 2。

两条具宽度 9 mm，相互平行放置；条具底端与平面接触，彼此分离以使纸轴的边与条具的外边缘对齐吻合。只针对该目的测试，确保纸轴的外端紧贴其余部分，但当纸轴移开时，保证所使用的方式不破坏卡片材料；不要使用松紧带、收缩包装或者类似的方式绑定纸轴。

注：如果卷筒太紧这可能导致材料扭曲或条纹凹陷。

在放置 24 h 之后，测量纸轴下表面和水平表面间的距离(D)，则偏移距离为($15-D$)mm(见图 2)。

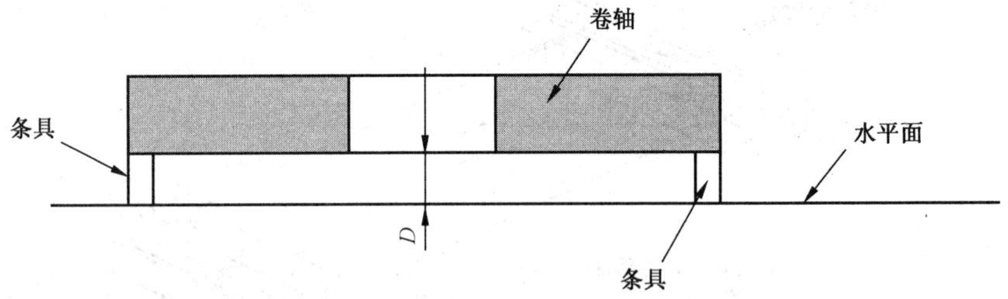

图 2 卷绕的紧度

4.6 耐破度

4.6.1 引用

GB/T 28177.1—2011 中附录 A。

4.6.2 规程

按照 GB/T 454 规定，测定纸质 TFC 卡的耐破度。

4.7 挺度

4.7.1 引用

GB/T 28177.1—2011 中附录 A 和附录 B 或者附录 C。

4.7.2 规程

满足 TFC 对应样式的平整度要求，从样品中切割出试样。按照 GB/T 22364 中规定，朝着卡的宽度方向，测定弯曲挺度。

4.8 耐折度

4.8.1 引用

GB/T 28177.1—2011 中附录 A。

4.8.2 仪器

肖伯尔仪器或者能够施加 8.68 N 力的洛玛吉仪器。

注：按照 GB/T 457，当用 8.68 N 的力使用格玛吉设备，结果可以达到肖伯尔设备的效果。

4.8.3 规程

从同一批基材或者 TFC 卡中抽取试样。按照 GB/T 457 规定，沿纵向和横向，在数据记录区外测定耐折度。结果表示为以底数为 10 取 N 的对数，N 是两倍折叠数。

4.9 灰分

4.9.1 引用

GB/T 28177.1—2011 中附录 A。

4.9.2 规程

从数据记录区外和未印刷区域取试样，按照 GB/T 742 中规定，测定 TFC 纸的灰分。

4.10 平滑度

4.10.1 引用

GB/T 28177.1—2011 中附录 A 和附录 B 或者附录 C。

4.10.2 规程

在数据记录区外，按照 GB/T 456 规定，使用别克法，测定样品的两面平滑度。

试样的尺寸要求大于数据记录区域外可供使用的区域，可以在加工成卡或者卷筒前从 TFC 材料抽样。

如果它能满足相当于或者比 GB/T 456 规定更好的精度，可以使用电子别克式平滑度测试仪。

4.11 不透明度(纸背衬)和阻光度(700 nm～1 000 nm)

4.11.1 引用

GB/T 28177.1—2011 中附录 A 和附录 B 或者附录 C。

4.11.2 规程

按照 GB/T 1543 中规定测定不透明度(纸背衬)和(或)按照 GB/T 17554.1 的规定测定阻光度(700 nm～1 000 nm)。确保卡的全部区域满足基础标准的不透明度(阻光度)的要求。

注 1：从具有如磷光或者荧光发光性能的区域处测试会得到反常的结果。

注 2：对于通过光源和传感器间传导光的衰减来检测卡存在的应用来说，才要求阻光度(700 nm～1 000 nm)的测试。

4.12 摩擦系数和堆垛力

4.12.1 引用

GB/T 28177.1—2011 中附录 A 和附录 B 或者附录 C。

4.12.2 规程

按照 GB/T 10006 的规定测定动态摩擦系数(基材/不锈钢)和(或)堆垛力；按照 ISO 1681 中规定，纵向使用下面的参数：

a) 摩擦滑板的尺寸：TFC.0=25 mm×25 mm，TFC.1=50 mm×50 mm，TFC.5=63 mm×63 mm；
b) 样品尺寸：TFC.0=30 mm×200 mm，TFC.1=54 mm×200 mm，TFC.5=80 mm×200 mm；
c) 摩擦滑板重力：TFC.0=0.308 N±0.003 N；TFC.1=1.23 N±0.01 N；TFC.5=1.96 N±0.02 N；
d) 进给速率 = 100 mm/min ± 10%；
e) 滑行距离 = 100 mm；
f) 不锈钢特性：镜面。

横向摩擦系数，只能从即将成卡的基材中抽样测量确定。只能在未加工的基材中测量，而不能在成品卡中测量，测试参数应使用上面所列出的那些适用于 TFC.5 规格的参数。

4.13 反射因数

4.13.1 引用

GB/T 28177.1—2011 中附录 A 和附录 B 或者附录 C。

4.13.2 规程

分别在印刷标记上和周围基材区域依据 ISO 1831 使用 B900 光谱测定反射系数 R_P 和 R_W。

从下面的公式计算印刷对比度(PCS)：

$$\mathrm{PCS}=\frac{R_W-R_P}{R_W}$$

4.14 透气度

4.14.1 引用

GB/T 28177.1—2011 中附录 A。

4.14.2 规程

应按照 GB/T 458 中规定，使用本特生法，用 1.47 kPa 的压力，测定透气度。

4.15 施胶度

4.15.1 引用

GB/T 28177.1—2011 中附录 A、附录 B 或者附录 C。

4.15.2 规程

按照 GB/T 460—2008 中第 4 章规定测定 TFC 的施胶度,用于确定卡的抗水性能。

4.16 耐撕裂强度

4.16.1 引用

GB/T 28177.1—2011 中附录 B 或者附录 C。

4.16.2 规程

按照 GB/T 16578.2 中规定,使用埃莱门多夫法,尽可能在数据记录区域外,测定耐撕裂强度。在纵向和横向两个方向上,采用 16 为摆锤因子校准。

由于试样的尺寸规定为 63 mm×75 mm,并且在两个方向上都进行测试,应在加工成卡或卷筒前从基料中取样。

4.17 抗分层力

4.17.1 引用

GB/T 28177.1—2011 中附录 B。

4.17.2 原理

该测试用来测量受到垂直于其平面张力的材料板的抗分层力或解理应力。

此方法是基于一种测量纸的耐破度的仪器。

胶膜,穿过固定在下方夹盘面上的一个环型盘上的中央孔。一个环形试样被胶带绑定在夹盘面上。胶膜向上拉伸连接于一个实心圆盘,该试样的另一面绑定在实心圆盘上,试样因此受到渐渐增加的解理应力;到破裂时,压力计就记录下来了抗分层力。

4.17.3 仪器

4.17.3.1 冲头

33 mm±0.1 mm 和 50 mm±0.1 mm 直径的两个环形冲头分别在样品上冲切出面积 11.08 cm^2 的环形试样。为了避免当裁剪试样时造成分裂,33 mm 冲头刀刃的外表面和 50 mm 冲头刀刃的内表面应是圆柱形的。采用两个冲头组装在一起的一次性操作来完成切割,这样可获得恒定宽度的圆环,使用不受扭力影响而冲切出试样的冲头。

4.17.3.2 冲切压力机

杠杆压力机,或者气动压力机,或者任何使之有可能冲切出试样而不破坏冲头的等效仪器。压力机的冲头在整个操作期间应垂直于切片平面。例如,可以用一个大约 2 cm 厚的聚四氟乙烯盘作为切割保护。

4.17.3.3 粘接压力机

压力机或带有压力指示的压料装置,用于在试样的整个表面施加至少 2 000 N 和至多 2 400 N 的力(考虑到试样的区域,即 2 000 kPa±200 kPa 的压力),以使胶带粘贴在试样表面。

4.17.3.4 耐破度测试仪

按照 GB/T 454 中规定,测量纸耐破度的仪器,附加薄的胶膜和适用于该测试的压力表。

4.17.3.5 其他装置

需求如下:

——一把刀或任何切割样本、样品和胶带的设备;

——一个剖分用的弯曲针;

——一个精确的计时器 ;

——按照图 3 的一个合适的固定试样的装置;

——双面胶带,覆盖无波纹释层,制成至少 55 mm 宽度的卷筒。

在样品简单施压后胶带应对试样有足够的粘合力。

4.17.4 测试准备

4.17.4.1 测试样品准备

每一个样本应切成至少 10 块 70 mm 或者更大的正方形试样。将胶带粘贴在每个试样的两面,两面的胶带应尽可能完好地放置在相互对立的位置。通过在每一个试样上的胶带作标记,可以对板材和参比物的前面和后面进行识别便于追踪。

4.17.4.2 试样的准备

使用冲头和下面引述的一种压力机,从每种测试样品中切冲出的每种试样的同心度小于或等于 0.2 mm,持续冲切直至从材料的每一面中冲出等量试样。

中心对准置环形试样于实心圆盘 B 上(见图 3),这样可以观察从表面开始的冲孔;然后,为了避免破坏胶带和试样,使用弯曲的剖分针,在该面的保护释层上距边最少 3 mm 处切开一个口,以近乎 180°角移去保护层,动作要缓慢和细心不要在试样上施加明显的力。

试样在与 B 中心对准后,将它粘合到圆盘 B 外部的圆环上;和前面的操作一样移去余下的保护释层。将圆盘 A 的外部圆环放置在试样暴露的胶粘层上面。

为了在胶带和连接表面获得很好的粘合,在组装盘和试样上施加的压力要达到 2 000 kPa±200 kPa持续 20 s±5 s。

4.17.5 规程

为避免试样在粘合胶带后由于粘合作用特性发生变化,在胶带粘贴到试样后 2 h 内进行解理试验测试。

将圆盘、试样和胶带组装到环形 C，见图 3。盘 B 的平整表面朝向圆环 C 的内部。

先观察哪一侧是上夹紧面，再将组装部件放置在耐破度测试仪上，环形的盘 A 使用下夹紧面进行接触。使用部件 D 将组装部件中心对准，见图 3，上夹紧面锁定部件 C。

开启仪器，胶膜开始变形，穿过 A 的中间孔，推动 B 并最终导致试样分裂成两部分。

注：建议监控测试样品的破裂；如有必要，在样品破裂后重置测试仪。

对 3 个重要的场景，以千帕(kPa)记录样品破坏时的压力。

从耐破度测试仪上移除用来固定试样的各部件。

确认胶带没有从盘 A 和 B 或试样的任何边缘的点上分离。把试样从两个盘卸下。

如果有胶带从圆盘或者试样中分离，忽略这样的测试结果。

记录试样失败的位置：

——前面/内部；

——内部/内部；

——内部/背面。

测试其他试样。

继续测试，直到完成 10 次有效的测量(每一方向取冲切五次)。

4.17.6 结果表述

根据破坏点的压力计算解理应力 P，公式如下：

$$P = 0.772 \cdot p$$

式中：

p ——从压力计读出的压力，单位为千帕(kPa)，取 3 个重要的数值；

P ——试样的解理应力(破裂点的压力)，单位为千帕(kPa)。

从压力计读出的压力，计算有效测量的算术平均值，用千帕(kPa)和标准偏差表达。

注：对于相同的纸，在同样的实验室中，由同一操作员和仪器测试，十种测量方法的变化系数为 2%的阶数。

4.17.7 测试报告

除结果和标准的引用之外，测试报告中要附下列的详细资料：

——测试的日期和位置；

——试验材料的确认和备注；

——每一试样的数量；

——每个样品的测量数目；

——解理应力，以 kPa 为单位，标准偏差；

——4.17.5 列出的所有特性；

——对结果可能有影响的任何因素和方法上的细节。

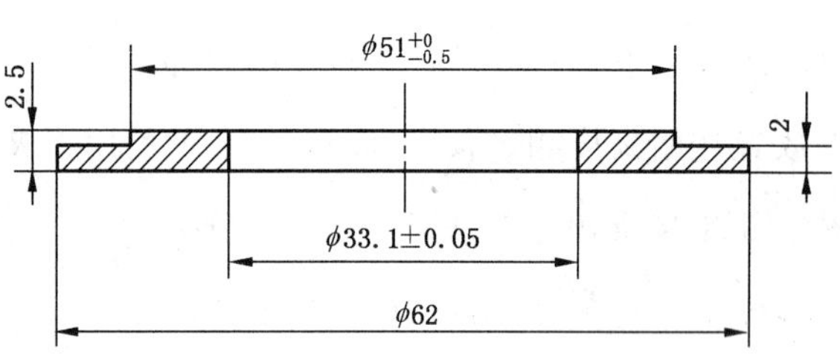

A:放置材料的环形圆盘—黄铜

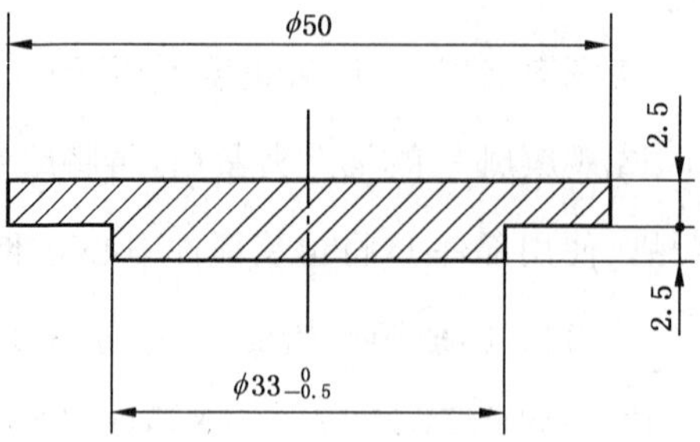

B:放置材料的实心圆盘—黄铜

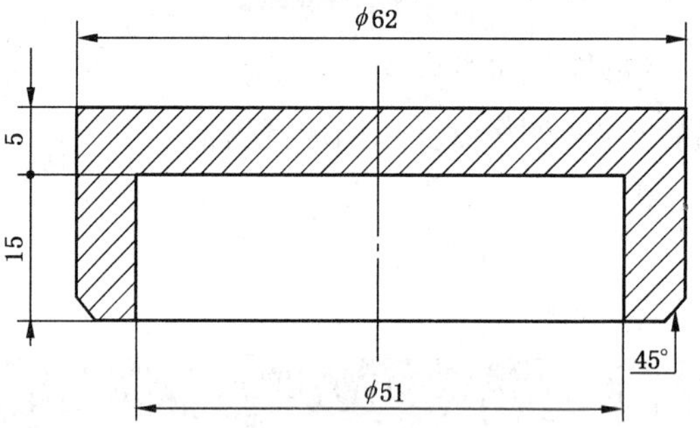

C:定心和压力环—黄铜

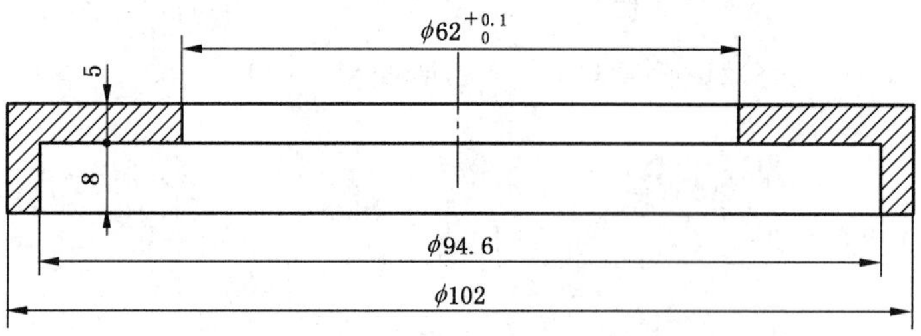

D:耐破度测度仪的中心对准环—低碳钢

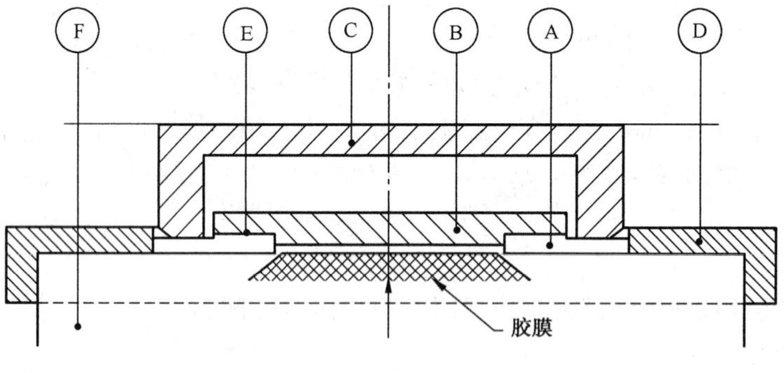

E ——试样材料　面积约 11.08 cm^2；　　F ——耐破度测试仪的基盘。

所有尺寸用毫米　　各处 $Ra \leqslant 1.6$ mm

注：*D* 的尺寸允许该部分固定在耐破度测试仪上。

图 3　抗分层力测试仪(耐破度测试仪法)

4.18 冷裂温度(脆度)

4.18.1 引用

GB/T 28177.1—2011 中附录 C。

4.18.2 规程

在数据记录区域外部取测试点,按照 ISO 8570 中规定,在纵向和横向两个方向,使用下面的参数测试塑料 TFC 卡的冷裂温度(脆度):

——击打重力=1.96 N±0.01 N;

——在一个新的温度(稳定化)条件下的最小样品处理步进=20 min;

——对于每次温度步进,以 10 个试样为一组测试。

按照图 4 所示的百分比值的损坏程度,评估观察到的破损程度;对于每个温度,从每一组试样的个别损坏计算出一个平均值 N(用%)。

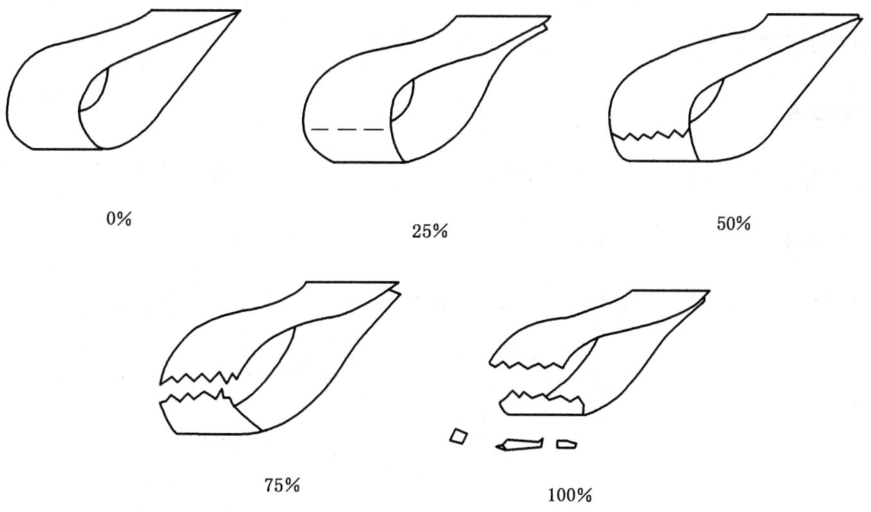

图 4 损坏评估

4.18.3 结果表述

评估的测试结果 N(用%)用图形来表述,并计算出一条线性回归线;见图 5,N=50%的线与回归线的交点(对应的温度)就是常规冷裂温度。

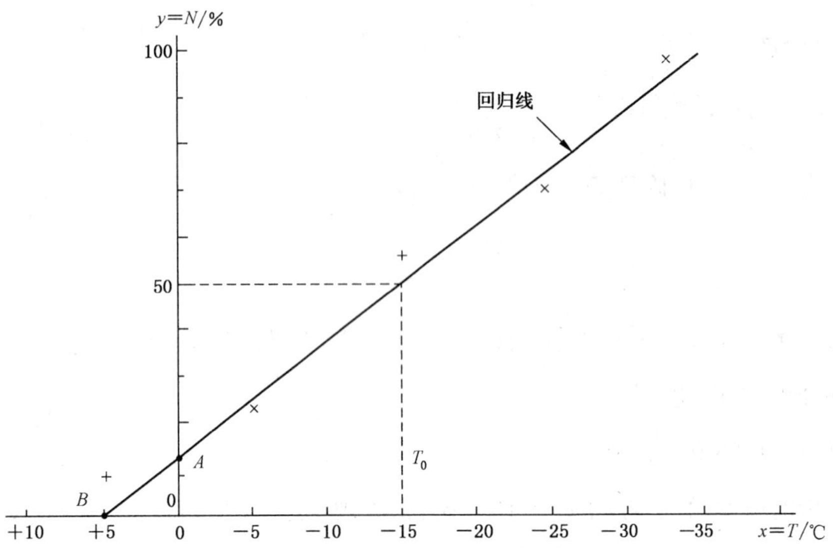

注：回归线经过点 A(0,12)和 B(5,0)，所以它的方程式 $y=-2.5x+12$，对于 50%损坏，$T_0\approx-15$ ℃。

图 5　冷裂温度 T_0 评估的图例

5　磁条物理特性的试验方法

5.1　样品准备和保存

除非个别方法中另有说明，测试磁条物理特性的样品的准备和存储应符合 4.1.3 的要求。

5.2　条件和测试环境

除非个别方法中另有说明，否则根据卡的材料，磁条物理特性的条件和测试环境应符合表 1 的要求。

5.3　凸起

5.3.1　引用

GB/T 28177.2—2011 中 5.1.1。

5.3.2　原理

凸起指的是临近卡表面上被磁条覆盖的区域，对卡片厚度的有效增加。

5.3.3　仪器

一个有直径 10 mm ± 1 mm 方板探头的机械或者电子千分尺，一个直径等于或者大于探头直径的砧块。探头施加的力应等于或者小于 1 N，垂直作用于卡的平面。分辨率和精度应等于或者小于 1 μm。

5.3.4　规程

临近磁条的边界，以 10 mm 为间隔测量卡片的平均厚度。

在沿着磁条中心的 3 个点上，测量带磁条的卡片平均厚度。

计算带和不带磁条区域的厚度平均值之差，得出凸起厚度。

5.4 轮廓偏差

5.4.1 引用

GB/T 28177.2—2011 中 5.1.2。

限制：不适用厚度 1.6 mm 的磁条。

5.4.2 原理

轮廓偏差通过沿着磁条的高度绘制表面轮廓线来计算。它是指在任意一个方向上，从基线 L1 到磁性材料的轮廓线，所能测量的最大法线距离。基线 L1 依据图 6 和下列的描述来构建：

——点 *A* 和 *B*，在磁条表面和邻近的基材表面的交点，可以在轮廓线上观察确定；

——垂直探针的运动方向，画穿过 *A* 和 *B* 的过渡线；

——在轮廓线的最近末端的方向上间距 1 mm，画一条平行过渡线的辅助线；

——辅助线和轮廓线的交点确定为点 *C* 和 *D*；

——线 L1 就是点 *C* 和 *D* 的连线。

5.4.3 规程

按照 GB/T 6062 规定的测量仪器和 ISO/IEC 10373-2:1998 中 5.2 规定的方法，使用下面的仪器参数，用接触式轮廓测试仪来测定表面轮廓的偏差。

——滤波器：具有截止波长=0.8 mm 的滤波器或者机械滤波器，探针半径=1 mm；

——施加的力≤1 mN；

——总测量不确定度≤5%。

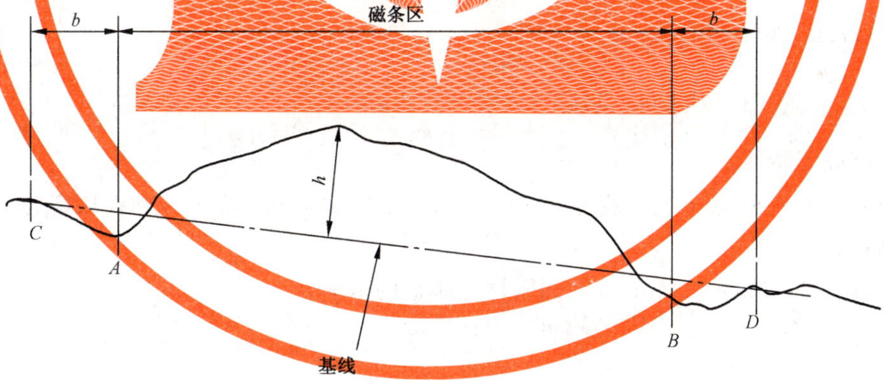

b=1 mm

注：最大轮廓偏差(*h*)可以是在基线以上或者以下。

图 6 测量轮廓偏差的构建图

5.5 粗糙度 *Ra* 和 *Rz*

5.5.1 引用

GB/T 28177.2—2011 中 5.1.3。

5.5.2 原理

按照 GB/T 3505 中规定。

5.5.3 规程

按照 GB/T 6062 的规定和下列的测量仪器参数，使用接触式轮廓测试仪，按照 ISO/IEC 10373-2：1998 中 5.3 的规定测定 Ra 和 Rz：

——截止波长 0.8 mm；

——触针半径≤5 μm；

——垂直力≤1 mN；

——总测量不确定度≤5%。

5.6 翘曲

5.6.1 引用

GB/T 28177.2—2011 中 5.1.4。

5.6.2 规程

按照 ISO/IEC 10373-2:1998 中 5.1 规定的仪器和方法来测定翘曲度。对于 TFC.0 卡，测量仪器应经过改装。

5.7 粘合

5.7.1 引用

GB/T 28177.2—2011 中 5.2。

5.7.2 仪器

仪器应具有以下特性：

——符合 GB/T 9286 规定的强度为 0.4 mN/m±0.04 mN/m 的胶带，按照 IEC 60454-2 的规定进行测量；

——一个具有 25 mm×50 mm 口径的刚性金属盘的卡座。

5.7.3 规程

卡片置于平面上，上面放置卡座。将胶带穿过卡座的孔粘牢磁条，长度超过 40 mm 并且以手指尖压紧。

应确保卡座稳固，避免剥离期间卡片发生移动。用 45°角和 100 mm/s 的速度剥离胶带。

应符合 GB/T 28177.2—2011 规定的要求。

测试应按纵向和横向两个方向进行。

5.8 磨损试验

5.8.1 引用

GB/T 28177.1—2011 中 4.6。

GB/T 28177.2—2011 中 5.3。

5.8.2 原理

该原理基于一张卡能够承受适合其使用类别的磨损程度的能力。根据磁条磨损造成读取信号的平均电平下降程度来定义。

5.8.3 规程

按照 ISO/IEC 10373-2:1998 中 5.4 规定的方法和仪器进行磨损测试。测量结果是信号振幅 U_{A1}，读出任何磨损发生前后的振幅：

——轻度磨损是 50 个周期；

——中度磨损是 500 个周期；

——重度磨损是 2 500 个周期。

5.9 磁条尺寸测量

5.9.1 原理

该原理基于直线测量。应使用适合 GB/T 28177.2—2011 规定公差的精度来测量尺寸。

5.9.2 规程

测量每个尺寸使用的测量工具给出总的测量不确定度(精度＋测量误差＋随机误差＋刻度误差)小于或者等于被检参量公差绝对值的 1/4。

应使用光学的方法。

6 静磁特性的测试方法

6.1 原理

对 GB/T 28177.2—2011 要求的磁特性，应从样品磁条的静态饱和磁滞回线 $M=f(H)$ 或者 $J=f(H)$ 和曲线的导数中得到。

注：因为没有测量参量需要绝对磁化值，可以调整轴的缩放比例达到最好的分辨率。更为理想的是，依据惯例，纵轴刻度可以用厚度磁化积($t.M$ 或者 $t.J$)或者每单位磁抽样高度(Φ/h)的磁通量表示。

然而，在本测试方法遵循的规范中，此轴仅作为磁化 (M)轴的参考，并且绘制曲线如下：

$$M=f(H) \text{ 和 } \mathrm{d}M/\mathrm{d}H=g(H)$$

6.2 仪器

用于获得磁滞回线 $M=f(H)$ 的测量设备应能够，对应于不同等级的材料(见表 2)产生高达 H_{max} 值的外加磁场。适合的设备例如：

——磁力计比如振荡探针磁力计(VSM)。

——磁滞计(HM)。

测量精度和获得磁滞曲线值的表达要求应如下所示：

——磁场(H)轴数值的绝对精度要好于高达 120 kA/m 的磁场的 1%，1 200 kA/m 磁场的 2%；

——磁化轴(M)的线性值好于 1%。

仪器本身，或者某些辅助处理应能够微分磁滞回线，得到曲线 $\mathrm{d}M/\mathrm{d}H=g(H)$。测量精度，获得微分磁滞回线的值的计算和表达要求应如下所示：

——内磁场(H)轴数值的绝对精度要好于高达 120 kA/m 的 1%，1 200 kA/m 磁场的 2%；

——微分磁化($\mathrm{d}M/\mathrm{d}H$)轴的线性值好于 5%。

注 1：微分处理的使用易受到较小的高频干扰，因此应注意保证不要让这些因素降低测量的准确性。特别注意交替的励磁电流源。

注 2：可以归一化微分曲线如 $g_{max}(H)=1$，以有利于计算简化。

测量精度应满足：$H_{cM}\pm2\%$，$SF_D\pm4\%$，$SF_S\pm4\%$，$SQ\pm2\%$。

6.3 样品的准备和保存

除非个别方法中另有说明，否则下面的测试静磁特性样品准备和保存要求应作为 4.1.3 中规定的补充。

6.3.1 准备

测试样品应从 TFC 材料中切取一个或者几个矩形条，切取时应使磁场方向与磁条长度方向平行。样品平行于应用磁场方向的尺寸应比其厚度大得多。当需要多个磁条用于灵敏性测试时，所有磁条应大小相同并堆叠一起组成试样。在测试前，试样应在测试房间适应至少 24 h。

注：按照 GB/T 28177，磁条的长度平行于卡的最长边。

6.3.2 保存

测试静磁特性样品的保存条件应符合 4.1.3.3 给出的条件。

6.3.3 条件和测试环境

测试可在正常的办公室或者试验室的环境进行：

——温度范围：18 ℃～26 ℃；

——湿度范围：30%RH～70%RH。

注：样品测试时的温度会影响 H_{cM} 的值。

6.4 规程

测试方法依照仪器而不同。

6.4.1 VSM

粘贴样品到 VSM 探针，使样品在测量期间和探针没有相对移动。将样品定位在探针上，使磁条长度方向平行于磁场的方向，偏差不超过± 2°（见图 7）。

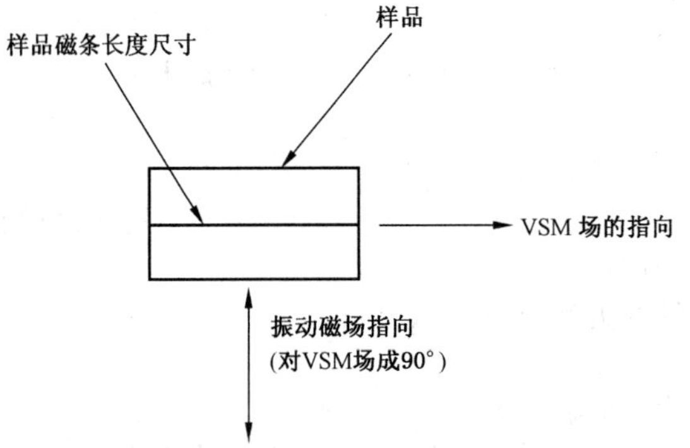

图 7 VSM 磁滞测量的样品方向

测量样品在范围$\pm H_{max}$内的磁矩 M，有两种测量方法，一种方法是以可以得到相同结果的较低频率扫过磁场 H，另一种是通过使用数字设定磁场点的方法。

——从$-H_{max}$到 0；

——从 0 到$+H_{max}$；

——从$+H_{max}$到 0；

——从 0 到$-H_{max}$；

——从 $-H_{max}$ 到 0。

在最大每 40 kA/m(500 Oe)和 H_{cM} 的区域内最大每 4 kA/m(50 Oe)得到的数据，绘制磁滞回线和微分曲线，见图 8。

6.4.2 HM

选择“双重测量”方法。

调节最大外加场强值。

使用适当的样品支架将试样放进测量室。

测量开始：首先执行第一次运行；然后按软件要求移去样品；开始第二次测量。

显示磁滞回线和微分曲线，同时显示下列的参数值：H_m，M_{max}，H_{cM}，M_r，SF_D 和 SQ。

H_{cM}，SF_D 和 SQ 是由 6.5～6.8 的规定计算的。

6.5 结果表述

所有的测量应来自于磁滞回线，其最大磁场变化为± H_{max}。$|H_{max}|$ 的值定义了每一个磁级见表 2。

表 2 最大外加磁场值

磁级	$\|H_{max}\|$ 值(kA/m)
S	120
L	120
H	1 200

每一个要求的数值结果应从磁滞回线和微分磁滞回线得到，见图 8。每一点的求导方法在此后的 6.6 到 6.8 给出。

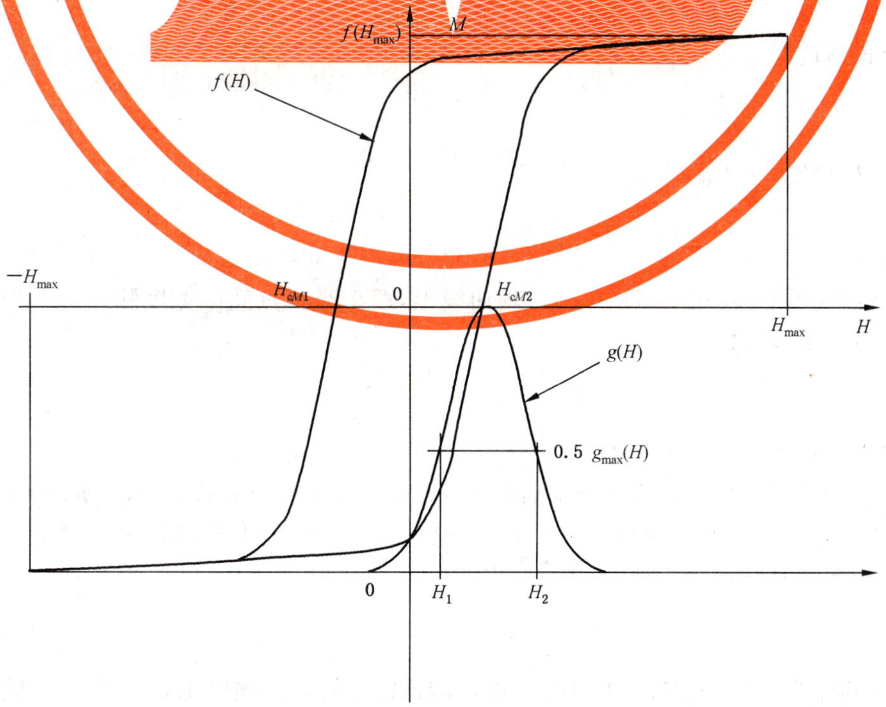

图 8 磁滞回线和其微分曲线举例

6.6 矫顽力 H_{cM}

6.6.1 引用

GB/T 28177.2—2011 中附录 A。

6.6.2 规程

在磁滞回线上，外加磁场使磁矩减小为零，即 $f(H_{cM})=0$ 对应的 H 轴正和负位置定义为矫顽力的值，见图 8。

取平均值：

$$H_{cM}=\frac{|H_{cM1}|+|H_{cM2}|}{2}$$

注：1 Oe $=10^3/4\pi$ A/m $\approx$ 79.58 A/m；1 kA/m $=4\pi$ Oe $\approx$ 12.57 Oe。

6.7 矩形比 SQ

6.7.1 引用

GB/T 28177.2—2011 中附录 A。

6.7.2 规程

在磁滞回线上取零磁场的磁化值与适当的最大外加磁场 H_{max} 时的磁化值的比值，定义为矩形比，即：

$$SQ=\frac{f(0)}{f(H_{max})}$$

注：特别是 H 级材料，磁化值的大小取决于最大外加场的值，矩形比的测量精度取决于将最大外加场设置为一个可重复值的程度。

6.8 开关场分布(SF_D)

6.8.1 引用

GB/T 28177.2—2011 中附录 A。

6.8.2 规程

在微分磁滞回线图上，取 $dM/dH=g(H)$ 的曲线上，两个半幅点间的宽度除以两个半幅点的中间值，确定为开关场分布，即：

$$SF_D=2\times\left|\frac{H_1-H_2}{H_1+H_2}\right|$$

式中：$g(H_1)=g(H_2)=0.5g_{max}(H)$

注：对 SF_D 的测量，因为使用了导数关系，所以特别易受到 $M=f(H)$ 曲线上的微小变化造成的错误影响。这些不影响矫顽力或者矩形比的微小变化，可以来自于例如伴随主信号的寄生信号。因此，应采取预防措施确保一个纯粹的正弦波，或者用于产生外加磁场的清洁电源。

6.9 测试报告

测试报告应确保样品来源的充分可追溯性以及测试的条件和环境。依据 6.3.2，应能够通过相互引用确定当前样品的存放处。

报告的技术内容包含获得的磁滞和微分磁滞回线的副本，并且列表显示规定参量的实际结果值。

同一批样品中同一参量的多次测量表示为包含均值和标准公差的单独测量。

每一单独的测量的准确度都应阐明，引用参量支持的准确度也应说明，作为明确分析的依据，这可以是一个单独的文件或者作为测试报告的附录提供。

7 动态磁特性测试方法

7.1 原理

测试的原理是基于在一定的规定条件下测量读取信号的电压。测量包括两个独立的变量，写电流和记录密度。

记录密度的校准是通过精确设备频率源，和精准地控制测试试样和磁头之间的相对移动实现的。

写电流和读取信号电压的校准通过参考(二级)标准基准卡实现。特别是基准卡的饱和曲线上很容易识别的点提供的电压和电流值，随后在该电压和电流下的测量和测试条件都是标准化的。

测试方法根据 GB/T 15120.2、ISO/IEC 7811-6:2008 和 ISO/IEC 10373-2:1998 的方法进行了修订，它们是用于国际交互应用的识别卡磁条标准和测试方法。

7.2 基准卡

标准的基准卡[1]应被用来校准测试设备的读电压和写电流，并且建立在可兼容的系统设备(见 GB/T 28177.2—2011 中 6.3.2)中的操作点。

校准可能通过使用二级或者三级基准媒介来完成，以便确切地证明其与一级标准的对应性。采用一张单一的基准卡来校准每个磁级的读电压和写电流，见表 3。

表 3 磁级的基准卡

磁级	基准卡
S 和 L	RM 7811-2
H	RM 7811-6

7.3 仪器

7.3.1 L 和 S 级的测量工具

测量工具应符合 ISO/IEC 10373-2:1998 中 5.5 的要求。

7.3.2 H 级的测量工具

测量工具应符合 ISO/IEC 7811-6:2008 中附录 B 的要求。

7.4 准备和样品保存

除非个别方法中另有说明，否则下面的动态磁性特性测试样品准备和存储要求作为对 5.1 中要求的补充。

7.4.1 准备

样品应为干净的新卡，满足 GB/T 28177.1—2011 要求的物理特性。样品测试前，在测试室中适应至少 24 h。

---

1) 可以使用 ID-1 规格的基准卡。

7.4.2 保存

动态磁性特性测试的样品的保存条件在5.1给出。

7.4.3 条件和测试环境

测试可以在正常的办公室或者实验室的环境下进行：

——温度范围：18 ℃～26 ℃；

——湿度范围：30% RH～70% RH。

7.5 测试方法

使用在ISO/IEC 10373-2:1998给出的方法，按照7.4.3的测试条件和选择适当的参数值，测量在GB/T 28177.2—2011表A.2指定的数值U_A和U_i。

7.5.1 测试密度

对于TFC.1和TFC.5卡，使用测试方法中给出的两个测试记录密度。

注：该方法不使用数目符号，而是使用明确的值8 ft/mm(=D_{min})和20 ft/mm(=D_{max})。

对于TFC.0，低密度测量时，在方法中的相应地方替换D_{min}=3 ft/mm和D_{max}=8 ft/mm值。

7.6 结果表述

明确表述在GB/T 28177.2—2011的表A.1中指定的每一个U_A和U_i的数值，如表所示，不用更进一步的计算和处理。如果需要，下列引出的信息可以被作为结果的辅助解释。

注：当说明U_A和U_i数值时，要注意它们通过物理的而非数字的依存关系组成最小集合，其联合作用大于单个作用的总和。

7.6.1 分辨率

分辨率是二级特性，如果必要，其值可以由下面的公式给出：

$$分辨率=\frac{U_{A3}}{U_{A2}}$$

注：U_{A3}在D_{max}测量；U_{A2}在D_{min}测量。

7.6.2 调制

调制是二级特性，如果需要，其值可以由下面的公式给出：

$$调制=\frac{U_{imax}-U_{imin}}{2\times U_A}$$

7.7 测试报告

测试报告应确保抽样来源的充分可追溯性以及测试条件和环境。应能够通过相互引用确定余留样品的去处。报告的技术内容包含获得的样品饱和曲线副本，并且列表显示规定参量的实际结果值。来自同一样品同一参量的多次测量应表示为包含均值和标准公差的单独测量。

每一单独的测量的准确度都应阐明，引用参量支持的准确度也应说明，作为明确分析的依据，这可以是一个单独的文件或者作为测试报告的附件提供。

8 带非接触式芯片和天线的卡片测试

8.1 相连卡的芯片/天线连接的可靠性

8.1.1 引用

GB/T 28177.1—2011 中第 5 章。

8.1.2 原理

该测试的目的是测试芯片和天线之间连接的可靠性，被测卡以相连条状的形式提供（如，取自卷筒或折叠式包装的卡）。

该测试基本方法是沿卡长度向一个方向弯曲，然后向另一个方向弯曲。

8.1.3 设备

采用的测试设备应符合图 9 所示的原理，并且具有如下特性：

——对卡片条的驱动机构不应干扰芯片放置区域；

——滚筒半径：40 mm；

——滚筒表面硬度：聚甲醛（POM）材料；

——来回循环次数：50；

——速度：300 mm/s±200 mm/s；

——该装置应使卡片符合滚轴曲率而不造成对卡的任何破坏。

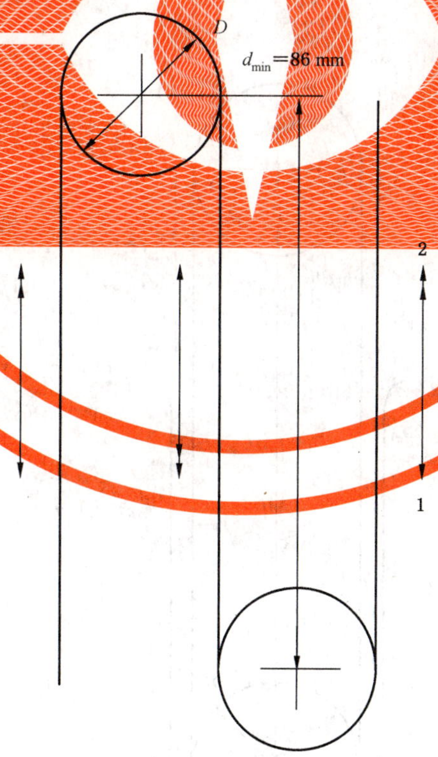

图 9 相连卡的芯片/天线连接的可靠性测试原理

8.1.4 规程

选取一个至少包含 10 张卡的样品条。

使用非接触式读写器测量每张卡的读取距离。

该条卡需经50次设备测试循环。

保证所有卡如同初始测距那样被相同的读写器读取，并且最大读取距离的变化量不超过10%。

8.1.5 测试报告

记录通过/失败的测试结果。

如果测试结果失败，则记录失败的原因，以及受影响卡的比例。

8.2 单张卡的芯片/天线连接的可靠性

8.2.1 引用

GB/T 28177.1—2011中第5章。

8.2.2 原理

该测试的目的是测试芯片和天线之间连接的可靠性，被测卡以单个(独立的)的形式提供。该测试是基于沿着卡长度的方向向一边和相反方向弯曲卡片。

8.2.3 设备

测试设备的采用应符合图10所示的原理，并且具有如下特性：

——对卡片条的驱动机构不应干扰芯片放置区域；

——滚筒半径：40 mm；

——滚筒表面硬度：聚甲醛(POM)材料；

——来回循环次数：50；

——速度：300 mm/s±200 mm/s。

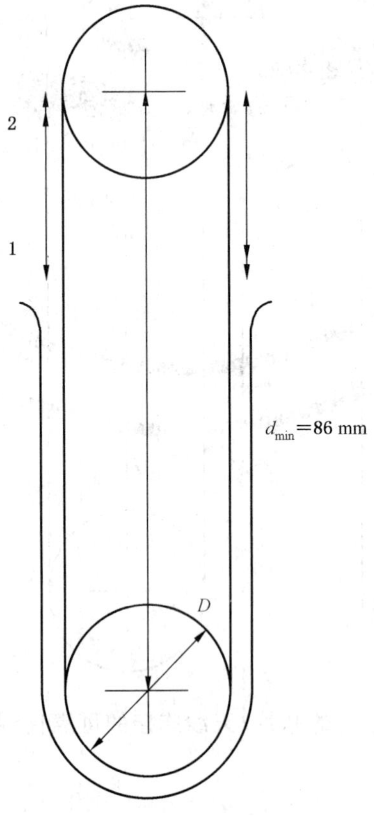

图10 单个标签的芯片/天线连接的可靠性测试原理

8.2.4 规程

选取一组至少包含10张卡的样品。

使用非接触式读写器测量每张卡的读取距离。

该条卡需经50次设备测试循环。

保证所有卡如同初始测距那样被相同的读写器读取,并且最大读取距离的变化量不超过10%。

8.2.5 测试报告

记录通过/失败的测试结果。

如果测试结果失败,则记录失败的原因,以及受影响卡的比例。

8.3 耐划痕测试后的芯片/天线连接性测试

8.3.1 引用

GB/T 28177.1—2011中第5章。

8.3.2 原理

该测试的目的是测试当刮划发生时,芯片和天线的连接可靠性。该测试是沿着标签长度方向在其正面和背面上进行。

8.3.3 设备

测试设备的采用应符合图11所示的原理,并且具有如下特性:

——对卡片条的驱动机构不应干扰芯片放置区域;

——滚筒半径:14 mm;

——滚筒表面硬度:不锈钢(inox)材料;

——终端滚筒直径:19 mm±0.05 mm;

——终端滚筒硬度:邵氏50的硅树脂;

——工具形状:

——刀片10 mm×60 mm;

——轮廓厚度:2.5 mm半径;

——钢材质;

——压力:7.5 daN～0.5 daN;

——距离:0.02 mm±0.05 mm;

——来回循环次数:每面50次;

——速度:圆周上100 mm/s～200 mm/s。

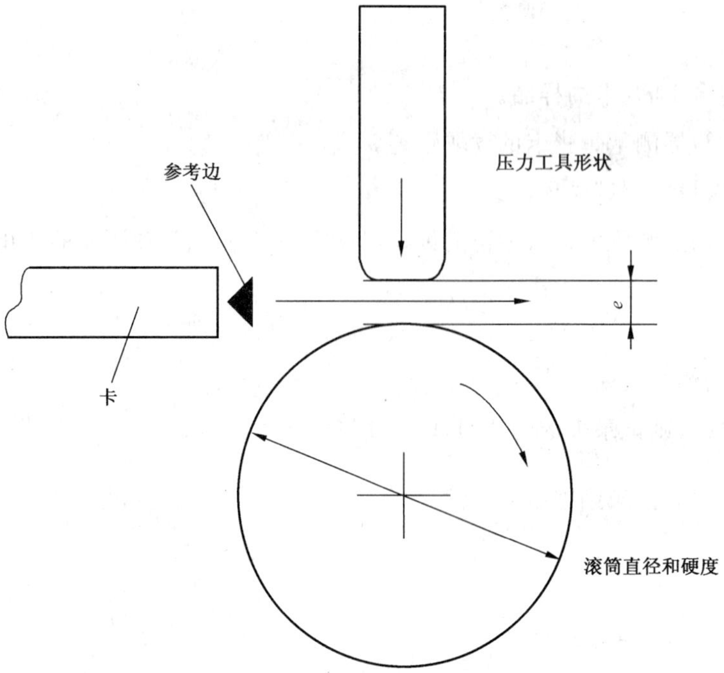

图 11　芯片/天线耐划痕连接性测试原理

8.3.4　规程

该测试应在默认测试温度(见 4.1.4)下完成。

选取至少包含 10 张单个卡的一条或一批样品。

使用非接触式读写器测量每张卡的读写距离。

该条卡(或每张单个卡轮流)的每一面需经受 25 次设备测试循环。

保证所有卡如同初始测距那样被相同的读写器读取,并且最大读取距离的变化量不超过 10%。

8.3.5　测试报告

记录通过/失败的测试结果。

如果测试结果失败,则记录失败的原因,以及受影响卡的比例。

8.4　卡的耐折皱或折叠测试

8.4.1　引用

GB/T 28177.1—2011 中第 5 章。

8.4.2　原理

该测试是测试卡当经受折叠/折皱时的可靠性。

8.4.3　规程

选取包含至少 10 张卡的一批样品。

使用非接触式读写器测量每张卡的读写距离。

执行下面步骤:

步骤 1:沿长边的中间对折卡(卡正面向内),如图 12 所示。

步骤 2:沿长边的中间对折同一张卡(卡背面向内),如图 12 所示。

在每张卡上再重复这些步骤 9 次(总共 10 次对折)。

注:应用中可指定多余 10 次的对折。

保证所有卡如同初始测距那样被相同的读写器读取,并且最大读取距离的变化量不超过 10%。

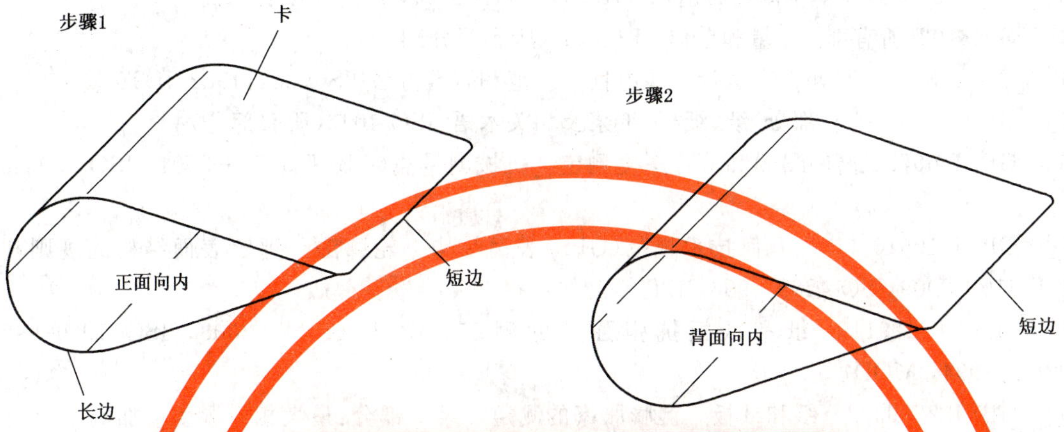

图 12 折叠测试原理

8.4.4 测试报告

记录通过/失败的测试结果。

如果测试结果失败,则记录失败的原因,以及受影响卡的比例。

参 考 文 献

[1] GB/T 1040.3—2006 塑料 拉伸性能的测定 第3部分:薄膜和薄片的试验条件(ISO 527-3:1995,IDT)

[2] GB 3100 国际单位制及其应用(GB 3100—1993,eqv ISO 1000:1992)

[3] GB 3102(所有部分) 量和单位 [ISO 31 (所有部分)]

[4] GB/T 3684—2006 输送带 导电性 规范和试验方法(ISO 284:1982,IDT)

[5] GB/T 4687(所有部分)纸、纸板、纸浆及相关术语[ISO 4046(所有部分)]

[6] GB/T 6672 塑料薄膜和薄片厚度测定 机械测量法(GB/T 6672—2001, ISO 4593:1993, IDT)

[7] GB/T 10610 产品几何技术规范(GPS)表面结构 轮廓法 评定表面结构的规则和方法(GB/T 10610—2009,ISO 4288:1996,IDT)

[8] GB/T 12914 纸和纸板抗张强度的测定(GB/T 12914—2008, ISO 1924-1:1992, ISO 1924-2:1994, MOD)

[9] GB/T 22899.2 纸和纸板 湿膨胀率的测定 第2部分:最大相对湿度增加到86%过程的湿膨胀率(GB/T 22899.2—2008, ISO 8226-2:1990,MOD)

[10] ISO 554 条件和(或)测试的标准大气 规范

[11] ISO 4677-1 条件和测试的大气 相对湿度的确定 第1部分:通风干湿表法

[12] IEC 60050-221 国际电工词汇 第221章 磁性材料和元部件

[13] EN 25651 纸、纸板、纸浆 表征特性单位的规范

[14] CR 13875 识别卡系统 相交薄挠性卡 安全性能

[15] CR 13909 识别卡系统 部门间用柔性薄卡 验收准则

[16] 国际通用计量学基本术语2)

---

2) 术语的第二版由ISO于1993年发表,由下列国际组织起草:国际度量衡局(BIPM), 国际电工委员会(IEC), 国际临床化学联合会(IFCC), 国际标准化组织(ISO), 国际纯化学与应用化学联盟 (IUPAC), 国际纯粹物理和应用物理联合会(IUPAP), 国际法制计量组织 (OIML)。

ICS 03.080.01
A 16

中华人民共和国国家标准

GB/T 28221.4—2012

灾后过渡性安置区基本公共服务 第4部分:商业

Basic public services for post-disaster transitional resettlement area—Part 4:Business

2012-11-05 发布　　2012-12-01 实施

中华人民共和国国家质量监督检验检疫总局
中国国家标准化管理委员会　发布

前　言

GB/T 28221《灾后过渡性安置区基本公共服务》分为6个部分：

——第1部分：总则；

——第2部分：环境管理；

——第3部分：安全；

——第4部分：商业；

——第5部分：文化体育；

——第6部分：帮扶救助。

本部分为GB/T 28221的第4部分。

本部分依据GB/T 1.1—2009给出的规则起草。

本部分由全国服务标准化技术委员会(SAC/TC 264)提出并归口。

本部分起草单位：中国标准化研究院、成都市标准化研究院、山东省标准化研究院、成都川大科鸿新技术研究所。

本部分主要起草人：柳成洋、王世川、祝燕、曹俐莉、李涵、曾毅、林希、黎燕、唐艳红、李巧、胡昌川、王波、原静、任雁、淳坦、赵红红。

灾后过渡性安置区基本公共服务
第4部分：商业

1 范围

GB/T 28221的本部分给出了灾后过渡性安置区（以下简称安置区）商业服务的术语和定义、基本原则、服务内容、服务管理以及服务评价。

本部分适用于规模达到千人以上、存续时间3个月以上的安置区内的商业服务。

2 规范性引用文件

下列文件对于本文件的应用是必不可少的。凡是注明日期的引用文件，仅注日期的版本适用于本文件。凡是不注明日期的引用文件，其最新版本（包括所有的修改单）适用于本文件。

GB/T 28221.1—2011 灾后过渡性安置区基本公共服务 第1部分：总则

3 术语和定义

GB/T 28221.1—2011界定的以及下列术语和定义适用于本文件。

3.1

灾后过渡性安置区商业服务 business service in post-disaster transitional resettlement area

为满足安置区内居住人员基本生活需求，通过引进或管理商业网点开展的商业活动。

4 基本原则

4.1 保障供给，急需优先

安置区内商业服务应满足居住人员最基本的生活需求，保障安置区内急需的商品优先供应。

4.2 保质保量，规范经营

安置区内商业服务提供者应确保经营商品的质量，商业经营活动遵循相关法律法规。

4.3 设施便利，安全卫生

安置区应设置便于居住人员使用的商业服务设施，商业服务设施的设置应保障居住人员的安全与健康。

4.4 鼓励引进，兼顾重建

安置区可引进急需的商业服务项目，同时应做好安置区内商业服务的恢复与重建。

5 服务内容

安置区应满足安置区内居住人员基本商业服务需要，可包括：

——餐饮服务；
——通讯服务；
——邮递服务；
——储蓄服务；
——汇款服务；
——保险服务；
——理发、洗浴服务；
——维修及维护服务；
——生产资料的销售服务；
——家装建材的销售服务；
——应急物品的销售服务；
——日用消费品的销售服务。

6 商业服务管理

6.1 商业服务管理机构

安置区应设立负责管理商业服务的部门，其职责主要可包括：
——协助政府有关部门进行安置区商业管理；
——协助安置区商业服务经营者办理相关经营资质；
——协助建立安置区商业服务市场；
——维护安置区商业市场秩序；
——监督安置区商业服务质量；
——处理安置区商业服务纠纷。

6.2 商业服务提供者

6.2.1 资质要求

商业服务提供者应满足安置区商业服务经营管理要求，守法经营。

6.2.2 人员培训

商业服务提供者应对其服务人员进行必要的培训，主要包括：
——职业道德；
——岗位服务技能；
——服务质量规范；
——相关定向培训。

6.3 商业服务人员

6.3.1 商业服务人员资质

从事商业服务的人员应具备以下资质：
——具有相应的劳动从业资格；
——符合相应的岗位要求的专业技术证书；
——符合相应的岗位要求的健康证明；
——具有相应的上岗培训考核合格证明。

6.3.2 服务技能

从事商业服务的人员应具备以下服务技能：

——熟知业务环节、程序和规范；

——具有一定的沟通和处理问题的能力；

——熟练使用岗位配备的设备和设施。

7 服务质量

7.1 基本要求

安置区内提供的商业服务应满足如下要求：

——便利，安置区内提供的商业服务应便利居住人员的日常生活需求；

——安全，安置区提供的商业服务应确保安全；

——环保，安置区提供的商业服务应注重安置区的环境保护；

——服务文明，安置区内的服务人员应举止文明，穿着整洁，服务热情周到。

7.2 信息收集

安置区管理委员会可采用下列方式搜集对商业服务的意见与建议，开展商业服务评价：

——设置意见箱等；

——直接与居住人员沟通；

——收集、分析各类媒体报告；

——收集、分析消费者权益保护组织反映的情况。

7.3 服务改进

安置区商业服务管理机构应主动接受居住人员的监督，对外公布监督、投诉方式，认真及时处理居住人员的意见和建议，并将处理结果及时通知投诉者。

参 考 文 献

[1] 国务院.汶川地震灾后恢复重建条例.2008年6月8日

[2] 国务院.国务院关于做好汶川地震灾后恢复重建工作的指导意见 国发[2008]22号.2008年7月3日

[3] 中华人民共和国住房和城乡建设部.地震灾区过渡安置房建设技术导则(试行).2008年5月21日

[4] 商务部商业改革发展司.社区商业全国示范社区评价规范.2005年10月10日

[5] 北京市商业委员会.北京商业服务质量规范(试行).2003年1月30日

[6] GB 50180—1993 城市居住区规划设计规范

[7] GB/T 15624—2011 服务标准化工作指南

[8] DB11/T 309—2005 社区菜市场(农贸市场)设置与管理规范